全国高职高专水利水电类精品规划教材

水力学

主　编　刘纯义　熊宜福
副主编　王勤香

中国水利水电出版社
www.waterpub.com.cn

内 容 提 要

本书是为高等职业技术学校水利水电建筑工程专业和水利工程专业编写的教材。全书共分十三章，包括绪论、水静力学、恒定流的基本原理、水流型态与水头损失、管流、明渠恒定均匀流、明渠恒定非均匀流、闸孔出流和堰流、泄水建筑物下游水流的衔接与消能、渗流、高速水流简介、水力模型试验基础、Microsoft Excel 在水力计算中的应用。各章节有例题、习题和常用图表。

本书也适用于普通高等专科学校同类专业的教学，亦可供水利水电工程技术人员参考。

图书在版编目（CIP）数据

水力学/刘纯义，熊宜福主编．—北京：中国水利水电出版社，2005（2024.7 重印）．

全国高职高专水利水电类精品规划教材

ISBN 978-7-5084-3179-6

Ⅰ．水…　Ⅱ．①刘…②熊…　Ⅲ．水力学-高等学校：技术学校-教材　Ⅳ．TV13

中国版本图书馆 CIP 数据核字（2005）第 093022 号

书　　名	全国高职高专水利水电类精品规划教材 **水　力　学**
作　　者	主编　刘纯义　熊宜福
出版发行	中国水利水电出版社 （北京市海淀区玉渊潭南路 1 号 D 座　100038） 网址：www.waterpub.com.cn E-mail：sales@mwr.gov.cn 电话：（010）68545888（营销中心）
经　　售	北京科水图书销售有限公司 电话：（010）68545874、63202643 全国各地新华书店和相关出版物销售网点
排　　版	中国水利水电出版社微机排版中心
印　　刷	清淞永业（天津）印刷有限公司
规　　格	184mm×260mm　16 开本　19 印张　451 千字
版　　次	2005 年 8 月第 1 版　2024 年 7 月第 15 次印刷
印　　数	47101—50100 册
定　　价	**58.00** 元

序

教育部在《2003－2007年教育振兴行动计划》中提出要实施“职业教育与创新工程”，大力发展职业教育，大量培养高素质的技能型特别是高技能人才，并强调要以就业为导向，转变办学模式，大力推动职业教育。因此，高职高专教育的人才培养模式应体现以培养技术应用能力为主线和全面推进素质教育的要求。教材是体现教学内容和教学方法的知识载体，进行教学活动的基本工具；是深化教育教学改革，保障和提高教学质量的重要支柱和基础。所以，教材建设是高职高专教育的一项基础性工程，必须适应高职高专教育改革与发展的需要。

为贯彻这一思想，在继2004年8月成功推出《全国高职高专电气类精品规划教材》之后，2004年12月，在北京，中国水利水电出版社组织全国水利水电行业高职高专院校共同研讨水利水电行业高职高专教学的目前状况、特色及发展趋势，并决定编写一批符合当前水利水电行业高职高专教学特色的教材，于是就有了《全国高职高专水利水电类精品规划教材》。

《全国高职高专水利水电类精品规划教材》是为适应高职高专教育改革与发展的需要，以培养技术应用性的高技能人才的系列教材。为了确保教材的编写质量，参与编写人员都是经过院校推荐、编委会答辩并聘任的，有着丰富的教学和实践经验，其中主编都有编写教材的经历。教材较好地贯彻了水利水电行业新的法规、规程、规范精神，反映了当前新技术、新材料、新工艺、新方法和相应的岗位资格特点，体现了培养学生的技术应用能力和推进素质教育的要求，具有创新特色。同时，结合教育部两年制高职教育的试点推行，编委会也对各门教材提出了满足这一发展需要的内容编写要求，可以说，这套教材既能够适应三年制高职高专教育的要求，也适应了两年制高职高专教育培养目标的要求。

《全国高职高专水利水电类精品规划教材》的出版，是对高职高专教材建设的一次有益探讨，因为时间仓促，教材可能存在一些不妥之处，敬请读者批评指正。

《全国高职高专水利水电类精品规划教材》编委会

2005年6月

前言

教材事关国家和民族的前途命运，教材建设必须坚持正确的政治方向和价值导向。本书坚持党的二十大精神，全面贯彻党的教育方针，落实立德树人根本任务，为党育人，为国育才，弘扬劳动光荣、技能宝贵、创造伟大的时代风尚。

本书是根据教育部《关于加强高职高专教育人才培养工作的意见》和《面向21世纪教育振兴行动计划》等文件精神，根据全国水利水电高职高专教研会审定的专业指导性教学计划，在认真总结近几年课程教学改革经验的基础上，经《全国高职高专水利水电类精品规划教材》编审会议研究编写的。

本书在编写过程中，力求适应高职高专教学，既重视基本理论，又不过分强调理论的系统性、完整性，充分考虑我国水利水电建设的需要，紧紧围绕本专业的培养目标，选取内容，合理安排，突出实用，尽可能体现高等职业教育的特点。

参加本书编写工作的有黄河水利职业技术学院刘纯义（第一、七章）、王勤香（第八、十一章）、张宇华（第九、十章）、楚万强（第十二章）、田静（第十三章），长江工程职业技术学院熊宜福（第四章），湖北水利水电职业技术学院高玉清（第二、三章），福建水利电力职业技术学院王世策（第五、六章）。全书由刘纯义、熊宜福主编，王勤香为副主编，刘纯义统稿。

本书适用于高等职业学校和高等专科学校的水利水电建筑工程、水利工程等专业的水力学教学，也可作为水文水资源、水土保持等专业的教学用书。

由于编者水平有限，书中的缺点和错误在所难免，诚恳读者予以批评指正。

编者

2024年5月

目录

序
前言
第一章　绪论 ······ 1
第一节　水力学的研究对象和任务 ······ 1
第二节　液体的基本特性和主要物理力学性质 ······ 1
第三节　作用于液体上的力 ······ 7
第四节　水力学的研究方法 ······ 7
习题 ······ 9
第二章　水静力学 ······ 10
第一节　静水压强及其特性 ······ 10
第二节　重力作用下的液体平衡 ······ 13
第三节　静水压强的量测 ······ 16
第四节　作用在平面上的静水总压力 ······ 18
第五节　作用在曲面上的静水总压力 ······ 24
*第六节　重力和惯性力共同作用下的液体平衡 ······ 27
习题 ······ 30
第三章　恒定流的基本原理 ······ 35
第一节　描述液体运动的方法 ······ 35
第二节　液体运动的一些基本概念 ······ 38
第三节　均匀流和非均匀流、渐变流和急变流 ······ 41
第四节　恒定总流的连续性方程 ······ 43
第五节　恒定总流的能量方程 ······ 44
第六节　能量方程应用举例 ······ 50
第七节　恒定总流的动量方程 ······ 55
习题 ······ 59
第四章　水流型态与水头损失 ······ 63
第一节　水头损失及其分类 ······ 63

第二节　均匀流沿程水头损失与切应力的关系 …… 64
第三节　液体流动的两种型态 …… 66
第四节　紊流运动 …… 68
第五节　沿程水头损失的分析与计算 …… 74
第六节　局部水头损失的分析和计算 …… 80
习题 …… 85

第五章　管流 …… 87
第一节　概述 …… 87
第二节　简单管道的水力计算 …… 88
第三节　虹吸管及水泵装置的水力计算 …… 98
第四节　复杂管道的水力计算 …… 102
第五节　管网水力计算 …… 107
第六节　压力管道中的水击问题 …… 111
习题 …… 115

第六章　明渠恒定均匀流 …… 120
第一节　概述 …… 120
第二节　明渠均匀流的特性及计算公式 …… 122
第三节　明渠均匀流的水力计算 …… 125
第四节　明渠均匀流计算中的几个问题 …… 129
习题 …… 133

第七章　明渠恒定非均匀流 …… 135
第一节　明渠水流的三种流态及其判别 …… 135
第二节　缓流、急流的转换现象——水跌与水跃 …… 143
第三节　明渠恒定非均匀渐变流基本方程 …… 152
第四节　棱柱体渠道恒定非均匀渐变流水面线分析 …… 153
第五节　明渠恒定非均匀渐变流水面线计算 …… 159
第六节　弯道水流简介 …… 167
习题 …… 169

第八章　闸孔出流和堰流 …… 173
第一节　概述 …… 173
第二节　闸孔出流 …… 174
第三节　堰流 …… 180
第四节　无压隧洞的水力计算 …… 196
习题 …… 200

第九章　泄水建筑物下游水流的衔接与消能 …… 203
第一节　概述 …… 203

第二节　底流式衔接与消能 …… 205
第三节　挑流式衔接与消能 …… 216
习题 …… 222
第十章　渗流 …… 224
第一节　概述 …… 224
第二节　达西定律 …… 226
第三节　地下河槽中的恒定均匀渗流和非均匀渐变渗流 …… 229
第四节　井、截渗沟和渠道的渗流计算 …… 235
第五节　平面渗流的图解法 …… 240
第六节　用水电比拟法绘制流网 …… 244
习题 …… 245
第十一章　高速水流简介 …… 247
第一节　高速水流的脉动压强 …… 247
第二节　水工建筑物的气蚀问题 …… 250
第三节　明渠高速掺气水流 …… 252
第四节　明渠急流的冲击波和滚波 …… 256
习题 …… 257
第十二章　水力模型试验基础 …… 258
第一节　概述 …… 258
第二节　相似的基本原理 …… 259
第三节　各种力作用下的相似准则 …… 261
习题 …… 267
第十三章　Microsoft Excel 在水力计算中的应用 …… 268
第一节　概述 …… 268
第二节　计算实例 …… 269
附录 …… 287
参考文献 …… 291

第一章　绪　　论

第一节　水力学的研究对象和任务

水力学是力学的一个分支，它是研究以水为主的液体平衡和机械运动规律及其应用的一门学科。因其研究的主要对象是水，故称之为水力学。

水力学在水利水电工程的勘测、规划、设计、施工和运用管理中有比较广泛的应用。例如，为了满足防洪、供水、发电的要求，通常需要在河道上筑坝形成水库，用来调节洪水和储蓄水量，水库蓄水之后，抬高了上游水位，要估算库区的淹没范围和淹没损失，需要推算上游的水面线；验算坝体是否稳定，需要计算坝体承受的水压力；有一小部分水在水压力的作用下会经坝体、坝基和两岸向下游渗流，渗流是否会造成过多的水量损失，能否对坝体、坝基产生破坏作用，需要进行渗流计算；从水库向下游宣泄洪水、供水和引水发电，需要修建溢洪道、泄洪洞及引水洞等泄水建筑物，泄水建筑物需要多大的孔口尺寸才能满足通过设计流量的要求，从泄水建筑物下泄的高速水流，采用怎样的措施才能消除多余的动能，避免对水工建筑物及河道的冲刷等，这些都属于水力学应解答的问题。

归纳起来，在水利水电工程中经常遇到的水力学问题主要有五个方面：一是水工建筑物及河渠的过流能力问题；二是水对水工建筑物的作用力问题；三是水流的流态及泄水建筑物下游水流的消能问题；四是河渠水面线问题；五是渗流问题。

需要指出的是，上述五个方面的问题并不是水力学的全部问题，它们之间也不是孤立的、截然分开的，而是水流与边界的相互作用从不同角度的反映，在分析研究时需要综合考虑。

水力学的研究方法和基本理论不仅适用于水，也适用于各种常见液体和忽略压缩性的气体。因此，水力学不仅在水利水电建设方面有重要的用途，并且在城市建设、环境保护、船舶设计、机械制造、石油开采、化学工业、医学等有液体流动问题的各个方面，都具有一定的参考价值。

第二节　液体的基本特性和主要物理力学性质

一、液体的基本特性

自然界的物质一般有三种形态，即固体、液体和气体。液体的基本特性主要是从力学的角度，研究液体与固体、气体的区别。固体由于分子间的距离很小，内聚力很大，所以它能够保持固定的形状和体积，能够承受一定大小的拉力、压力和剪切力。与固体相比，液体分子间的距离较大，内聚力较小，它只能保持一定的体积，没有固定的形状。液体几乎不能承受拉力抵抗拉伸变形，在静止状态下也不能承受剪切力，极易发生剪切变形或流动，但液体与固体一样能够承受压力。气体分子之间的距离很大，几乎不存在内聚力，分子可以自由运动。因此，气体不仅没有固定的体积，也没有固定的形状，它可以任意扩散充满其所占据的有限空间，所以气体极易膨胀和压缩。液体与气体相比，液体的压缩性很小，但它们都具有易流动性，所以液体、气体又统称为流体。

液体是由分子组成的。从微观角度看，液体分子之间具有空隙，并且在进行着复杂的微观运动，是不连续、不均匀的。由于水力学研究的是液流的宏观机械运动，并不关心液体分子的微观运动，所以在水力学中引入了液体具有连续性的假定，即认为液体是由液体质点所组成的中间没有空隙存在的连续介质。这样就可以运用数学中的连续函数来分析水力学问题。实践证明，这一假定对研究的问题有足够的精确性。所谓液体质点，它是由许多分子组成的、无微观运动、体积很小可以忽略不计的小水团，它是水力学研究的液体的最小单位。另外，在水力学研究中一般还认为液体具有均匀等向性，即认为液体的各个部分和各个方向的物理性质是一样的。

总之，水力学研究的液体是：容易流动、不易压缩、均匀等向的连续介质。

二、液体的主要物理力学性质

液体受外力作用做机械运动与自身的物理性质有关，研究液体的机械运动应首先了解液体的物理性质。液体的物理性质是多方面的，下面着重讨论与液体运动有关的几种主要物理力学性质。

（一）惯性

物体所具有的保持原有运动状态的物理性质叫惯性。液体与其它物体一样也具有惯性。惯性用质量度量，质量越大，惯性越大。当物体受其它物体的作用而改变运动状态时，物体反抗改变原有运动状态而作用于其它物体上的反作用力称为惯性力。设物体的质量为 m，加速度为 a，则惯性力为

$$F=-ma \tag{1-1}$$

式中：负号表示惯性力的方向与物体的加速度方向相反。

按照国际单位制的规定，质量的单位用千克（kg）；长度的单位用米（m）；时间的单位用秒（s）；力的单位为牛顿（N）或千牛顿（kN）。

单位体积的液体所具有的质量称为密度，以符号 ρ 表示。体积为 V，质量为 m 的均质液体，则

$$\rho=\frac{m}{V} \tag{1-2}$$

在国际单位制中，密度的单位是千克/米^3（kg/m^3）。

液体的密度与液体的种类有关，同一种液体的密度随压强和温度而变化，但变化甚微，一般情况下可视为常数。在水力计算时，通常把一个标准大气压下，温度为4℃时水的最大密度值 $\rho=1000$ 千克/米^3（kg/m^3）作为计算值。

（二）万有引力特性

物体之间相互具有吸引力的性质，称为万有引力特性。地球与物体之间的引力称为重力，也叫物体的重量，用符号 G 表示。研究液体的运动一般只考虑地球对液体的引力。设物体的质量为 m，重力加速度为 g，则重力

$$G = mg \tag{1-3}$$

重力的单位为牛顿（N）或千牛顿（kN）。

单位体积的液体所具有的重量称为容重，也叫重度或重率，用符号 γ 表示。对于体积为 V，重量为 G 的均质液体，其容重为

$$\gamma = \frac{G}{V} \tag{1-4}$$

将 $G=mg$ 代入上式，可得

$$\gamma = \frac{G}{V} = \frac{mg}{V} = \rho g \tag{1-5}$$

或

$$\rho = \frac{\gamma}{g} \tag{1-6}$$

采用国际单位制，容重的单位为牛顿/米^3（N/m^3）或千牛顿/米^3（kN/m^3）。

液体的容重与液体的种类有关，同一种液体的容重随温度和压强的变化而变化，但变化很小，水力计算中也常以一个标准大气压下 4℃时水的容重 $\gamma=9800$ 牛顿/米^3（N/m^3）作为计算值。水在不同温度时的容重值见表 1-1，几种常见液体的容重值见表 1-2。

表 1-1　不同温度时水的容量 γ 值（标准大气压）

温度（℃）	0	4	10	20	30	40	60	80	100
容重（N/m^3）	9798.73	9800.00	9797.55	9782.95	9758.45	9725.03	9637.12	9525.01	9394.77

表 1-2　几种常见液体的容重 γ 值（标准大气压）

液 体 名 称	汽　油	纯酒精	蒸馏水	海　水	水　银
温度（℃）	15	15	4	15	0
容重（N/m^3）	6664～7350	7778.3	9800	9996～10084	133280

（三）粘滞性

液体在静止状态下不能够承受剪切力抵抗剪切变形，但是对于运动的液体当液体质点之间发生相对运动时，液体内部能够产生内摩擦力抵抗剪切变形，这种性质称为液体的粘滞性。液体间的内摩擦力又称为粘滞力。

如图 1-1（a）所示，液体沿固体表面作平行直线流动，设流动方向为 x，流速为 v，垂直流动方向为 y，并且认为水流分层流动，各层液体质点在流动过程中互不混掺（这种

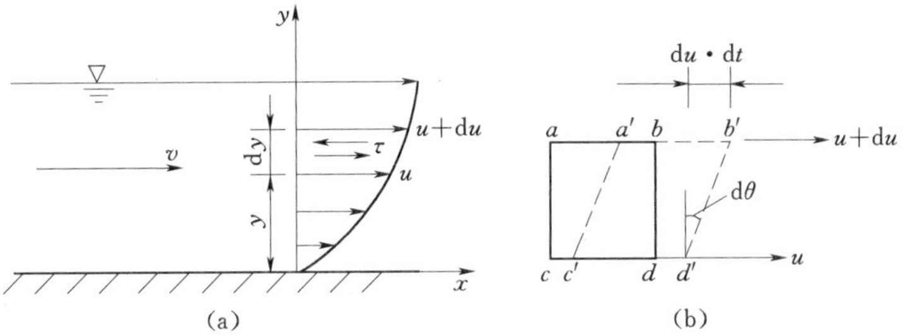

图 1-1

流动称为层流，见第四章）。因为液体具有粘滞性，紧靠固体表面的液体质点与固体表面无相对运动，速度为零，沿 y 方向流速逐渐增大。若距固体边界为 y 的流层的流速为 u，在相邻流层 $y+\mathrm{d}y$ 处的流速为 $u+\mathrm{d}u$，由于两流层的速度不同，则液体质点必然存在相对运动，在两流层之间就会产生一对大小相等，方向相反的内摩擦力。上层流速大的液体对下层流速小的液体的作用力方向与流动方向相同，下层流速小的液体对上层流速大的液体的作用力方向与流动方向相反。

早在 1686 年，牛顿根据试验成果首先提出：对于平行直线流动，液体的内摩擦力 F 与液体的性质有关，与流速梯度$\frac{\mathrm{d}u}{\mathrm{d}y}$和接触面积 A 成正比，与接触面上的压力无关，其表达式为

$$F=\mu A\frac{\mathrm{d}u}{\mathrm{d}y} \tag{1-7}$$

这一结论得到了后人验证，被称为牛顿内摩擦定律。式中 μ 为比例系数，称为动力粘滞系数，随液体种类不同而异。由于液体的内摩擦力与作用面平行，单位面积上的内摩擦力又称为粘滞切应力，以符号 τ 表示。

$$\tau=\frac{F}{A}=\mu\frac{\mathrm{d}u}{\mathrm{d}y} \tag{1-8}$$

作用在两相邻液层之间的粘滞切应力 τ 数值相等，方向相反。

上式中的流速梯度 $\mathrm{d}u/\mathrm{d}y$ 实际上是液体质点的剪切变形速度，证明如下：

在图 1-1（a）所示的流动中取一矩形水质点 $abcd$，见图 1-1（b）。设下层面 cd 的流速为 u，上层面 ab 的流速为 $u+\mathrm{d}u$。经过 $\mathrm{d}t$ 时间，水质点移至 $a'b'c'd'$ 的位置，质点除发生平移外，还因上、下层存在流速差而发生剪切变形。若 ac 和 bd 边的转角为 $\mathrm{d}\theta$，则剪切变形速度为 $\mathrm{d}\theta/\mathrm{d}t$。在 $\mathrm{d}t$ 时段内，a 点比 c 点、b 点比 d 点多移动的距离均为$\mathrm{d}u\cdot\mathrm{d}t$，则

$$\mathrm{d}\theta\approx\mathrm{tg}(\mathrm{d}\theta)=\frac{\mathrm{d}u\mathrm{d}t}{\mathrm{d}y}$$

$$\frac{\mathrm{d}u}{\mathrm{d}y}=\frac{\mathrm{d}\theta}{\mathrm{d}t} \tag{1-9}$$

故流速梯度即为剪切变形速度。

将式（1-9）代入式（1-8），得

$$\tau=\mu\frac{\mathrm{d}\theta}{\mathrm{d}t}$$

由此可以得出一个有关液体的重要特性：液体发生相对运动时，相邻液层之间的切应力与剪切变形速度成正比。

液体的粘滞性对切应力的影响通过动力粘滞系数 μ 反映，μ 值越大，粘滞切应力越大。在国际单位制中 μ 的单位为牛顿·秒/米^2（$\mathrm{N\cdot s/m^2}$）或帕斯卡秒（$\mathrm{Pa\cdot s}$）。液体的粘滞性还可以表达为动力粘滞系数 μ 与液体密度 ρ 的比值，用符号 ν 表示。

$$\nu=\frac{\mu}{\rho} \tag{1-10}$$

ν 称为运动粘滞系数，国际单位制中 ν 的单位是米^2/秒（$\mathrm{m^2/s}$）。

不同液体的动力粘滞系数 μ 和运动粘滞系数 ν 值是不同的。同一种液体，它们随压强

和温度的变化而变化。对于常见的液体，粘滞系数随压强变化很小一般可以忽略，温度是影响粘滞系数的主要因素。不同温度时水的运动粘滞系数值见表 1－3。

表 1－3　　不同水温时的运动粘滞系数 ν 值

温度（℃）	ν（cm^2/s）	温度（℃）	ν（cm^2/s）	温度（℃）	ν（cm^2/s）
0	0.01775	14	0.01176	28	0.00839
2	0.01674	16	0.01118	30	0.00803
4	0.01568	18	0.01062	35	0.00725
6	0.01473	20	0.01010	40	0.00659
8	0.01387	22	0.00989	45	0.00603
10	0.01310	24	0.00919	50	0.00556
12	0.01239	26	0.00877	60	0.00478

上述牛顿内摩擦定律只适用于一般流体，这类流体在温度不变的条件下，动力粘滞系数 μ 值不变，粘滞切应力与剪切变形速度成线性关系，如图 1－2 中 A 线所示，这类流体通常称为牛顿流体。另一类流体为理想宾汉体，如泥浆、血浆、牙膏等，这类流体当切应力达到某一数值时，才开始发生剪切变形，但变形率是常数，如图 1－2 中 B 线所示。

还有一类是伪塑性流体，如尼龙、橡胶溶液、颜料、油漆等，其粘滞系数随剪切变形的速度的增大而减小，如图 1－2 中 C 线所示。第四类叫膨胀性流体，如浓淀粉糊、生面团等，其粘滞系数随剪切变形速度的增加而增加，如图 1－2 中 D 线所示。B、C、D 线所示的流体均称为非牛顿流体，不适用牛顿内摩擦定律。所以在应用牛顿内摩擦定律时，应注意其应用范围。

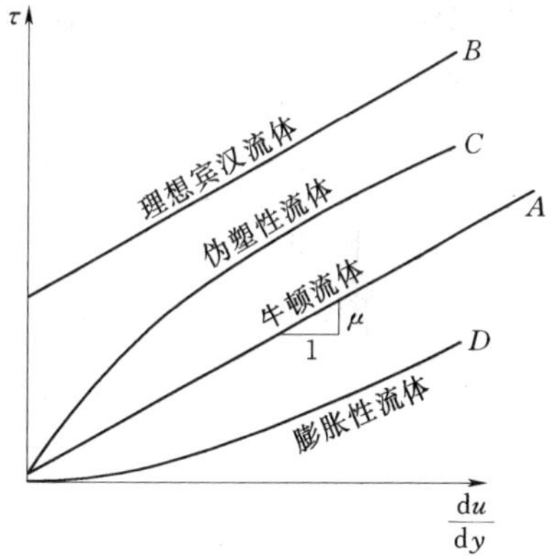

图 1－2

（四）压缩性

物体在外力作用下产生变形，当除去外力后（在弹性范围内）能恢复原状的性质，称为弹性。因为液体只能承受压力，抵抗体积压缩变形，当压力除去后能恢复原状，所以这种性质称为液体的压缩性或弹性。液体受外力作用产生压缩变形时，在其内部将产生企图恢复原状的内力，从而影响液体的运动。

液体压缩性的大小，用体积压缩系数 β 或体积弹性系数 K 表示。β 值等于液体体积的相对压缩量 dV/V 与液体压强的增值 dp 之比。由于体积随压强的增大而减小，故 dV/V 与 dp 的符号相反，β 的表达式为

$$\beta = -\frac{\frac{dV}{V}}{dp} \tag{1-11}$$

不难看出，β 值愈大，液体愈易压缩。液体被压缩时，其质量不会改变，由此可得

$$\frac{dV}{V} = -\frac{d\rho}{\rho}$$

将上式代入式（1－11），可得

$$\beta=\frac{1}{\rho}\frac{\mathrm{d}\rho}{\mathrm{d}p} \tag{1-12}$$

体积弹性系数 $K=1/\beta$，K 值越大，越不易压缩。在国际单位制中，β 的单位为米²/牛顿（m^2/N），K 的单位为牛顿/米²（N/m^2）。

不同种类液体的 β 值和 K 值不等，同一种类液体的 β 值和 K 值随温度和压强的变化而改变，但变化甚微，一般可视为常数。水的可压缩性很小，10℃时，$K=1.96\times10^6$ kN/m^2，容易推算，每增加 1 个大气压，水的体积相对压缩量约为 1/20000。在一般情况下，可认为水是不可压缩的，在实用上已经足够精确，只有在个别情况下，才需要考虑弹性的影响。例如，对于水电站的高压输水管道，当电站出现事故进水闸门紧急关闭时，由于水体的惯性，管道中的水体将受到压缩，压力急剧升高，这时产生的弹性力对水流运动的影响就不能忽略了。

（五）表面张力特性

液体的自由表面是液体和气体的分界面，由于两侧分子引力不平衡，使自由面上液体分子间存在微小的拉力，称为液体的表面张力。表面张力使液体有尽量缩小其表面的趋势。

表面张力的大小可用表面张力系数 σ 度量。σ 表示液体表面单位长度上所受的拉力，单位是牛顿/米（N/m）。σ 值随液体的种类和温度而变化，20℃的水和水银，σ 值分别为 0.0728N/m 和 0.514N/m。

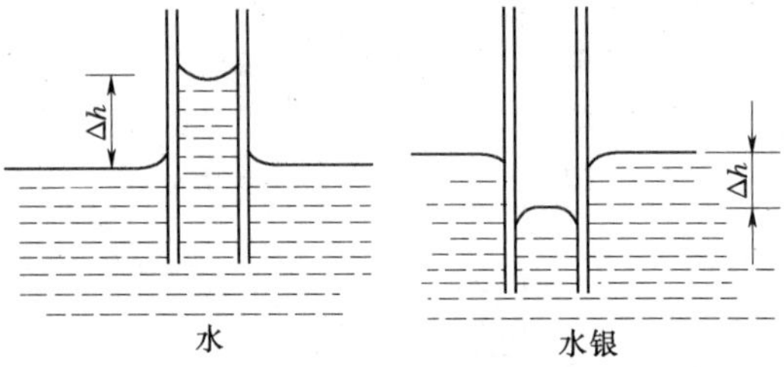

图 1－3

表面张力很小，一般情况下可忽略不计。但是，当液面的曲率很大时，表面张力的影响就必须加以考虑。例如，在水力学实验中，经常用盛有水或水银的细玻璃管量测压强，由于表面张力的作用，使管中的液面与容器中的液面不在同一水平面上，如图 1－3 所示，这就是物理学中所说的毛细管现象。由于玻璃与水分子之间的附着力大于水分子之间的吸引力，管中弯液面高于容器中的液面。玻璃与水银分子之间的附着力小于水银分子之间的吸引力，则管中弯液面低于容器中的液面。管子与容器中的液面高差 Δh，除和液体的性质有关还与管径有关。管子内径越小，差值就越大。为了减少测量误差，测压管的内径不宜太小，一般应大于 10mm。

上述五种液体的物理力学性质，在水力学研究中惯性、万有引力特性和粘滞性较为重要，它们对水流运动的影响较大。压缩性只在某些情况下才予以考虑，而表面张力一般都可以忽略不计。

液体的运动是非常复杂的，水力学中为了使问题的分析简化，在研究液体运动时常引入理想液体的概念。理想液体即绝对不可压缩、没有粘滞性和表面张力的连续介质。前面已讲到，实际液体的压缩性和表面张力很小，所以没有粘滞性是理想液体和实际液体的最主要的区别。理想液体在自然界中是不存在的。

第三节　作用于液体上的力

无论处于运动状态或平衡状态的液体，都受到力的作用。这些力从物理性质上可分为惯性力、重力、粘滞力、弹性力和表面张力等。如果按作用形式，作用于液体上的力又可分为质量力和表面力两种。

一、质量力

质量力是由液体的质量而产生的作用力，它作用于液体的每个质点上，与液体的质量成正比，如惯性力、重力都属于质量力。对于均质液体，质量和体积成正比，故质量力又称为体积力。作用于单位质量液体上的质量力，称为单位质量力，其单位是米/秒^2（m/s^2）。若液体的质量为M，作用于液体上的质量力为F，则单位质量力$f=F/M$。设质量力F在空间坐标轴上的投影分别为F_x、F_y、F_z，单位质量力f在坐标轴上的投影为$\boldsymbol{X}$、$\boldsymbol{Y}$、$\boldsymbol{Z}$，那么

$$\boldsymbol{X}=\frac{F_x}{M};\ \boldsymbol{Y}=\frac{F_y}{M};\ \boldsymbol{Z}=\frac{F_z}{M} \tag{1-13}$$

二、表面力

作用于液体表面上的力称为表面力。它与受作用的液体表面积成正比，如固体边界对液体的作用力；相邻两部分液体，一部分对另一部分产生的水压力等，都属于表面力。表面力可分为垂直于作用面的压力（液体几乎不能承受拉力，可忽略）和平行于作用面的剪切力。单位面积上作用的表面力称为应力。垂直液体表面的应力称为压应力或压强，用符号p表示；平行液体表面的应力称为切应力，用τ表示。

第四节　水力学的研究方法

理论分析和科学试验是水力学研究中采用的最基本的两种方法。

一、理论分析

水力学建立在物理学和力学的理论基础之上，它应用物理学和力学的基本原理，通过严格的数学分析，建立了液体平衡和运动的基本方程，如液体的平衡方程、流动液体的连续方程、能量方程和动量方程等，奠定了水力学的理论基础。随着科学实验以及试验观测水平的不断提高，进一步推动了水力学理论的发展，并在科学实验的基础上，形成了近代水力学的系统理论。理论分析就是利用这些理论分析、解决工程建设中所提出的各种水力学问题。

二、科学试验

由于水流运动的复杂性和水利水电工程的不重复性，生产实践会不断提出一些还不能完全用理论予以解决的水力学问题，这就需要借助科学试验。现阶段研究水力学问题所进行的科学试验主要有三种。

（一）原型观测

在野外或工程现场，用仪器设备直接观测水工建筑物或河渠中的水流运动要素和水流现象，为检验理论分析成果或总结某些基本规律提供依据。

（二）系统实验

为了研究专门的水力学问题，在实验室按要求造成特定的人工水流现象，所进行的系统的观测实验。

（三）模型试验

水利工程中的水流现象是复杂多变的，加之理论分析的局限性，许多实际工程，特别对一些重要工程提出的问题，仅仅靠理论分析是不够的，这时可依据水力相似原理，按一定的比尺，把实际工程缩小为模型，在模型上预演原型上相应的水流运动，然后把模型上的试验成果，按照相似关系换算出原型的数值，以满足工程设计的需要。模型试验在工程实践中得到了广泛的应用。

三、量纲分析概念

在科学试验中为了从观测的试验数据，抽象出水流的运动规律，除了以理论为指导和利用数理知识进行分析、处理试验数据外，有时还需要进行量纲分析。下面了解一下量纲分析的基本概念。

（一）量纲

在水力学研究中，需要用物理量表述水流现象及其运动规律，如长度、时间、力、流速、粘滞系数等。这些物理量按其性质不同可分为各种类别，用量纲（也叫因次）标志，如长度用 $[L]$、质量用 $[M]$、时间用 $[T]$、力用 $[F]$ 等。量纲与单位不同，单位是度量物理量数值大小的标准，如时间为 1h，可用 60min、3600s 等不同的单位表示，但无论用何种单位计量时间，它们都具有同一的时间量纲。

量纲可分为基本量纲和诱导量纲。基本量纲是一组彼此独立，不能相互表示，但可以表示其它物理量的量纲。由基本量纲推导出的其它物理量的量纲，称为诱导量纲。对于力学问题，任何一个物理量的量纲都可以由彼此独立的量纲 $[L]$、$[T]$、$[M]$ 导出，如速度、加速度、力的量纲可分别表示为 $[v]=[L]/[T]=[LT^{-1}]$；$[a]=[L]/[T^2]=[LT^{-2}]$；$[F]=[M]\cdot[a]=[M]\cdot[LT^{-2}]=[MLT^{-2}]$。所以一般取长度 $[L]$、时间 $[T]$、质量 $[M]$ 为基本量纲，其它物理量的量纲均为诱导量纲。在国际单位制中，长度的单位用米（m），时间的单位用秒（s），质量的单位用千克（kg）。过去，我国工程界常使用工程单位制，工程单位制是以长度 $[L]$、时间 $[T]$ 和力 $[F]$ 作为基本量纲，长度的单位用米（m），时间的单位用秒（s），力的单位用公斤力（kgf），质量的量纲为诱导量纲，可导出为

$$[M]=[F]/[a]=[F]/[LT^{-2}]=[FT^2L^{-1}]$$

其单位为公斤力·秒^2/米（kgf·s^2/m）。两种单位制力和质量的换算关系为

$$1\text{kgf}=1\text{kg}\times 9.8\text{m/s}^2=9.8\ \text{N}$$

$$1\text{kg}=\frac{1}{9.8}\text{kgf}\cdot\text{s}^2/\text{m}=0.102\text{kgf}\cdot\text{s}^2/\text{m}$$

如果物理量的量纲可简化为 $[1]$，则称为无量纲数。如水面坡度 $[J]$ 可用水面落差 Δh 和流程 L 的比值表示，$J=\Delta h/L$，量纲式为 $[J]=[L]/[L]=1$，即为无量纲数。

（二）量纲和谐原理

任何一个能正确反映客观规律的物理方程，其中各项的量纲都必须是一致的，这就是量纲和谐原理，它是量纲分析的基本原理。大家知道，两个物理量能够相加减的必要条件是两

个物理量是同类的，也就是说，具有相同的量纲。若把两个不同量纲的物理量相加减是没有意义的，例如把流速和质量加在一起没有任何意义。但是不同类型的物理量却可以相乘除，得到的为诱导量纲的另一个物理量。如质量和流速相乘可得动量，其量纲为 $[MLT^{-1}]$。

利用量纲和谐原理既可以用来检查所建立的方程式或经验公式的正确性和完整性，而且还可以在试验研究的基础上，通过量纲分析建立物理方程。量纲分析的方法通常有两种，即雷列法和 π 定理，可参阅有关水力学教科书。

习　　题

1-1　已知海水的密度 $\rho=1030\text{kg/m}^3$，求它的容重值。

1-2　水的容重 $\gamma=9.71\text{kN/m}^3$，动力粘滞系数 $\mu=0.599\times10^{-3}\text{N}\cdot\text{s/m}^2$，求其运动粘滞系数 ν。空气的容重 $\gamma=11.5\text{N/m}^3$，运动粘滞系数 $\nu=1.57\times10^{-5}\text{m}^2/\text{s}$，求其动力粘滞系数。

1-3　在两平行壁面间流动的液体，流速分布如题 1-3 图所示，试说明：①最大、最小切应力的位置和最小切应力的值；②作用于微小矩形液块 A、B、C 上下两面的内摩擦力的方向。

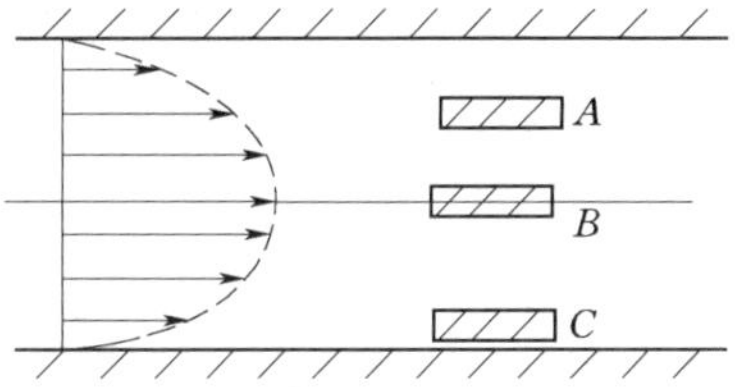

题 1-3 图

1-4　题 1-4 图示一平板在油面上作水平运动，已知速度 $u=1\text{m/s}$，板与固定边界的距离 $\delta=1\text{mm}$，油的动力粘滞系数 $\mu=1.15\text{N}\cdot\text{s/m}^2$，由平板带动的油层的运动速度呈直线分布，求作用在平板单位面积上的粘滞阻力为多少？

1-5　一底面积为 40cm×45cm 木块，质量为 5kg，沿着涂有润滑油的斜面向下等速运动，如题 1-5 图所示。已知木块运动速度 $u=1\text{m/s}$，油层厚度 $\delta=1\text{mm}$，由木块所带动的油层的运动速度呈直线分布，求油的动力粘滞系数。

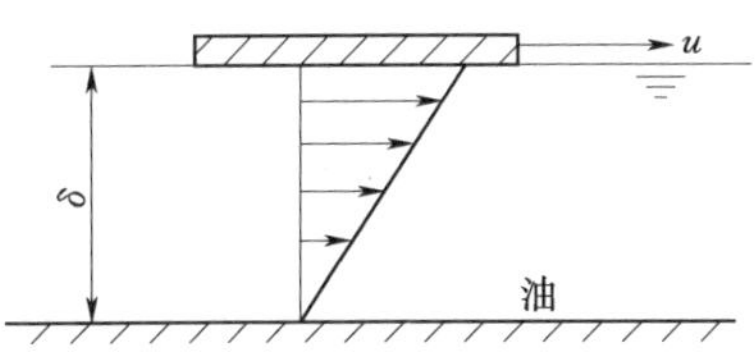

题 1-4 图

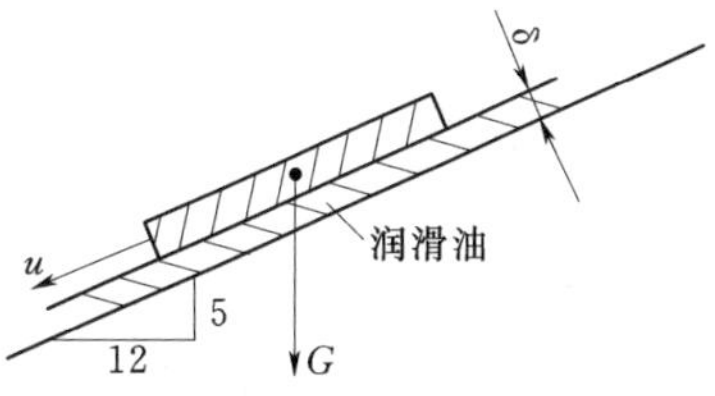

题 1-5 图

1-6　水箱中盛有静止液体，试问此时液体所受的单位质量力为多少？

1-7　将下列用工程单位制表示的物理量改为国际单位制表示。

①一个大气压下，4℃时水的容重为 1000kgf/m^3；②质量为 $1\text{kgf}\cdot\text{s}^2/\text{m}$ 的物质；③作用在闸门上的静水总压力为 $5\times10^4\text{kgf}$。

1-8　若 $h=p/\gamma$，γ 为液体的容重，p 的量纲为 $[F/L^2]$，试问 h 的量纲是什么？

1-9　若以质量 $[M]$、长度 $[L]$、时间 $[T]$ 为基本量纲，试推求动力粘滞系数 μ、运动粘滞系数 ν 的量纲表达式。

第二章 水静力学

水静力学是研究液体的平衡规律及其应用的学科。

液体的平衡状态有两种：一种是静止状态，即液体相对地球没有运动，例如湖泊和蓄水池中静止不动的水；另一种是相对静止状态，即液体相对地球虽有运动，但液体与容器之间及液体质点之间都不存在相对运动，例如作等速或等加速运动的油罐车中的石油，等角速度旋转容器中的液体都属于相对静止状态，又称相对平衡状态。

处于平衡状态的液体，液体质点之间不存在相对运动，液体质点之间就不产生内摩擦力，所以水静力学问题中不考虑粘滞性。

水静力学的主要任务是根据液体的平衡规律，计算静水中的点压强，确定受压面上静水压强的分布和求解作用在固体边界上的静水总压力。

第一节 静水压强及其特性

一、静水压强

（一）静水压力

如图 2-1 所示为涵洞式水闸中设置的平板闸门，当上游有水时开启闸门比无水时开启闸门需要更大的拉力，其原因是水闸上游的水对闸门作用了很大的压力，使闸门紧贴闸门槽而产生较大的摩擦力。像这种平衡液体作用在与之接触的表面（可以是固体表面也可以是液体表面）上的水压力称为静水压力，常以字母 P 表示。在国际单位制中，静水压力的单位为牛顿（N）或千牛顿（kN）。

（二）静水压强

在图 2-1 所示的平板闸门上，取微小面积 ΔA，令作用于上的静水压力为 ΔP，则 ΔA 上单位面积所受的平均静水压力为

$$\overline{p} = \frac{\Delta P}{\Delta A} \tag{2-1}$$

$\overline{p}$称为 ΔA 面上的平均静水压强。

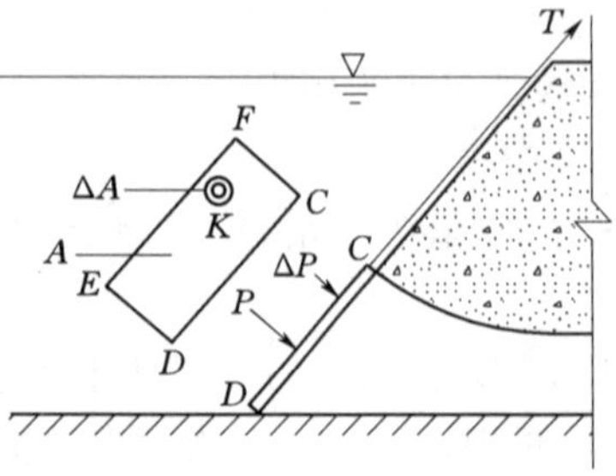

图 2-1

由于受压面各点的静水压强一般不等，为了反映受压面各点的压强变化，需建立点静水压强的概念。图 2-1 中，当 ΔA 无限缩小并趋于点 K 时，比值$\dfrac{\Delta P}{\Delta A}$的极限值定义为 K 点的静水压强

即

$$p_k = \lim_{\Delta A \to 0} \frac{\Delta P}{\Delta A} \tag{2-2}$$

在国际单位制中，静水压强的单位为牛顿/米^2

(N/m^2) 或千牛顿/米^2 (kN/m^2)，分别又称为帕斯卡 (Pa) 或千帕斯卡 (kPa)。

二、静水压强的特性

静水压强有两个特性。

(1) 静水压强的方向垂直并指向受压面。

证明：在平衡液体中取出一块液体，用任一平面 $N—N$ 将液体分为Ⅰ、Ⅱ两部分，如图 2-2 (a) 所示。取出下半部Ⅱ为隔离体，如图 2-2 (b) 所示。切割面上的力就是两部分液体之间的相互作用力。设切割面上某点 K 所受的静水压强为 p，若 p 不是垂直于切割面，则 p 恒可分解为切向分量 p_τ 和法向分量 p_n。在绪论中已指出，静止液体不能承受剪切力，也不能承受拉力，显然切向分量的存在将使Ⅰ、Ⅱ部分发生剪切，从而破坏液体的平衡。若 p 是指向作用面的外法线方向，则Ⅰ、Ⅱ两部分将存在拉力，液体平衡也将遭到破坏，这和平衡液体的前提条件相矛盾，所以 p 只能垂直指向切割面。

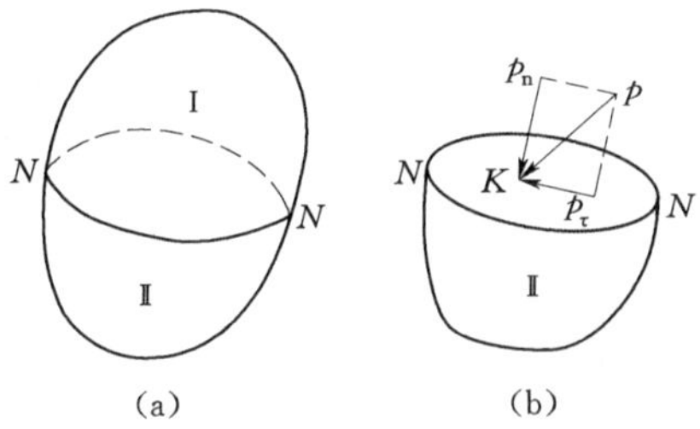

图 2-2

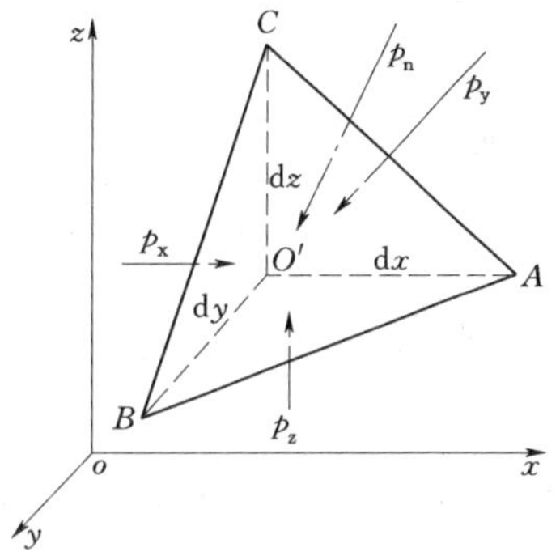

图 2-3

(2) 任一点静水压强的大小和受压面的方位无关，也就是说作用于同一点上各方向的静水压强的大小相等。

证明：设在平衡液体中，以 O' 为顶点取一微小四面体 $O'ABC$。为了便于分析，令其三条棱边 dx、dy、dz 相互垂直并分别与 x、y、z 轴平行，倾斜面 ABC 为任意方向，面积为 dA_n，如图 2-3 所示。

下面对微小四面体进行受力分析。作用在微小四面体上的力有表面力和质量力，首先分析表面力。从静水压强的第一特性可知，作用于微小四面体的表面力只有压力，设作用于微小四面体三个相互垂直平面和斜面上的压强分别为 p_x、p_y、p_z 和 p_n，由于是微小四面体，可以认为各微小面积上的静水压强分布是均匀的，作用在各个面上的静水压力等于各自面上的压强和相应面积的乘积，即

$$\left.\begin{aligned} dP_x &= p_x \frac{1}{2}dydz \\ dP_y &= p_y \frac{1}{2}dzdx \\ dP_z &= p_z \frac{1}{2}dydx \\ dP_n &= p_n dA_n \end{aligned}\right\} \tag{2-3}$$

由几何学可知，微小四面体的体积为$\frac{1}{6}dxdydz$，质量为$\frac{1}{6}\rho dxdydz$。设单位质量力在x、y、z轴上的投影分别为X，Y，Z，则作用于微小四面体上的质量力dF在各坐标轴上的投影分别为$dF_x=\frac{1}{6}\rho dxdydzX$，$dF_y=\frac{1}{6}\rho dxdydzY$，$dF_z=\frac{1}{6}\rho dxdydzZ$。

因微小四面体取自于平衡液体，处于平衡状态，故上述各力在各坐标轴方向上的投影之和分别等于零。

以x方向为例，写出微小四面体在x轴方向上的平衡方程为

$$p_x\frac{1}{2}dydz-p_n dA_n\cos(n,x)+\frac{1}{6}\rho dxdydzX=0 \tag{2-4}$$

$$dA_n\cos(n,x)=\frac{1}{2}dydz \tag{2-4'}$$

式中 $\cos(n,x)$——斜面的外法线方向n与x轴夹角的余弦；

$dA_n\cos(n,x)$——斜面dA_n在yoz平面上的投影。

将式（2-4′）代入式（2-4）

$$p_x\frac{1}{2}dydz-p_n\frac{1}{2}dydz+\frac{1}{6}\rho dxdydzX=0 \tag{2-5}$$

等式两边同除以$\frac{1}{2}dydz$并略去高阶微量，得

$$p_x=p_n$$

同理，对y、z方向分别列出平衡方程，可得$p_y=p_n$、$p_z=p_n$，故

$$p_x=p_y=p_z=p_n \tag{2-6}$$

由于微小四面体斜面的方向是任意选取的，所以当四面体无限缩小至一点时，各个方向的静水压强均相等。

静水压强第二个特性表明，在平衡液体内任一点的静水压强仅是空间坐标的函数而与受压面的方位无关，即

$$p=p(x,y,z)$$

三、绝对压强、相对压强

计算压强大小时，因起算基准不同，可表示为绝对压强和相对压强。

（一）绝对压强

以没有气体存在的绝对真空作为基准（如图2-4中o—o面）起算所得的压强称为绝对压强，用符号$p_{绝}$表示。

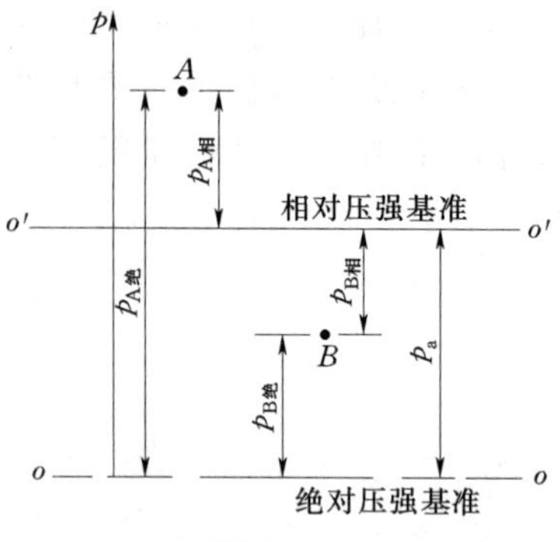

图 2-4

（二）相对压强

水利工程中，建筑物表面和水面存在大气压的作用，以当地的大气压p_a作为计算压强的基准（如图2-4中o'—o'面）进行水力计算比较方便，这种以当地大气压为基准起算所得的压强称为相对压强，用符号$p_{相}$表示。绝对压强和相对压强是由不同的基准（即零点）

起算所得的压强，二者的数值相差一个当地大气压 p_a，如图 2-4 所示。对于某一点来说，它的相对压强 $p_相$ 较绝对压强 $p_绝$ 小一个当地大气压强，即

$$p_{相} = p_{绝} - p_{a} \tag{2-7}$$

今后在讨论压强或进行压强计算时，若不加特殊说明，均指相对压强，直接以符号 p 表示。绝对压强总为正值，而相对压强既可以是正值，也可以是负值，当液体中某点绝对压强大于当地大气压 p_a 时，则该点的相对压强为正值；小于当地大气压 p_a 时，则该点的相对压强为负值，称为负压，也称该点存在真空。此时，相对压强的绝对值称为真空压强，用符号 $p_真$ 表示。

根据前面讨论可知，$p_真$、$p_绝$、$p_相$ 及 p_a 的关系可表示为

$$p_{真} = |p_{相}| = -p_{相} = p_{a} - p_{绝} \tag{2-8}$$

第二节　重力作用下的液体平衡

对于相对地球处于静止状态下的液体，作用于液体上的质量力只有重力。下面讨论这种仅在重力作用下的液体平衡问题。

一、液体平衡方程

如图 2-5 为仅在重力作用下处于平衡状态的均质液体，液体的表面压强为 p_0，下面分析液体静水压强的分布规律，即建立 $p=p(x, y, z)$ 的函数关系。

在静止液体中任取一点 A，该点在液面以下的淹没深度为 h，压强为 p。围绕点 A 取一微小面积 $\mathrm{d}A$，以 $\mathrm{d}A$ 为底、h 为高取一铅直液柱为隔离体进行受力分析，作用于液柱上的力包括：

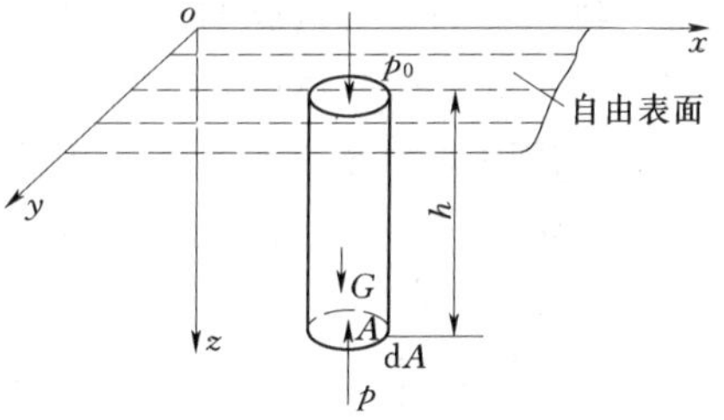

图 2-5

(1) 液柱的自重（即重力）$G=\gamma h\mathrm{d}A$，方向铅直向下。

(2) 作用于液柱顶面上的压力为 $p_0\mathrm{d}A$，方向铅直向下；作用于液柱底面上的压力为 $p\mathrm{d}A$，方向铅直向上。

(3) 作用于液柱侧面上的水压力，因其侧面皆为铅直面，则侧面上所受的水压力皆为水平力，因液柱处于平衡状态，水平方向上的力相互抵消。

在铅直方向，因液柱处于平衡状态，作用于液柱上的外力之和等于零，列液柱沿铅直方向的平衡方程，得

$$-p\mathrm{d}A + p_0\mathrm{d}A + \gamma h\mathrm{d}A = 0$$

上式两边同除以 $\mathrm{d}A$，可写为

$$p = p_0 + \gamma h \tag{2-9}$$

式 (2-9) 为仅在重力作用下的液体平衡方程式，也称为静水压强基本方程。它表明仅在重力作用下的静止液体中任一点的静水压强 p 等于液面压强 p_0 和该点在液面以下深度 h 与液体容重 γ 的乘积之和（γh 也叫液重压强）。由式 (2-9) 可以看出，液体表面压

强可以大小不变地传递到液体内部任何一点，这就是中学物理中学过的帕斯卡原理。

若液体自由表面的压强 p_0 等于当地大气压 p_a，例如水池中的水，当采用相对压强计算水体中的压强时，式（2-9）可改写为

$$p = \gamma h \tag{2-10}$$

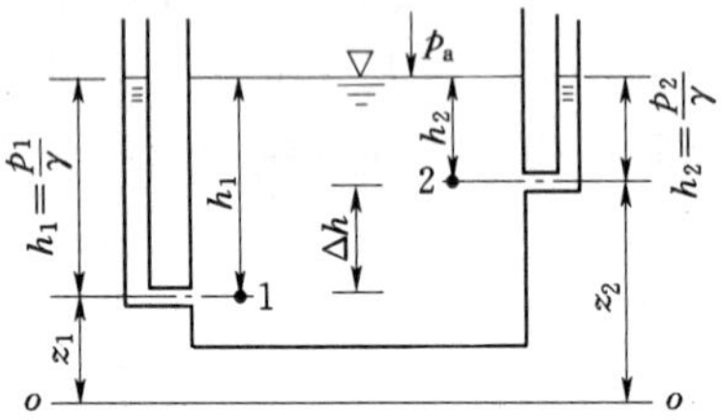

图 2-6

如图 2-6 所示，若在静止液体中任取 1、2 两点，水深分别为 h_1、h_2，高差 $\Delta h = h_1 - h_2$，压强分别为 p_1、p_2，利用式（2-9）或式（2-10）容易得到

$$p_1 - p_2 = \gamma \Delta h \tag{2-11}$$

前面介绍的静水压强基本方程式，是用水深 h 确定点压强的数值，若取一水平面 o—o 为基准面，用点距基准面的高度即位置高度 z 确定压强的大小，如图2-6中的 z_1、z_2，故 $\Delta h = z_2 - z_1$，代入式（2-11）可得

$$p_1 - p_2 = \gamma(z_2 - z_1)$$

即

$$z_1 + \frac{p_1}{\gamma} = z_2 + \frac{p_2}{\gamma} \tag{2-12}$$

式（2-12）为静水压强基本方程的另一种表达式。它表明仅在重力作用下的平衡均质液体中，位置高度愈大，即液体淹没深度愈小，静水压强愈小；位置高度愈小，即液体淹没深度愈大，静水压强愈大。

由压强相等的点所构成的平面或曲面称为等压面。由式（2-12）可以看出，仅在重力作用下的平衡均质液体中，位置高度相等的点压强相等，即等压面是水平面。换言之，仅在重力作用下的均质、连通的静止液体中，水平面为等压面，这就是连通器原理。如图 2-7 所示，2—2、4—4 为等压面，1—1、3—3、5—5 不符合等压面条件。

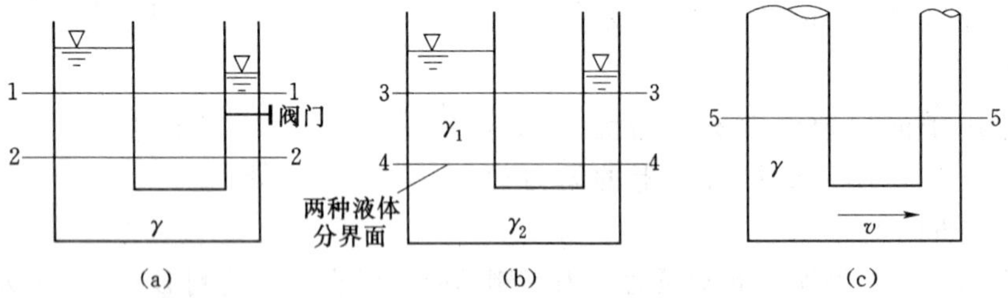

图 2-7

二、静水压强基本方程的意义

静水压强基本方程式是水静力学的基本方程，必须深刻理解它的含义，熟练掌握其应用方法。下面分别从几何和能量的角度加以说明。

（一）方程的几何意义

对于如图 2-6 所示的容器，分别在水深为 h_1、h_2 的边壁上开两个小孔，孔口分别连接垂直向上的开口玻璃管，在压力作用下玻璃管中水面升起，管中液面为大气压，根据静水压强的基本方程式，1、2 点的相对压强分别为

$$p_1 = \gamma h_1, \ p_2 = \gamma h_2$$

因此
$$h_1 = \frac{p_1}{\gamma}, \ h_2 = \frac{p_2}{\gamma}$$

显然，在连通的容器中，对于同种均质液体，玻璃管中液面上升的高度能反映相应点上压强的大小，这种玻璃管称为测压管，称 $h=p/\gamma$ 为测压管高度。不难看出，当液体容重 γ 一定时，一定的液柱高度可以表示一定的压强值。

在水力学中，把静水压强基本方程式中的位置高度 z 称为位置水头，测压管高度 p/γ 称为压强水头，两者之和 $z+p/\gamma$ 称为测压管水头，用 H_p 表示。

式（2-12）表明：仅在重力作用下的平衡液体中，各点测压管水头 H_p 为一常数。

即
$$H_p = z + \frac{p}{\gamma} = C \tag{2-13}$$

式（2-13）中常数 C 的大小随基准面的位置而变化，选定了基准面，C 值就确定了。

（二）方程的物理意义

设想在图 2-6 的容器中，围绕 1 点取质量为 $\mathrm{d}m$ 的液体，则该液体的位置势能为 $\mathrm{d}mgz_1$；1 点处的压强为 p_1，在 1 点开孔后，在压强的作用下，可以使质量为 $\mathrm{d}m$ 的液体上升 p_1/γ 的高度，这说明 1 点处的压强具有潜在的作功能力，称为压强势能，1 点处的压强势能为 $\mathrm{d}mgp_1/\gamma$。位于 1 点处质量为 $\mathrm{d}m$ 的液体所具有的总势能为

$$\mathrm{d}mgz_1 + \mathrm{d}mg\frac{p_1}{\gamma} = \mathrm{d}mg\left(z_1 + \frac{p_1}{\gamma}\right)$$

则单位重量的液体所具有的势能为

$$\frac{\mathrm{d}mgz_1 + \mathrm{d}mg\dfrac{p_1}{\gamma}}{\mathrm{d}mg} = z_1 + \frac{p_1}{\gamma} \tag{2-14}$$

式中　z_1——1 点处单位重量的液体所具有的位置势能，简称单位位能；

$\dfrac{p_1}{\gamma}$——1 点处单位重量的液体所具有的压强势能，简称单位压能；

$z_1+\dfrac{p_1}{\gamma}$——单位势能，在工程中常用符号 $E_{势}$ 来表示。

式（2-12）表明：仅在重力作用下的平衡液体，其中各点的单位势能 $E_{势}$ 均相等。

$$E_{势} = z + \frac{p}{\gamma} = C \tag{2-15}$$

【例 2-1】　一封闭水箱如图 2-8 所示，水箱内自由水面上气体的绝对压强 p_0 为 $78.4\mathrm{kN/m^2}$，C 点在水面以下的淹没深度为 1m。试求 C 点的静水压强（要求分别用绝对压强、相对压强、真空压强表示）。

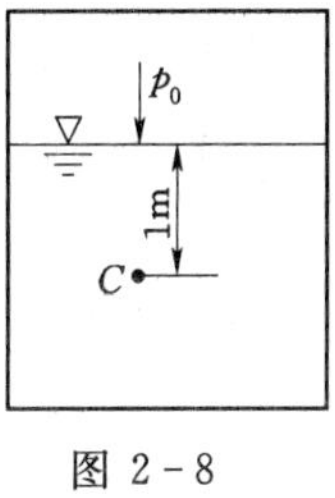

图 2-8

解　由式（2-9），C 点的静水压强为

$$p_{c绝} = p_0 + \gamma h = 78.4 + 9.8 \times 1 = 88.2\ \mathrm{kN/m^2}$$

$$p_{c相} = p_{c绝} - p_a = 88.2 - 98 = -9.8\ \mathrm{kN/m^2}$$

相对压强为负值，说明 C 点存在真空，即

$$p_{c真} = p_a - p_{c绝} = 98 - 88.2 = 9.8\ \mathrm{kN/m^2}$$

或
$$p_{c真} = |p_{c相}| = 9.8\ \mathrm{kN/m^2}$$

第三节　静水压强的量测

在实际工作中，许多时候需要确定和比较压强的大小。不同的问题，根据习惯往往会采用不同的压强单位，主要有以下三种。

（一）应力单位

应力即单位面积上所受的力，前面介绍的压强单位 N/m^2（Pa）、kN/m^2（kPa）均是单位面积所受的力，故称为应力单位。应力单位是最基本的压强单位。

（二）工程大气压

物理学中规定：以海平面的平均大气压 760mm 高水银柱，为 1 个标准大气压（atm）。水银的容重 γ_m 为 $133.280kN/m^3$，则

$$1atm = 133.28 \times 0.76 \approx 101.3\ kPa \approx 1.03kgf/cm^2$$

在水利工程中，为了计算简便，同时也能满足工程精度上的要求，规定

$$1\text{工程大气压} = 1.0\ kgf/cm^2 = 98.0\ kPa$$

（三）水柱高度

水利工程中还常用水柱高度作为压强单位。这是因为在一般水力计算时，水的容重可视为常量，所以水柱高度 $h=p/\gamma$ 就能代表压强的大小。

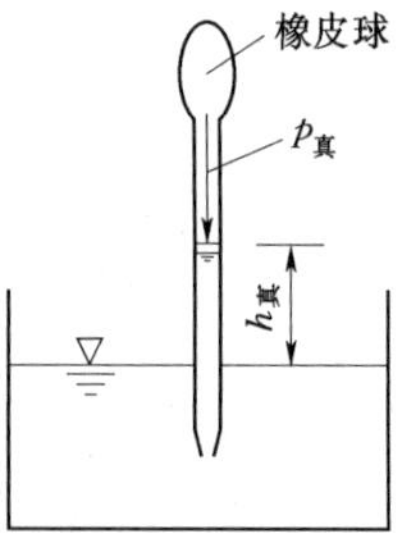

图 2-9

用水柱高度表示真空压强的大小，称为真空高度。如图 2-9 为一带橡皮球的吸管，捏住橡皮球将吸管放入水中，松开手后水在玻璃管中升高，水柱高 h 的大小反映橡皮吸管中真空压强的大小，$h_真 = P_真/\gamma$，$h_真$ 即真空高度。

不难得出，三种压强单位的关系是：

$$1\text{工程大气压}=98kPa=10m\text{水柱高}$$

或者　　$$1kPa=0.0102\text{工程大气压}=0.102m\text{水柱高}$$

常见的静水压强的量测仪器有液压计、金属压力表和非电量电测仪表等。下面仅介绍利用水静力学原理制作的液压计。液压计因其构造简单，使用方便可靠，在实验室和实践中被广泛使用。

一、测压管

简单的测压管是如图 2-10（a）所示的开口向上的玻璃管，管中液柱高度就能反映容器或管道中 A 点的相对压强 P_A。

$$P_A = \gamma h_A$$

如果被测点的压强较小，为了提高测量精度，应增大测压管内液柱的长度，这样可减少读数的相对误差。一般可用两种方法：一是将测压管倾斜放置，如图 2-10（b）。此时，液柱长度比液柱高度大一些，B 点的压强应为

$$P_B = \gamma h_B = \gamma L_B \sin\alpha$$

另一种方法是在测压管内装入与水不相掺混的轻质液体（如汽油），则测量相等的压强可以得到较大的液柱高度。当然还可以采用两者相结合的方法，使量测精度更高。

如果被测点的压强较大，则测压管高度会过高而使量测不便，这时可以采用 U 形水

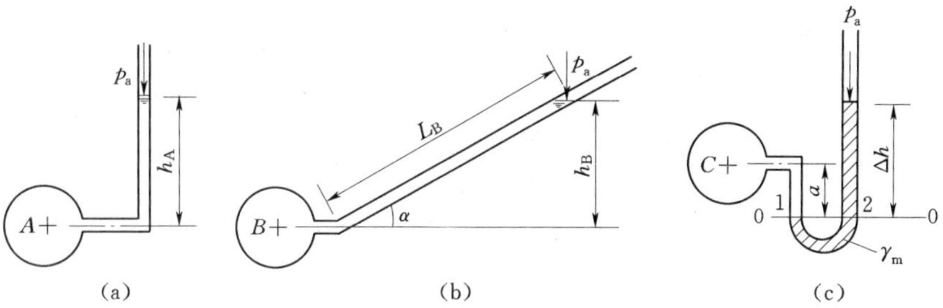

图 2-10

银测压管，如图 2-10（c）所示。

根据连通器原理，0—0 面为等压面，则

$$p_1 = p_c + \gamma a \quad p_2 = \gamma_m \Delta h$$

因为

$$p_1 = p_2$$

所以

$$p_c + \gamma a = \gamma_m \Delta h$$

$$p_c = \gamma_m \Delta h - \gamma a$$

式中　γ、γ_m——水和水银的容重。

此式说明：只要从水银测压管中测出 Δh 和 a，就可以算出 C 点的静水压强。

以上是根据等压面条件建立方程计算的，根据连通器原理和压强计算公式，也可以从已知液面压强的一端直接推算。推算过程中应注意：从位置高的点向位置低的点推算压强，压强值增加 $\gamma \Delta h$（其中 Δh 为两点高差；γ 为液体的容重），反之其值减小 $\gamma \Delta h$。

例如，图 2-10（c）中的测压计，由开口端向 C 点按相对压强推算，可直接写出

$$\gamma_m \Delta h - \gamma a = p_c$$

显然，利用这种方法推算压强更简单明了。

二、比压计

为了量测两点压差，可以采用如图 2-11 的装置，称为比压计，又称压差计。常用的有空气比压计和水银比压计。

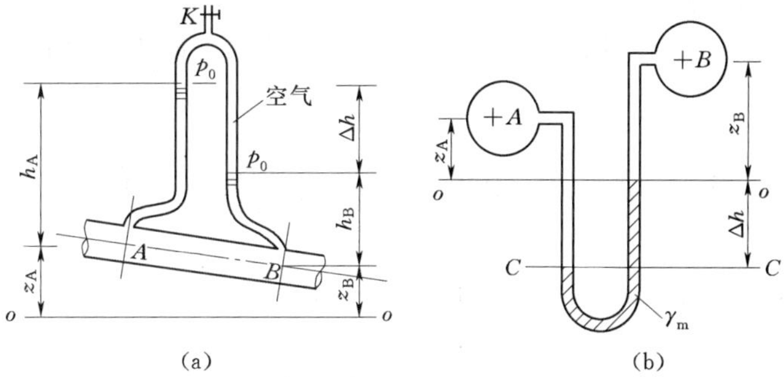

图 2-11

如图 2-11（a）为一空气比压计，顶部连通并装有通气阀 K，可调节比压计两管中的液面压强。测出比压计两管液面高差 Δh，再测出 A、B 两点位置高度 z_A、z_B，即可以

求出 A、B 两点的压差。因为在常温和标准大气压下空气的容重约为水的容重的 1/800，一般不考虑空气柱的重量引起的压强差。设两管内液面上的压强均为 p_0，利用前面介绍的推算方法，从 B 点向 A 点进行压强的推算：

$$p_B - \gamma h_B + \gamma h_A = p_A$$

$$p_A - p_B = \gamma(h_A - h_B)$$

由图 2-11(a) 得　$$\Delta h = (z_A + h_A) - (z_B + h_B)$$

代入上式得　$$p_A - p_B = \gamma\Delta h - \gamma(z_A - z_B)$$

当量测的压差较大时，也可采用水银比压计，如图 2-11（b）所示。设 A、B 两点处液体的容重为 γ，水银的容重为 γ_m。根据连通器原理，C—C 为等压面，测得 z_A、z_B 和 Δh，则由 B 点向 A 点进行压强推算得

$$p_B + \gamma z_B + \gamma_m \Delta h - \gamma\Delta h - \gamma z_A = p_A$$

故两点的压差为　$$p_A - p_B = (\gamma_m - \gamma)\Delta h + \gamma(z_B - z_A)$$

【例 2-2】　两盛水压力容器 A、B 间连接一水银比压计，如图 2-12 所示。已知：$\Delta z=\Delta h=h=0.3\text{m}$，试求：

（1）A、B 两点的压差；

（2）若容器 A、B 变为同一高程（$\Delta z=0$），且 Δh 不变，求 A、B 两点的压强差；

（3）若容器 A、B 的高程和压强不变，变化水银测压计的安装高度 h，问是否会影响 Δh 的大小？

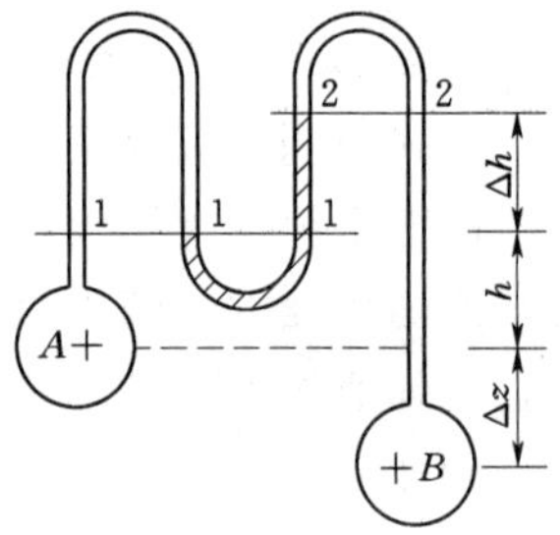

图 2-12

解　（1）在均质、连通的静止液体中，图 2-12 中 1—1 和 2—2 面均为等压面，据此可列出

$$p_A - \gamma_{水} h - \gamma_{水银}\Delta h + \gamma_{水}(\Delta h + h + \Delta z) = p_B$$

所以　$$p_A - p_B = (\gamma_{水银} - \gamma_{水})\Delta h - \gamma_{水}\Delta z$$

$$= (133.3 - 9.8) \times 0.3 - 9.8 \times 0.3 = 34.11\text{kPa}$$

（2）若容器 A、B 点同高，即 $\Delta z=0$，显然

$$p_A - p_B = (\gamma_{水银} - \gamma_{水})\Delta h = (133.3 - 9.8) \times 0.3 = 37.05\text{kPa}$$

（3）从以上的计算过程可以看出，水银测压计读数 Δh 仅与容器中 A、B 两点的压强差和位置高差 Δz 有关，与测压计安装高度 h 无关，变化水银测压计的安装高度，不会影响 Δh 的大小。

第四节　作用在平面上的静水总压力

一、作用在矩形平面上的静水总压力

受压面为矩形是水利工程中遇到最多的情况，如平板闸门和单位宽度挡水坝坝面等。计算这类平面上的静水总压力比较简便的方法是利用静水压强分布图，此法称为图解法，又称压力图法。

（一）静水压强分布图

根据静水压强的基本公式 $p=\gamma h$ 知道，压强 p 的大小与水深 h 成线性关系，因此可

以将作用面上的压强沿水深的分布绘制成几何图形，即静水压强分布图。

静水压强分布图的绘制方法如下：

(1) 用静水压强的基本公式计算出静水压强的数值，用比例线段长度代表该点静水压强的大小。

(2) 用箭头表示静水压强的方向（垂直指向受压面）。

(3) 连接箭线的尾端构成的几何图形，即受压面上的静水压强分布图。

对于平面壁，压强 p 沿水深 h 方向呈直线分布，只要确定两个点的压强值，就可以确定该直线。

如图 2-13 所示，一矩形平板闸门 AB 一侧挡水，水深为 h，水面为大气压 p_a，闸门顶、底两点的压强值分别为 $p_A=0$，$p_B=\gamma h$。由 B 点作垂直 AB 面的箭线，以线段 $B'B$ 表示 p_B 的大小，连接 AB' 构成直角三角形 ABB'，在其内部均匀地作几条平行于 $B'B$ 的箭线，即为 AB 面上的静水压强分布图。

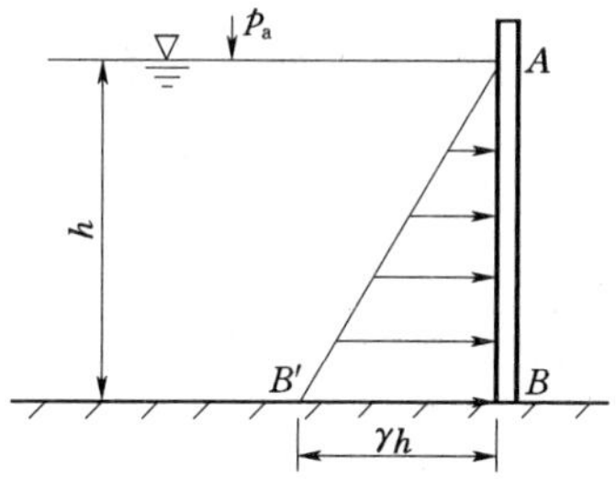

图 2-13

图 2-14 中绘出了几种有代表性受压面的静水压强分布图。

静水压强分布图可以叠加，对于建筑物上下游受水压力的情况，如图 2-14 (b)，叠加之后静水压强分布图为矩形，这样做可简化静水总压力的计算。

(二) 静水总压力的计算

静水总压力的计算包括确定静水总压力的大小、方向和作用点。由于平面上各点静水压强均垂直指向受压面，求解静水总压力属于平行力系求合力的问题，故静水总压力的方向必定垂直指向受压面。

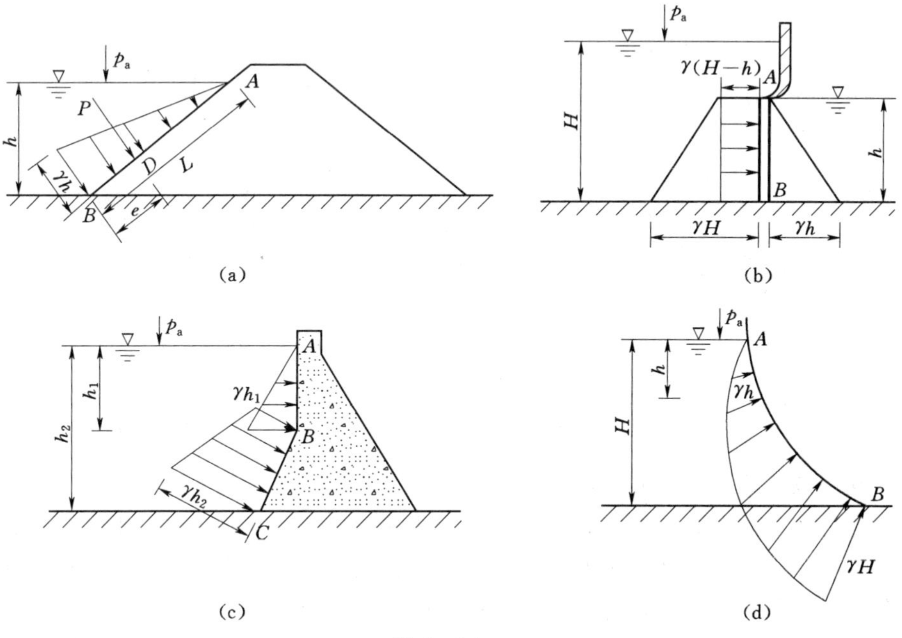

图 2-14

1. 静水总压力的大小

静水总压力一般用 P 表示。如图 2-15 所示，倾斜受压面 $EFF'E'$ 的长度为 L、宽度为 b，EE' 平行于水面，E 点的水深为 h_1，F 点的水深为 h_2。在水面下任一深度取微面积 $\mathrm{d}A$，$\mathrm{d}A=b\mathrm{d}y$。因微面积 $\mathrm{d}A$ 上各点的压强均为 p，则作用于微面积 $\mathrm{d}A$ 上的静水压力为

$$\mathrm{d}P = pb\mathrm{d}y$$

作用于整个受压面上的静水总压力为

$$P = \int_A \mathrm{d}P = b\int_0^L p\mathrm{d}y$$

式中 $\int_0^L p\mathrm{d}y$ 就是静水压强分布图的面积，用符号 S 表示，则

$$P = Sb \tag{2-16}$$

式（2-16）表明：作用于矩形平面壁上的静水总压力等于静水压强分布图的面积与受压面宽度的乘积。该压强分布图为梯形，故 $S=\frac{1}{2}(\gamma h_1+\gamma h_2)L$；若压强分布图为三角形时，如图 2-14（a）所示，则 $S=\frac{1}{2}\gamma hL$。

2. 静水总压力的作用点

由图 2-15 可以看出，矩形平面存在纵向对称轴 0—0，压强相对于 0—0 轴对称分布，静水总压力 P 的作用点 D 必定位于对称轴 0—0 上。同时，P 的作用线还应通过对称轴 0—0 上静水压强分布图的形心点，与受压面相交于 D 点，D 点称为压力中心。

当静水压强分布图为三角形时，压力中心 D 离底部距离 $e=L/3$，如图 2-14（a）所示；当静水压强分布图为梯形时，根据合力矩定理可求得 $e=[L(2h_1+h_2)]/[3(h_1+h_2)]$，如图 2-15 所示。

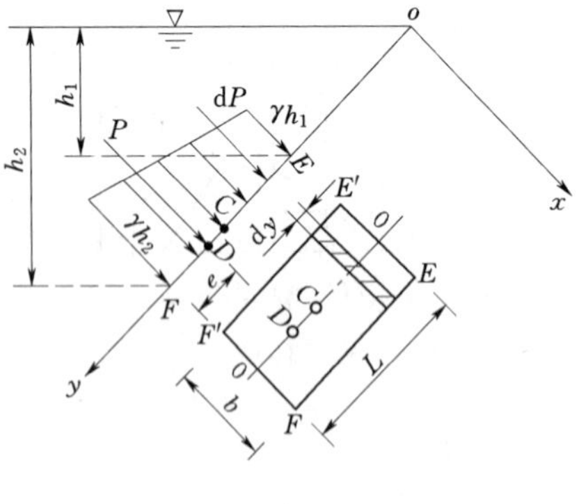

图 2-15

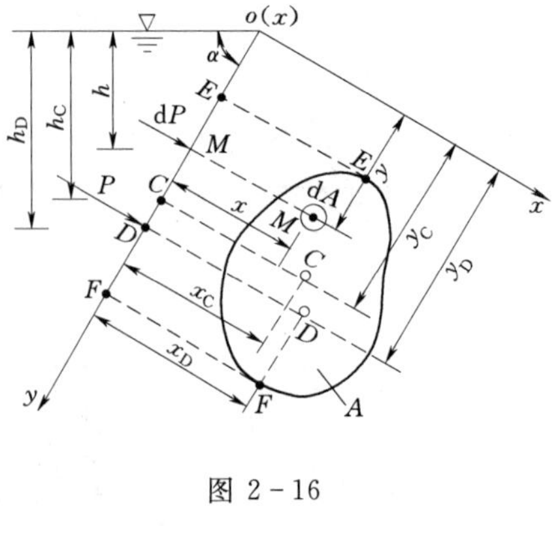

图 2-16

二、作用在任意平面上的静水总压力

当受压面为任意形状的平面时，静水总压力 P 的计算较为复杂。如图 2-16 所示为倾斜放置于水中的任意形状的平面 EF，与水平面的夹角为 α，面积为 A，形心点为 C。下面研究作用于该平面上的静水总压力的大小和压力中心的位置。

在 EF 面所在平面建立坐标系 xoy，以 EF 所在平面与水面的交线为 x 轴，与之相垂

直的为 y 轴。为了便于分析，将 xoy 面绕 y 轴转动 90°。

1. 静水总压力的大小

在 EF 面上任取一点 M，围绕 M 点取微小面积 dA。设 M 点水深为 h，则该点的静水压强 $p=\gamma h$。微面积 dA 上作用的静水压力 $dP=p dA=\gamma h dA$，整个 EF 面上的静水压力

$$P=\int_A dP=\int_A \gamma h\,dA \tag{2-17}$$

由几何关系可知，$h=y\sin\alpha$。

于是

$$P=\gamma\sin\alpha\int_A y\,dA \tag{2-18}$$

上式中 $\int_A y\,dA$ 为 EF 面对 ox 轴的面积矩，其值等于平面 EF 的面积 A 与其形心坐标 y_c 的乘积，因此

$$P=\gamma\sin\alpha y_c A \tag{2-19}$$

即

$$P=\gamma h_c A \tag{2-20}$$

式中　h_c——平面 EF 的形心 C 点在液面下的淹没深度，$h_c=y_c\sin\alpha$；

p_c——形心 C 点的静水压强，$p_c=\gamma h_c$。

由此得

$$P=p_c A \tag{2-21}$$

式（2-21）表明：作用在任意平面上的静水总压力等于该平面形心点上的静水压强与该平面面积的乘积。

2. 静水总压力的作用点（压力中心）

设压力中心 D 的坐标值为（x_D，y_D）。确定 D 点的位置即求解其坐标值 x_D、y_D。由理论力学合力矩定理可知，合力对任一轴的力矩等于各分力对该轴力矩的代数和。应用这一原理，首先对 ox 轴求力矩

$$Py_D=\int_A yp\,dA \tag{2-22}$$

将 $p=\gamma h=\gamma y\sin\alpha$ 代入式（2-22）得

$$Py_D=\gamma\sin\alpha\int_A y^2 dA \tag{2-23}$$

令 $I_{ox}=\int_A y^2 dA$，I_{ox} 表示平面 EF 对 ox 轴的惯性矩。根据惯性矩的平行移轴定理得

$$I_{ox}=I_{cx}+y_c^2 A \tag{2-24}$$

式（2-24）中 I_{cx} 表示平面 EF 对于通过其形心 C 点与 ox 轴平行的轴线的惯性矩。因此

$$Py_D=\gamma\sin\alpha(I_{cx}+y_c^2 A) \tag{2-25}$$

由此得

$$y_D=\frac{\gamma\sin\alpha(I_{cx}+y_c^2 A)}{P}=\frac{\gamma\sin\alpha(I_{cx}+y_c^2 A)}{\gamma y_c\sin\alpha A}=y_c+\frac{I_{cx}}{y_c A} \tag{2-26}$$

由式（2-26）可知，$y_D>y_c$。常见平面图形的 A、y_c 及 I_{cx} 的计算公式见表 2-1。

同理，应用合力矩定理对 oy 轴求力矩，可以求出压力中心 D 点的另一个坐标 x_D。

$$x_D=x_c+\frac{I_{cxy}}{y_c A} \tag{2-27}$$

式（2－27）中 I_{cxy} 为面积 A 对通过形心 C 点平行 x、y 轴的惯性积。惯性积 I_{cxy} 不同于惯性矩，可以是正值，也可以是负值，所以对于任意形状的平面而言，压力中心 D 可能在形心 C 的左侧或右侧。

表 2－1　　常见平面图形的 A、y_c 及 I_{cx} 的值

几何图形名称		面积 A	形心坐标 y_c	对通过形心点 cx 轴的惯性矩 I_{cx}
矩形	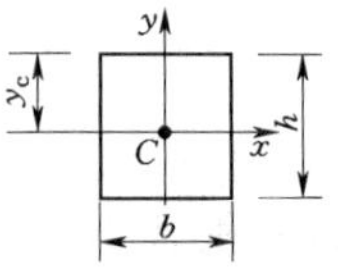	bh	$\frac{h}{2}$	$\frac{bh^3}{12}$
三角形	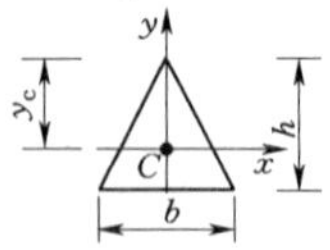	$\frac{bh}{2}$	$\frac{2h}{3}$	$\frac{bh^3}{36}$
梯形	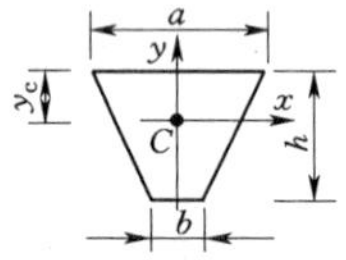	$\frac{h\ (a+b)}{2}$	$\frac{h}{3}\left(\frac{a+2b}{a+b}\right)$	$\frac{h^3}{36}\left(\frac{a^2+4ab+b^2}{a+b}\right)$
圆	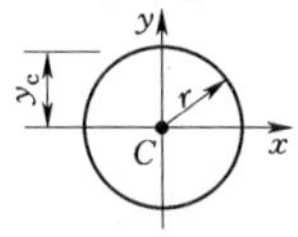	πr^2	r	$\frac{1}{4}\pi r^4$
半圆	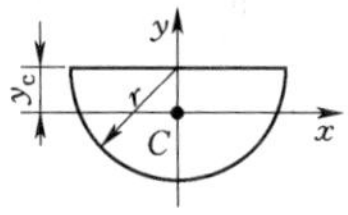	$\frac{1}{2}\pi r^2$	$\frac{4r}{3\pi}=0.4244r$	$\frac{9\pi^2-64}{72\pi}r^4=0.1098r^4$

在工程实际中，受压平面大多具有对称轴，对称轴两侧静水压力对称，所以压力中心落在纵向对称轴上，因而无需计算 x_D。

【例 2－3】　如图 2－17 一水工隧洞的进口，倾斜设置一矩形平板闸门，倾角 α 为 60°，门宽 b 为 4m，门长 L 为 6m，门顶在水面以下的淹没深度 h_1 为 10m，若不计闸门自重，问沿斜面拖动闸门所需的拉力 T 为多少（已知闸门与门槽之间摩擦系数 f 为 0.25）？计算确定闸门上静水总压力的大小和压力中心的位置。

解　当不计闸门自重时，拖动闸门的拉力就是克服闸门与门槽间的摩擦力：

$$T = Pf$$

（1）首先利用图解法求解静水总压力 P。

先画出闸门 AB 上的静水压强分布图，静水压强分布图为梯形，计算可得

$$\gamma h_1 = 9.8 \times 10 = 98\ \text{kN/m}^2$$

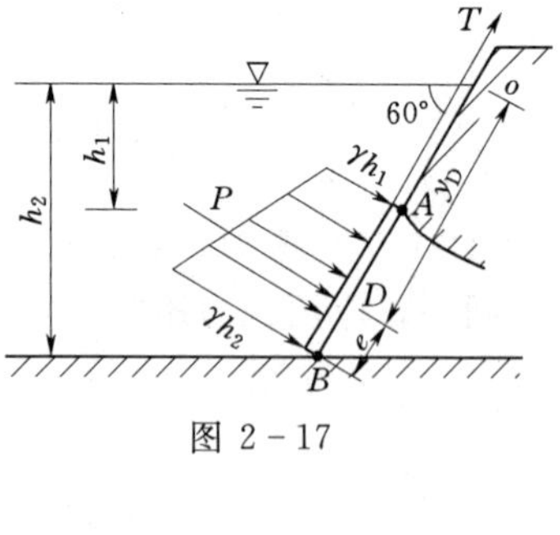

图 2－17

$$\gamma h_2 = \gamma(h + L\sin\alpha) = 9.8 \times \left(10 + 6 \times \frac{\sqrt{3}}{2}\right) = 149\ \text{kN/m}^2$$

$$S = \frac{1}{2}(\gamma h_1 + \gamma h_2)L = \frac{1}{2} \times (98 + 149) \times 6 = 741\text{kN/m}$$

$$P = Sb = 741 \times 4 = 2964\text{kN}$$

压力中心距闸门底部的距离为

$$e = \frac{L(2h_1 + h_2)}{3(h_1 + h_2)} = \frac{6 \times \left(2 \times 10 + 10 + 6 \times \frac{\sqrt{3}}{2}\right)}{3 \times \left(10 + 10 + 6 \times \frac{\sqrt{3}}{2}\right)} = 2.79\ \text{m}$$

$$y_D = \left(L + \frac{h_1}{\sin 60°}\right) - e = \left(6 + \frac{10}{0.87}\right) - 2.79 = 14.71\ \text{m}$$

（2）利用解析法求解静水总压力 P。

利用公式 $P = p_c A = \gamma h_c bL$ 计算，其中

$$h_c = h_1 + \frac{L}{2} \times \sin 60° = 10 + \frac{6}{2} \times 0.87 = 12.61\ \text{m}$$

$$P = p_c A = \gamma h_c bL = 9.8 \times 12.61 \times 4 \times 6 = 2964\ \text{kN}$$

利用公式 $y_D = y_c + \frac{I_{cx}}{y_c A}$ 计算压力中心的位置，其中

$$y_c = \frac{L}{2} + \frac{h_1}{\sin 60°} = 3 + \frac{10}{0.87} = 3 + 11.5 = 14.5\ \text{m}$$

$$I_{cx} = \frac{1}{12}bL^3 = \frac{1}{12} \times 4 \times 6^3 = 72\ \text{m}^4$$

$$y_D = y_c + \frac{I_{cx}}{y_c A} = 14.5 + \frac{72}{14.5 \times 4 \times 6} = 14.71\ \text{m}$$

可见，采用上述两种方法计算结果完全相同。对于矩形受压面，可以将两种方法结合运用，例如利用解析法求 P 的大小和利用图解法求 P 的作用点的位置，这样可使解题过程更为简单。

（3）沿斜面拖动闸门的拉力。

$$T = Pf = 2964 \times 0.25 = 741\ \text{kN}$$

【例 2－4】　如图2－18所示，一铅直设置的圆形平板闸门。已知：闸门半径 $r = 1$m，闸门形心在水面以下的深度 $h_c = 10$m。求作用于闸门上的静水总压力。

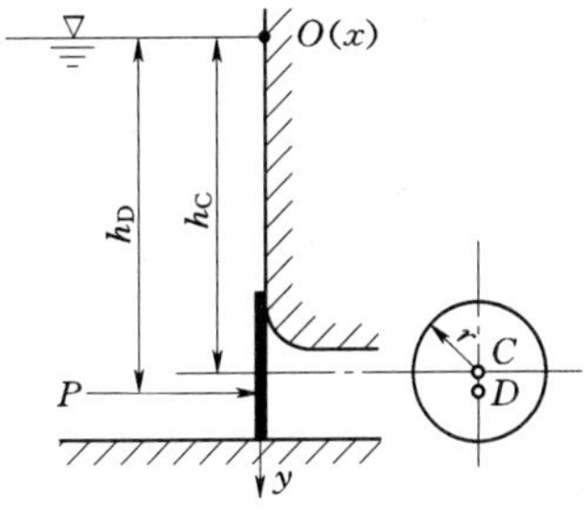

图 2－18

解　根据计算公式得

$$P = p_c A = rh_c \pi r^2 = 9.8 \times 10 \times 3.14 \times 1^2 = 307.7\ \text{kN}$$

作用点 D 应位于纵向对称轴上，故仅需求出 D 点在纵向对称轴上的位置。在本题中 $y_c = h_c$，$y_D = h_D$。

故
$$h_D = h_c + \frac{I_{cx}}{h_c A}$$

圆形平面过圆心轴线的惯性矩 $I_{cx}=\frac{\pi r^4}{4}$

则

$$h_D=h_c+\frac{I_{cx}}{h_cA}=10+\frac{\frac{1}{4}\pi r^4}{10\times\pi r^2}=10+\frac{1}{40}\approx 10.03\ \text{m}$$

第五节　作用在曲面上的静水总压力

在水利工程中，常碰到受压面为曲面的情况，如拱坝坝面、弧形闸门、U 形渡槽、隧洞进水口等，需要求解作用在曲面上的静水总压力。作用在曲面上任一点的静水压强，也是垂直指向作用面，并且其大小与该点在水面以下的深度成正比，由此可以画出曲面上的静水压强分布图，如图 2-14（d）所示。由于曲面上各点压强方向不相同，彼此不平行，也不一定交于一点，因此求曲面上的静水总压力，就不能像平面那样可以直接积分求其合力。

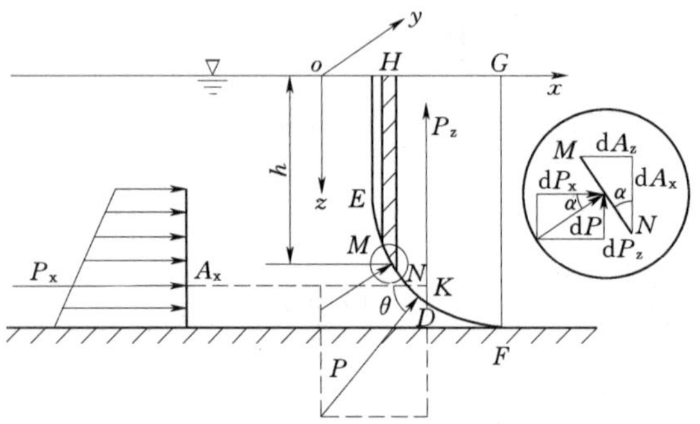

图 2-19

曲面上的静水总压力的计算，是空间力系求合力的问题，通常采用“先分解，后合成”的方法。对于工程中常用的二度曲面，是将任取的微小面积上所受的静水压力，分解为水平分力和垂直分力，然后分别求和，得到静水总压力的水平分力和铅直分力，这就变成求平行力系的合力问题。最后将静水总压力的水平分力和铅直分力合成，求出静水总压力。

如图 2-19 所示，EF 为二度曲面，左侧受水压力作用，在淹没深度 h 处任取微小面积 dA，可近似认为它为平面，则作用在 dA 上的静水压力 $dP=pdA=\gamma hdA$，dP 垂直于微小面积 dA，与水平线夹角为 α，将 dP 分解为水平分力 dP_x 和垂直分力 dP_z 两部分：

$$dP_x=dP\cos\alpha=\gamma h\,dA\cos\alpha$$

$$dP_z=dP\sin\alpha=\gamma h\,dA\sin\alpha$$

因为 dA 与铅垂面的夹角也等于 α，所以 $dA\cos\alpha$ 即 dA 在铅直面 yoz 上的投影面积，记作 dA_x；$dA\sin\alpha$ 即 dA 在水平面 xoy 上的投影面积，记作 dA_z。

则

$$dP_x=\gamma h\,dA_x$$

$$dP_z=\gamma h\,dA_z$$

一、静水总压力的水平分力

静水总压力的水平分力为

$$P_x=\int_A dP_x=\gamma\int_{A_x}h\,dA_x \tag{2-28}$$

由理论力学可知

$$\int_{A_x} h\mathrm{d}A_x = h_c A_x \tag{2-29}$$

式（2－29）中 A_x 为曲面 EF 在铅直面 yoz 上的投影面积，h_c 为 A_x 的形心 C 的淹没深度。

则

$$P_x = \gamma\int_{A_x} h\mathrm{d}A_x = \gamma h_c A_x = p_c A_x \tag{2-30}$$

式中　p_c——面积 A_x 的形心 C 点的压强，$p_c=\gamma h_c$。

式（2－30）表明：作用在曲面上静水总压力的水平分力等于曲面在铅直平面上的投影面的静水总压力。这样，就把求解曲面上静水总压力的水平分力问题转化为求平面的静水总压力问题。

二、静水总压力的铅直分力

静水总压力的铅直分力为

$$P_z = \int_A \mathrm{d}P_z = \int_{A_z} \gamma h\,\mathrm{d}A_z \tag{2-31}$$

由图 2－19 不难看出，P_z 表示 EF 与水面延续面之间铅直水体 $EFGH$ 所对应的重量。若受压面在 y 向的长度为 b，则水体重量等于以面 $EFGH$ 为底，b 为长的柱体体积乘以水的容重 γ，即

$$P_z = \gamma V_{EFGH} \tag{2-32}$$

式（2－32）中，V_{EFGH}称为压力体。该式表明：作用于曲面上静水总压力的铅直分力等于压力体内的水体重。

根据以上分析，压力体是由受压面、水面或水面的延展面以及由受压面的边缘向水面或水面的延展面所作的铅直面所围成的几何体。

值得注意的是：压力体只是作为计算作用在曲面上静水总压力的垂直分力的数值当量，它不一定由实际液体所构成，它只能计算出 P_z 的大小，而 P_z 的方向，则应根据受压面与压力体及液体的关系而定。如图 2－20（a）所示，当液体位于受压面之上，即压力体和水位于受压面的同侧，压力体中存在液体（称为实压力体），P_z 铅直向下；如图 2－20（b）所示，当液体位于受压面的下面，即压力体位于水体的异侧，压力体中没有液体（称为虚压力体），P_z 铅直向上。

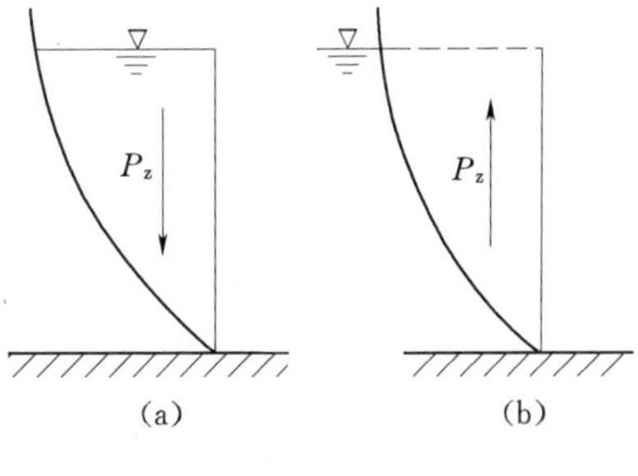

图 2－20

垂直分力 P_z 的作用线，通过压力体的形心。

对于复杂的受压面可以运用分段叠加的方法绘制压力体。图 2－21 所示为一凹凸相间的复杂柱面 $ABCD$，可由液体相对曲面上、下的位置将曲面分段。AC 段液体位于曲面之下，垂直分力向上；CD 段液体位于曲面之上，垂直分力向下。按照前面介绍的方法分别绘出 AC、CD 的压力体 $ABCC'$ 和 $B'DCC'$，显然两者均包括 $B'BCC'$ 部分，但方向不同，

可相互抵消，未抵消的部分便是该曲面 $ABCD$ 上的压力体。

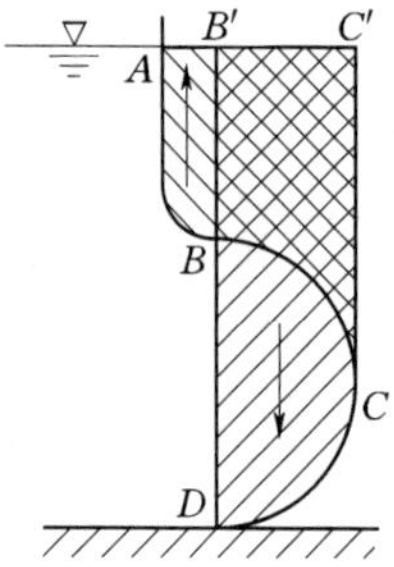

图 2-21

三、静水总压力

求出水平分力 P_x 和垂直分力 P_z 后，由力的合成定理，曲面所受静水总压力 P 应为

$$P=\sqrt{P_x^2+P_z^2} \tag{2-33}$$

P 的方向用它与水平面的夹角 θ 表示，如图 2-19 所示。

$$\theta=\text{arctg}\frac{P_z}{P_x} \tag{2-34}$$

P 的作用线应通过 P_x 与 P_z 的交点 K（见图 2-19），但 K 不一定在曲面上。P 的作用线与曲面的交点 D 称为压力中心。

对于工程中遇到的求解倾斜平面或折面的静水总压力的问题，也可利用本节介绍的求解二度曲面静水总压力的方法。

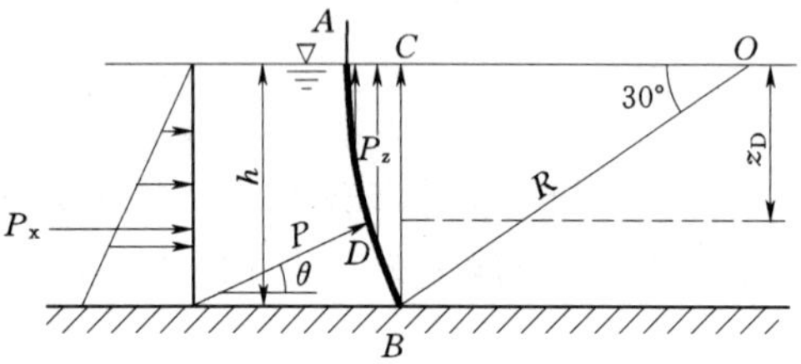

图 2-22

【例 2-5】　一弧形闸门如图 2-22 所示。门宽 $b=6\text{m}$，圆弧半径 $R=4\text{m}$，闸前水深 $h=2\text{m}$，试求水面与门轴同高时弧形闸门所受的静水总压力。

解　(1) 静水总压力的水平分力为

$$P_x=\frac{1}{2}\gamma h^2 b=\frac{9.8\times2^2\times6}{2}=117.6\ \text{kN}$$

(2) 求垂直分力 P_z

$$P_z=\gamma V$$

$$V=b\Omega$$

$$\begin{aligned}\Omega&=\text{扇形 }AOB\text{ 的面积}-\text{三角形 }BOC\text{ 的面积}\\&=\frac{30^\circ}{360^\circ}\pi R^2-\frac{1}{2}BC\cdot OC\\&=\frac{1}{12}\times3.14\times4^2-\frac{1}{2}\times2\times4\cos30^\circ=4.19-3.46=0.73\ \text{m}^2\end{aligned}$$

$$P_z=\gamma V=\gamma b\Omega=9.8\times6\times0.73=42.9\ \text{kN}\ (\text{方向向上})$$

故闸门上的静水总压力为

$$P=\sqrt{P_x^2+P_z^2}=\sqrt{117.6^2+42.9^2}=125.2\ \text{kN}$$

$$\theta=\text{arctg}\frac{p_z}{p_x}=\text{arctg}\frac{42.9}{117.6}=20.04^\circ$$

因为弧形闸门曲面是圆柱面的一部分，各点的压强与圆柱面垂直且通过圆心 O 点，所以总压力的作用线也通过 O 点。总压力的作用线与闸门的交点为压力中心 D，D 点距圆心的高度

$$z_D=R\sin\theta=4\times\sin20.04^\circ=1.37\text{m}$$

【例 2-6】　有一薄壁金属压力管，如图2-23所示。管中受均匀水压力作用，其压强为 p，管内径为 D，当管壁允许拉应力为 $[\sigma]$ 时，求管壁厚 δ 为多少？（不考虑管道自重和水重产生的影响）

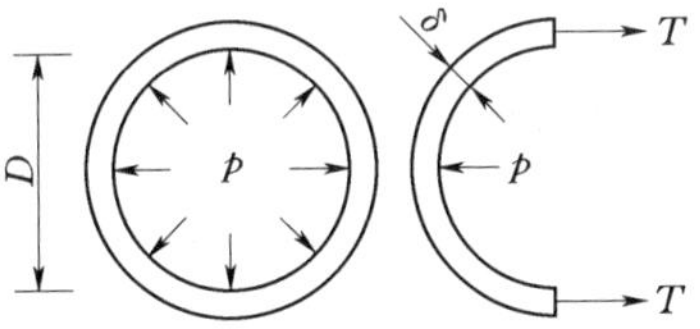

图 2-23

解　因水管在水压力的作用下，管壁将受到拉应力，此时外荷载为水管内壁上的水压力。为了分析水管内力与外荷载间的关系，沿管轴方向取单位长度的管段，从直径方向剖开，在该剖面上管壁所受的内力为 $2T$，并且

$$2T = 2 \times \delta \times 1 \times \sigma = 2\delta\sigma$$

式中　σ——管壁上的拉应力。

令 P 为作用于曲面内壁上总压力在内力 T 方向的分力，由曲面总压力水平分力计算公式可知

$$P = p_c A_x = pD \times 1 = pD$$

外荷载与总内力应相等：

$$2\delta\sigma = pD$$

若令管壁所受拉应力恰好等于其允许拉应力 $[\sigma]$，则所需要的管壁厚度为

$$\delta = \frac{pD}{2[\sigma]}$$

*第六节　重力和惯性力共同作用下的液体平衡

前面讨论了仅在重力作用下的液体平衡问题，下面进一步讨论在重力和惯性力共同作用下的液体平衡。

一、液体的平衡微分方程及其积分

液体平衡微分方程式是表征液体处于平衡状态时作用于液体上各种力之间的关系式。

如图 2-24 所示，在平衡液体中取出微小六面体，各边分别与坐标轴平行，边长分别为 dx、dy、dz。作用在六面体的表面力是周围液体对它的压力。设六面体中心点 $S(x, y, z)$ 的压强为 p，压强分布是坐标的连续函数 $p=p(x, y, z)$，在 x 方向用泰勒级数展开并忽略高阶微量可得 $ABCD$ 面的中心点 $M\left(x-\frac{dx}{2}, y, z\right)$ 和 $EFGH$ 面的中心点 $N\left(x+\frac{dx}{2}, y, z\right)$ 的压强分别为

$$p_M = p - \frac{1}{2}\frac{\partial p}{\partial x}dx,\ p_N = p + \frac{1}{2}\frac{\partial p}{\partial x}dx$$

由于微小六面体各面面积微小，可认为各点所受的压强相等，则在 x 轴方向作用在 $ABCD$ 面和 $EFGH$ 面的表面力分别为

$$\left(p - \frac{1}{2}\frac{\partial p}{\partial x}dx\right)dydz,\ \left(p + \frac{1}{2}\frac{\partial p}{\partial x}dx\right)dydz$$

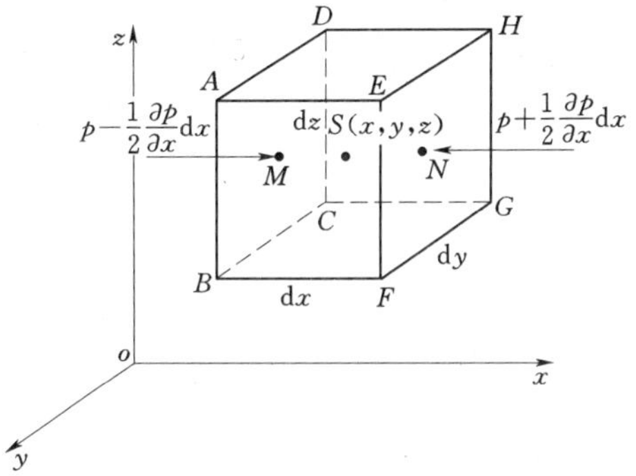

图 2-24

微小六面体的质量为 $\rho dxdydz$，若以 $\boldsymbol{X}$、$\boldsymbol{Y}$、$\boldsymbol{Z}$ 代表单位质量力在三个坐标方向的分量，则作用在微小六面体的质量力在 x 轴方向的分量为 $\boldsymbol{X}\rho dxdydz$，根据液体平衡条件，各力在 x 轴方

向的合力为零

$$\left(p-\frac{1}{2}\frac{\partial p}{\partial x}\mathrm{d}x\right)\mathrm{d}y\mathrm{d}z-\left(p+\frac{1}{2}\frac{\partial p}{\partial x}\mathrm{d}x\right)\mathrm{d}y\mathrm{d}z+\boldsymbol{X}\rho\mathrm{d}x\mathrm{d}y\mathrm{d}z=0$$

以 $\rho\mathrm{d}x\mathrm{d}y\mathrm{d}z$ 除上式各项并化简后为

$$\frac{\partial p}{\partial x}=\rho\boldsymbol{X} \tag{2-35}$$

同理，对于 y、z 轴方向可推导出类似的结果，从而得到微分方程组

$$\left.\begin{aligned}\frac{\partial p}{\partial x}=\rho\boldsymbol{X}\\ \frac{\partial p}{\partial y}=\rho\boldsymbol{Y}\\ \frac{\partial p}{\partial z}=\rho\boldsymbol{Z}\end{aligned}\right\} \tag{2-36}$$

这就是液体的平衡微分方程，是瑞士学者欧拉（Euler）于1775年推导出来的，又称为欧拉平衡微分方程。它表明了处于平衡状态的液体中，压强沿某一方向的变化率与同一方向单位质量力之间的关系。

将方程组中的各项分别乘以 dx、dy、dz，然后相加，得

$$\frac{\partial p}{\partial x}\mathrm{d}x+\frac{\partial p}{\partial x}\mathrm{d}y+\frac{\partial p}{\partial x}\mathrm{d}z=\rho(\boldsymbol{X}\mathrm{d}x+\boldsymbol{Y}\mathrm{d}y+\boldsymbol{Z}\mathrm{d}z) \tag{2-37}$$

即

$$\mathrm{d}p=\rho(\boldsymbol{X}\mathrm{d}x+\boldsymbol{Y}\mathrm{d}y+\boldsymbol{Z}\mathrm{d}z) \tag{2-38}$$

当液体所受的单位质量力的分布函数已知时，就可以利用上式求出液体内部压强的分布规律。

式（2-38）左边为压强 p 的全微分，则右边也必须是某一函数的全微分，否则上式将无意义。对于不可压缩液体，密度 ρ 为常数，设式（2-38）右边括号内三项的总和是函数 $\boldsymbol{U}$（x，y，z）的全微分，即

$$\mathrm{d}\boldsymbol{U}=\boldsymbol{X}\mathrm{d}x+\boldsymbol{Y}\mathrm{d}y+\boldsymbol{Z}\mathrm{d}z \tag{2-39}$$

则函数 $\boldsymbol{U}$（x，y，z）的偏导数为

$$\frac{\partial \boldsymbol{U}}{\partial x}=\boldsymbol{X};\ \frac{\partial \boldsymbol{U}}{\partial y}=\boldsymbol{Y};\ \frac{\partial \boldsymbol{U}}{\partial z}=\boldsymbol{Z}$$

即该函数在某一方向的一阶导数为单位质量力在同一方向的分量，所以这个函数 $\boldsymbol{U}(x, y, z)$叫做力函数，这种力叫有势力。例如，重力和惯性力都是有势力。式（2-38）表明，液体只有在有势力作用下才能保持平衡。

将式（2-39）代人式（2-38）得

$$\mathrm{d}p=\rho\mathrm{d}\boldsymbol{U} \tag{2-40}$$

积分得

$$p=\rho\boldsymbol{U}+C \tag{2-41}$$

当已知液体中某一点的压强 $p=p_0$ 和势函数 $\boldsymbol{U}=\boldsymbol{U}_0$ 时，代人式（2-41）得

$$C=p_0-\rho\boldsymbol{U}_0$$

于是

$$p=p_0+\rho(\boldsymbol{U}-\boldsymbol{U}_0) \tag{2-42}$$

该式就是不可压缩液体平衡方程式积分后的普遍关系式。

由 $\mathrm{d}p=\rho(\boldsymbol{X}\mathrm{d}z+\boldsymbol{Y}\mathrm{d}y+\boldsymbol{Z}\mathrm{d}z)$ 还可以推导出等压面方程。由于等压面上各点的压强相

等，故 $dp=0$，由此得出等压面方程为

$$\boldsymbol{X}dx+\boldsymbol{Y}dy+\boldsymbol{Z}dz=0 \qquad (2-43)$$

即 $d\boldsymbol{U}=0$，$\boldsymbol{U}$ 等于常数。所以，在平衡液体中，等压面就是等势面。由式（2－43）不难看出，等式左边为单位质量力沿等压面移动 ds 距离所做的功，质量力不等于零，而所做的功为零，则质量力与等压面必然垂直。

二、重力和惯性力共同作用下的液体平衡

如果液体相对地球运动，液体各部分之间无相对运动，则称液体处于相对静止状态。例如等加速直线运动车辆中的液体，等角速度旋转器皿中的液体，都是重力和惯性力共同作用下的液体平衡问题。

研究处于相对平衡状态下的液体中的压强分布规律，最方便的方法就是把坐标系取在运动液体上，液体相对于坐标系是静止的，这样就可将该类问题作为静止问题来处理。下面以等角速度旋转器皿中的液体为例进行分析。

如图 2－25 所示，当一盛液体的圆柱形容器绕筒轴作等角速度旋转时，由于液体的粘滞力作用，与容器边壁接触的液体质点首先被带动旋转并逐渐发展至中心，使所有液体绕轴 oz 旋转。经过一段时间稳定后，液体和容器保持相同的角速度旋转，液面形成一个漏斗状的抛物面，液体相对于容器没有运动，液体之间也无相对运动，即液体处于平衡状态。此时，作用于液体的质量力包括重力和惯性力。

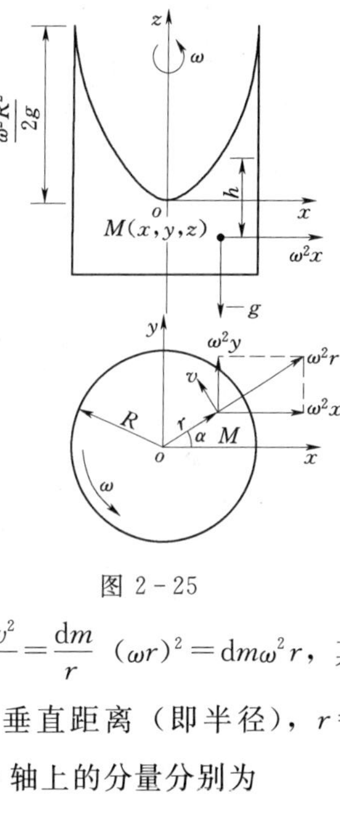

图 2－25

将坐标系取在容器上并使 oz 轴与筒轴重合，以液体自由表面中心点 o 为坐标原点，oz 轴垂直向上。根据达伦伯原理，在具有加速度运动物体上加一个与加速度方向相反的惯性力，则作用于物体上所有外力（包括惯性力）的合力为零。

在圆筒内任取一质点 M（x，y，z），该质点的质量为 dm，线速度为 v，则向心加速度为 v^2/r，离心惯性力 $d\boldsymbol{F}=\frac{dmv^2}{r}=\frac{dm}{r}(\omega r)^2=dm\omega^2r$，其中 ω 为平衡液体旋转的角速度，r 为质点 M 距中心轴 oz 的垂直距离（即半径），$r=\sqrt{x^2+y^2}$。作用于单位质量液体上的离心力 $d\boldsymbol{F}/dm$ 在 x 轴和 y 轴上的分量分别为

$$\boldsymbol{X}=\omega^2r\cos\alpha=\omega^2x$$

$$\boldsymbol{Y}=\omega^2r\sin\alpha=\omega^2y$$

作用于该质点铅直方向上的单位质量力为

$$\boldsymbol{Z}=-g(\text{“}-\text{”表示力和坐标的方向相反})$$

将以上的单位质量力代入式（2－38），即可得出作等角速度旋转液体的平衡微分方程式

$$dp=\rho(\omega^2xdx+\omega^2ydy-gdz) \qquad (2-44)$$

积分上式得

$$P=\rho(\omega^2x^2+\omega^2y^2-gz)+C$$

上式中 C 为积分常数。在坐标原点处 $x=y=z=0$，压强 p 为大气压，采用相对压强表示时，$p=0$，代入上式得 $C=0$，则方程式变化为

$$p=\rho\left(\frac{1}{2}\omega^2x^2+\omega^2y^2-gz\right)$$

即
$$p=\rho\left(\frac{1}{2}\omega^2r^2-gz\right)$$

将 $\rho=\dfrac{\gamma}{g}$ 代入上式得
$$p=\gamma\left(\frac{\omega^2r^2}{2g}-z\right) \tag{2-45}$$

令压强 p 为某一常数，可以得到等压面方程式为

$$\frac{p}{\gamma}=\frac{\omega^2r^2}{2g}-z=\cos nt \tag{2-46}$$

对于自由表面 $p=0$，自由表面方程为

$$z=\frac{\omega^2r^2}{2g} \tag{2-47}$$

式（2-45）和式（2-46）是以 oz 轴为对称轴的旋转抛物面方程。这表明，绕中心作等角速旋转的平衡液体的等压面为抛物面。这是因为处于这种平衡状态的液体质点所受的质量力不仅有重力，而且有离心惯性力，且半径 r 不同的点水平分力改变，而垂直分力相等，所以各点的质量力的倾斜角度不同，但各点质量力的合力始终垂直等压面。

由式（2-47）可以看出，$\dfrac{\omega^2r^2}{2g}$表示半径为 r 处液面高出坐标平面 xoy 的垂直距离，式（2-45）中 z 表示液体中任一点的铅直坐标，在 xoy 平面之上为正，反之为负。$\left(\dfrac{\omega^2r^2}{2g}-z\right)$则表示任一点在与其等半径自由液面以下的水深，以 h 表示，式（2-45）可写成

$$p=\gamma h$$

上式表明：相对平衡液体中任意点的静水压强仍然与该点淹没深度成正比，等水深面仍是等压面。需要注意的是：在这种情况下，压强 p 不仅是 z 的函数，而且也是 x 和 y 的函数。最后还需指出，对于质量力只有重力时，静止液体内各点 $z+p/\gamma=$常数；当在惯性力和重力共同作用时，这种关系已不存在。由式（2-46）可以得到：在绕中心轴作等角速度旋转的液体中 $z+p/\gamma=\omega^2r^2/(2g)$，可见只有 r 值相同的点，即位于同心圆柱面上的各点才有 $z+p/\gamma=$常数。

习　　题

2-1　试算出题 2-1 图所示的容器壁面上 1～5 各点的静水压强的大小（单位用 kPa），并绘出各点静水压强的方向。

2-2　题 2-2 图所示两个封闭容器 A、B，其测压管中的液面分别高于或低于容器中液面的高度均为 h，已知 $h=1$m，试求：容器 A、B 内液面的绝对压强、相对压强和真空压强。

2-3　题 2-3 图所示，一封闭容器装有两根玻璃管，一根顶端封闭，其液面比容器中的液面高出 4m，其中空气的绝对压强 $p_0=7.84\text{N/cm}^2$，另一根玻璃管顶端敞开。试

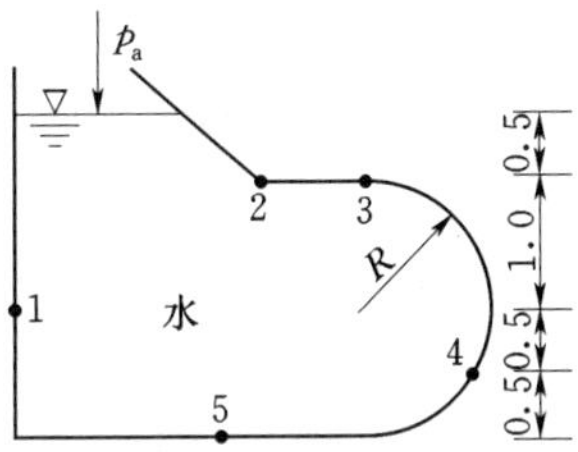

题 2-1 图（单位：m）

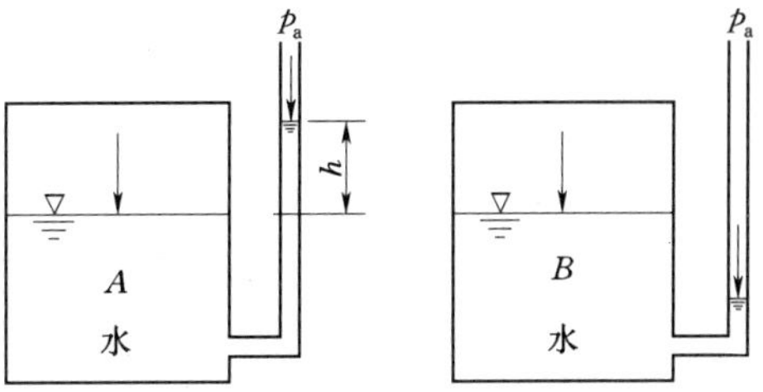

题 2-2 图

求：①容器内液面的相对压强 p_c；②敞开玻璃管中的液面高于容器内液面的高度 h；③图中的 Δh 是否等于相应于 p_0 的真空高度？

2-4　题 2-4 图所示，一容器中盛有容重不同的三种液体 $\gamma_1<\gamma_2<\gamma_3$，问：①三根测压管中的液面是否与容器中的液面齐平，如不齐平，试定性绘出各测压管中液面的高度；②图中 1-1、2-2、3-3 三个水平面是否都是等压面？

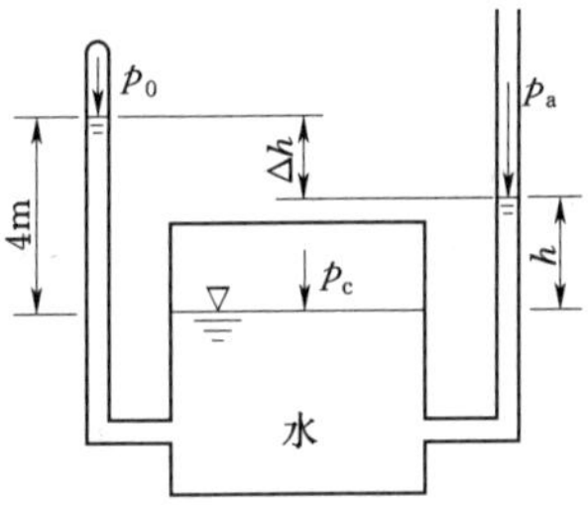

题 2-3 图

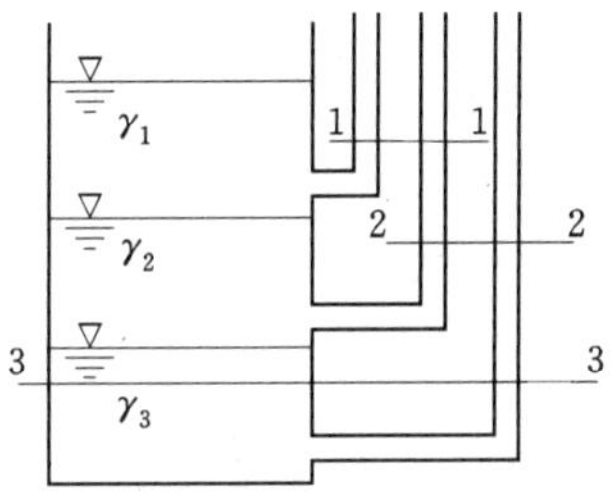

题 2-4 图

2-5　一有压供水管道横断面如题 2-5 图所示，在断面左侧安装一测压管，测得管中的水柱高 $h=5\text{m}$，若断面的右侧安装水银测压计，已知水银的容重 $\gamma_m=133.28\text{kN/m}^3$，$b=0.1\text{m}$。问水银柱的高差 h_m 为多少？

2-6　题 2-6 图所示一倒 U 形比压计和测压管组合装置，现测得 $h=40\text{cm}$，$z=\Delta z=\Delta h=20\text{cm}$。已知油的容重为 8.33kN/m^3，试求 A、B 两点的压强。

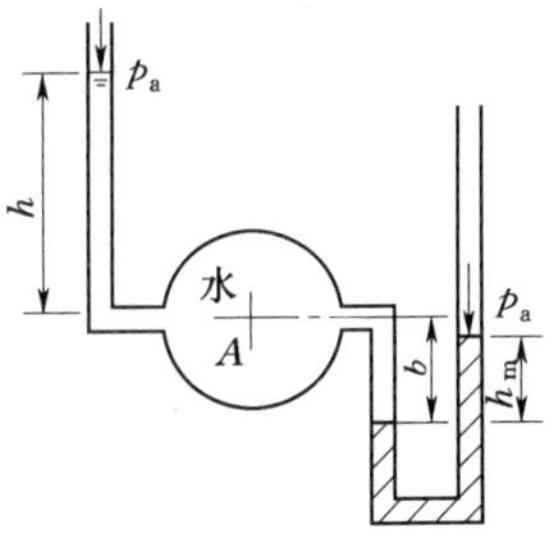

题 2-5 图

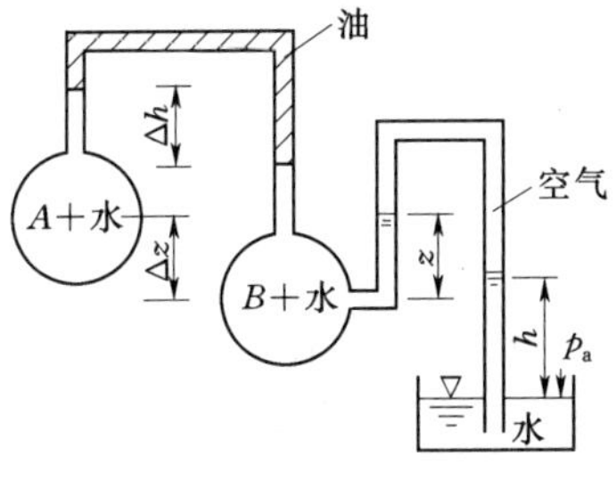

题 2-6 图

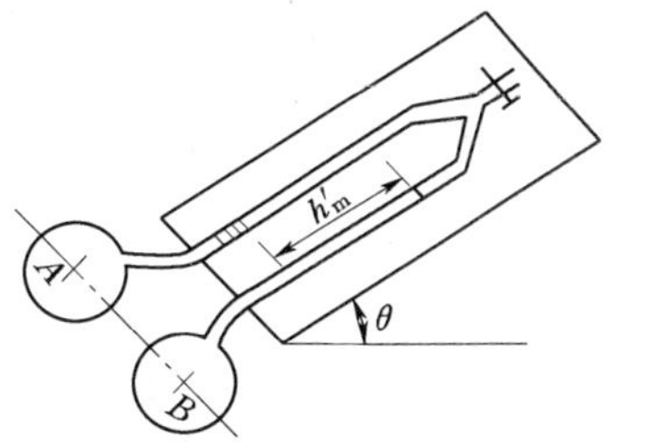

题 2-7 图

2-7　A、B 两点位于同一水平面不同的盛水容器中，为了提高测量精度，有时候可采用如题 2-7 图所示的斜管式比压计。现测得 $h'_m=5\text{cm}$，$\theta=30°$。试计算 A、B 两点的压差？若将此比压计直立起来（即 $\theta=90°$），两管的水面高差应为多少？

2-8 试绘出题 2-8 图中标有字母的挡水面上的静水压强分布图。

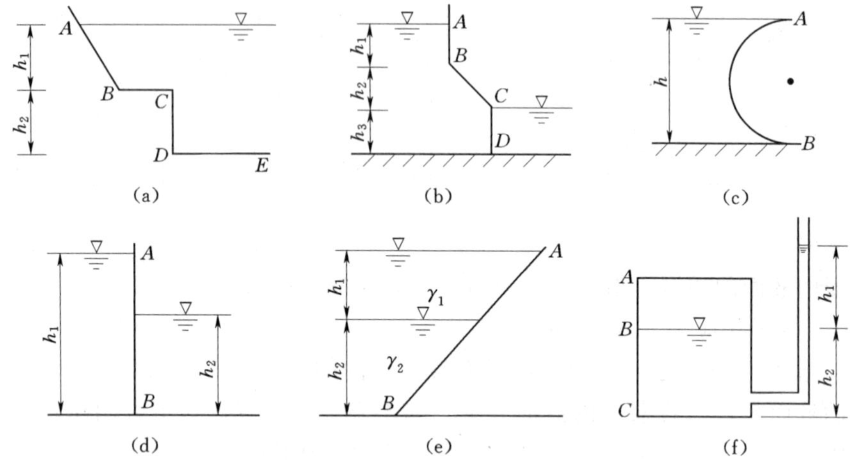

题 2-8 图

2-9 两铅直平面闸门 AB 和 CD，其两侧的水位不同，如题 2-9 图所示。当闸门两侧水位各上升 Δh 时（图中虚线的位置），问两闸门上所受的静水总压力及其合力作用点的位置是否改变？并说明理由。

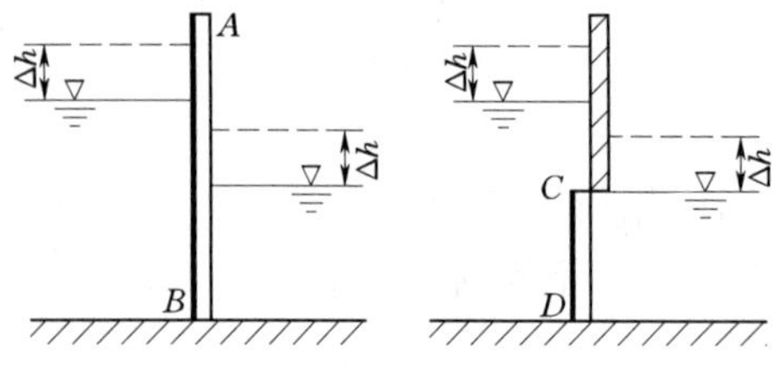

题 2-9 图

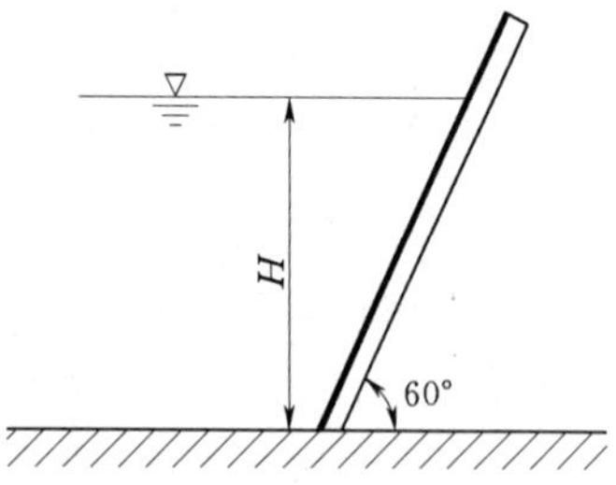

题 2-10 图

2-10 如题 2-10 图所示，渠道上有一平面闸门，宽 $b=4\text{m}$，闸前水深 $H=2.5\text{m}$。求当闸门斜放 $\alpha=60°$时受到的静水总压力和当闸门铅直时所受的静水总压力。

2-11 如题 2-11 图所示，一平面挡水板 AB，倾角 $\alpha=45°$，$h_1=3\text{m}$，$h_2=2\text{m}$，试求单位宽度平板上所受的静水总压力的大小及压力中心位置。

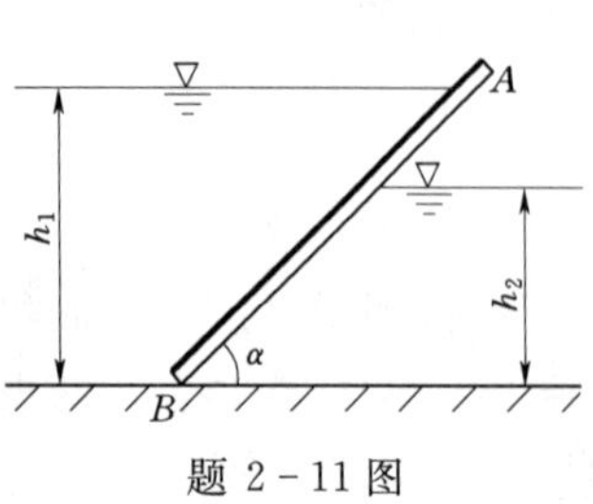

题 2-11 图

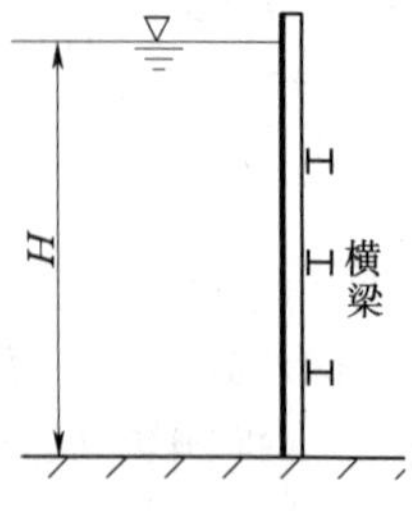

题 2-12 图

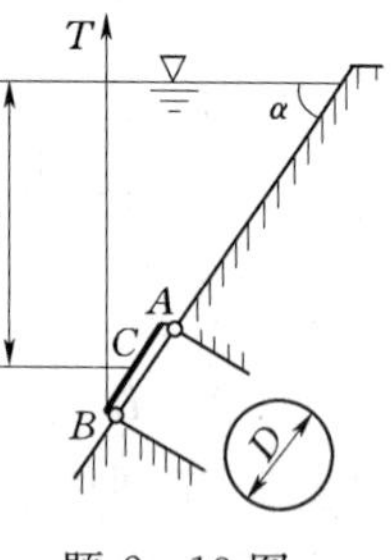

题 2-13 图

2-12　如题 2-12 图所示，一铅直矩形平面闸门，一侧挡水，已知闸前水深 $H=3\text{m}$，门宽 $b=1\text{m}$，为了使设置的三根横梁各承受的水压力相等，试求各横梁距水面的距离。

2-13　一圆形平板闸门，直径 $D=1.0\text{m}$，倾角 $\alpha=60°$，圆心 C 处的水深为 3.0m，门重 $G=1\text{kN}$，如题 2-13 图所示。今使闸门绕轴 A 旋转打开，求在 B 点需要的铅直拉力 T 为多少?

2-14　题 2-14 图所示一混凝土重力坝，为了校核坝的稳定性，试分别计算当下游有水和下游无水两种情况下，作用于 1m 宽坝体上水平方向的水压力大小及垂直方向的水压力大小。

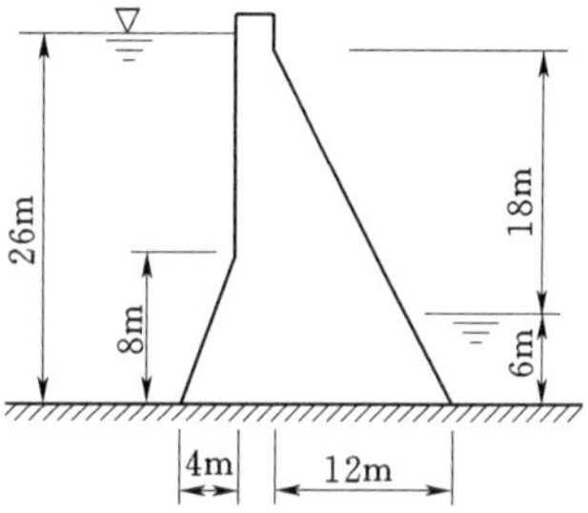

题 2-14 图

2-15　试绘出题 2-15 图中标有字母的受压面上的压力体图和曲面在铅直面上投影面的静水压强分布图。

2-16　如题图 2-16 所示，有一弧形闸门 AB 为半径 $R=2\text{m}$ 的圆柱面的四分之一，闸门宽 $b=4\text{m}$，水深 $h=2\text{m}$，求作用在 AB 面上的静水总压力的大小和压力中心。

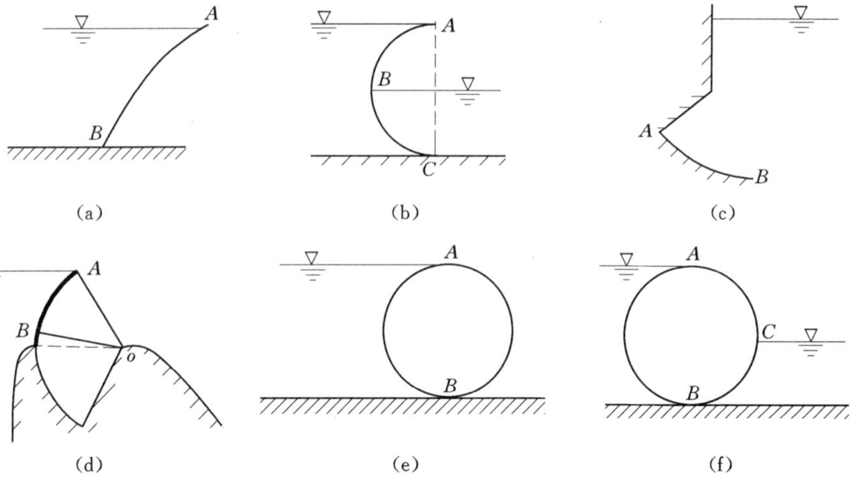

题 2-15 图

2-17　如题 2-17 图所示，溢流坝上设置弧形闸门。已知：闸门的支承点 O 与胸墙

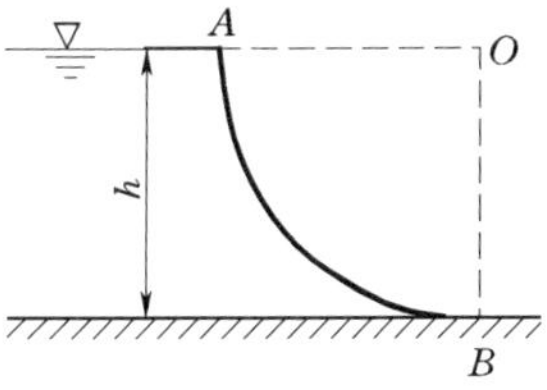

题 2-16 图

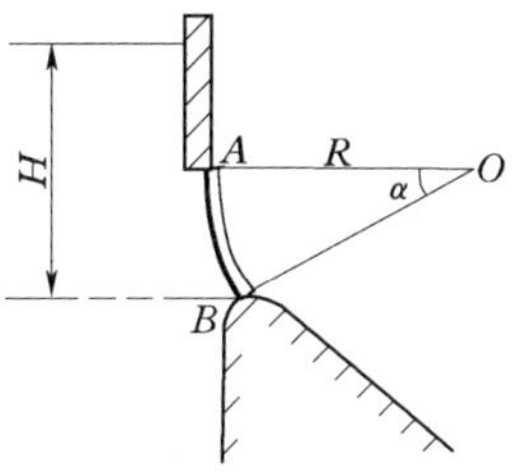

题 2-17 图

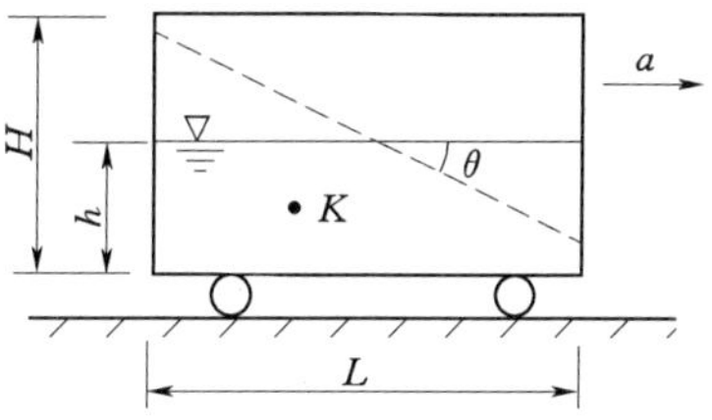

题 2-18 图

底缘同高，转动半径 $R=10\text{m}$，门宽 $b=8\text{m}$，$H=10\text{m}$，$\alpha=30^\circ$，试求作用在弧形闸门上静水总压力的大小和压力中心的位置。

2-18　如题 2-18 图，一洒水车所载水箱的高度为 H，长度为 L。静止时水箱的水深为 h，试求：洒水车以加速度 a 向前行驶时，①自由水面与水平面夹角 θ 的表达式；②水中任一点 K 的压强的表达式；③要使水不溢出水箱，洒水车的最大加速度 a 为多少？

第三章　恒定流的基本原理

在自然界和工程实际中，经常遇到处于运动状态的液体，因而研究液体的运动规律及其应用，更具有重要性。

由于液体物理性质的变化以及液体边界的复杂性，使液体运动千变万化。但不论液体运动状态和运动形式如何变化，仍然遵循质量守恒定律、能量守恒定律及动量定律等普遍规律，它们在水力学中的表达形式，即水力学中的连续方程、能量方程和动量方程。这三大方程是液体运动共同遵循的普遍规律，是分析水流运动的重要依据。

本章首先介绍描述液体运动的两种方法，建立有关液体运动的基本概念，进而从运动学和动力学的普遍规律出发，研究液体恒定流动的基本原理，建立水力学的三大方程。

第一节　描述液体运动的方法

描述液体运动有两种方法，即拉格朗日（Lagrange）法和欧拉（Euler）法。

一、拉格朗日法

液体运动可以看成是由无数个液体质点组成，占据一定空间的连续介质运动。研究时着眼于研究个别液体质点的运动过程，并将足够多的有代表性的液体质点的运动情况综合得到整个液体运动的规律，这种方法称为拉格朗日法。它与力学中研究固体质点和质点系的方法一样，故此法又称为质点系法。

用拉格朗日法描述液体运动，需要区别不同液体质点。如图 3－1 所示，在直角坐标系中，设某一液体质点 M 在起始 t_0 时的空间坐标为（a，b，c），该坐标称为起始坐标，不同的液体质点有不同的起始坐标。在任意时刻 t 所占有的空间坐标为（x，y，z），该坐标称为运动坐标，则液体质点 M 的运动坐标可表示为时间 t 与起始坐标的函数。

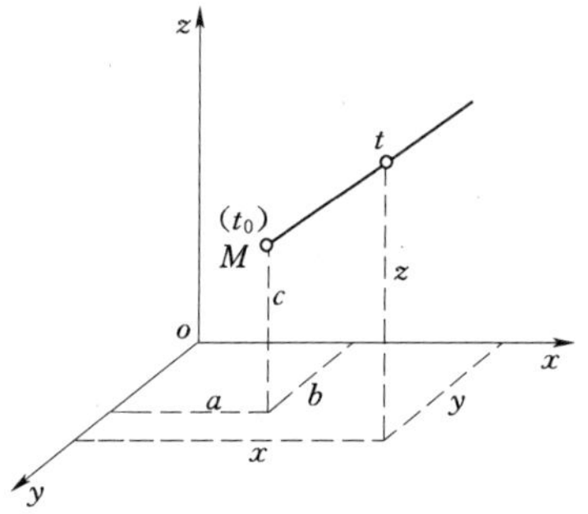

图 3－1

$$\left.\begin{aligned} x &= x(a,b,c,t) \\ y &= y(a,b,c,t) \\ z &= z(a,b,c,t) \end{aligned}\right\} \tag{3-1}$$

式中　a、b、c、t——拉格朗日变数。

若给定方程中的 a、b、c 值，就可以得到某一特定质点的轨迹方程。如果 t 为常数，a、b、c 为变数，就可以得到某一瞬时不同质点所在的空间位置。

若要知道任一液体质点在任意时刻的速度，可将式（3－1）对时间 t 取偏导数，可得出该质点运动速度在 x、y、z 轴方向的分量

$$\left.\begin{aligned}u_x &= \frac{\partial x}{\partial t} = \frac{\partial x(a,b,c,t)}{\partial t}\\u_y &= \frac{\partial y}{\partial t} = \frac{\partial y(a,b,c,t)}{\partial t}\\u_z &= \frac{\partial z}{\partial t} = \frac{\partial z(a,b,c,t)}{\partial t}\end{aligned}\right\} \tag{3-2}$$

流速对时间的一次导数为加速度，将式（3－2）对时间取偏导数，可得到任一液体质点任意时刻的加速度在 x、y、z 轴方向的分量

$$\left.\begin{aligned}a_x &= \frac{\partial u_x}{\partial t} = \frac{\partial^2 x(a,b,c,t)}{\partial t^2}\\a_y &= \frac{\partial u_y}{\partial t} = \frac{\partial^2 y(a,b,c,t)}{\partial t^2}\\a_z &= \frac{\partial u_z}{\partial t} = \frac{\partial^2 z(a,b,c,t)}{\partial t^2}\end{aligned}\right\} \tag{3-3}$$

拉格朗日法，在概念上简明易懂，但由于液体质点的运动非常复杂，通过分析每个液体质点的运动来描述整个水流运动是非常困难的，在一般情况下也不需要知道单个质点的运动规律。所以除少数情况外（如研究波浪运动），在水力学中一般不采用这种方法。

二、欧拉法

欧拉法着眼于液体所占据的空间（即流场）。这种方法不去研究每个液体质点的运动过程，而是通过描述各个瞬时流场中的每一固定空间点的液体质点的运动来获得整个液流运动规律，综合不同瞬时足够多具有代表性的空间点上的运动，来了解整个流动空间的流动特征。欧拉法也叫流场法。在流场中，每一瞬时各个空间点上液体质点都具有一定的流速和压强，由各空间点的液体质点的流速和压强就构成了液体的流速分布场和压强分布场。例如，在空间直角坐标系中流速可表示为

$$\left.\begin{aligned}u_x &= u_x(x,y,z,t)\\u_y &= u_y(x,y,z,t)\\u_z &= u_z(x,y,z,t)\end{aligned}\right\} \tag{3-4}$$

若固定空间点，即式（3－4）中 x、y、z 为常数，t 为变数，即可求得在某一固定空间点上，在不同时刻流速的变化情况。若令 t 为常数，x、y、z 为变数，则可得到同一时刻，通过不同空间点上的液体质点的流速的分布情况（即瞬时流速场）。

同样的道理，压强场可表示为

$$p = p(x,y,z,t)$$

液体流动过程中，不同时间液体质点所占据的位置不同，位置又是时间的函数，即

$$\left.\begin{aligned}x &= x(t)\\y &= y(t)\\z &= z(t)\end{aligned}\right\}$$

式（3－4）中的流速分量可以看成 t 的复合函数。以 u_x 为例，可写成

$$u_x = u_x[x(t),\ y(t),\ z(t),\ t]$$

根据复合函数求导数的方法，将式（3－4）对时间求导，可以得到水流质点通过流场

中任意点的加速度在 x、y、z 轴方向的分量为

$$\left.\begin{aligned}a_x&=\frac{du_x}{dt}=\frac{\partial u_x}{\partial t}+\frac{\partial u_x}{\partial x}\frac{dx}{dt}+\frac{\partial u_x}{\partial y}\frac{dy}{dt}+\frac{\partial u_x}{\partial z}\frac{dz}{dt}\\a_y&=\frac{du_y}{dt}=\frac{\partial u_y}{\partial t}+\frac{\partial u_y}{\partial x}\frac{dx}{dt}+\frac{\partial u_y}{\partial y}\frac{dy}{dt}+\frac{\partial u_y}{\partial z}\frac{dz}{dt}\\a_z&=\frac{du_z}{dt}=\frac{\partial u_z}{\partial t}+\frac{\partial u_z}{\partial x}\frac{dx}{dt}+\frac{\partial u_z}{\partial y}\frac{dy}{dt}+\frac{\partial u_z}{\partial z}\frac{dz}{dt}\end{aligned}\right\}$$

因

$$\frac{dx}{dt}=u_x\quad\frac{dy}{dt}=u_y\quad\frac{dz}{dt}=u_z$$

故

$$\left.\begin{aligned}a_x&=\frac{du_x}{dt}=\frac{\partial u_x}{\partial t}+u_x\frac{\partial u_x}{\partial x}+u_y\frac{\partial u_x}{\partial y}+u_z\frac{\partial u_x}{\partial z}\\a_y&=\frac{du_y}{dt}=\frac{\partial u_y}{\partial t}+u_x\frac{\partial u_y}{\partial x}+u_y\frac{\partial u_y}{\partial y}+u_z\frac{\partial u_y}{\partial z}\\a_z&=\frac{du_z}{dt}=\frac{\partial u_z}{\partial t}+u_x\frac{\partial u_z}{\partial x}+u_y\frac{\partial u_z}{\partial y}+u_z\frac{\partial u_z}{\partial z}\end{aligned}\right\}\qquad(3-5)$$

式（3－5）等号右侧的第一项 $\frac{\partial u_x}{\partial t}$、$\frac{\partial u_y}{\partial t}$、$\frac{\partial u_z}{\partial t}$ 表示在固定空间点上，由于时间变化液体质点分别在三个坐标方向产生的速度变化率，称当地加速度，即由于时间的变化使同一空间点的流速改变的加速度；等号右侧后三项之和表示由于液体质点位置的变化而引起的加速度，称为迁移加速度，即液体质点在流动过程中，因占据的空间位置变化而引起速度变化的加速度。用欧拉法描述液体运动时，液体质点的加速度是当地加速度和迁移加速度之和。

下面举例进一步说明液体运动加速度的意义。

如图 3－2 所示，水由水箱的泄水管流出，A、B 为管轴线上任意两点。在泄水过程中，位于 A、B 点的水质点运动至 A'、B'。若使水箱中的水位保持不变，使管中各空间点的水流运动不随时间而改变，A、B 两点的当地加速度均等于零。在管径不变处 A、A' 的流速相同，迁移加速度等于零，故 A 没有加速度；而在管径改变处，如从 B 点处管道开始变小，B' 点处的流速大于 B 点处的流速，B 点处存在迁移加速度，所以 B 点处存在加速度。

用欧拉法描述液体运动时，可以将水流分为恒定流和非恒定流两类。若流场中任何空间点上的一切运动要素都不随时间而改变，这种水流称为恒定流。在该情况下，对于流场中任一固定空间点，无论哪个液体质点通过，其运动要素都是一样的，也就是说，运动要素仅仅是空间坐标的函数，与时间无关。

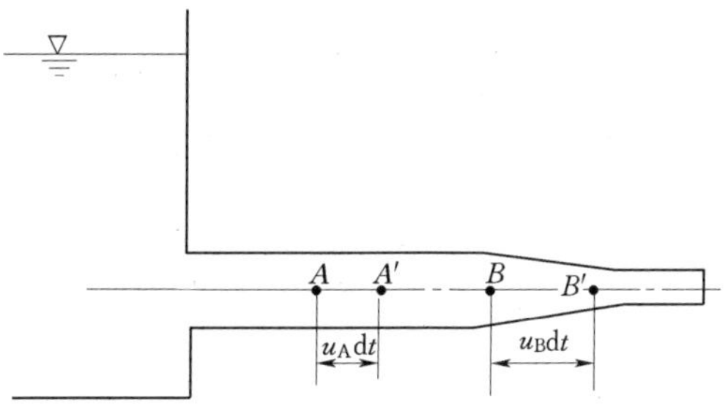

图 3－2

根据恒定流的定义，水流的速度 u_x、u_y、u_z，压强 p，密度 ρ 应满足以下条件

$$\left.\begin{aligned}&\frac{\partial u_x}{\partial t}=\frac{\partial u_y}{\partial t}=\frac{\partial u_z}{\partial t}=0\\&\frac{\partial p}{\partial t}=0\\&\frac{\partial \rho}{\partial t}=0\end{aligned}\right\}\tag{3-6}$$

由于运动要素与时间无关，式（3-4）变为

$$\left.\begin{aligned}u_x&=u_x(x,y,z)\\u_y&=u_y(x,y,z)\\u_z&=u_z(x,y,z)\end{aligned}\right\}\tag{3-7}$$

若流场中任何空间点上有任何一个运动要素是随时间变化的，此液流就为非恒定流。

如图 3-2 中放水管的水流，当水箱的水位保持不变时，管中各点的运动要素均不随时间变化，属于恒定流。若水箱的水位随放水过程不断下降，管中的水流为非恒定流。本章只讨论恒定流。

由于欧拉法着眼于固定空间点上的运动要素的变化，避开了对难以记数的液体质点运动过程的研究，同时在工程中也往往只需要知道某一空间区域内液流的运动规律，并不需要追究是哪些液流质点通过该空间区域，因此欧拉法在水力学中得到了广泛的应用。在以后的学习中，所讨论的各种问题都是建立在欧拉法概念之上。

第二节　液体运动的一些基本概念

利用欧拉法描述液体运动，需要用到一些基本概念，如流线、流管、微小流束、总流、过水断面、流量、断面平均流速等，下面分别予以介绍。

一、流线

如图 3-3 所示，某时刻 t，沿流场中某点 A 的流速 u_A 的方向取一微小距离 $AB=\Delta s_1$，在同一时刻沿 B 点的流速 u_B 的方向亦选取一微小距离 $BC=\Delta s_2$，这样在流场中可作出一条折线 $ABCD\cdots$，当 Δs_1、Δs_2、$\cdots$趋近于零时，该折线就变成一条与流速方向相切的曲线，此曲线即为时刻 t 的一条流线。由此可知，流线是某瞬时在流场中绘出的一条曲线，位于该曲线上所有水流质点的流速方向都和曲线相切。

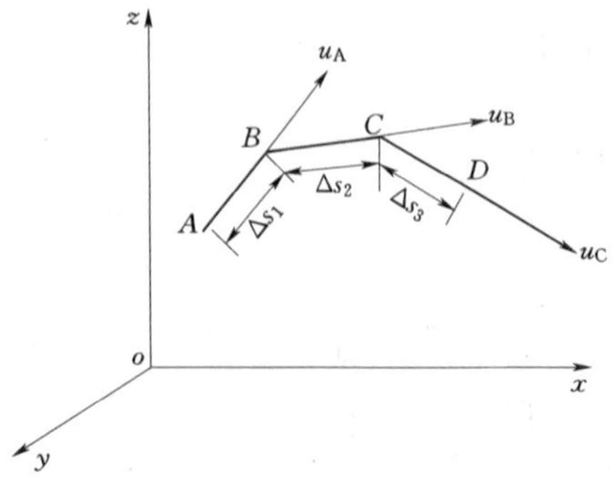

图 3-3

由流线的定义可知流线具有以下特性：

(1) 恒定流时流线的形状和位置不随时间而改变。因为流场中各点的流速的大小和方向均不随时间而改变，显然不同时刻流线的形状和位置是固定不变的。对于非恒定流因各空间点的流速是随时间而变化的，所以流线只有瞬时的意义。

(2) 恒定流时液体质点运动轨迹与流线重合。这是因为位于流线上的所有液体质点的方向均与

流线相切，不存在与流线相垂直的流速分量，液体质点只能沿流线运动，又因恒定流的流线不随时间而改变，故液体质点始终沿流线运动。

（3）流线不能相交，也不能是折线。若假设流线相交或是折线，则在流线的交点或折点处必然存在两个切线方向，在某瞬时，一个空间点只可能有一个水流质点，一个水流质点在同一瞬时不可能有两个运动方向，因此流线只能是互不相交的光滑曲线。

在具有一定边界尺寸的流场中绘制一簇有代表性的流线，就构成了流线图。如图 3-4 所示为实际工程中常见的几种流线图。流线图可以形象地描绘出该瞬时整个液流的运动趋势。

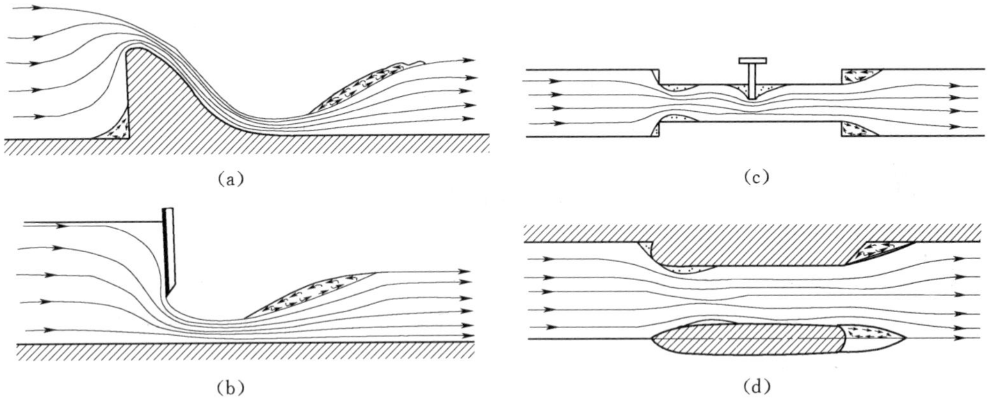

图 3-4

从图 3-4 所示的流线图可以看出流线图具有以下特点：

（1）流线分布的疏密程度反映了流速的大小。流线的疏密与液流横断面的大小有关，通过相同流量时，横断面小的地方流线密，流速大，反之流线疏，流速小。

（2）流线的形状与固体边界形状有关。离边界愈近，边界的影响愈大，流线的形状愈接近边界的形状。在边界平顺处紧靠边界的流线与边界形状完全相同。在边界形状变化急剧的地方，由于惯性作用，边界附近的质点不可能完全沿着边界流动而与边界脱离，在主流与边界之间形成旋涡区。

二、微小流束、总流

在流场中任意取一微分面积 dA 与流线正交（见图 3-5），通过该面积周界上的每一点作一根流线所构成的封闭管状曲面，称为流管。

充满流管的一束水流，称为微小流束，又称元流。因为流线不能相交，所以流管内外的液体不能穿越管壁流动。当水流为恒定流时，微小流束的形状和位置也不会随时间而改变；若水流为非恒定流，微小流束的形状和位置将随时间而改变。

由于微小流束的横断面积 dA 很小，同一横断面上各点的运动要素可认为是相等的。

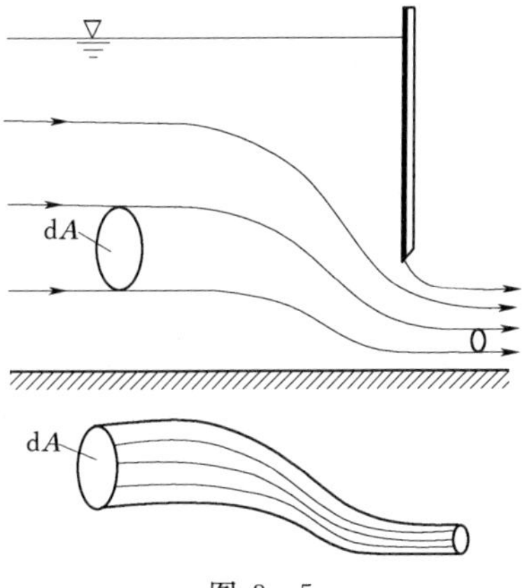

图 3-5

具有一定边界尺寸的实际水流称为总流，总流可以认为是由无限多个微小流束组成的。

三、过水断面、流量、断面平均流速

无论是微小流束还是总流，凡与流线正交的过水横断面都称为过水断面。微小流束和总流的过水断面面积分别以 dA 和 A 表示，单位均为米^2（m^2）。

如果水流的流线相互平行，过水断面为平面，否则就是曲面。如图 3－6 所示。

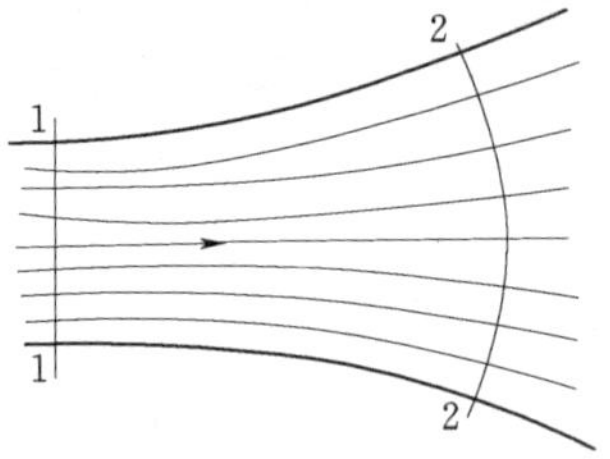

图 3－6

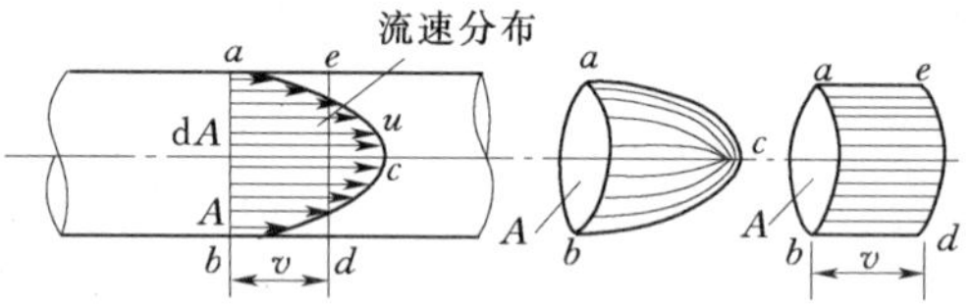

图 3－7

单位时间内通过某一过水断面的液体体积称为流量，用 Q 表示，单位为米^3/秒（m^3/s）或升/秒（L/s）。

设在总流中任取一微小流束，其过水断面面积为 dA，可认为过水断面上各点的流速均等于 u，在 dt 时段内通过过水断面 dA 的液体体积为 $u\mathrm{d}t\mathrm{d}A$，则单位时间通过微小流束过水断面 dA 的液体体积，即微小流束的流量为

$$\mathrm{d}Q = u\mathrm{d}A \tag{3-8}$$

通过总流过水断面 A 的流量应等于所有微小流束的流量之和，即

$$Q = \int_Q \mathrm{d}Q = \int_A u\,\mathrm{d}A \tag{3-9}$$

式（3－9）的积分结果就是总流过水断面上流速分布图的体积，如图 3－7 所示。显然，要计算流量 Q 必须知道过水断面上流速分布规律。一般情况下，实际水流过水断面上的流速分布规律复杂，难以确定断面上的流速分布函数，故应用式（3－9）求流量很困难，且在工程中的许多情况下，并不要求知道断面流速分布。为了简化水流运动的分析和计算，引入断面平均流速的概念。以某一流速 v 代替总流过水断面上各点的流速，利用它计算出的流量与实际通过该断面的流量相等，即

$$Q = \int_A u\,\mathrm{d}A = vA \tag{3-10}$$

式（3－10）中 v 称为断面平均流速，通过式（3－10）可得

$$v = \frac{\int_A u\,\mathrm{d}A}{A} = \frac{Q}{A} \tag{3-11}$$

由此可见，通过总流过水断面的流量，等于断面平均流速与过水断面面积的乘积。

四、一元流、二元流、三元流

根据流场中任意空间点上液体质点的运动要素与几个空间自变量有关，将液流分为一元流、二元流、三元流。

凡水流运动要素只与一个空间自变量（流程坐标 s）有关，这种水流称为一元流。微

小流束就是一元流。对于总流，用过水断面运动要素平均值代替断面上运动要素的实际分布，就可将总流视为一元流。

若水流的运动要素与两个空间自变量有关，这种水流称为二元流。例如，对于比较顺直的平原宽浅型河道，当河道的宽度很大时，河岸对流速的影响可忽略不计，这样可认为河道中任意点的流速只与流程 s 和河道的水深 h 有关，而与沿河道宽度方向的坐标无关，即认为在同一过水断面上，沿宽度方向的流速分布相同，这种水流就是二元流，又称为平面流动。

若水流任一点的运动要素与三个空间自变量有关，这种水流称为三元流。严格地说，任何实际液体的运动都是三元流，应该按三元流进行分析研究才能做到切合实际，但需要考虑运动要素在三个空间坐标方向的变化，问题非常复杂，还会遇到许多数学上的困难。所以在水力学中，从工程实际出发，采用各种平均的方法，可将问题简化为一元流或二元流。因简化而产生的误差一般通过修正系数加以改正，修正系数可通过实验予以确定，这种简化能够满足工程精度的要求。

第三节 均匀流和非均匀流、渐变流和急变流

一、均匀流和非均匀流

对于恒定流，若同一流线上各点的运动要素均相等，也就是说运动要素与流程无关，这种水流称为均匀流；否则称为非均匀流。对于均匀流来说，液体质点速度的大小和方向沿流程保持不变，即迁移加速度为零，质点只能沿流线作匀速直线运动。对于断面形状和尺寸及边界条件沿程不变的长直渠道或管道中的恒定流，都属于均匀流。

基于上述定义，均匀流应具有以下特性：

(1) 流线为相互平行的直线，过水断面为平面，且过水断面的形状和尺寸沿程不变。

(2) 各过水断面上的流速分布相同，断面平均流速相等。

(3) 均匀流过水断面上的动水压强分布规律与静水压强的分布规律相同，即在同一过水断面上各点测压管水头为一常数。

证明：在均匀流过水断面上取长为 dL 的微分液柱体，液柱的截面为 dA，其轴线 n—n 与流线正交，并与铅直线的夹角为 α，如图 3-8 所示。微分柱体两端面的形心点离基准面高度分别为 z、$z+dz$，其动水压强分别为 p、$p+dp$。

下面对液柱在 n—n 方向进行受力分析（规定液柱顶面的外法线方向为正）。

(1) 液柱顶面和底面的水压力分别为：

$$-(p+dp)dA、pdA$$

(2) 液柱自重沿 n—n 方向的投影为：

$$-dG\cos\alpha=-\gamma dAL\cos\alpha=-\gamma dAdz$$

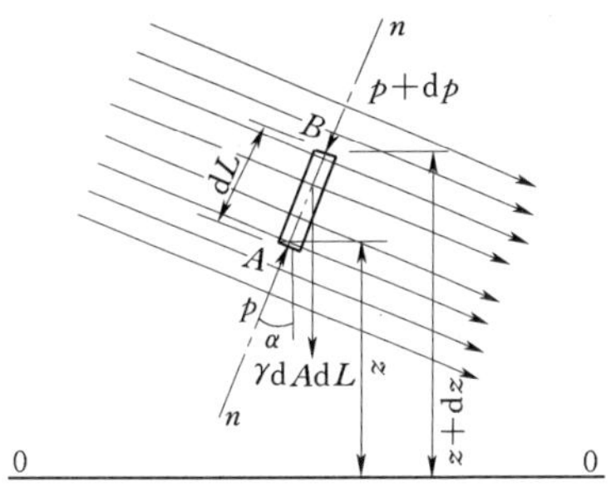

图 3-8

(3) 微分液柱在侧面上的水压力垂直 n—n 方向，在 n—n 方向没有分力，并且微分液柱在 n—n 方向无加速度，即无惯性力存在，n—n 方向无运动，侧面上无切应力，故在 n—n 方向所受合力为零。于是

$$pdA - (p + dp)dA - \gamma dAdz = 0 \tag{3-12}$$

简化后得

$$\gamma dz + dp = 0 \tag{3-13}$$

对上式积分得

$$z + \frac{p}{\gamma} = C \tag{3-14}$$

上式表明均匀流断面上各点的测压管水头（单位势能）等于常数，即动水压强分布规律与静水压强分布规律相同。但应用时必须注意：上述结论是指均匀流同一过水断面，对于不同的过水断面，其单位势能（$z+p/\gamma$）等于不同的常数值。

二、渐变流和急变流

非均匀流运动要素沿程改变，流线不再是相互平行的直线，按照运动要素沿程变化的快慢或流线弯曲的程度，可将非均匀流分为渐变流和急变流，如图 3-9 所示。

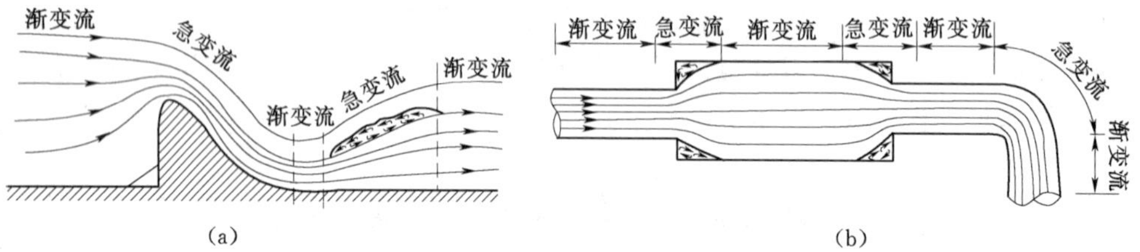

图 3-9

（一）渐变流

如果流线不相互平行，但夹角很小，或流线弯曲，但曲率不大，流线近似为平行直线，液流的运动要素沿程变化缓慢，这种流动称为渐变流。在水力计算时，渐变流可近似按均匀流对待，即过水断面近似为平面，过水断面上动水压强的分布符合静水压强分布规律。但应注意，渐变流必须有一定固体边界约束（如管壁或渠底），才满足 $z+p/\gamma=C$。若液体从管道末端或器壁孔口射入大气时，出口附近的水流也符合渐变流条件，但因周围和大气接触，过水断面各点动水压强均等于大气压 p_a，而断面上各点的位置高度不同，故 $z+p/\gamma\neq C$，即动水压强不符合静水压强的分布规律。

（二）急变流

当液流的运动要素沿程变化急剧，流线间的夹角较大或流线的曲率较大，这种水流称为急变流。如图 3-10 所示坝顶处流线上凸的急变流，如果仍然像分析渐变流过水断面上动水压强分布的方法那样，在过水断面上取一微分柱体来研究它的受力情况，平衡方程中比均匀流多了一个离心惯性力，使计算得到的动水压强比按静水压强计算要小；同理，对于反弧段流线下凹的急变流，由于离心惯性力存在，过水断面上的动水压强的值比按静水压强计算的值要大。图中虚线部分表示静水压强分布图，实线部分为实际的动水压强的分布情况。显而易见，急变流过水断面上的动水压强分布规律与静水压强的分布规律是不相同的。

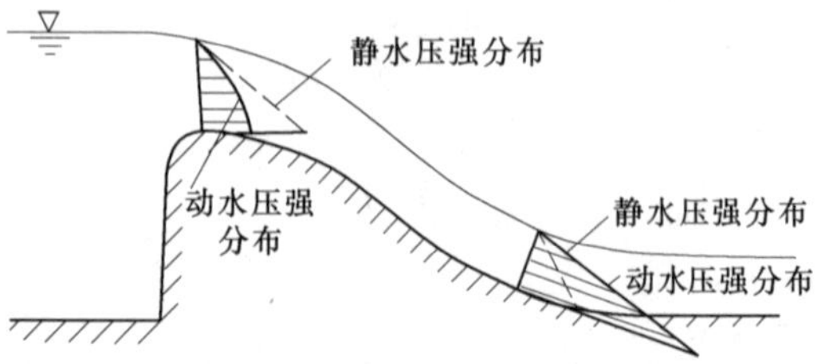

图 3-10

渐变流和急变流并无严格的界限，应视具体问题所要求的精度进行划分。

第四节　恒定总流的连续性方程

在恒定流中任取一微小流束为研究对象，如图 3－11 所示。过水断面 1—1 的面积为 dA_1，相应的流速为 u_1；过水断面 2—2 的面积为 dA_2，相应的流速为 u_2。由于恒定流微小流束的形状和尺寸不随时间而改变，通过微小流束的侧壁没有液体流入和流出，液体只能通过 1—1 断面流入，从 2—2 断面流出。在 dt 时段内，从 1—1 断面流入的液体的质量为 $\rho_1 u_1 dA_1 dt$，从 2—2 断面流出的质量为 $\rho_2 u_2 dA_2 dt$，根据质量守恒定律，在 dt 时段内流入流管的液体质量应等于流出的质量，即

$$\rho_1 u_1 dA_1 dt = \rho_2 u_2 dA_2 dt$$

因液体可视为不可压缩的连续介质（$\rho_1=\rho_2$），故

$$u_1 dA_1 = u_2 dA_2$$

即
$$dQ = u_1 dA_1 = u_2 dA_2 \tag{3-15}$$

上式就是不可压缩液体恒定微小流束的连续性方程。将上式对总流过水断面积分，可得到恒定总流的连续性方程，即

$$\int_Q dQ = \int_{A_1} u_1 dA_1 = \int_{A_2} u_2 dA_2$$

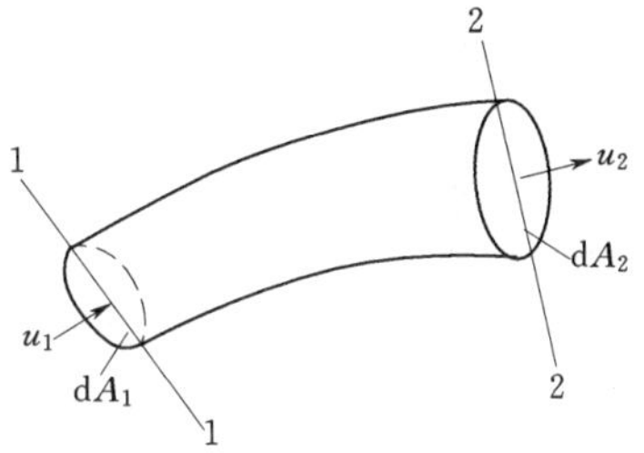

图 3－11

得
$$Q = v_1 A_1 = v_2 A_2 \tag{3-16}$$

式(3－16) 可改写为

$$\frac{v_2}{v_1} = \frac{A_1}{A_2} \tag{3-17}$$

式（3－17）就是不可压缩液体恒定总流的连续性方程。式中 v_1 及 v_2 分别为总流过水断面 A_1 及 A_2 的断面平均流速。连续性方程表明，在不可压缩液体恒定总流中，任意两个过水断面所通过的流量相等，其断面平均流速的大小与过水断面面积成反比，断面大流速小，断面小流速大。

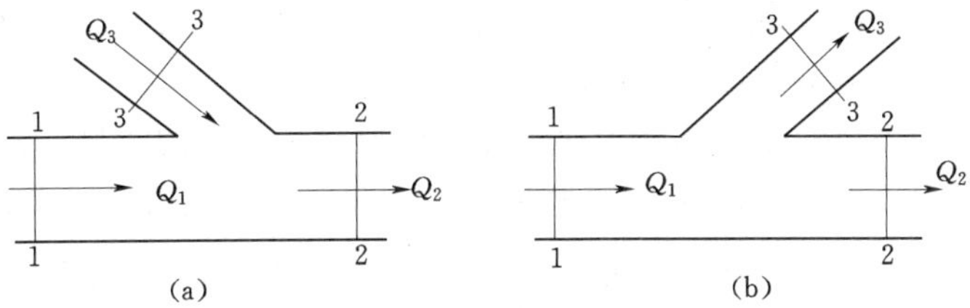

图 3－12

式（3－16）和式（3－17）是针对两个断面之间无液体汇入和分出的情况。如图 3－12 所示，在断面 1—1 和断面 2—2 之间如有流量 Q_3 汇入，则 $Q_2=Q_1+Q_3$；如有流量 Q_3 分出，则 $Q_2=Q_1-Q_3$

【例 3－1】　如图3－13为一渡槽，其断面为矩形，底宽 $b=8$m，两端连接梯形断面渠道，渠道底宽等于渡槽底宽，边坡系数 $m=1.5$，测得渠道水深 $h_1=3$m，平均流速 $v_1=$

0.75m/s，渡槽中的水深 $h_2=2.7$m，试计算渡槽断面平均流速 v_2。

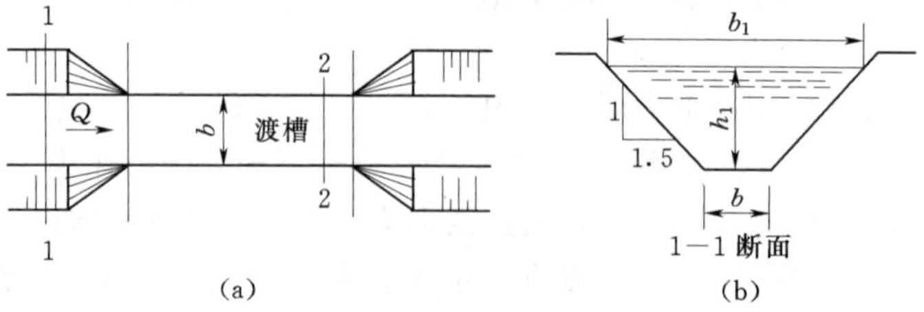

图 3-13

解 设梯形渠道水面宽度为 b_1

$$b_1 = b + 2mh_1$$

则其过水断面面积为

$$A_1 = \frac{(b+b_1)h_1}{2} = (b+mh_1)h_1 = (8+1.5\times3)\times3 = 37.5\ \text{m}^2$$

渡槽过水断面面积

$$A_2 = b\times h_2 = 8\times2.7 = 21.6\ \text{m}^2$$

由恒定总流连续性方程 $Q=v_1A_1=v_2A_2$，可得渡槽断面平均流速

$$v_2 = \frac{v_1A_1}{A_2} = \frac{0.75\times37.5}{21.6} = 1.3\ \text{m/s}$$

第五节 恒定总流的能量方程

连续性方程表明了流速与过水断面间的关系，是一个运动学方程。本节将从动力学方面讨论液体的运动。任何物质运动过程都是在一定条件下能量转化的过程，必须遵循自然界物质运动的能量转化和守恒的普遍规律，液体运动也不例外，下面讨论液体运动时能量转换的现象。首先，建立液体运动微小流束的能量方程，然后再推广到总流。

一、微小流束的能量方程

同固体运动一样，液体流动时所具有的机械能同样包括势能和动能两种形式，水静力学已介绍液体的势能又分为位能和压能。

下面以水流运动为例，运用动能定律推导恒定流微小流束的能量方程。

如图 3-14 所示，设通过溢流坝的水流为恒定流，在该流场中任取一微小流束中的 1—1 和 2—2 断面之间的流段来进行分析。设 1—1 断面和 2—2 断面的面积为 dA_1、dA_2，因为微小流束的过水断面很小，故断面上各点的流速和动水压强可认为相等，1—1 断面和 2—2 断面上的流速和动水压强分别为 u_1、p_1，和 u_2、p_2，断面中心距基准面的高度分别为 z_1、z_2。经 dt 时段后，1—2 之间的水体运动到 1′— 2′的位置 [见图 3-14 (b)]，其动能亦发生相应变化。由于水流不能穿过微小流管的管壁流动，且水流是恒定流，在 dt 时段内，流段 1′— 2 这部分水体的质量和各点的流速都没有变化，即动能不变，所以整个流段的动能变化仅仅体现在由 1—1′段的动能变成 2—2′段的动能。又因为水流不可压缩，1—1′流段和 2—2′流段的体积相同，令它们都等于 dV，微小流段 1—2 的流动过程就相当于把 dV 这块液体从位置 1—1′移到位置 2—2′。该部分液体的重量为 $\gamma \mathrm{d}V$，质量 $\mathrm{d}m=\dfrac{\gamma \mathrm{d}V}{g}$，由于体积微小，可以认为流段 1—1′内各点的流速均为 u_1，2—2′内各点的流速均为 u_2，则动能的增量为

$$\frac{1}{2}\mathrm{d}mu_2^2-\frac{1}{2}\mathrm{d}mu_1^2=\frac{\gamma \mathrm{d}V}{2g}(u_2^2-u_1^2) \tag{3-18}$$

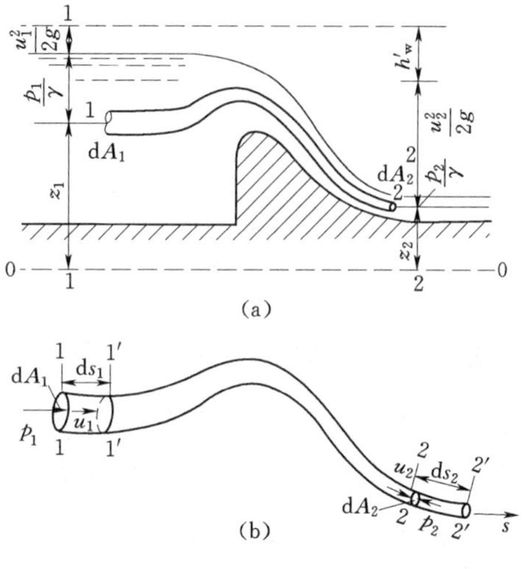

图 3-14

作用于所取流段 1—2 的外力有重力、边界上的动水压力和摩擦阻力。在 dt 时段内，各外力对该流段所做的功分别如下。

（一）重力做功 W_1

在 dt 时段内，由于流段 1′—2 的位置没有变化，重力对流段 1—2 所做的功只须考虑将液体 1—1′移到 2—2′的位置重力所做的功。流段 1—1′和 2—2′的体积 dV 很小，其重心距基准面的高度可分别近似看成断面中心距基准面的高度 z_1 和 z_2，则重力所做的功为

$$W_1=\gamma \mathrm{d}V(z_1-z_2) \tag{3-19}$$

（二）动水压力做功 W_2

作用于流段侧面的动水压力垂直流动方向，故其不做功，作用于断面 1—1 和断面 2—2 上的动水压力在流动方向上，沿流动方向做功。作用于断面 1—1 上的动水压力为 $p_1\mathrm{d}A_1$，移动距离为 $\mathrm{d}s_1$，做功为 $p_1\mathrm{d}A_1\mathrm{d}s_1$（力和位移方向一致取正号），断面 2—2 上的动水压力为 $p_2\mathrm{d}A_2$，移动距离为 $\mathrm{d}s_2$，做功为 $-p_2\mathrm{d}A_2\mathrm{d}s_2$（力和位移的方向相反取负号）。故动水压力做功为

$$W_2=p_1\mathrm{d}A_1d_{s1}-p_2\mathrm{d}A_2d_{s2}$$

因为
$$\mathrm{d}A_1d_{s1}=\mathrm{d}A_2d_{s2}=\mathrm{d}V$$

所以
$$W_2=(p_1-p_2)\mathrm{d}V \tag{3-20}$$

（三）摩擦阻力做功 W_3

水流的摩擦阻力是作用于流段 1—2 侧面上与流动方向相反的切应力。以 $h'_{\omega 1-2}$ 表示摩擦阻力对单位重量的水体所做的功，流段 1—1′移到 2—2′的位置，摩擦阻力所做的功为

$$W_3=-\gamma \mathrm{d}Vh'_{\omega 1-2} \tag{3-21}$$

这样，所有外力所做的总功为

$$W_1+W_2+W_3=\gamma \mathrm{d}V(z_1-z_2)+\mathrm{d}V(p_1-p_2)-\gamma \mathrm{d}Vh'_{\omega 1-2} \tag{3-22}$$

根据动能原理，即单位时间内流段动能的增量等于外力对流段做功之和，则

$$\frac{\gamma \mathrm{d}V}{2g}(u_2^2-u_1^2)=\gamma \mathrm{d}V(z_1-z_2)+\mathrm{d}V(p_1-p_2)-\gamma \mathrm{d}Vh'_{\omega 1-2}$$

将上式中各项除以重量 $\gamma \mathrm{d}V$ 得

$$\frac{1}{2g}(u_2^2-u_1^2)=(z_1-z_2)+\frac{p_1-p_2}{\gamma}-h'_{\omega 1-2}$$

整理得

$$z_1+\frac{p_1}{\gamma}+\frac{u_1^2}{2g}=z_2+\frac{p_2}{\gamma}+\frac{u_2^2}{2g}+h'_{\omega 1-2} \tag{3-23}$$

式（3－23）就是不可压缩液体恒定微小流束的能量方程，又称伯诺里（Bernoulli）方程。在水静力学中学过，z 是液体所具有的单位位能，即位置水头；$\frac{p}{\gamma}$是液体所具有的单位压能，即压强水头；$\left(z+\frac{p}{\gamma}\right)$为液体所具有的单位势能，它正好等于相应点上测压管水面的高度，故又称为测压管水头。

对于运动的液体，除了具有势能以外，还具有动能。质量为 m 的液体，速度为 u，它所具有的动能为$\frac{1}{2}mu^2$。对于单位重量的液体来说，除以液体的重量 mg 得到$\frac{u^2}{2g}$，即单位重量的液体所具有的动能，称单位动能，又称流速水头。

式（3－23）中 $z_1+\frac{p_1}{\gamma}+\frac{u_1^2}{2g}$和 $z_2+\frac{p_2}{\gamma}+\frac{u_2^2}{2g}$分别表示同一微小流束位于断面 1—1 和断面 2—2 上的单位重量的液体所具有的总机械能，又称总水头。

$h'_{\omega 1-2}$是单位重量液体从断面 1—1 流动到断面 2—2，由于克服水流阻力做功而消耗的机械能，称为单位能量损失，又称为水头损失，这部分机械能转化为热能而散逸。

流速水头、水头损失同位置水头、压强水头一样，都具有长度的量纲。

微小流束的能量方程反映了恒定流同一微小流束中任意两个断面上的液体所具有的机械能的相互关系。利用微小流束能量方程，可以用来求解任一微小流束不同断面上（不同点）的流速、压强和位置高度间的数值关系。

工程实际中要解决具有一定边界尺寸实际水流（即总流）的水力计算问题，这就需要将微小流束的能量方程式推广到总流。

二、恒定总流的能量方程

（一）恒定总流能量方程的推导

因为通过总流过水断面的水流所具有的总机械能是总流过水断面上的各微小流束断面机械能的总和，所以将式（3－23）微小流束能量方程的两端断面分别对总流过水断面 1—1 和 2—2 积分，可将微小流束的能量方程推广到总流的能量方程。

若任一微小流束的流量为 dQ，单位时间通过微小流束过水断面的液体重量为 γdQ，将式（3－23）各项乘以 γdQ，并积分得

$$\int_Q\left(z_1+\frac{p_1}{\gamma}\right)\gamma dQ+\int_Q\frac{u_1^2}{2g}\gamma dQ=\int_Q\left(z_2+\frac{p_2}{\gamma}\right)\gamma dQ+\int_Q\frac{u_2^2}{2g}\gamma dQ+\int_Q h'_{\omega 1-2}\gamma dQ \tag{3-24}$$

在式（3－24）中含有三种类型的积分：

（1）第一类：

$$\int_Q\left(z+\frac{p}{\gamma}\right)\gamma dQ$$

若通过过水断面的水流符合渐变流条件，该断面上$\left(z+\frac{p}{\gamma}\right)$近似为常数，则

$$\int_Q \left(z+\frac{p}{\gamma}\right)\gamma \mathrm{d}Q = \left(z+\frac{p}{\gamma}\right)\gamma\int_Q \mathrm{d}Q = \left(z+\frac{p}{\gamma}\right)\gamma Q \tag{3-25}$$

(2) 第二类：

$$\int_Q \frac{u^2}{2g}\gamma \mathrm{d}Q$$

因

$$\mathrm{d}Q = u\mathrm{d}A$$

故

$$\int_Q \frac{u^2}{2g}\gamma \mathrm{d}Q = \int_A \gamma\,\frac{u^3}{2g}\mathrm{d}A = \frac{\gamma}{2g}\int_A u^3\mathrm{d}A$$

若采用断面平均流速 v 来代替 u，由于 $\int_A u^3\mathrm{d}A \neq \int_A v^3\mathrm{d}A$，故需要乘以一个修正系数 α 使两者相等，即

$$\frac{\gamma}{2g}\int_A u^3\mathrm{d}A = \frac{\gamma}{2g}\alpha\int_A v^3\mathrm{d}A = \frac{\gamma}{2g}\alpha v^3 A = \gamma Q\,\frac{\alpha v^2}{2g} \tag{3-26}$$

式中

$$\alpha = \frac{\int_A u^3\mathrm{d}A}{v^3 A} \tag{3-27}$$

称为动能修正系数。可以证明 α 始终大于 1.0，其大小取决于过水断面流速的分布情况。流速分布愈均匀，α 愈接近于 1；渐变流时，一般取 $\alpha=1.05\sim1.1$，为计算简便，通常取 $\alpha=1.0$。

(3) 第三类：

$$\int_Q h'_{\omega1-2}\gamma\mathrm{d}Q$$

假定总流过水断面 1—1 和 2—2 之间各个微小流束单位重量液体所损失的能量 h'_ω 都用某一个平均值 $h_{\omega1-2}$ 来代替，则第三类积分变为

$$\int_Q h'_{\omega1-2}\gamma\mathrm{d}Q = \gamma h_{\omega1-2}\int_Q \mathrm{d}Q = \gamma Q h_{\omega1-2} \tag{3-28}$$

把三种类型的积分结果代入式 (3-24)，并用 γQ 去除各项得

$$z_1 + \frac{p_1}{\gamma} + \frac{\alpha_1 v_1^2}{2g} = z_2 + \frac{p_2}{\gamma} + \frac{\alpha_2 v_2^2}{2g} + h_{\omega1-2} \tag{3-29}$$

式 (3-29) 就是不可压缩液体恒定总流的能量方程。它反映了总流中两个满足渐变流条件的过水断面上的液体单位机械能的相互关系，表达了总流单位能量转化和守恒的规律。

恒定总流能量方程在形式上与恒定流微小流束的能量方程是一样的，主要区别在于：

(1) 微小流束的能量方程适用于同一微小流束任意两个断面，总流的能量方程适用于总流任意两个满足渐变流条件的过水断面。

(2) 单位动能和单位能量损失，在微小流束的能量方程中该两项表示的是过水断面上实际值，而在总流能量方程中则表示的是平均值。

在总流中任取两个过水断面，若两断面上单位重量的液体所具有的总机械能分别为 H_1 和 H_2，根据能量方程得

$$H_1 = H_2 + h_{\omega1-2} \tag{3-30}$$

对于理想液体，由于不考虑液体粘滞性，则不存在水头损失，即 $h_{\omega1-2}=0$，则 $H_1=H_2$，也就是说在不计能量损失时，总流中任意过水断面上的总水头保持不变。

（二）能量方程的图示法——水头线

恒定总流的能量方程式中各项代表的是单位重量液体所具有的能量，它们都具有相同的长度单位，因此可以用几何线段的长度表示它们的大小，从而将水流沿流程能量的相互转化形象地表示出来。

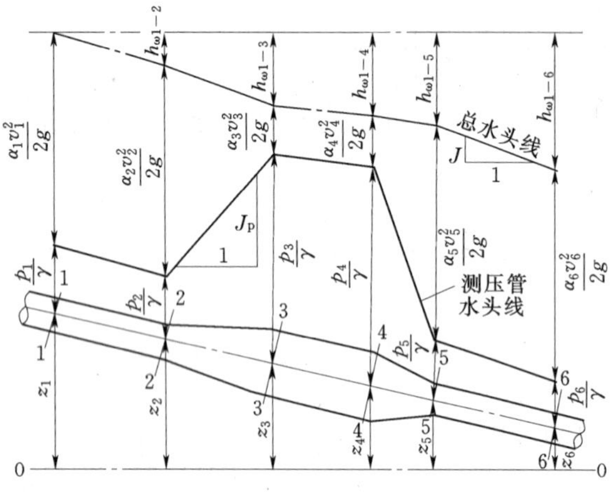

图 3-15

如图 3-15 所示，为充满全管的液体流动（即管流）。先选取基准面 0—0，并作出管道轴心线，就得到总流各断面中心点距基准面的高度，即该断面的位置水头 z；从各断面的中心点向上作铅直线，分别在该铅直线截取线段长度等于相应断面上的压强水头 p/γ，就得到了各断面的测压管水头 $(z+p/\gamma)$；在测压管水头以上再分别截取线段长度等于相应断面的流速水头 $\alpha v^2/(2g)$，这样就可以得到各断面的总水头 $H=z+p/\gamma+\alpha v^2/(2g)$。

各断面测压管水头的连线构成测压管水头线，总水头的连线构成总水头线。由图中可以看出：

（1）管轴线表示了位置水头 z 沿程的变化。

（2）管轴线与测压管水头线间的垂直距离，反映了沿程各断面的压强水头的变化。测压管水头线沿程可以下降也可以上升，当测压管水头线在管轴线以上时，压强为正值；反之，压强为负值。

（3）总水头线与测压管水头线之间的铅直距离反映了沿程各断面上流速水头的变化情况，距离越大，流速水头愈大，流速不变的流段，总水头线和测压管水头线平行。

（4）过水断面间总水头线下降的铅直高度即两断面间的水头损失。由于实际水流在流动过程中总有水头损失，因而总水头线沿程总是下降的。

沿流程单位长度上的水头损失称为水力坡度，以 J 表示。若总水头线为直线时

$$J=\frac{H_1-H_2}{L}=\frac{h_{\omega 1-2}}{L} \tag{3-31}$$

式中　L——两断面之间沿流程的长度；

$h_{\omega 1-2}$——相应的水头损失。

若总水头线为曲线时，水力坡度沿程是变化的，某一断面处的水力坡度可表示为

$$J=-\frac{\mathrm{d}H}{\mathrm{d}l}=\frac{\mathrm{d}h_\omega}{\mathrm{d}l} \tag{3-32}$$

式中：$\mathrm{d}H$ 表示总水头沿程的增量，总是负值。

能量方程图示法可以清晰地表示出水流沿流程各断面位置水头、压强水头、流速水头的变化情况，在管流的水力设计中常用这种方法分析问题。

（三）能量方程的应用条件及注意事项

根据能量方程的推导过程可以看出，应用时要满足下列条件：

(1) 水流必须是不可压缩液体的恒定流动。

(2) 作用于液体上的质量力只有重力。

(3) 所取过水断面上的液流应符合渐变流条件，但在两断面之间，水流可以不是渐变流。如图 3-14 所示，坝前的 1—1 断面和坝后收缩断面 2—2 均满足渐变流条件，而它们之间存在急变流。

(4) 在所取的两个过水断面之间，流量保持不变，其间没有流量汇入和分出。

应当指出，虽然在推证过程中使用了流量沿程保持不变的条件，但总流能量方程中的各项都是指单位重量液体的能量，如果近似认为能量分配和流量的分配成比例，在水流有汇入和分出的情况下，仍可分别对每一支水流建立能量方程式。例如图 3-12 (a) 有流量汇入的情况：

$$z_1+\frac{p_1}{\gamma}+\frac{\alpha_1 v_1^2}{2g}=z_2+\frac{p_2}{\gamma}+\frac{\alpha_2 v_2^2}{2g}+h_{\omega 1-2} \tag{3-33}$$

$$z_3+\frac{p_3}{\gamma}+\frac{\alpha_3 v_3^2}{2g}=z_2+\frac{p_2}{\gamma}+\frac{\alpha_2 v_2^2}{2g}+h_{\omega 3-2} \tag{3-34}$$

或图 3-12 (b) 有流量分出的情况：

$$z_1+\frac{p_1}{\gamma}+\frac{\alpha_1 v_1^2}{2g}=z_2+\frac{p_2}{\gamma}+\frac{\alpha_2 v_2^2}{2g}+h_{\omega 1-2} \tag{3-35}$$

$$z_1+\frac{p_1}{\gamma}+\frac{\alpha_1 v_1^2}{2g}=z_3+\frac{p_3}{\gamma}+\frac{\alpha_3 v_3^2}{2g}+h_{\omega 1-3} \tag{3-36}$$

应用能量方程时还应注意以下几点：

(1) 基准面可以任意选择，但对于同一方程在计算两断面的位置水头 z 时，必须采用同一基准面。

(2) 计算压强水头 p/r，一般采用相对压强比较方便，也可以采用绝对压强，但对同一方程必须一致。

(3) 因为在满足渐变流条件的同一断面上任意点的测压管水头 $(z+p/\gamma)$ 均相等，选择哪一点计算测压管水头，主要以计算方便为宜。一般管流的代表点取在管道的轴线上；明渠水流的代表点选在自由水面。

(4) 不同过水断面上的动能修正系数 α 一般是不相等的，且不等于 1.0。在实际应用中，渐变流一般可近似取 $\alpha_1=\alpha_2=1.0$。若计算精度要求较高，α 根据具体情况酌定。

三、流程中有能量输入或输出时的能量方程

在推导总流的能量方程时，没有考虑两计算断面之间有能量输入或能量输出，但在实际工程中存在这种情况。

图 3-16 (a) 所示，在 1—1 断面和 2—2 断面之间安装水泵，通过叶片转动向水流输入能量，设单位重量的水体通过水泵获得的机械能为 H_m，则两断面的能量方程的表达式为

$$z_1+\frac{p_1}{\gamma}+\frac{\alpha_1 v_1^2}{2g}+H_m=z_2+\frac{p_2}{\gamma}+\frac{\alpha_2 v_2^2}{2g}+h_{\omega 1-2} \tag{3-37}$$

如图 3-16 (b)，一水电站的水轮机安装在 1—1 断面和 2—2 断面之间，当水流冲击水轮机的叶片使水轮机转动，水流输出能量，设水轮机从单位重量的水体中获得的机械能

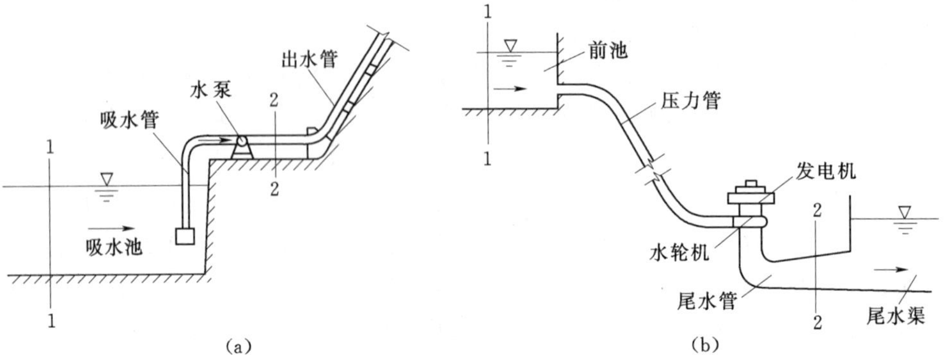

图 3-16

为 H_t，则两断面能量方程可写为

$$z_1+\frac{p_1}{\gamma}+\frac{\alpha_1 v_1^2}{2g}-H_t=z_2+\frac{p_2}{\gamma}+\frac{\alpha_2 v_2^2}{2g}+h_{\omega 1-2} \tag{3-38}$$

第六节　能量方程应用举例

能量方程的应用很广泛，下面举例说明如何利用能量方程分析和解决水力学问题。

一、毕托管

毕托管是利用液流运动的能量转化原理制作的测定液流速度的仪器。简单的毕托管就是一根弯成 90°的开口细管。如图 3-17（a）所示，欲测流场中 A 点的流速，可将弯管前端管口置于 A 点并正对水流方向，此时弯管的管口由于水流的顶冲，管中的水面将上升至 h_2 的高度，正对水流方向管口 A 点处的流速变为零，该点处水流质点的动能将全部转化为压能，该点称为驻点。此时管中的水柱高度 h_2 等于 A 点处的动水压强水头 p_A/γ 与由该点流速水头 $u_A^2/(2g)$ 转化而来的压强水头之和，即

$$h_2=\frac{p_A}{\gamma}+\frac{u_A^2}{2g} \tag{3-39}$$

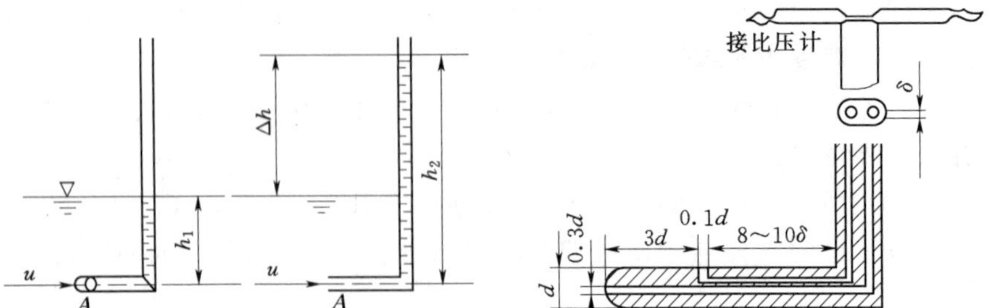

图 3-17

若用同样一根细弯管，前端管口封闭而侧面开口，以同样的方式置于 A 点处，不难

看出，此时 A 点的压强水头就等于管中液面上升的高度 $p_A/\gamma=h_1$。这样就可以计算出 A 点的流速，即

$$u_A=\sqrt{2g(h_2-h_1)}=\sqrt{2g\Delta h} \tag{3-40}$$

式中　Δh——两根测管的水面高差。

如图 3-17（b）所示，实用上的毕托管是将两根细管纳入同一根弯管之中，只是将前端的小孔和侧面的小孔（可以是多个）分别连通到两支测压管上。测量流速时可以分别读出两支测压管上的读数，计算得出 Δh（也可用比压计直接测定），由于毕托管前端的小孔和侧面小孔的位置不同，加之考虑毕托管放入水中所产生的扰动影响，需对式（3-40）加以修正，即

$$u_A=c\sqrt{2g\Delta h} \tag{3-41}$$

式中　c——毕托管的校正系数，一般取 0.98～1.0（毕托管出厂时，产品说明书上给有 c 值，若使用时间长了，应重新率定）。

二、文德里流量计

文德里流量计是用于测量管道中流量的装置，它由两段锥形管道（收缩管和扩散管）和一小段较细的管道（喉管）组成。若测量管道中通过的流量，则把文德里流量计连接到管道中，并在收缩段进口处和喉管处分别装上测压管来测量两断面上的测压管水头差，就可以计算出管道中通过的流量。

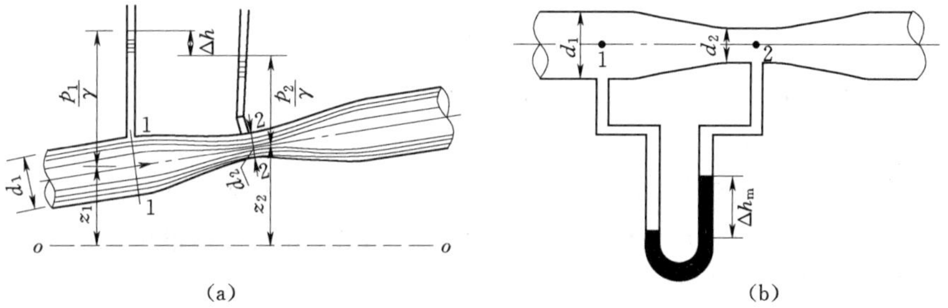

图 3-18

如图 3-18（a）所示，一文德里流量计安装在倾斜管道上。设管道中的水流为恒定流，以图 3-18 中的 o—o 为基准面，对断面 1—1 和 2—2 列总流的能量方程式

$$z_1+\frac{p_1}{\gamma}+\frac{\alpha_1 v_1^2}{2g}=z_2+\frac{p_2}{\gamma}+\frac{\alpha_2 v_2^2}{2g}+h_{\omega 1-2} \tag{3-42}$$

由于断面 1—1 和 2—2 相距很近，暂不考虑水头损失，$h_{\omega 1-2}=0$。取 $\alpha_1=\alpha_2=1.0$，将式（3-42）改写为

$$\left(z_1+\frac{p_1}{\gamma}\right)-\left(z_2+\frac{p_2}{\gamma}\right)=\frac{v_2^2}{2g}-\frac{v_1^2}{2g} \tag{3-43}$$

式（3-43）表明在不计水头损失的情况下，水流运动过程中动能和势能的转换关系。1—1 断面的动能小于 2—2 断面的动能，因此 1—1 断面的势能必定大于 2—2 断面的势能。又因为 1—1 断面和 2—2 断面的测压管水头差 Δh 为

$$\Delta h=\left(z_1+\frac{p_1}{\gamma}\right)-\left(z_2+\frac{p_2}{\gamma}\right) \tag{3-44}$$

所以

$$\Delta h=\frac{v_2^2}{2g}-\frac{v_1^2}{2g} \tag{3-45}$$

根据连续方程

$$\frac{v_1}{v_2}=\frac{A_2}{A_1}=\left(\frac{d_2}{d_1}\right)^2$$

所以

$$v_2=v_1\left(\frac{d_1}{d_2}\right)^2 \tag{3-46}$$

式中 d_1、d_2——管道和喉管的直径。

代入式（3-45）得

$$\Delta h=\left(\frac{d_1}{d_2}\right)^4\frac{v_1^2}{2g}-\frac{v_1^2}{2g}$$

$$v_1=\frac{\sqrt{2g\Delta h}}{\sqrt{\left(\frac{d_1}{d_2}\right)^4-1}}$$

则管中通过的流量

$$Q=A_1v_1=\frac{\pi d_1^2}{4}\sqrt{\frac{2g}{\left(\frac{d_1}{d_2}\right)^4-1}}\cdot\sqrt{\Delta h}$$

令

$$K=\frac{\pi d_1^2}{4}\sqrt{\frac{2g}{\left(\frac{d_1}{d_2}\right)^4-1}}$$

则

$$Q=K\sqrt{\Delta h} \tag{3-47}$$

K 值取决于文德里流量计的管径 d_1、d_2。对于给定的文德里流量计，K 为常数，只要测得管道和喉管的测压管水头的差值 Δh 时，就可以求得通过管道中的流量。由于在上面的分析计算中，没有考虑水头损失，而实际中水头损失总是存在，同时在分析中又假定 $\alpha_1=\alpha_2=1.0$，也会产生误差，因此需在式（3-47）的右边乘以流量系数 μ 对通过的流量加以修正，故实际流量为

$$Q=\mu K\sqrt{\Delta h} \tag{3-48}$$

流量系数 μ 一般约为 0.95～0.98。

如果当测压管水头差 Δh 较大不便测读时，可在文德里流量计上安装水银比压计，如图 3-18（b）所示。若水银比压计的水银面高差读数为 Δh_m，水银的容重为 γ_m，由比压计原理可知

$$\Delta h=\left(z_1+\frac{p_1}{\gamma}\right)-\left(z_2+\frac{p_2}{\gamma}\right)=\left(\frac{\gamma_m}{\gamma}-1\right)\Delta h_m=12.6\ \Delta h_m \tag{3-49}$$

将式（3-49）代入式（3-48）得

$$Q=\mu K\sqrt{12.6\Delta h_m}$$

式（3-48）中的 Δh 和式（3-49）中的 Δh_m 均为测压管水头差，与文德里流量计的安装角度（管轴线与水平方向的夹角）无关。

三、孔口、管嘴出流

如图 3-19（a）所示，在水箱的壁上开孔，水将从四周向孔口汇流后经孔口流出，这种水流现象称为孔口出流。如图 3-19（b）所示，若在孔口连接一根长度 $L=3\sim4d$（d 为孔径）的短管，水流经短管流出的水流现象称为管嘴出流。在实际工程中，如小水库多级卧管的放水孔，船闸闸室的充水或放水孔，都可以简化为孔口或管嘴出流。工程上通常需要确定它们的过水能力。

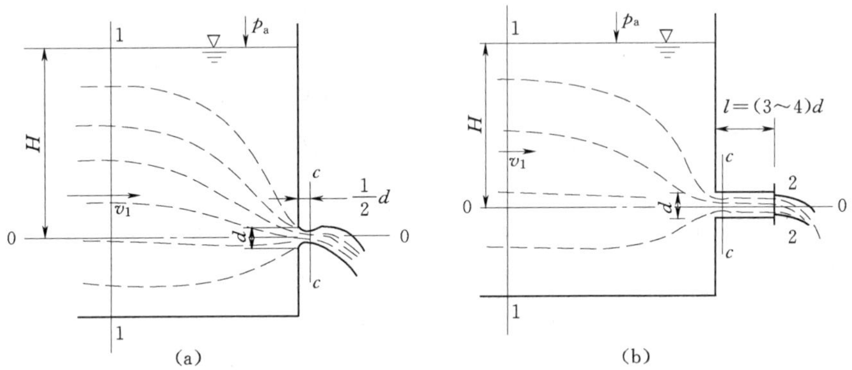

图 3-19

在孔口出流和管嘴出流时，水流质点逐渐改变原来的流向向孔口汇集，由于水流的惯性作用，在孔口之后的过水断面发生收缩，较孔口面积小。实验证明：距孔口 $d/2$ 处断面收缩到最小值，随后由于存在边界（空气或固体边壁）的阻力，流速变慢，水股的横断面又开始扩散。断面面积最小的断面 $c—c$ 称为收缩断面，该断面附近的流线近似平行，满足渐变流条件。若保持水箱中的水位不变，水股形状和尺寸不随时间而改变，则为恒定孔口出流和管嘴出流。下面讨论恒定孔口出流和管嘴出流的水力计算。

如图 3-19（a）以通过孔口断面中心的水平面为基准面，列孔口上游断面 1—1 和收缩断面 $c—c$ 两个渐变流断面的能量方程为

$$H+\frac{\alpha_1 v_1^2}{2g}=\frac{p_c}{\gamma}+\frac{\alpha_c v_c^2}{2g}+h_{\omega 1-c} \tag{3-50}$$

式中　v_1——行近流速；

$\frac{\alpha_1 v_1^2}{2g}$——行近流速水头。

令 $H_0=H+\alpha_1 v_1^2/(2g)$，$H_0$ 称为孔口作用全水头。

因为水股收缩断面 $c—c$ 周围均为大气，可近似认为断面 $c—c$ 各点的压强为大气压，$p_c/\gamma=0$，暂不考虑水头损失，则式（3-50）可简化为

$$H_0=\frac{\alpha_c v_c^2}{2g} \tag{3-51}$$

取 $\alpha_c=1.0$，则

$$v_c=\sqrt{2gH_0} \tag{3-52}$$

考虑到流动过程中总有能量损失，故实际流速比式（3-52）的计算值小，故式（3-52）

应乘以一个小于 1 的流速系数 φ 来反映水头损失的影响，即

$$v_c = \varphi\sqrt{2gH_0} \tag{3-53}$$

又因为收缩断面处面积 A_c 小于孔口面积 A，令 $A_c=\varepsilon A$，ε 为侧收缩系数，$\varepsilon<1.0$。那么孔口的泄流量为

$$Q = A_c v_c = \varepsilon\varphi A\sqrt{2gH_0} \tag{3-54}$$

令 $\mu = \varepsilon\varphi$，则

$$Q = \mu A\sqrt{2gH_0} \tag{3-55}$$

式中 μ 称为流量系数。其值的大小与孔口的形状、孔口距边壁的距离以及孔边轮廓线型有关。对圆形薄壁小孔口自由出流，在四周均有收缩，且收缩充分时，流量系数 $\mu=0.58\sim0.62$，在初步计算时，可采用 $\mu=0.60$。对其它型式的孔口的流量系数，可参考有关水力计算手册或通过实验确定。

对于恒定管嘴出流，如图 3-19（b）所示，以通过管嘴轴线的水平面为基准面，对符合渐变流条件的断面 1—1 和收缩断面 c—c 列能量方程，忽略水头损失，得

$$H + \frac{\alpha_1 v_1^2}{2g} = \frac{p_c}{\gamma} + \frac{\alpha_c v_c^2}{2g} \tag{3-56}$$

令 $H_0=H+\alpha_1 v_1^2/(2g)$，取 $\alpha_1=1.0$，并以系数 φ 值反映水头损失的影响，则

$$v_c = \varphi\sqrt{2g\left(H_0 - \frac{p_c}{\gamma}\right)} \tag{3-57}$$

故通过管嘴的流量为

$$Q = A_c v_c = \varphi\varepsilon A\sqrt{2g\left(H_0 - \frac{p_c}{\gamma}\right)} = \mu A\sqrt{2g\left(H_0 - \frac{p_c}{\gamma}\right)} \tag{3-58}$$

当管嘴出流与孔口出流的其它边界条件相同、孔口面积相等时，比较式（3-55）和式（3-58）可知，孔口与管嘴的区别在于后者的作用水头减去了一项 p_c/γ。如果列收缩断面 c—c 和断面 2—2 能量方程，由于 c—c 断面处发生收缩，断面面积小于出口 2—2 断面的面积，即 $A_c<A_2$，不难得出 p_c/γ 为负值，即 c—c 断面的压强 p_c 小于大气压，该断面存在真空，其真空高度为 p_{Vc}/γ。也就是说管嘴出流的有效作用水头比孔口出流增大了 p_{Vc}/γ，因此在相同的条件下，管嘴比孔口出流的泄流能力要大，故工程中常用管嘴来提高泄流能力。

将式（3-58）改写成

$$Q = \mu A\sqrt{2gH_0}\sqrt{1 - \frac{p_c}{\gamma H_0}}$$

令 $\mu' = \mu\sqrt{1 - \frac{p_c}{\gamma H_0}}$ 并代入上式得

$$Q = \mu' A\sqrt{2gH_0} \tag{3-59}$$

其中 μ' 为管嘴出流的流量系数。对于不同类型的管嘴，μ' 值也不同，在实际计算中可参考有关水力计算手册。对于圆柱形管嘴，$\mu'\approx0.82$。

要保证管嘴正常工作，应满足以下两个条件：

（1）管嘴的长度 $L=(3\sim4)d$。太短，则出口水股不与管壁接触，这时的流动仍为孔口出流；太长，增加沿程水头损失而减少泄流能力。

（2）断面 $c—c$ 处的真空值不能过大。造成真空增大的原因是作用水头的增大，为了防止水在收缩断面汽化和从管嘴出口倒吸空气，使流动失去稳定，因此规定其真空值 $p_{Vc}/\gamma<7$m 水柱。

第七节　恒定总流的动量方程

对于某些水力计算问题，例如确定输水管中水流对管道的作用力，水流作用于溢流坝、闸门及挑流鼻坎上的作用力以及射流的冲击力等，采用能量方程无法求解，此时需要利用动量原理求解。水力学中的动量方程反映了水流的动量变化与水流和固体壁面之间作用力的关系。它和能量方程、连续性方程一起，称为水力学的三大方程。

一、恒定总流的动量方程

动量定律指出：在某时段内物体动量的增量，等于同一时段内作用于物体上的合外力的冲量。现依据动量定律来推求水流运动的动量方程。

如图 3-20 所示，在恒定总流中任取一流段 1—2 段为研究对象，取过水断面 1—1 和 2—2 之间的液体为隔离体。经 dt 时段液体从位置 1—2 运动到位置 1′—2′。设液体在运动过程中动量变化量为 $\Delta\boldsymbol{K}$，则 $\Delta\boldsymbol{K}$ 等于流段 1′—2′与 1—2 内液体的动量 $\boldsymbol{K}_{1'-2'}$ 与 $\boldsymbol{K}_{1-2}$ 之差

$$\Delta\boldsymbol{K}=\boldsymbol{K}_{1'-2'}-\boldsymbol{K}_{1-2} \qquad (3-60)$$

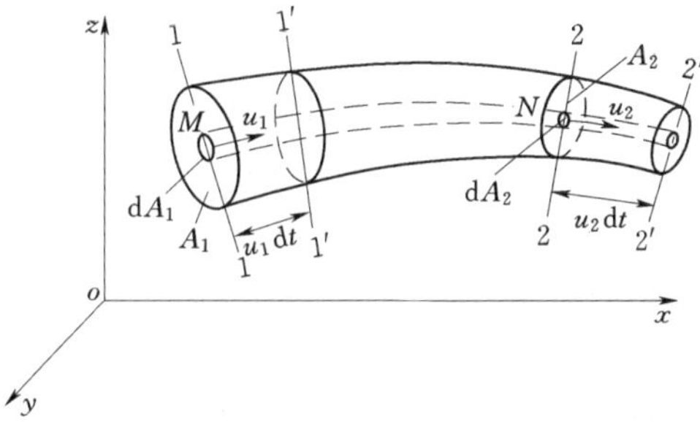

图 3-20

由图可以看出

$$\boldsymbol{K}_{1-2}=\boldsymbol{K}_{1-1'}+\boldsymbol{K}_{1'-2} \qquad (3-61)$$

$$\boldsymbol{K}_{1'-2'}=\boldsymbol{K}_{1'-2}+\boldsymbol{K}_{2-2'} \qquad (3-62)$$

式（3-61）中 $\boldsymbol{K}_{1'-2}$是 dt 初时刻流段 1′—2 内液体的动量，式（3-62）中 $\boldsymbol{K}_{1'-2}$是 dt 末时刻流段 1′—2 液体的动量，两者虽在不同时刻，但因为液流为恒定流，因此 $\boldsymbol{K}_{1'-2}$不随时间而改变。将式（3-61）和式（3-62）代入式（3-60）可得

$$\Delta\boldsymbol{K}=\boldsymbol{K}_{2-2'}-\boldsymbol{K}_{1-1'} \qquad (3-63)$$

在总流 1—2 流段中任取一微小流束 MN（见图 3-20）。令微小流束断面 1—1 的面积为 dA_1，流速为 u_1，则微小流束流段 1—1′内的液体动量为 $\rho u_1\mathrm{d}t\mathrm{d}A_1u_1$，则

$$\boldsymbol{K}_{1-1'}=\int_{A_1}\rho\boldsymbol{u}_1u_1\mathrm{d}t\mathrm{d}A_1=\rho\mathrm{d}t\int_{A_1}\boldsymbol{u}_1u_1\mathrm{d}A_1 \qquad (3-64)$$

令断面 2—2 的面积为 dA_2，流速为 u_2，同理得

$$\boldsymbol{K}_{2-2'}=\int_{A_2}\rho\boldsymbol{u}_2u_2\mathrm{d}t\mathrm{d}A_2=\rho\mathrm{d}t\int_{A_2}\boldsymbol{u}_2u_2\mathrm{d}A_2 \qquad (3-65)$$

因为总流过水断面上的流速分布不均匀，若过水断面符合渐变流条件，可以认为断面平均流速的方向和实际的方向一致，用断面平均流速 v 代替流速 u，产生的误差用系数 β 修正，则式（3-64）、式（3-65）两式可改写成

$$\boldsymbol{K}_{1-1'} = \rho \mathrm{d}t\int_{A_1}\boldsymbol{u}_1 u_1 \mathrm{d}A_1 = \rho \mathrm{d}t\beta_1\boldsymbol{v}_1 v_1 A_1 = \rho \mathrm{d}t\beta_1\boldsymbol{v}_1 Q_1 \tag{3-66}$$

$$\boldsymbol{K}_{2-2'} = \rho \mathrm{d}t\int_{A_2}\boldsymbol{u}_2 u_2 \mathrm{d}A_2 = \rho \mathrm{d}t\beta_2\boldsymbol{v}_2 v_2 A_2 = \rho \mathrm{d}t\beta_2\boldsymbol{v}_2 Q_2 \tag{3-67}$$

在渐变流断面上，流速 u 和断面平均流速 $\boldsymbol{v}$ 的方向是一致的，故 β 的表达式为

$$\beta = \frac{\int_A u^2 \mathrm{d}A}{v^2 A}$$

β 称为动量修正系数，可以证明 $\int_A u^2 \mathrm{d}A > v^2 A$，故 $\beta > 1.0$。对于渐变流 $\beta = 1.02 \sim 1.05$，为计算简便常取 $\beta = 1.0$。

由连续性方程可知 $Q_1 = Q_2 = Q$，将式（3－66）和式（3－67）代入式（3－63）得

$$\Delta\boldsymbol{K} = \rho Q\mathrm{d}t(\beta_2\boldsymbol{v}_2 - \beta_1\boldsymbol{v}_1) \tag{3-68}$$

设 $\sum F\mathrm{d}t$ 为 $\mathrm{d}t$ 时段内作用于总流 1—2 流段上所有外力冲量的矢量和，于是由动量定律得

$$\sum \boldsymbol{F}\mathrm{d}t = \rho Q\mathrm{d}t(\beta_2\boldsymbol{v}_2 - \beta_1\boldsymbol{v}_1)$$

则

$$\sum \boldsymbol{F} = \rho Q(\beta_2\boldsymbol{v}_2 - \beta_1\boldsymbol{v}_1) \tag{3-69}$$

式（3－69）为不可压缩液体恒定总流的动量方程。它表明在单位时间内，恒定总流流段动量的变化量等于作用于该流段上所有外力的合力。

作用在隔离体上的外力包括：作用于流段两端断面的动水压力 P、重力 G 和边界对隔离体的作用力 R。

式（3－69）为矢量式，其中的力和速度都是矢量，为了便于计算，必须建立坐标系。在直角坐标系中，式（3－69）可以写成三个投影表达式

$$\left.\begin{aligned}\sum F_x &= \rho Q(\beta_2 v_{2x} - \beta_1 v_{1x})\\ \sum F_y &= \rho Q(\beta_2 v_{2y} - \beta_1 v_{1y})\\ \sum F_z &= \rho Q(\beta_2 v_{2z} - \beta_1 v_{1z})\end{aligned}\right\} \tag{3-70}$$

式中 v_{1x}、v_{1y}、v_{1z}、v_{2x}、v_{2y}、v_{2z}——v_1 和 v_2 在三个坐标方向上的投影；

$\sum F_x$、$\sum F_y$、$\sum F_z$——作用在隔离体上所有外力在三个坐标轴上投影的代数和。

二、动量方程的应用及注意事项

下面列举几个实例，说明动量方程的应用。

（一）水流对弯管的作用力

如图 3－21 所示一弯管，管轴线位于铅直平面上，弯道转角为 θ，通过弯管的流量为 Q，弯管两端的过水断面 1—1、2—2 符合渐变流条件，1—1、2—2 之间的水体重量为 G，两断面处的直径分别为 d_1、d_2，作用在断面上的压强分别为 p_1、p_2。要求确定水流对弯管管壁的作用力 R'。

取断面 1—1 和 2—2 之间的水体为隔离体，对隔离体进行受力分析。作用于隔离体的外力除隔离体内水体的重量 G 之外，还包括断面 1—1 和 2—2 上的动水压力 P_1、P_2，管壁对水流的作用力 R，R 与水流对管壁的作用力 R' 是一对作用力与反作用力，只要求出 R 就可得到 R'。为了便于计算，建立平面坐标系 xoz 并取 x 轴与 v_2 的方向一致，假定 R 的

方向如图 3-21 所示，并将 R 分解为 x 和 z 方向的两个分力 R_x、R_z，断面 1—1 和 2—2 上的动水压力在 x、z 方向的投影为

$$P_{1x} = p_1 A_1 \cos\theta$$
$$P_{1z} = p_1 A_1 \sin\theta$$
$$P_{2x} = - p_2 A_2$$

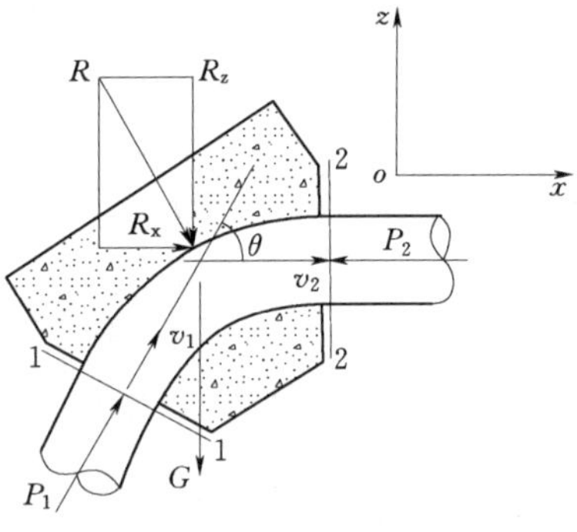

图 3-21

下面列 x 方向的动量方程，并取 $\beta_1=\beta_2=1.0$，得

$$p_1 A_1 \cos\theta - p_2 A_2 + R_x = \rho Q(v_2 - v_1 \cos\theta)$$

由连续性方程得 $v_1=\dfrac{Q}{A_1}$，$v_2=\dfrac{Q}{A_2}$代入上式可解出

$$R_x = \rho Q^2 \left(\frac{1}{A_2} - \frac{\cos\theta}{A_1}\right) - p_1 A_1 \cos\theta + p_2 A_2 \quad (3-71)$$

同理，沿 z 轴方向的动量方程为

$$p_1 A_1 \sin\theta - G - R_z = \rho Q(0 - v_1 \sin\theta)$$

则

$$R_z = \rho Q^2 \frac{\sin\theta}{A_1} + p_1 A_1 \sin\theta - G \quad (3-72)$$

R_x、R_z 的方向是按照假设的 R 方向确定的，若求出的是正值，说明实际方向与假设方向一致，若是负值，说明与假设方向相反。

$$R = \sqrt{R_x^2 + R_z^2} \quad (3-73)$$

R 与水平方向的夹角

$$\alpha = \text{arctg}\,\frac{R_z}{R_x} \quad (3-74)$$

合力 R 的方向要根据 R_x 和 R_z 的方向及 α 值确定。水流对管壁的作用力 R' 与 R 的大小相等，方向相反。

R' 的存在是由于水流在弯道中流动，水流对弯管有一个离心力的作用，方向指向弯管的外侧。由于该离心力的存在，使弯管有发生位移的趋势，故在工程中对大型管道转弯处加设镇墩。

（二）水流对溢流坝的水平作用力

某水库的溢流坝如图 3-22 所示，假定河底水平，已知溢流坝的宽度为 b，通过的流量为 Q，上游断面 1—1 的水深为 h_1，坝址处收缩断面 2—2 的水深为 h_2，要求确定水流对溢流坝的水平作用力。

取断面 1—1 和断面 2—2 之间的水体为隔离体。作用在隔离体两端断面 1—1 和断面 2—2 上的动水压力为 P_1、P_2；溢流坝对水流的水平作用力为 R；边界与水体间的摩擦力相对于 R 很小不予考虑，重力与水流方向垂直，在水平方向无分力。

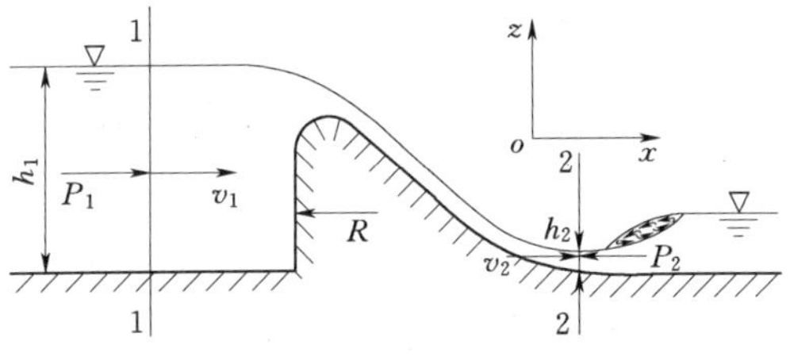

图 3-22

选取水平方向坐标为 x，下面列水平方向动量方程，并取 $\beta_1=\beta_2=1.0$，得

$$P_1 - P_2 - R = \rho Q(v_2 - v_1) \quad (3-75)$$

因断面 1—1 和断面 2—2 的水流符合渐变流条件，则

$$P_1=\frac{1}{2}\gamma h_1^2 b \quad P_2=\frac{1}{2}\gamma h_2^2 b$$

又由连续性方程得 $v_1=\dfrac{Q}{h_1 b}$　$v_2=\dfrac{Q}{h_2 b}$代入式（3-70）得

$$\frac{1}{2}\gamma b(h_1^2-h_2^2)-R=\rho Q^2\left(\frac{1}{bh_2}-\frac{1}{bh_1}\right)$$

$$R=\frac{1}{2}\gamma b(h_1^2-h_2^2)-\rho Q^2\left(\frac{1}{bh_2}-\frac{1}{bh_1}\right) \tag{3-76}$$

水流对溢流坝的作用力是溢流坝对水流作用力 R'的反作用力，两者大小相等，方向相反。

（三）水流对垂直固定平面壁的冲击力

如图 3-23 所示，一喷射水流，流量为 Q，现以流速 v_0 射向与流速方向垂直的平面壁，在壁面对称散开，因射流的速度较大，忽略重力的影响，要求确定射流对平面壁的水平冲击力。取喷嘴出口断面 0—0 和 1—1 环形断面之间的水流为隔离体，因两个断面周围均为大气压作用，相对压强都为零。设平面壁对水流的作用力为 R，则，

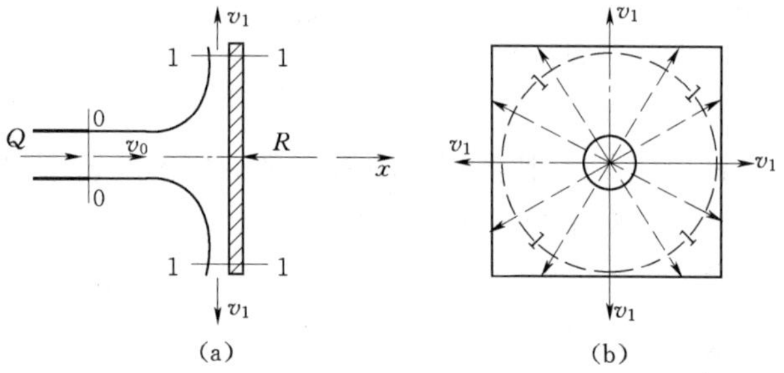

图 3-23

$$-R=\rho Q(v_1\cos 90°-v_0)$$

故

$$R=\rho Q v_0 \tag{3-77}$$

射流对壁面的冲击力 R'的大小等于 R，方向与 R 相反。

从上面实例可以看出，动量方程应用很广泛，应用时要注意以下几点：

（1）水流必须是恒定流。

（2）隔离体可以任意选取，但要求过水断面符合渐变流条件，这样才能用断面平均流速计算动量。分析隔离体受力时，应将力和流速的方向标在隔离体上。

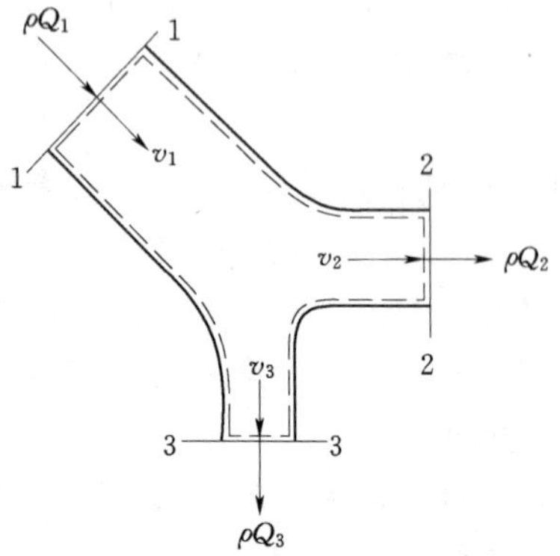

图 3-24

（3）动量方程式是矢量式，式中流速和力都是矢量，因此写动量方程时，必须选定坐标，流速和作用力向坐标轴投影时，与坐标轴方向一致为正值，反之为负值。坐标是可以任意选择的，以计算方便为宜。

（4）计算动量变化量一定是流出隔离体的动量减去流入的动量。

（5）边界对水流的作用力 R 与水流对边界的作用力 R'互为作用力与反作用力，它们大小相等，方向相反。求 R 时，其方向事先尚不明确，可先假定一个方向，求出的结果为正，说明假设方向与实际方向一致，否则假设方向与实际方向相反。

（6）注意与能量方程式及连续性方程联合应用。

推导动量方程是从简单的一元流出发，式（3-69）和式（3-70）只能应用于无流量汇入与分出的总流流段，但很容易推广到分叉管路。如图 3-24 所示，取渐变流过水断面 1—1、2—2、3—3 之间的水体为隔离体，各断面的流量分别 Q_1、Q_2、Q_3，其平均流速分别为 v_1、v_2、v_3。在这种情况下，对隔离体列动量方程得

$$\sum \boldsymbol{F} = \rho Q_2 \beta_2 \boldsymbol{v}_2 + \rho Q_3 \beta_3 \boldsymbol{v}_3 - \rho Q_1 \beta_1 \boldsymbol{v}_1 \tag{3-78}$$

式中：$\sum F$ 为作用于隔离体上所有外力的合力。

习　　题

3-1　一底面为正方形的盛水容器，其底边 $a=2\text{m}$，如题 3-1 图所示，现接一根直径 $d=10\text{mm}$ 的泄水管，已知某时刻水管中的平均流速 $v_2=1\text{m/s}$，求该时刻水箱中水面的下降速度 v_1。

3-2　汇交管路如题 3-2 图所示，已知管径 $d_1=d_2=200\text{mm}$，$d_3=100\text{mm}$，$v_1=1\text{m/s}$，$v_3=2\text{m/s}$，求 v_2。

3-3　一弯曲水管如题 3-3 图所示，已知：A、B 两点高差 $\Delta z=6\text{m}$，$d_A=150\text{mm}$，$d_B=300\text{mm}$，$p_A=78.4\text{kN/m}^2$，$p_B=49\text{kN/m}^2$，$v_A=1\text{m/s}$，试判别 A、B 两点间的水流方向，并求出两断面间的水头损失 h_ω。

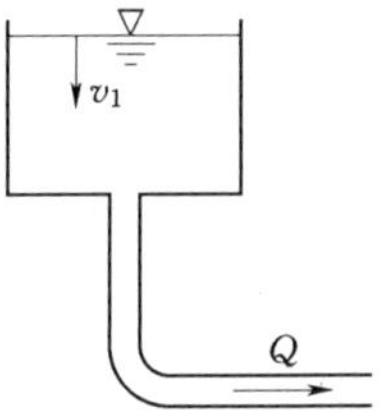

题 3-1 图

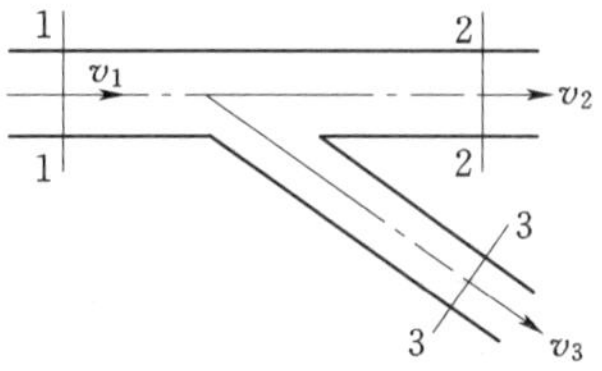

题 3-2 图

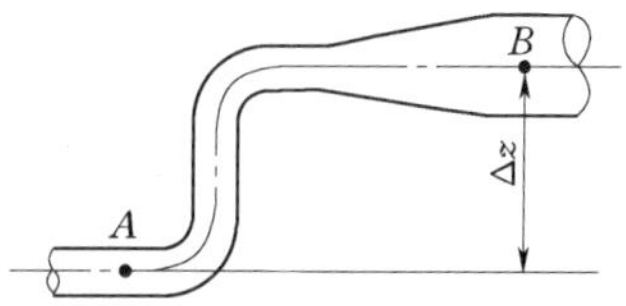

题 3-3 图

3-4　如题 3-4 图，一输水管道当阀门 K 完全关闭时，A 点处的压力表的读数为 0.5 工程大气压，打开阀门 K，压力表的读数降低至 0.3 工程大气压，若水箱中水面高度 H 保持不变，管道中压力表前的水头损失为 0.5m，求管道中的平均流速。

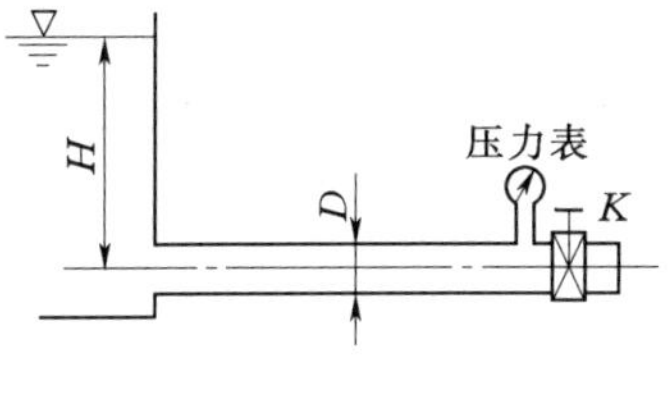

题 3-4 图

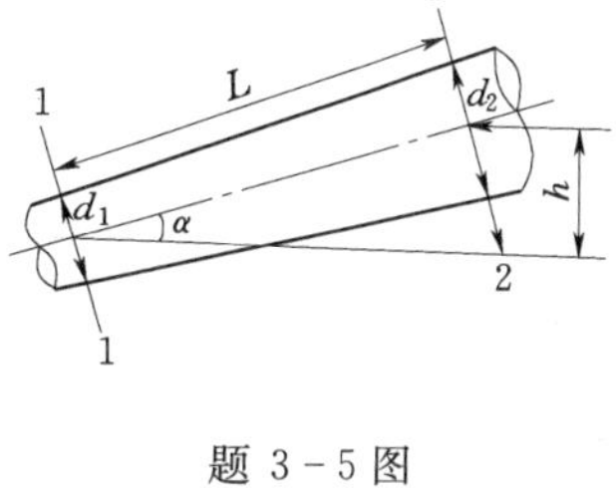

题 3-5 图

3-5　如题 3-5 图所示有一变直径管道，其轴线与水平线的夹角 $\alpha=6°$，断面 1—1 和 2—2 之间管段长 $L=10\text{m}$，断面 1—1 处的直径 $d_1=0.15\text{m}$，中心点处的相对压强 $p_1=7.2\text{kPa}$，断面 2—2 处的直径 $d_2=0.3\text{m}$，$p_2=6.1\text{kPa}$，断面平均流速 $v_2=1.2\text{m/s}$。试求

1—1 和 2—2 断面间水流的平均水力坡度和测压管坡度。

3－6　如题 3－6 图，已知 $H=10m$，坝趾断面 $c—c$ 处水深 $h_c=1.2m$，下游河床断面 2—2 的水深 $h=3.57m$，上下游河底高程相同，通过的单宽流量为 $q=10m^3/(s \cdot m)$。试求：①断面 1—1、$c—c$、2—2 处水流的势能、动能和总能量；②断面 1—1 至 $c—c$，断面 $c—c$ 至 2—2 的水头损失；③绘制总水头线。

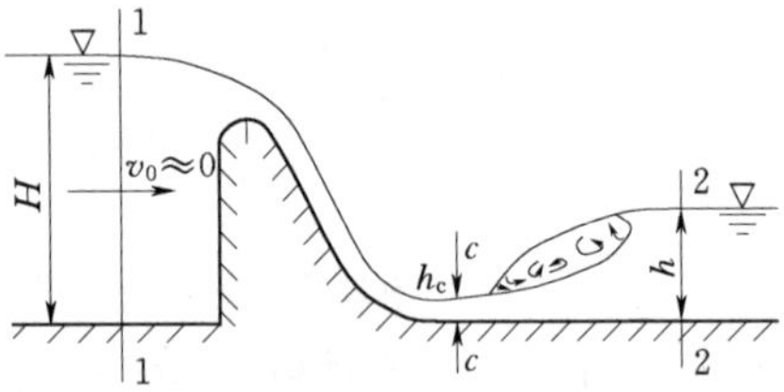

题 3－6 图

3－7　如题 3－7 图，一矩形断面渠道底宽 $b=10m$，在某处渠底抬高了 0.3m，渠道的水面因此逐渐降低了 0.12m，设水流过坎的水头损失为抬高后渠道中流速水头的一半，试求通过渠道的流量。

3－8　某河段的过水断面近似为矩形，河宽 100m，因施工的需要建围堰使原有河床缩窄一半，设缩窄处的水位与下游河段的水位相同，如题 3－8 图所示。若忽略水头损失，试求当下游水深 $h=3m$，通过流量 $Q=300m^3/s$ 时，上游水位抬高了多少？

3－9　题 3－9 图为毕托管测流速装置，测压管中液体的容重为 $\gamma_m=133.3kN/m^3$，液面高差 $\Delta h=30cm$，水平放置水管直径 $d=100mm$，设管道中心最大流速 u_{max} 与断面平均流速 v 的关系为 $v=0.8u_{max}$，求管道中通过的流量。

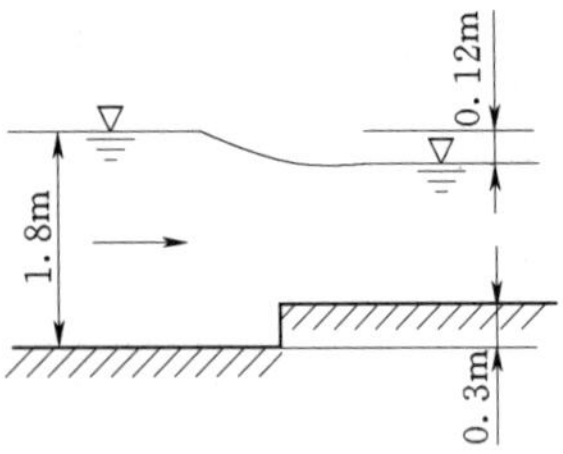

题 3－7 图

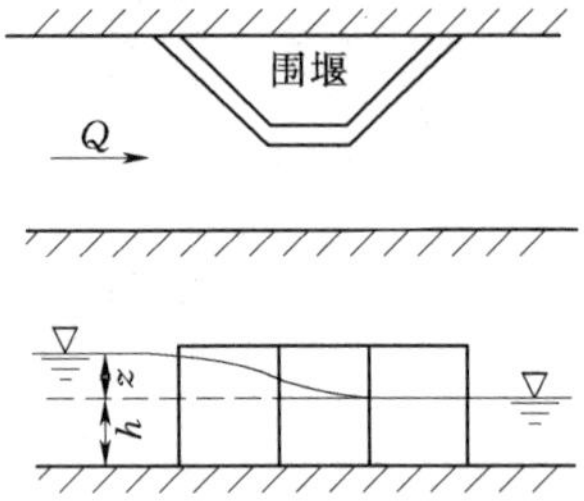

题 3－8 图

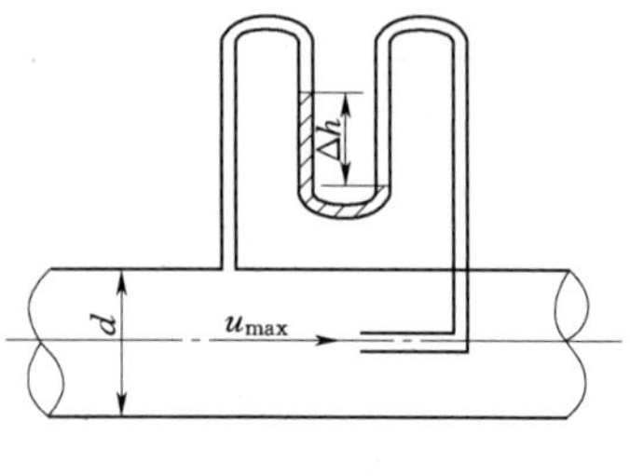

题 3－9 图

3－10　一水平安装的文德里流量计，已知管道管径 $d_1=15cm$，文德里吼管处管径 $d_2=10cm$，若测得当流量 Q 为 12L/s 时收缩段进口处和吼管处测压管水头差 Δh 为 10cm，试求文德里流量计的流量系数 μ。

3－11　如题 3－11 图所示，在水平安装的文德里流量计上，直接用水银比压计测出

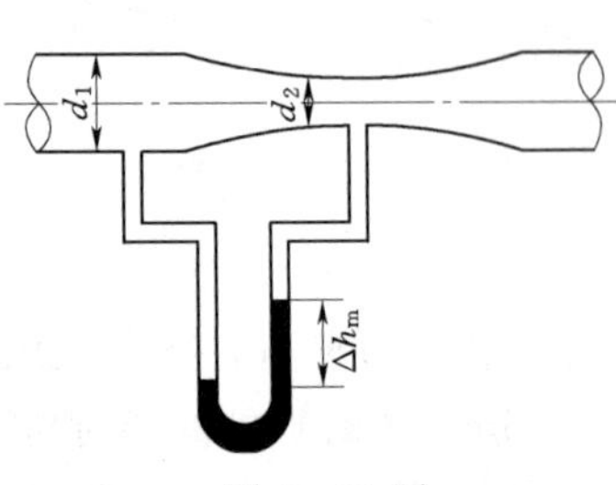

题 3－11 图

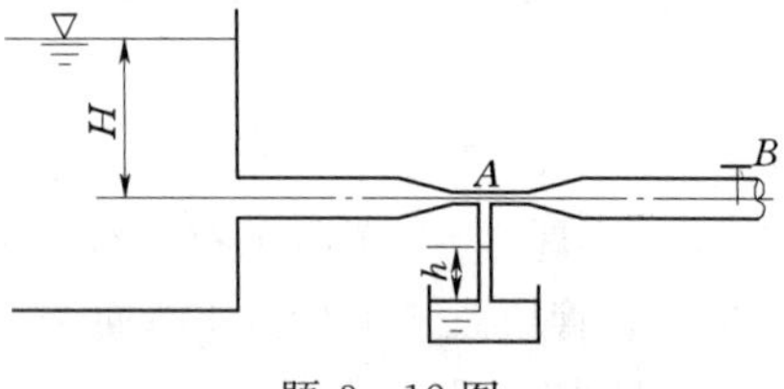

题 3－12 图

收缩段进口处和吼管处水银面高差 Δh_m 为 20cm，已知 d_1 为 15cm，d_2 为 10cm，当不计水头损失时，求通过的流量 Q。

3－12　一管路装置如题 3－12 图所示，设水箱中的水位不变，当流量为 Q 时，A 断面上的玻璃管中的水面上升高度为 h，若用阀门 B 调节流量，并忽略水头损失，问当流量增加或减小时，h 将怎样变化？为什么？

3－13　一虹吸管，已知直径 d＝50mm，H_1＝2m，H_2＝5m，若 1—1 断面处水位不变，求断面 2—2 形心处的压强（不计水头损失）。

3－14　水轮机的直锥形尾水管如题 3－14 图所示。已知断面 A—A 的直径为 0.6m，流速 v_A＝6m/s，出口断面 B—B 直径为 0.9m，两断面间的水头损失为断面 A—A 流速水头的 0.15 倍。试求：①当 z＝5m 时，断面 A—A 处的真空度；②若断面 A—A 的允许真空高度为 5m 时，z 为多少？

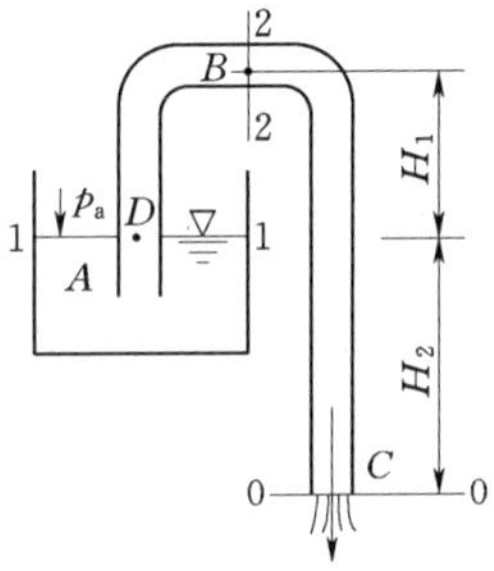

题 3－13 图

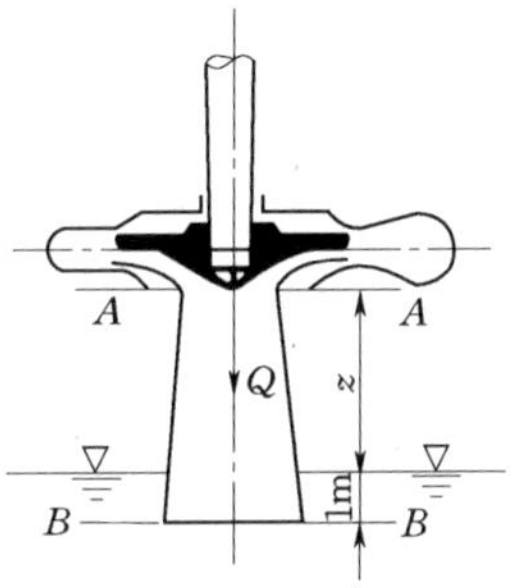

题 3－14 图

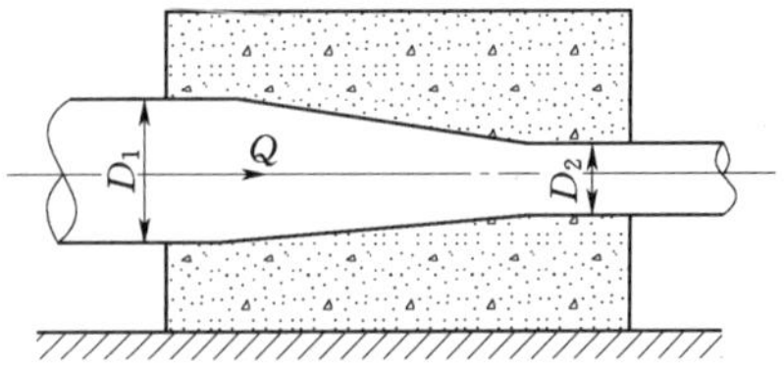

题 3－15 图

3－15　一设置镇墩水平放置的压力钢管的渐变段如题 3－15 图所示，已知：D_1＝1.5m，D_2＝1m，渐变段起点断面的压强 p_1＝400kPa，流量 Q＝2m³/s。若不计水头损失，求镇墩上所受的轴向推力为多少？

3－16　一弯曲渐缩压力管道如题 3－16 图所示，管轴线位于水平面内，两端用法兰分别与 A、B 两管相连。A、B 管的直径分别为 d_A＝200mm，d_B＝150mm，A、B 两管轴线的夹角 θ＝60°。已知通过的流量 Q＝0.1m³/s，A 端中心处相对压强 p_A＝120kPa 。若不计水头损失，求水流对弯管的作用力。

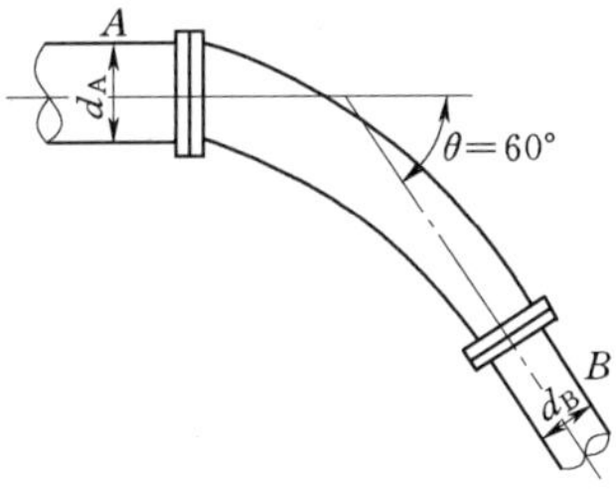

题 3－16 图

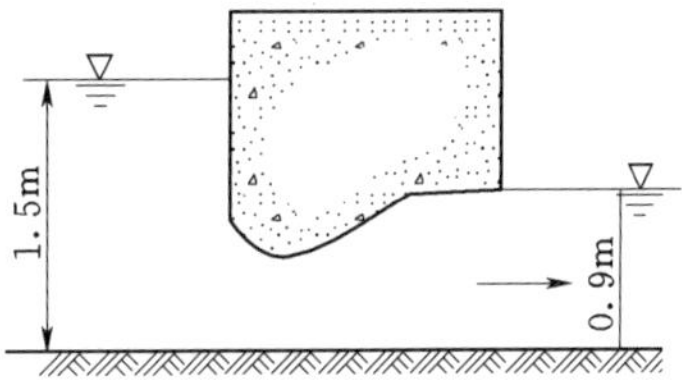

题 3－17 图

3－17　渠道上建一过水涵洞，渠道与涵洞等宽为 1.2m，水流过涵洞的水头损失忽略不计，求水流过涵洞时对涵洞的水平推力。

3-18　如题3-18图一平板闸门，已知闸门 $b=2m$，当通过流量 $Q=8m^3/s$ 时，闸前水深 $H=4m$，闸后收缩断面水深 $h_c=0.5m$，若不计闸底板对水流的摩擦力，求水流对闸门的作用力。

3-19　如题3-19图，一分岔管用混凝土支座固定，各管轴线在同一水平面上，已知主管道直径 $D=3m$，两个岔管的直径均为 $d=2m$，转角 $\alpha=60°$，通过的总流量 $Q=35m^3/s$，主管道末端断面的压强水头 $p_1/\gamma=30m$ 水柱高，设两岔管流量相等。若不计水头损失，求水流对支座的作用力。

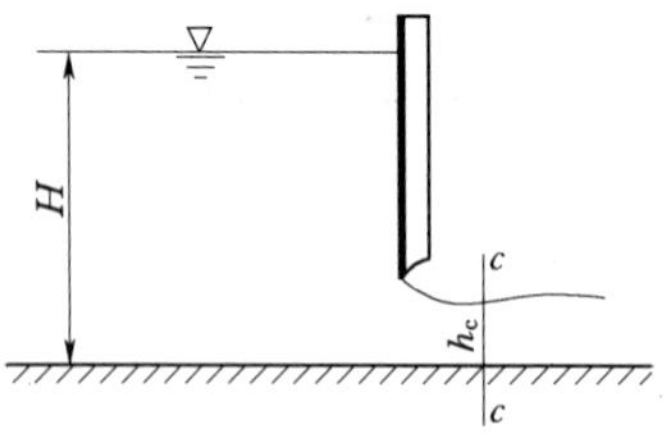

题3-18图

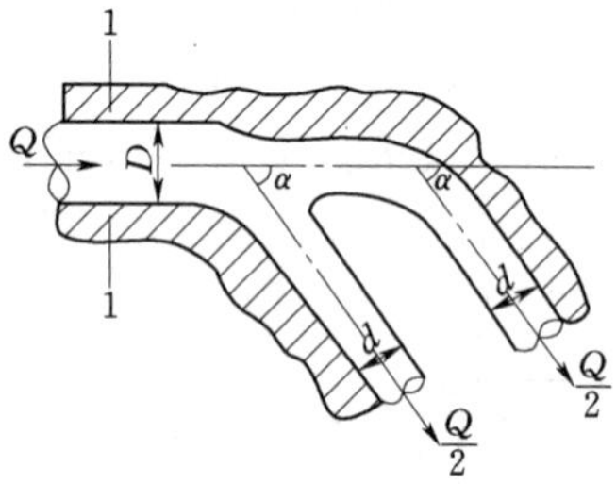

题3-19图

第四章　水流型态与水头损失

第三章讨论了实际液体的能量方程，该方程中的水头损失项 h_w 在水流运动的过程中遵循什么规律，如何进行计算，是应用总流能量方程的关键。

本章首先从水的粘滞性和水流运动的边界特征出发，分析水头损失产生的原因，以及它与水流型态的关系，然后再讨论水头损失的变化规律及其计算方法。

第一节　水头损失及其分类

实际水流在流动过程中一定有机械能损失，这从下列实验中可得以证实。

如图 4-1 为一等直径水平放置的管道，在保持管中为恒定流条件下进行实验观察。从任意断面 1—1 和断面 2—2 的测压管中，可以清楚地看到其水面高度不等，沿流动方向呈下降趋势。管道中的水流为恒定流，管径 d 不变，1—1 断面和 2—2 断面的断面面积 A、断面平均流速 v 均相等，又因为管轴水平，两断面位置高度 z 也相等，而测压管高度由断面 1—1 的 p_1/γ 减小到 2—2 断面的 p_2/γ，显然水流的单位能量在流动中减少了。若在阀门的下游断面 3—3 也装上测压管，同样可以看到从断面 2—2 和断面 3—3 的测压管中测得的水面也呈下降趋势，其下降量更大，这说明流经阀门也有水头损失，其损失往往要比相等长度的直管段要大。

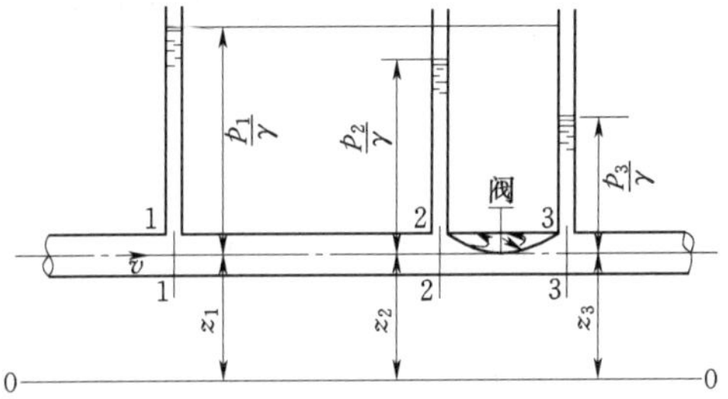

图 4-1

产生水头损失的根本原因是由于粘滞性的存在。水流在流动过程中，与固体表面接触的那些水质点粘附在固体边界面上，它们与固体边界之间没有相对运动，流速为零，而在垂直边界面的方向上，即由边界至水流内部，流速由零迅速增大，如图 4-2 所示。显然，过水断面上的流速分布是不均匀的，相邻两流层之间发生了相对运动，由于粘滞性的作用，使有相对运动的两流层之间必然产生内摩擦力。水流在流动过程中要克服内摩擦阻力作功，就要消耗自身的能量，所消耗的机械能转化为热能散失，形成了能量损失，即能量方程中 h_w 项。

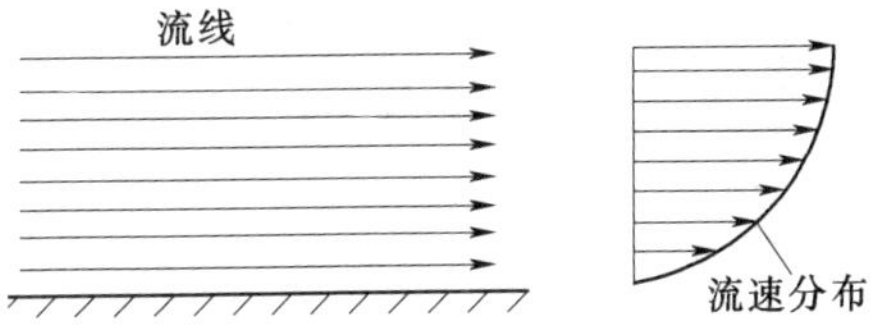

图 4-2

上面分析说明，粘滞性是产生水头损失的根本原因（内因）。水头损失的外部原因是固体边界的纵向和横向轮廓和尺寸对水流的影响。

液流的过水断面与固体边界相接触的边界长度叫湿周，用 χ 表示。当水流边界的横向轮廓的形状、大小不同，通过一定流量其过水断面面积

A 不同，即使 χ 相同，但因过水断面面积不同使断面平均流速不同，从而所产生的水流阻力及水头损失不同；当水流边界的横向轮廓的形状、大小不同引起湿周不同，即使过水面积相同，但因湿周不同，使所产生的水流阻力及水头损失也不同。为了表征横向边界轮廓形状、大小对水头损失的影响，把过水断面面积 A 和湿周 χ 结合起来，用两者之间的比值 R 来表示，R 称为水力半径，即

$$R=\frac{A}{\chi} \tag{4-1}$$

水力半径的单位是米（m），若圆管内充满水流，直径为 d，则

$$R=\frac{A}{\chi}=\frac{\frac{\pi}{4}d^2}{\pi d}=\frac{d}{4}$$

水头损失与纵向边界条件也有关系，如图 4－1 中的直管段，水流受周界的影响，这种影响沿程是均匀的，而水流流经闸阀时，过水断面先缩小后扩大，发生了主流与边界脱离现象，形成漩涡区，在过水断面上流速变化剧烈，流速梯度变化大，水流切应力大，加大了机械能的损失。不同的边界条件，液流内部各处的流速梯度和切应力不同，消耗的机械能也就各不相同。

为了便于分析和计算，把水头损失分为两类：

（1）沿程水头损失。在均匀流和渐变流中，液流各流层之间产生的摩擦阻力叫沿程阻力，在运动过程中为克服沿程阻力而引起单位重量水体的能量损失叫沿程水头损失，用 h_f 表示。沿程水头损失随流动长度的增长而增加。

（2）局部水头损失。在流动的局部区段（如管道的突然扩大、缩小、转弯和闸阀等），由于边界形状的急剧改变，使水流内部结构发生急剧变化，流速分布改变，造成水流质点之间摩擦、旋转和碰撞的加剧，从而消耗了较多的能量。这种在边界急剧改变的区段形成的阻力，叫局部阻力，水流为克服局部阻力而引起的能量损失叫局部水头损失，用 h_j 表示。局部水头损失大小随边界的不同而不同，局部水头损失是在一个区段内产生的，这个区段相对于较长的管道和河渠来讲较短，为方便起见，一般把它看作是集中在一个断面上产生的。

引起沿程水头损失和局部水头损失的外因（边界条件）虽然不同，但内因（水流的粘滞性）是相同的，液体流经整个流程上的水头损失 h_ω，等于液流各段沿程水头损失和全部流程上各个局部水头损失的总和，即

$$h_\omega=\sum h_f+\sum h_j \tag{4-2}$$

式中　$\sum h_f$——全流程上各段沿程水头损失之和；

$\sum h_j$——全流程上各个局部水头损失之和。

第二节　均匀流沿程水头损失与切应力的关系

在过水断面尺寸、断面平均流速及流速分布都沿程不变的恒定均匀流中，没有局部阻力和局部水头损失，只有沿程阻力和沿程水头损失。如图 4－3 所示，任取一段总流来研究，设总流的流线或者管轴线与水平面的夹角为 α，流段长度为 L，过水断面面积为 A，

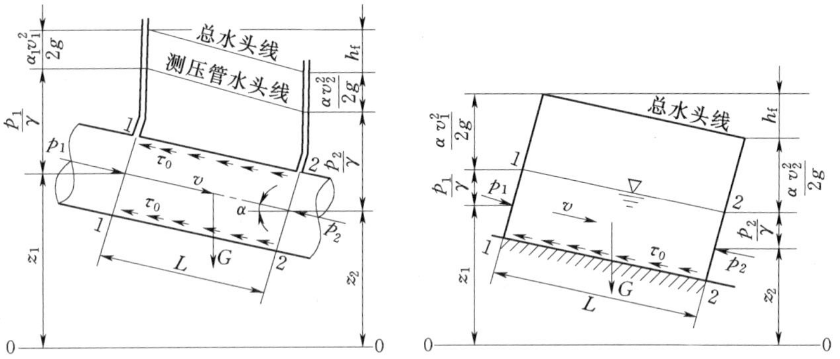

图 4-3

用 p_1 和 p_2 分别表示作用在两过水断面 1—1 和断面 2—2 形心点的动水压强，z_1 和 z_2 为两断面形心点距离基准面的高度，则作用于该流段上的外力有：

1. 动水压力

作用在断面 1—1 和 2—2 上的动水压力分别为 $P_1 = p_1 A_1$，$P_2 = p_2 A_2$。

2. 重力

$$G = \gamma AL$$

方向向下。

3. 摩擦阻力

设流段内固体边界单位面积上的摩擦力为 τ_0，该流段固体边界对水流的平均摩擦阻力 $T = \tau_0 L\chi$，χ 为总流过水断面上与水流接触的固体边界长度，即湿周。摩擦阻力与水流的方向相反（总流内部各流层之间的内摩擦力是成对、等值、反向出现的，其和为 0）。

由于该流段的水流为均匀流，不产生加速运动，则作用于该流段上的各外力在流动方向必然处于平衡状态，即

$$(P_1 A_1 - P_2 A_2) + G\sin\alpha - T = 0$$

$$P_1 A_1 - P_2 A_2 + \gamma AL\sin\alpha - \tau_0 \chi L = 0$$

由图 4-3 可知，$\sin\alpha = \frac{z_1 - z_2}{L}$，将之代入上式，并将式中各项都除以 γA，经整理后得：

$$\left(z_1 + \frac{p_1}{\gamma}\right) - \left(z_2 + \frac{p_2}{\gamma}\right) = \frac{L\chi}{A}\frac{\tau_0}{\gamma} \tag{4-3}$$

以 0—0 为基准面，列 1—1 和 2—2 两个断面的能量方程，得

$$\left(z_1 + \frac{p_1}{\gamma} + \frac{\alpha_1 v_1^2}{2g}\right) = \left(z_2 + \frac{p_2}{\gamma} + \frac{\alpha_2 v_2^2}{2g}\right) + h_\omega$$

在均匀流中 $v_1 = v_2$，$h_\omega = h_f$，取 $\alpha_1 = \alpha_2 = 1$，代入上式化简得

$$\left(z_1 + \frac{p_1}{\gamma}\right) - \left(z_2 + \frac{p_2}{\gamma}\right) = h_f \tag{4-4}$$

由式（4-3）、式（4-4）得

$$h_f = \frac{\tau_0}{\gamma}\frac{\chi}{A}L = \frac{L}{R}\frac{\tau_0}{\gamma}$$

因$\frac{h_f}{L}=J$，故上式可以写成为

$$\tau_0 = \gamma RJ \tag{4-5}$$

式中　J——水力坡度，在均匀流中 J 是个常数；

R——水力半径。

式（4－5）是均匀流沿程水头损失与切应力的关系式。

第三节　液体流动的两种型态

早在 19 世纪初人们便发现，在不同的条件下，运动水流存在两种截然不同的流动型态，不同流态水流的运动方式、断面流速分布规律、水头损失的大小各不相同。直至 1883 年，英国物理学家雷诺（O. Reynolds）通过试验，揭示了这个问题的本质。

一、雷诺试验

图 4－4 为雷诺试验装置示意图。在水箱侧面安装一根水平带喇叭口的玻璃管，管的下游端装阀门 K 以调节管内流量，在喇叭口处安有可注入颜色水的针形小管。水箱设有溢流板，以保持试验时水箱水面不变，使管内水流为恒定流动。

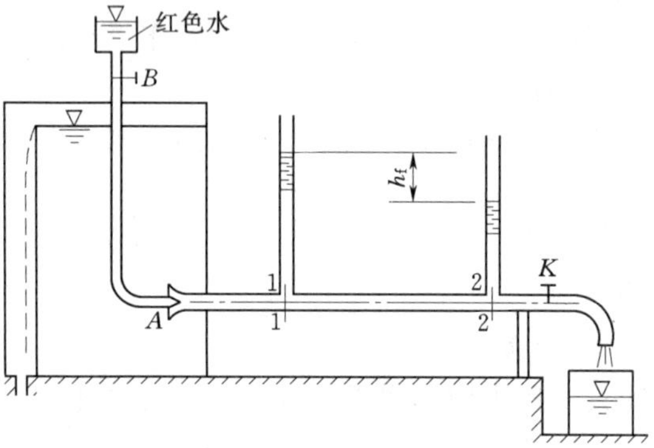

图 4－4

试验时，先将阀门 K 慢慢开启，管内水流以很小的速度流动，然后将颜色水开关 B 打开。随着颜色水流入玻璃管内，可以看到玻璃管内出现了一条细而直鲜明的着色水流，此着色水流呈直线前进，不与管内未着色水体相混掺，这种水流质点作有条不紊的分层流动型态称为层流，如图 4－5（a）所示。

如逐渐开大阀门 K，管中水流的流速也随着增大，着色的直线水流开始颤动并弯曲成波形，如图 4－5（b）所示。进而着色线逐渐变粗，先在个别地方出现断裂，失去原清晰形状，最后完全破裂形成漩涡，向四周扩散，使全部水流染色，如图 4－5（c）所示。水流质点一边运动一边相互混掺，这种流动型态称为紊流。

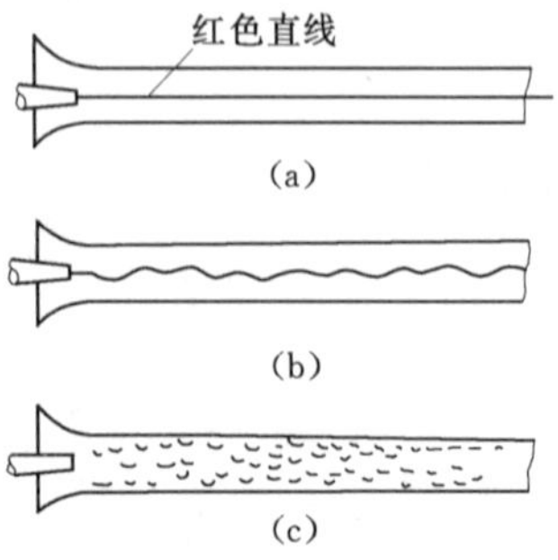

图 4－5

上述雷诺试验清楚地表明，在管中流动的水流，当其流速不同时，水流具有两种不同的流动型态。

当试验以相反的程序进行，阀门 K 的开度由大慢慢变小，玻璃管中的水流流速也由大变小，则可以看到玻璃管中的水流又会由紊流变为层流。

对比正反两种操作程序的试验，细心观察可以发现，由紊流转变成层流时的流速，比由层流转变为紊流的流速要小得多。

流动型态转变时，水流的断面平均流速称为临界流速，

把从层流转变为紊流时的临界流速叫上临界流速，而把紊流转变为层流时的临界流速叫下临界流速。多次试验表明，在不同温度下，管中水流的下临界流速值比较稳定，上临界流速易受干扰，其值极不稳定。

二、层流和紊流的判别

能不能由管中的流速和临界流速相比较来区分层流和紊流呢？为此，雷诺又用不同内径的圆管和其它不同种类的液体进行大量试验，发现临界流速随管径 d、运动粘滞性系数 ν 而变化，它不是一个固定值，因此直接用临界流速来判别流态很不方便。所以，雷诺选用反映水流强度（断面平均流速 v）、边界条件（管径 d）和液体粘滞特性（运动粘滞系数 ν）的三个物理量，组成的无量纲数——雷诺数 Re，来判别圆管液流的流态：

$$Re = \frac{vd}{\nu} \tag{4-6}$$

对于渠道和河道这类明槽流动，雷诺数可写为

$$Re = \frac{vR}{\nu} \tag{4-7}$$

式中　R——过水断面的水力半径。

在不同温度下，用不同液体在不同直径的圆管中做试验，多次试验表明：若用下临界流速代入式（4-7）求得的雷诺数（叫下临界雷诺数 Re_k）是一个常数；而用上临界流速代入式（4-7）求得的雷诺数（叫上临界雷诺数 Re'_k）极不稳定。因此，水力学研究中一般用下临界雷诺数 Re_k 作为层流和紊流的判别数，又称为临界雷诺数。这样，当液流的雷诺数 $Re<Re_k$ 时，称为层流；当液流的雷诺数 $Re>Re_k$ 时，称为紊流。

上述试验虽然是在圆管中进行的，但其结论对其它边界条件下的液流也是适用的。只是边界条件不同时，临界雷诺数为不同的常数。

试验测得：对于有压圆管水流，临界雷诺数 $Re_k=2320$；对于明槽水流，$Re_k=500$。

【例 4-1】　有一输水管道，管径 $d=0.1\text{m}$，通过的流量 $Q=4.0\text{L/s}$，水温为 16℃，试判别管中的水流流态。

解（1）计算管中的流速 v。

过水断面面积　$$A = \frac{\pi}{4}d^2 = \frac{3.14}{4} \times 0.1^2 = 7.85 \times 10^{-3}\text{m}^2$$

管中流速　$$v = \frac{Q}{A} = \frac{4 \times 10^{-3}}{7.85 \times 10^{-3}} = 0.510\text{m/s}$$

（2）输水管中的流态。

查表 1-3，当水温为 16℃时，$\nu=1.118\times10^{-6}\text{m/s}$，

$$Re = \frac{vd}{\nu} = \frac{0.51 \times 0.1}{1.118 \times 10^{-6}} = 45617.17 > 2320$$

因为 $Re>Re_k$，所以输水管中的水流为紊流。

【例 4-2】　某试验室中的矩形明槽水流，底宽 $b=0.2\text{m}$，水深 $h=0.1\text{m}$，测得其断面平均流速 $v=0.15\text{m/s}$，水温为 20℃，试判别水流流态。

解　根据已知条件，计算水流的运动要素

$$A = bh = 0.2 \times 0.1 = 0.020\text{m}^2$$

$$\chi = b + 2h = 0.2 + 2 \times 0.1 = 0.400\text{m}$$

$$R=\frac{A}{\chi}=\frac{0.02}{0.4}=0.050\text{m}$$

水温为20℃时，查表1-3得$\nu=1.01\times10^{-6}\text{m}^2/\text{s}$，

则
$$Re=\frac{vR}{\nu}=\frac{0.15\times0.05}{1.01\times10^{-6}}=7425.74>500$$

因为$Re>Re_k$，则明槽中的水流为紊流。

人工渠道和天然河道中的水流、输水管中的水流，其水流流速和固体边界的几何尺寸均比较大，水流的流态一般都是紊流。只有在地下渗流、沉沙池和高含沙的浑水中，或者在泥沙颗粒分析等方面，才有可能遇到层流。

三、雷诺数的物理意义

雷诺数可理解为惯性力和粘滞力作用的对比关系，这一点可以通过量纲分析加以证明。

惯性力
$$F=ma=\rho V\frac{\mathrm{d}u}{\mathrm{d}t}$$

其量纲为
$$[F]=[\rho][L]^3\frac{[v]}{[t]}$$

粘滞力
$$T=\mu A\frac{\mathrm{d}u}{\mathrm{d}y}$$

其量纲为
$$[T]=[\mu][L]^2\frac{[v]}{[L]}=[\mu][L][v]$$

惯性力和粘滞力量纲的比值为

$$\frac{[F]}{[T]}=\frac{[\rho][L]^3\frac{[v]}{[t]}}{[\mu][L][v]}=\frac{[\rho][L]^2}{[\mu][t]}=\frac{[L][v]}{[\nu]}$$

上述量纲式与雷诺数的量纲相同，式中的特征长度L，在管流中用管径d表示，在明渠中用水力半径R表示。所以，雷诺数的物理意义是表征惯性力与粘滞力的对比关系。

第四节　紊　流　运　动

一、紊流的形成过程

雷诺数的物理意义表明了液体的粘滞力和惯性力对流动所起作用的对比。当流速较小时，雷诺数较小，惯性力也较小，此时粘滞力对质点起着控制作用，所以水流质点互不混掺而表现为层流。

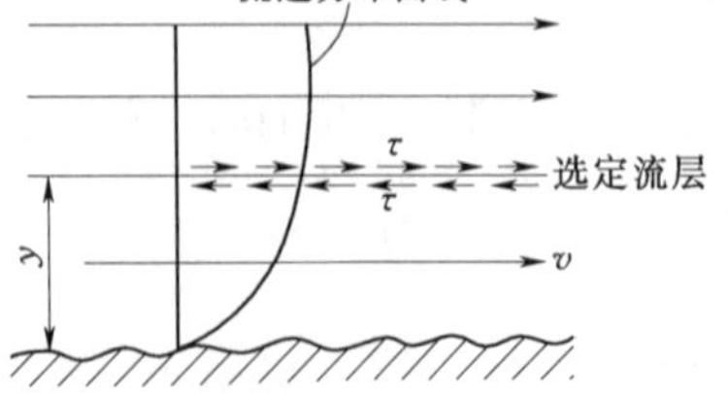

图4-6

当流速加大时，由于液体的粘滞性和边界面的滞水作用，使液流过水断面上的流速分布不均匀程度加大，相邻流层之间的内摩擦力增大。对于任一选定的流层来说，流速大的邻层加于它的切应力是顺流向的，流速较小的邻层加于它的切应力是逆流向，如图4-6所示。当流速再加大，由于流动引起边界的干扰，使该流层产生波动。随同这种波动，波峰上面流线间距

减小，流速增大，压强降低；波峰下面流线间距增大，流速减小，压强增大，上下面产生一个横向压力 P。对于波谷，流速和压强也有对应的变化，同样产生一个不同方向的横向压力 P，如图 4-7（a）所示。在该流层上下层承受的切应力和波峰与波谷间反向横向压力的综合作用下，产生一对力偶，使波峰与波谷重叠，形成涡体，见图 4-7（b）、（c）。涡体形成后，涡体旋转，旋转方向与水流方向一致的一边流速变大，压强变小，另一边流速变小压强增大。如果涡体两边的压强差较大，而粘滞力对涡体的控制力相对削弱，当涡体能摆脱粘滞力的控制而进入另一个流层时，便产生了水流质点间的混掺而形成紊流。

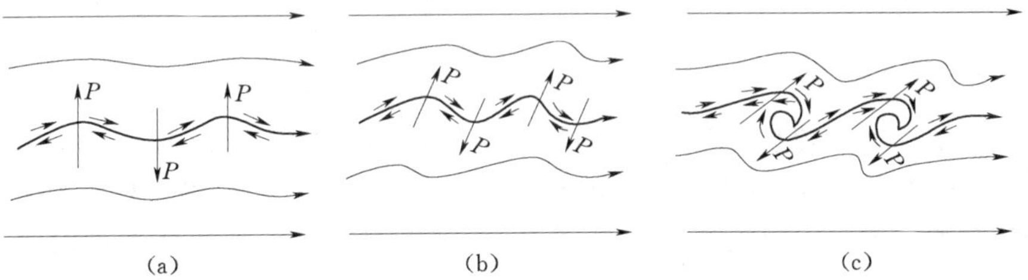

图 4-7

二、紊流特征及紊流运动要素的表示方法

涡体的形成是紊流的先决条件，当水流惯性作用使涡体从原来的流层混掺到邻近的流层时，紊流才得以实现。下面研究紊流形成后其运动规律和流动特征。

从水流结构上分析，紊流是由许多大小不同旋转强度各异的涡体组成，这些涡体在边界约束下除沿总流方向运动外，还处于不停地旋转、振荡、碰撞、混掺、分解而又重新组合。因此，当参差不齐的一个个涡体通过流场中任一点时，就使得该点处的流速、压强等运动要素的大小和方向，随时间呈随机性变化。如果把某一瞬间通过紊流场中某点的流速称为该点的瞬时流速，那么在恒定水位下的圆管紊流中，某点纵向瞬时流速随时间变化的实测记录曲线（见图 4-8），便非常清楚地显示，瞬时运动要素随时间的波动。这就是紊流运动要素特有的脉动现象。

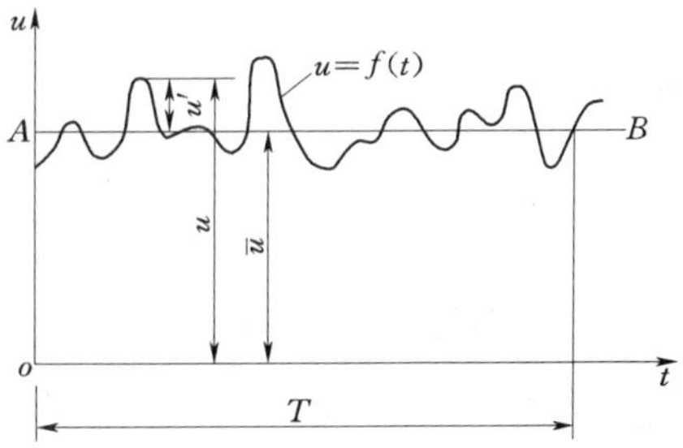

图 4-8

脉动现象是个复杂的现象，初看这种随机变量引起脉动的振幅有大有小，变化频繁而无明显的规律性。但从较长时段看，这种随机变量是以某一时间平均值（常数）为中心上下波动，这说明看似杂乱无序变化的瞬时流速，仍具有统计规律。显然水流的性质与这个平均值有密切关系，水流的特征在很大程度上可由时间平均值来表征。紊流运动可看作是两个运动叠加而成，一个是时均运动，一个是脉动运动。

仍以图 4-8 所示的纵向流速为例，若取一足够长时段 T，则纵向时均流速即为

$$\bar{u} = \frac{1}{T}\int_0^T u\,\mathrm{d}t \tag{4-8}$$

如果把任一时刻的瞬时流速与时均流速之差叫做脉动流速 u'，即瞬时流速相对时均

流速的偏离（波动）值为

$$u' = u - \overline{u} \tag{4-9}$$

显然 u'有正有负，有大有小，但由下边简单证明即可知其时均值恒为零。

$$\overline{u'} = \frac{1}{T}\int_0^T (u - \overline{u})\mathrm{d}t = \frac{1}{T}\int_0^T u\mathrm{d}t - \overline{u} = 0$$

这样紊流任一时刻的流速都是由两部分组成的：

$$u = \overline{u} + u' \tag{4-10}$$

同时其它各运动要素也都存在这种相似的脉动现象和统计规律。如动水压强也可表示为

$$p = \overline{p} + p' \tag{4-11}$$

式中　p、$\overline{p}$、p'——紊流场中某点的瞬时压强、时均压强和脉动压强。

从图 4-8 看，时均值与所取的时间长短有关，如果时段 T 取得太短，则时均值 $\overline{u}$ 的数值不稳定。水文测验中用流速仪测流速，一般要求流速仪在测点停留的时间不得少于100s，就是这个道理。

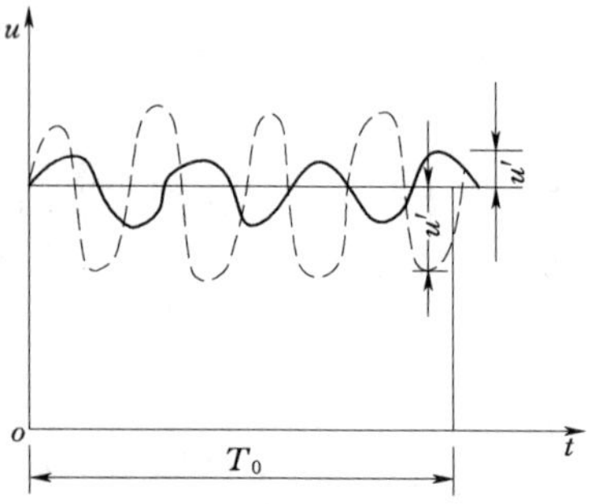

图 4-9

紊流运动要素时均值的存在，对紊流的研究带来极大方便。从瞬时的概念看待紊流，不存在真正的恒定流动，但建立了时间平均概念后，存在时均流线和时均恒定流动。所以，前面各章所讲的一些概念和水流运动方程，都适用于时均恒定流。

以后对紊流的讨论如不加说明，水流的速度、压强都是指它的时均值，直接写成 u、p，一般不再在字母上面加平均号。以后所说紊流的恒定流，也就是指时均恒定流动。

必须指出，用时均概念描述运动，只表明了水流总体的运动情况，而不能反映脉动的影响。如图 4-9 所示的两组频率、振幅各异的紊流运动，其时均值却是相等的。

压强的脉动增加了液流作用于水力机械和建筑物的瞬时荷载，可能引起水轮机、金属闸门和建筑物的振动，增加了空蚀的可能性。水流脉动也是水流掺气和水流中的介质（如泥沙）扩散、悬浮、输移的重要原因，因此仅仅研究时均值是不够的。关于脉动运动的分析、研究请参考有关书籍，这里不再详细介绍。

三、紊流的附加切应力

在层流运动中由于各流层之间发生相对运动，在流层之间产生了粘滞切应力。在紊流运动中，液流中各流层之间同样存在着相对运动，因而也产生粘滞切应力。紊流中的粘滞切应力与层流中的一样，也符合牛顿内摩擦定律，即

$$\tau_1 = \mu\frac{\mathrm{d}u}{\mathrm{d}y} \tag{4-12}$$

式中　$\frac{\mathrm{d}u}{\mathrm{d}y}$——用时间平均流速表示的流速梯度。

由于紊流中还存在着脉动现象，各流层质点发生相互混掺、碰撞，存在动量交换，使水流内部在水流方向上还产生了附加切应力。附加切应力可用普朗特动量传递理论来推

导，该理论认为：水流质点在横向移动过程中其动量保持原流层时的动量不变，而到达新的流层上动量突变，与新流层位置上原有质点的动量一样。因此，根据动量定理，水流质点在移动的过程中单位时间内通过单位面积上的动量改变，就等于流层之间的附加切应力。由此可导出水流质点混掺时的附加切应力的公式

$$\tau_2 = \rho l^2 \left(\frac{du}{dy}\right)^2 \tag{4-13}$$

式中 ρ——液体的密度；

$\frac{du}{dy}$——用时间平均流速表示的流速梯度；

l——混掺长度，它是一个与水流质点的时间平均自由位移长度成比例的物理量。

所以，紊流中的切应力 τ 应为紊流粘滞切应力 τ_1 与紊流附加切应力 τ_2 之和，即

$$\tau = \tau_1 + \tau_2 = \mu \frac{du}{dy} + \rho l^2 \left(\frac{du}{dy}\right)^2 \tag{4-14}$$

上述两种切应力 τ_1 和 τ_2 在紊流切应力 τ 中各自所占的比例，是随雷诺数 Re 的变化而变化的，当 Re 较小时，水流的紊动较弱，粘滞切应力占主导地位；当 Re 数变得较大时，水流的紊动程度剧烈，附加切应力就变得很大。对于天然河道中的水流，水流的紊动程度已发展得相当充分，其粘滞切应力相对于附加切应力来讲，已小到可以忽略不计的程度，此时的紊流切应力就等于附加切应力，即

$$\tau = \tau_2 = \rho l^2 \left(\frac{du}{dy}\right)^2 \tag{4-15}$$

从式（4－15）可以看出，紊流发展得相当充分的水流，其切应力与流速梯度的平方成正比，因而紊流中的切应力比层流中的切应力要大得多，从而造成了水头损失远比层流中的大。

四、紊流的流速分布

当液体作层流运动时，可以从理论上推证，其断面流速分布呈抛物线型。如图 4－10

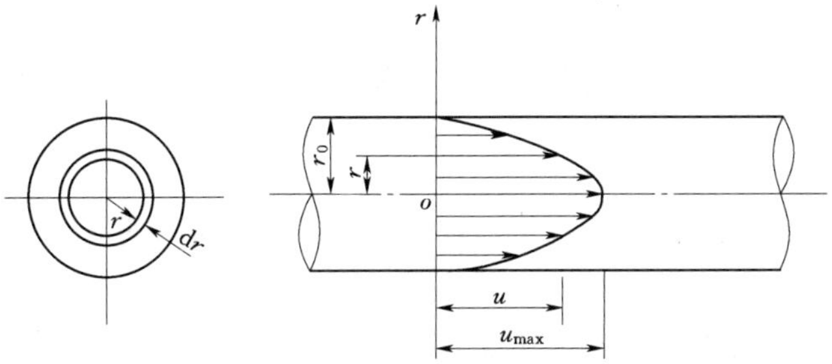

图 4－10

所示，为一水平放置的圆管，管中液体作层流运动。该水流可看作是由许多无限薄的形似同心圆的流层一个套一个地运动，每一个圆筒形流层表面的切应力都可以用牛顿内摩擦定律公式计算

$$\tau = -\mu \frac{du}{dr} \tag{4-16}$$

式中 u 为距管轴为 r 处的流速，由于流速随 r 的增加而减小，$\frac{du}{dr}$为负值，为使切应力为正值，故在式（4－16）中加一个负号。

由式（4－5）知，每个圆筒形流层表面的切应力为

$$\tau = \gamma RJ = \gamma \frac{r}{2} J \tag{4-17}$$

将式（4－17）代入式（4－16）积分得

$$u = -\frac{\gamma J}{4\mu} r^2 + c \tag{4-18}$$

式中　c——积分常数。

当 $r=r_0$ 时，$u=0$ 代入式（4－18）得

$$c = \frac{\gamma J}{4\mu} {r_0}^2$$

将 c 值代入式（4－18），得圆管层流流速分布公式为

$$u = \frac{\gamma J}{4\mu}(r_0^2 - r^2) \tag{4-19}$$

式（4－19）表明圆管层流流速分布为旋转抛物面。当 $r=0$ 时，即在管轴线上，流速最大。另外，还可以推证断面平均流速为最大流速的一半，即

$$v = \frac{1}{2} u_{\max}$$

当液流发展为紊流，由于水流质点的相互混掺、碰撞，使水流内部各质点之间产生了大量的动量传递，动量大的水流质点传递给动量小的质点群，而动量小的水流质点又从动量大的质点群中获得部分动量。这样相互混掺，动量传递的结果，就使得紊流中过水断面流速分布趋于均匀化。

紊流中的流速分布公式，可用紊流切应力公式在下列假定和试验的条件下推导而得，这些假定为：

（1）混掺长度的计算公式，采用萨特凯维奇（A. caTkeBNu）实验资料整理的公式

$$l = ky\sqrt{1 - \frac{y}{r_0}} \tag{4-20}$$

式中：k 称为卡门常数，清水中 $k=0.4$，对于含有其它介质的液流，与介质浓度有关。

（2）当 $r=r_0$，$l=ky$，且此时 $\tau=\tau_0$。

（3）紊流已得到充分发展，附加切应力在紊流中占主导地位，粘滞切应力很小可以忽略不计，此时

$$\tau_0 = \tau = \tau_2 = \rho k^2 y^2 \left(\frac{du}{dy}\right)^2$$

$$du = \frac{1}{k}\sqrt{\frac{\tau_0}{\rho}} \frac{dy}{y}$$

令

$$\sqrt{\frac{\tau_0}{\rho}} = u_*$$

u_*具有流速的量纲，称为动力流速或摩阻流速。将 u_* 代入上式得

$$du = \frac{u_*}{k}\frac{dy}{y}$$

积分得

$$u = \frac{u_*}{k}\ln y + C \tag{4-21}$$

式（4－21）就是紊流流速分布的对数公式，它也适用于明渠水流。式中符号的意义，如图 4－11、图 4－12 所示。

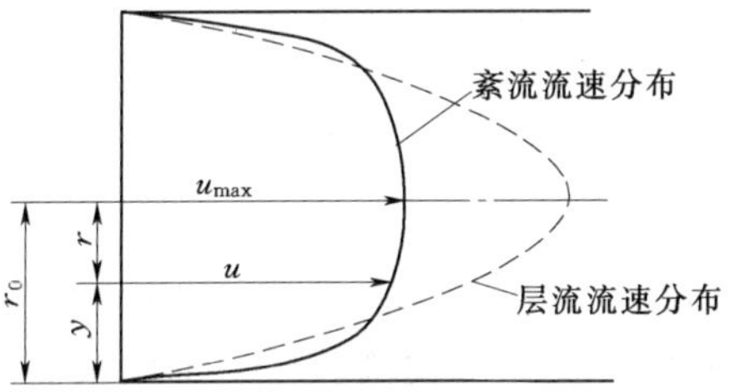

图 4－11

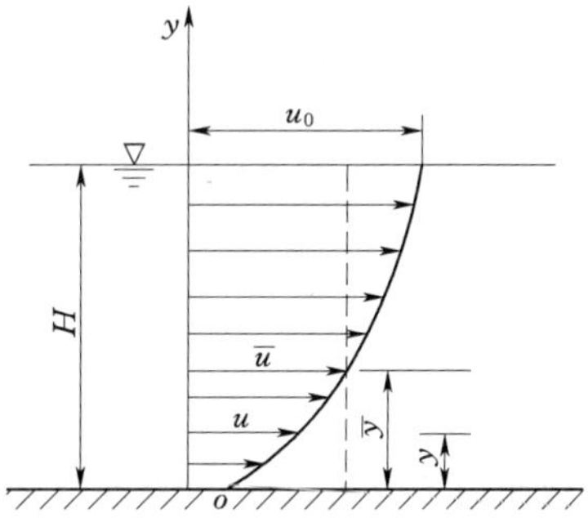

图 4－12

式（4－21）说明，在管道或河渠的紊流中，其过水断面上或过水断面铅垂线上的流速是按对数曲线分布的，它比层流运动时的抛物线分布要均匀得多。式（4－21）中的积分常数需根据水流的边界条件和水流的流动情况来确定。

* * 如水文测验中实测的某明渠均匀流过水断面上任一垂线流速分布，如图 4－12 所示。水深为 H，垂线上任一点距底部的距离为 y，流速为 u，表面流速为 u_0。下面利用对数流速公式，建立任一点流速 u 和垂线平均流速 $\bar{u}$ 的关系：

由于 $y=H$ 处为水面点 $u=u_0$，则代入式（4－21）得

$$u_0 = \frac{u_*}{k}\ln H + C$$

则

$$C = u_0 - \frac{u_*}{k}\ln H$$

代入上式(4－21)

$$u = \frac{u_*}{k}\ln y + u_0 - \frac{u_*}{k}\ln H$$

整理得

$$u = u_0 + \frac{u_*}{k}\ln\frac{y}{H} \tag{4-22}$$

式（4－22）为垂线上任一点流速和表面流速的关系。若沿垂线对其积分得单位宽度上的过流量，除以水深 H，可得垂线平均流速 $\bar{u}$。若令相对水深$\frac{y}{H}=\eta$，且 $dy=Hd\eta$，则可积分得

$$\bar{u} = \frac{1}{H}\int_0^H u dy = \frac{1}{H}\int_0^H \left(u_0 + \frac{u_*}{k}\ln\frac{y}{H}\right)dy = \int_0^1 \left(u_0 + \frac{u_*}{k}\ln\eta\right)d\eta$$

$$= u_0 + \frac{u_*}{k}[\eta \ln \eta - \eta]_0^1 = u_0 - \frac{u_*}{k}$$

或

$$u_0 = \bar{u} + \frac{u_*}{k} \tag{4-23}$$

式（4－23）为垂线平均流速与表面流速的关系。把式（4－23）代入式（4－22），可以从理论上求得垂线平均流速发生的位置 $\bar{y}$。若 $y=\bar{y}$，$u=\bar{u}$，则

$$1 + \ln \frac{\bar{y}}{H} = 0$$

$$\ln \frac{\bar{y}}{H} = -1$$

$$\frac{\bar{y}}{H} = e^{-1}$$

所以

$$\bar{y} = \frac{H}{e} = 0.367H$$

则

$$H - \bar{y} = 0.633H$$

即水面以下 $0.633H$ 处的点流速为垂线平均流速。实际水文测验中，常取水面以下 $0.6H$ 处的点近似代替垂线平均流速，以一点法测流代替多点法测流，减少测点和测验工作量，缩短测验时间。

第五节　沿程水头损失的分析与计算

沿程水头损失的计算，有理论公式和经验公式两类。理论公式称为达西—魏斯巴哈公式，它由沿程水头损失与边界切应力的关系从理论上推导而得。

一、沿程水头损失的计算公式

在第二节里已导出了均匀流切应力的关系式（4－5）即

$$h_f = \frac{L}{R}\frac{\tau_0}{\gamma}$$

该式说明，沿程水头损失与固体边界处的平均切应力 τ_0 成正比。因此，要求出沿程水头损失 h_f，就必须先知道边界处的平均切应力 τ_0。由于无法从理论上直接确定它的大小，因而大多数水力学家转向试验的手段来确定。

经试验研究发现，边界切应力 τ_0 与断面平均流速 v、水力半径 R、液体的密度 ρ、动力粘滞系数 μ 及固体边壁的绝对粗糙度 Δ 等因素有关。即

$$\tau_0 = f(v, R, \rho, \mu, \Delta)$$

进一步的分析研究表明，边界平均切应力 τ_0 与断面平均流速 v 的平方和液体密度 ρ 的乘积成正比。因此，可用下式表示

$$\tau_0 = \varphi \rho v^2 \tag{4-24}$$

式中　φ——比例系数，与雷诺数 Re 和相对粗糙度 $\frac{\Delta}{R}$ 有关。

将式（4－24）代入沿程水头损失与边界平均切应力的关系式，得

$$h_f=\frac{L}{R}\frac{\varphi\rho v^2}{\gamma}=\frac{L}{R}\varphi\frac{v^2}{g}$$

对上式进行整理得

$$h_f=8\varphi\frac{L}{4R}\frac{v^2}{2g}=\lambda\frac{L}{4R}\frac{v^2}{2g} \tag{4-25}$$

式中 $\lambda=8\varphi$，故

$$\lambda=f\left(Re,\frac{\Delta}{R}\right)$$

λ 反映了固体边界平均切应力对沿程水头损失的影响，所以又称 λ 为沿程水头损失系数。

式（4－25）是沿程水头损失计算公式，即达西—魏斯巴哈公式。对于圆管，其水力半径 R 为管径 d 的 1/4，即 $R=d/4$，因此圆管沿程水头损失的表达式可写为

$$h_f=\lambda\frac{L}{d}\frac{v^2}{2g} \tag{4-26}$$

由于式（4－25）和式（4－26）在推导过程中使用了均匀流的条件，故该式在均匀流情况下，对层流和紊流都适用。

二、沿程水头损失系数 λ 的测定

以圆管为例，由式（4－26）可得

$$\lambda=\frac{h_f}{\frac{L}{d}\frac{v^2}{2g}}=2g\frac{d}{L}\frac{h_f}{v^2} \tag{4-27}$$

如图 4－13 所示，对已知管长 L，管径为 d 的圆管中的流动，只要测出该段水流的沿程水头损失 h_f 和流量 Q，就可由式(4－27)算出该流量时的沿程水头损失系数 λ 值。

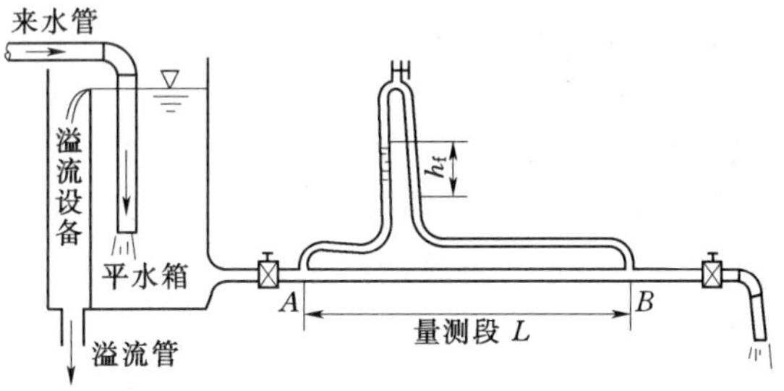

图 4－13

试验采用与雷诺试验相似的试验装置，试验时应保持稳定的水位，量测段 AB 离开管道进口有一定距离，两端设置测孔并与比压计相连。用管道末端阀门来调节流量，并用体积法或重量法量测流量。

根据能量方程

$$z_A+\frac{p_A}{\gamma}+\frac{v_A^2}{2g}=z_B+\frac{p_B}{\gamma}+\frac{v_B^2}{2g}+h_{\omega A-B}$$

因为 AB 段管径不变，则

$$\frac{v_A^2}{2g}=\frac{v_B^2}{2g}$$

又因为该管段无局部水头损失，所以

$$z_A+\frac{p_A}{\gamma}=z_B+\frac{p_B}{\gamma}+h_f$$

$$h_f = \left(z_A + \frac{p_A}{\gamma}\right) - \left(z_B + \frac{p_B}{\gamma}\right)$$

上式表明，两断面间的沿程水头损失 h_f，在数值上就等于两断面的测压管水头差。由于管轴水平放置，$z_A = z_B$，两断面间的 h_f 就等于两断面间的压强差。

根据实测的 d、L、h_f、v（$v=Q/A$）值，代入式（4-27），即可求出沿程水头损失系数 λ 值。

三、沿程水头损失系数的分析

在紊流运动中，并不是整个水流都处于紊流状态，在靠近固体边界附近的地方，由于固体边界的影响，该处的水流贴附在边界面上，质点不因横向运动而混掺，而是沿着几乎平行于边壁的方向缓慢移动，该处的粘滞切应力很大，并在紊流总切应力中起主导作用，其水流的流态属于层流，通常称该流层为近壁层流层或粘性底层，在粘滞底层以外的水流才是紊流。近壁层流层的厚度 δ_0 很小，通常只有几分之一毫米，并且 δ_0 随雷诺数 Re 的增大而减小。近壁层流层的厚度虽小，但对水流阻力和水头损失的影响是很大的。

当水流流经固体边壁时，边壁凸凹不平，存在凸起高度，边壁凸出的高度称绝对粗糙度，它的数值随边壁的材料而变化。对于具体的边壁来说，绝对粗糙度 Δ 可认为是某一数值，是不变的。近壁层流层的厚度 δ_0 随雷诺数 Re 变化，Re 愈大紊动愈强，δ_0 愈小。根据对水管和明渠中的大量试验资料的分析发现，水流随 Re 数变化和相对粗糙度 Δ/d（或 Δ/R）的不同，出现四个流区（见图 4-14）。在不同的流区中，沿程水头损失系数 λ 遵循不同的规律，现以圆管流动为例加以说明。

（1）层流区（$Re<2320$），整个水流都是层流，绝对粗糙度 Δ 完全掩盖在层流中。这时 λ 与边壁粗糙度 Δ 无关，而仅与 Re 数有关，即 $\lambda=f(Re)$，根据管道试验资料 $\lambda=64/Re$，层流区的特征是水头损失与断面平均流速的一次方成比例。

（2）紊流水力光滑区（$\Delta/\delta_0<0.4$），水流是紊流，雷诺数 Re 较大，但绝对粗糙度 Δ 仍完全被淹没在近壁层流层中，对外部紊流不产生影响。此区 λ 仍与绝对粗糙度 Δ 无关，仅与 Re 有关，即 $\lambda=f(Re)$。此区的沿程水头损失与断面平均流速的 1.75 次方成比例。

（3）紊流水力过渡区（$0.4<\Delta/\delta_0<6$），水流是紊流，雷诺数 Re 很大，δ_0 已不能完全掩盖绝对粗糙度 Δ，这时 λ 既与 Re 有关，又与 Δ/d 有关，即 $\lambda=f(Re, \Delta/d)$。紊流过度区的沿程水头损失与断面平均流速的 1.75～2 次方成比例。

（4）紊流水力粗糙区（$\Delta/\delta_0>6$），水流是紊流，雷诺数 Re 已足够大，近壁层流层厚度 δ_0 比绝对粗糙度 Δ 小得多，近壁层流对边壁的粗糙不能掩盖，这种管道称为水力粗糙管。该区 λ 与 Re 无关，仅与相对粗糙度 Δ/d 有关，即 $\lambda=f(\Delta/d)$。紊流水力粗糙区的沿程水头损失与断面平均流速的平方成比例，该区又称为阻力平方区。

1944 年摩迪在总结前人试验研究的基础中，对工业用的实际管道进行了试验研究，并绘制了不同相对粗糙度管道的沿程水头损失系数 λ 与雷诺数 Re 的关系曲线，称为摩迪图。如图 4-14 所示，该图的纵坐标为 λ，横坐标为 Re，相对粗糙度用 Δ/d 表示（d 为直径）。当已知水流的雷诺数 Re 和相对粗糙度 Δ/d，利用该图可以确定相应的沿程阻力系数 λ 值。

由于实际管道的壁面粗糙状况极不均匀，无法直接测量出其绝对粗糙度 Δ 的大小，

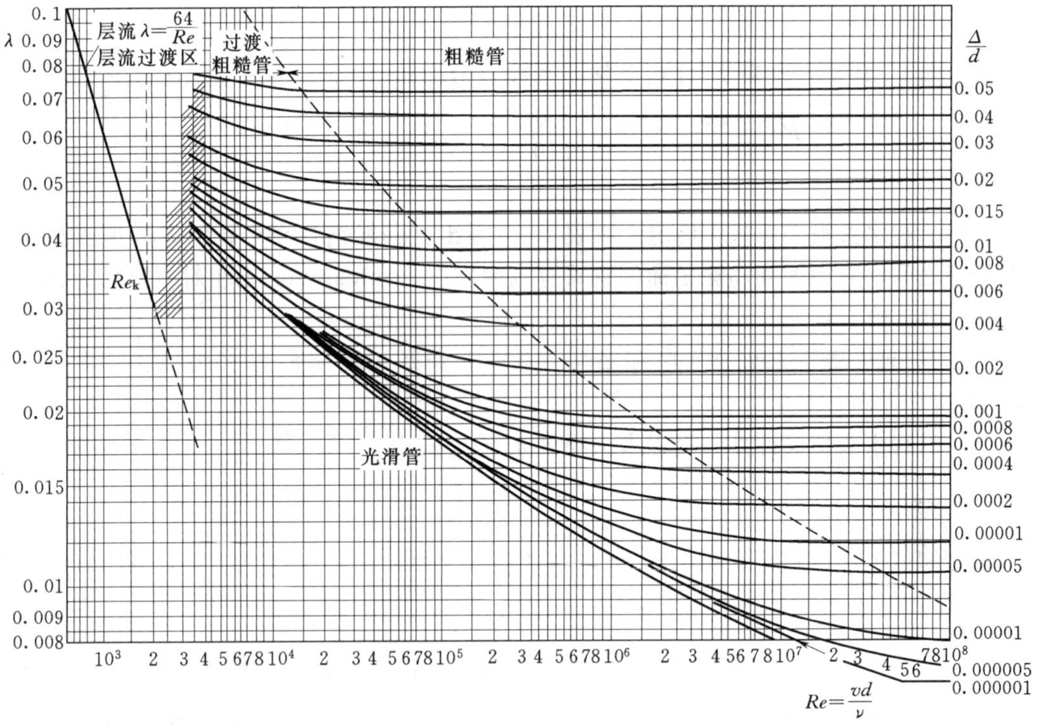

图 4－14

因而在计算实际管道的沿程水头损失系数 λ 值时，其绝对粗糙度是用当量粗糙度来表示的。所谓当量粗糙度，就是与实际管道具有同一沿程水头损失系数 λ 值的人工贴砂加糙管的绝对粗糙度 Δ，用它来代表实际工业管道的绝对粗糙度。表 4－1 是常用管道及明渠中的当量粗糙度 Δ 值，可供计算时参考选用。

表 4－1　　常用管道当量糙度 Δ 值

序号	边界种类	当量糙度 Δ (mm)	序号	边界种类	当量糙度 Δ (mm)
1	新的无缝钢管	0.04～0.17	8	橡皮软管	0.01～0.03
2	一般状况的钢管	0.19	9	磨光的水泥管	0.33
3	旧的生锈钢管	0.60	10	木　管	0.45～0.60
4	新的铸铁铁管	0.20～0.30	11	混凝土及钢筋混凝土管	1.8～3.5
5	旧的铸铁管	0.5～1.6	12	混凝土衬砌渠道	0.8～9.0
6	镀锌管、白铁皮管	0.15	13	土渠	4～11
7	钢或玻璃的无缝管	0.0015～0.01	14	卵石河床	30～60

【例 4－3】　某小型水电站的引水管采用工业用钢管，管径 $d=0.2$m，管长 $L=100$m，管壁状况一般，管内水温为 10℃，当引用流量 $Q=40$L/s 时，求该管中的沿程水头损失 h_f。

解（1）计算雷诺数 Re

过水断面面积　　$A=\frac{\pi}{4}d^2=\frac{3.14}{4}\times 0.2^2=0.0314\text{m}^2$

断面平均流速
$$v=\frac{Q}{A}=\frac{0.040}{0.0314}=1.274\text{m/s}$$

由水温 $t=10℃$，查表 1-3 运动粘滞系数 $\nu=1.31\times10^{-6}\text{m}^2/\text{s}$，则雷诺数 Re 为

$$Re=\frac{vd}{\nu}=\frac{1.274\times0.2}{1.31\times10^{-6}}=1.95\times10^5>2320$$

为紊流。

(2) 沿程水头损失系数 λ 确定。由表 4-1 看出，一般钢管介于新的无缝钢管和旧的生锈钢管之间，在旧钢管和涂柏油的钢管范围内，取 $\Delta=0.2\text{mm}$，则相对粗糙度为 $\Delta/d=0.2/200=0.001$。

用已算出的 $Re=1.95\times10^5$ 和 $\Delta/d=0.001$ 查摩迪图求沿程水头损失系数 λ，得 $\lambda=0.021$。

(3) 沿程水头损失计算。沿程水头损失 h_f 的公式为

$$h_f=\lambda\frac{L}{d}\frac{v^2}{2g}$$

将已知值 $L=100\text{m}$，$d=0.2\text{m}$ 及 $v=1.274\text{m/s}$ 和 $\lambda=0.021$ 代入上式，则可算出沿程水头损失

$$h_f=\lambda\frac{L}{d}\frac{v^2}{2g}=0.021\times\frac{100}{0.2}\times\frac{1.274^2}{19.6}=0.87\text{m}$$

对于工业用的各种管道，由于用摩迪图查得的 λ 值所计算的成果与实际情况较为符合，所以常用通用公式来计算工业管道中的沿程水头损失 h_f。水利工程中常见的各种管道和天然河道，目前还没有较完善的表面粗糙均匀化的当量粗糙度资料，所以在沿程水头损失 h_f 的计算中，很少采用通用公式，而常用下面介绍的经验公式来确定沿程水头损失 h_f。

四、沿程水头损失计算的经验公式

计算沿程水头损失的经验公式，最常用的是 1769 年谢才总结了明渠均匀流的实测资料后提出的一个公式，又称谢才公式。该公式假定

$$\tau_0=kv^2$$

根据式(4-5)
$$\tau_0=\gamma RJ$$

$$kv^2=\gamma RJ$$

$$v=\sqrt{\frac{\gamma}{k}}\sqrt{RJ}=C\sqrt{RJ} \tag{4-28}$$

式中　v——断面平均流速；

R——水力半径；

J——水力坡降；

C——谢才系数，$\text{m}^{1/2}/\text{s}$。

将式 (4-28) 中的水力坡降 J 用沿程水头损失与流段长度表示，则式 (4-28) 可改写为

$$h_f=\frac{v^2}{C^2R}L \tag{4-29}$$

即

$$h_f = \frac{8g}{C^2}\frac{L}{4R}\frac{v^2}{2g} \tag{4-30}$$

令

$$\lambda = \frac{8g}{C^2} \text{ 或 } C = \sqrt{\frac{8g}{\lambda}}$$

则式（4－30）就变成式（4－25）或（4－26）的形式。所以谢才公式既适用于明渠，也可用于管道中的有压流。

应该注意：沿程水头损失系数 λ 是随雷诺数 Re 和相对粗糙度 Δ/d 而变化的没有单位的纯数，而谢才系数 C 则是有单位的数，规定单位为 $m^{1/2}/s$。按道理谢才公式也可用于不同的流态和流区，但由于实际工程中所遇到的水流大多数是紊流阻力平方区，而计算谢才系数的经验公式则是由紊流阻力平方区的大量实测资料总结出来的，所以谢才公式只适用于紊流阻力平方区。

常用的谢才系数的计算公式有：

（1）曼宁公式：

$$C = \frac{1}{n}R^{1/6} \tag{4-31}$$

式中　R——水力半径；

n——粗糙系数，简称糙率，它是衡量边界形状不规则和边壁粗糙度影响的一个无量纲综合系数。

表 4－2　　输水道表面各种材料的糙率 n 值

输水道表面性质	表面粗糙程度		
	输光滑	中等	较粗糙
1. 玻璃管、有机玻璃管	0.0075～0.0083	—	—
2. 铸铁管、钢管	0.011	0.0125	0.014
3. 木质管道、木槽	0.011	0.013	0.015
4. 陶土管（缸瓦管）	0.012	0.013	—
5. 混凝土管道或渠道			
（1）抹灰的混凝土或钢管混凝土护面	0.011	0.012	0.013
（2）不抹灰的混凝土	0.013	0.014～0.015	0.017
（3）喷浆面	0.016	0.018	0.021

目前 n 值已积累了较多资料，为工程界所采用。不同输水道边壁的 n 值列于表 4－2 以供查用。曼宁公式形式简单，计算方便，且能获得较满意的结果，因此受到较广泛的采用。将式（4－31）代入式（4－28），谢才公式可改写为

$$v = \frac{1}{n}R^{2/3}J^{1/2} \tag{4-32}$$

或

$$h_f = \frac{n^2 v^2}{R^{4/3}}L \tag{4-33}$$

（2）巴甫洛夫斯基公式：

$$C = \frac{1}{n}R^{y} \tag{4-34}$$

式中

$$y = 2.5\sqrt{n} - 0.13 - 0.75\sqrt{R}(\sqrt{n} - 0.10)$$

或可近似地用下式来求：

当 $R<1.0\text{m}$ $\qquad y=1.5\sqrt{n}$

当 $R>1.0\text{m}$ $\qquad y=1.3\sqrt{n}$

巴甫洛夫斯基公式适用范围为 $\quad 0.1\leqslant R\leqslant 3.0$；$0.011\leqslant n\leqslant 0.04$

这里要注意：上述各公式中，水力半径的单位均采用“米”(m)。

【例 4-4】 有一混凝土衬砌的引水隧洞，洞径 $d=2.0\text{m}$，洞长 $L=1000\text{m}$，求引水隧洞通过流量 $Q=5.65\ \text{m}^3/\text{s}$ 时的沿程水头损失，并求其对应的 λ 值。

解 (1) 计算隧洞的水力要素。

$$A=\frac{\pi}{4}d^2=\frac{3.14}{4}\times 2^2=3.140\text{m}^2$$

$$R=\frac{A}{\chi}=\frac{d}{4}=\frac{2.0}{4}=0.500\text{m}$$

$$v=\frac{Q}{A}=\frac{5.65}{3.14}=1.799\text{m/s}$$

(2) 查表 4-2 选用 $n=0.014$。

(3) 求 h_f。

由式 (4-31) 得

$$C=\frac{1}{n}R^{1/6}=\frac{1}{0.014}(0.5)^{1/6}=63.636\text{m}^{1/2}/\text{s}$$

$$h_f=\frac{v^2}{C^2R}L=\frac{1.799^2}{63.636^2\times 0.5}\times 1000=1.60\text{m}$$

(4) 求 λ。

$$\lambda=\frac{8g}{C^2}=\frac{8\times 9.8}{63.636^2}=0.019$$

第六节 局部水头损失的分析和计算

水流在流动过程中，由于边界条件突然发生变化，在局部地方将出现水流脱离边界形成漩涡的现象。下面以流经圆柱体的水流为例，说明产生这一现象的原因。

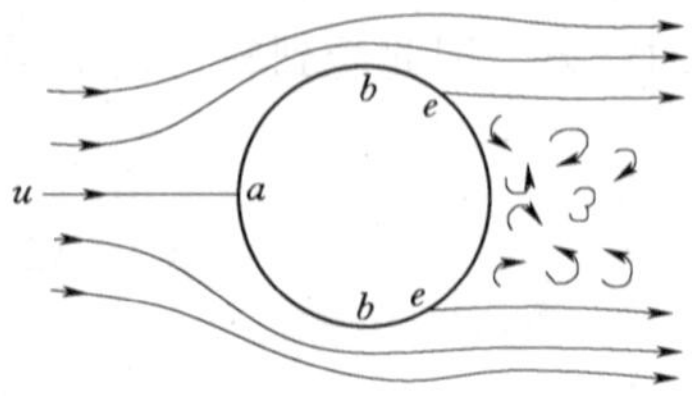

图 4-15

如图 4-15 所示，水流流经圆柱弯曲壁面，设水流远离圆柱体的流速为 u，现取正对圆心的一条流线看，沿该流线水质点的流速愈接近圆柱体则流速愈小、压强愈大，在到达圆柱体表面点 a 时，流速减至零，压强增到最大，该点称为停滞点或驻点。液体质点达到停滞点后便停滞不前，但由于液体是不可压缩的，在后面继续流来的其它液体质点的作用下，处在 a 点位置的水质点将改变原来的运动方向，沿圆柱侧面向前流动，在到达 b 点之前，因圆柱面的弯曲，使流线趋于集中，流速增大，压强减小，液体质点处在加速减压的过程。由于圆柱的滞水作用，在这一过程中必然伴随有能量损失。当液体质点过了 b 点断面之后，由于流线的扩散，液体质点处在减速增压的过程。此时，在能量消耗和减速增压的双重作用下，液流的流速和横向流速梯度迅速降低，到一定地点，例如图中的 e 点，液体质点的流速 $u=0$，其横向流速梯度为零，故又出现停滞点。由于液体的不可压缩性，继续流来的液体质点势必改变原流动方向，脱离边界，向外侧流去，e 点称为分离点。e 点的下游，必将有新的液体来补充，便形成反向的回流，即出现漩涡区。在漩涡区内，涡体在形成、旋转、分裂过程中，通过碰撞、摩擦将水流的部分机械能转化为热能，产生局部区域内液流能量的集中损耗，称为局部水头损失。

在水利工程中经常遇到边界突然变化的情况是多种多样的，例如管道或渠道的突然扩大、突然缩小、转弯和连续扩大等，它们在水流结构上都具有两个共同的特点：

（1）水流脱离边界产生旋涡。

（2）流速分布急剧改变、调整，水流内部相对运动加剧，碰撞、摩擦作用加剧，如图 4－16 所示，相应地增大了能量损失。

局部水头损失产生处的边界条件各种各样，水流现象相当复杂，目前还没有理论公式计算局部水头损失，通常用一个流速水头与一个局部水头损失系数的乘积来表示，即

$$h_{\mathrm{j}}=\zeta\frac{v^2}{2g} \tag{4-35}$$

其中 ζ 为局部水头损失系数，由实验测定，列表于 4－3 中。必须指出，ζ 是对应于某一流速水头而言的，因此在选用时应注意两者的关系，以免用错了流速水头。与 ζ 相应的流速水头在表 4－3 中已标明，若不加特殊标明者，该 ζ 值皆相应于局部阻力后的流速水头。

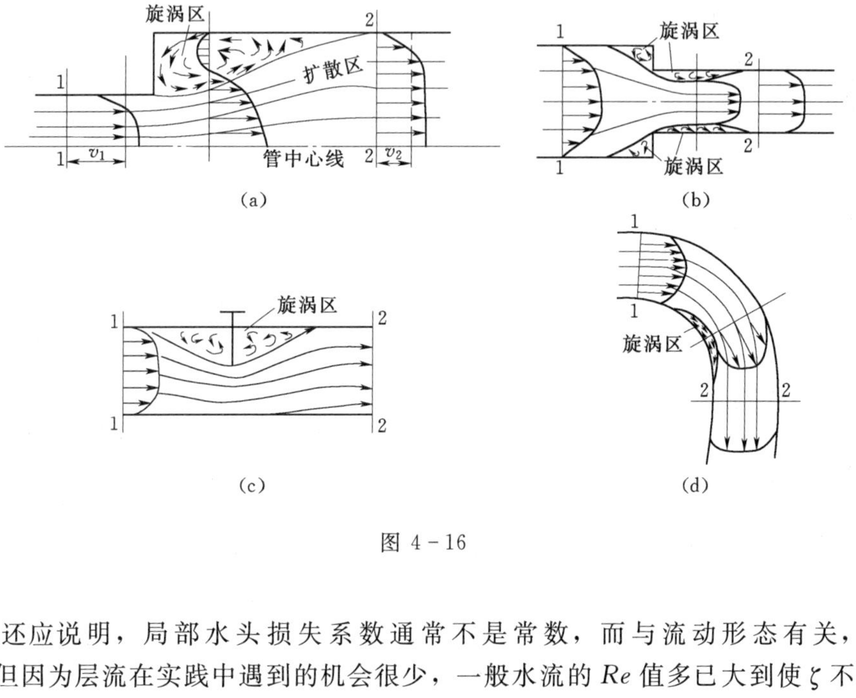

图 4－16

这里还应说明，局部水头损失系数通常不是常数，而与流动形态有关，即 $\zeta=f\,(Re)$。但因为层流在实践中遇到的机会很少，一般水流的 Re 值多已大到使 ζ 不再随 Re 变化的程度，这时的 ζ 值为一常数，它只与局部断面变化的情况有关，而与 Re 无关。

表 4-3　　管路各种局部水头损失系数表*

（计算局部水头损失公式：$h_j=\zeta\frac{v^2}{2g}$，式中 v 如图说明）

<table>
<tr><th>名称</th><th colspan="2">简　　图</th><th>局部水头损失系数ζ值</th></tr>
<tr><td>断面突然扩大</td><td colspan="2">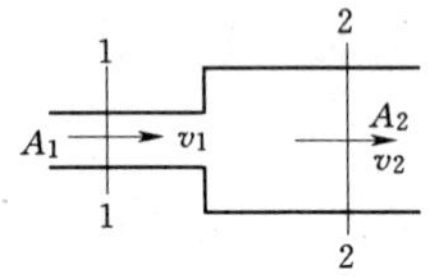
</td><td>$\zeta'=\left(1-\frac{A_1}{A_2}\right)^2$（应用公式 $h_j=\zeta'\frac{v_1^2}{2g}$）
$\zeta''=\left(\frac{A_2}{A_1}-1\right)^2$（应用公式 $h_j=\zeta''\frac{v_2^2}{2g}$）</td></tr>
<tr><td>断面突然缩小</td><td colspan="2">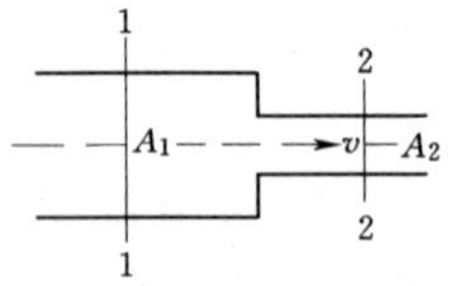
</td><td>$\zeta=0.5\left(1-\frac{A_2}{A_1}\right)$</td></tr>
<tr><td rowspan="3">进口</td><td rowspan="2">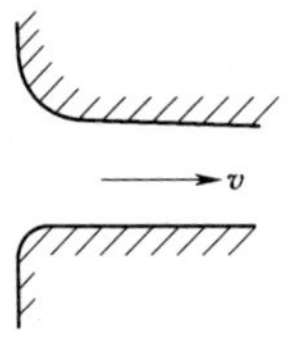
</td><td>完全修圆</td><td>0.05～0.10</td></tr>
<tr><td>稍微修圆</td><td>0.20～0.25</td></tr>
<tr><td>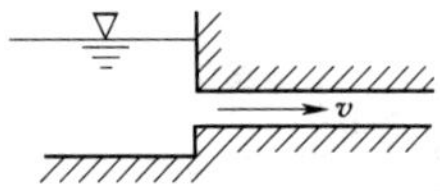
</td><td>没有修圆</td><td>0.50</td></tr>
<tr><td rowspan="2">出口</td><td>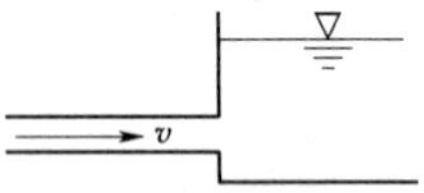
</td><td>流入水库（池）</td><td>1.0</td></tr>
<tr><td>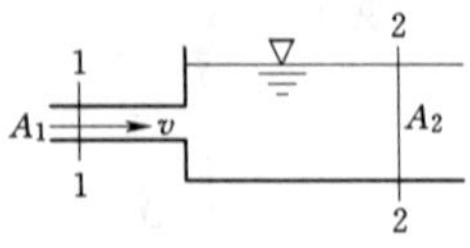
</td><td>流入明渠</td><td><table><tr><td>A_1/A_2</td><td>0.1</td><td>0.2</td><td>0.3</td><td>0.4</td><td>0.5</td><td>0.6</td><td>0.7</td><td>0.8</td><td>0.9</td></tr><tr><td>ζ</td><td>0.81</td><td>0.64</td><td>0.49</td><td>0.36</td><td>0.25</td><td>0.16</td><td>0.09</td><td>0.04</td><td>0.01</td></tr></table></td></tr>
<tr><td rowspan="2">急转弯管</td><td rowspan="2">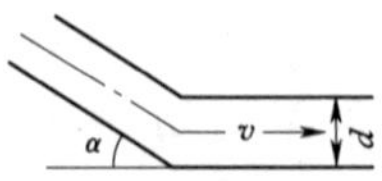
</td><td>圆形</td><td><table><tr><td>α°</td><td>30</td><td>40</td><td>50</td><td>60</td><td>70</td><td>80</td><td>90</td></tr><tr><td>ζ</td><td>0.20</td><td>0.30</td><td>0.40</td><td>0.55</td><td>0.70</td><td>0.90</td><td>1.10</td></tr></table></td></tr>
<tr><td>矩形</td><td><table><tr><td>α°</td><td>15</td><td>30</td><td>45</td><td>60</td><td>90</td></tr><tr><td>ζ</td><td>0.025</td><td>0.11</td><td>0.26</td><td>0.49</td><td>1.20</td></tr></table></td></tr>
</table>

续表

<table>
<tr><th>名称</th><th colspan="2">简　　图</th><th>局部水头损失系数ζ值</th></tr>
<tr><td>弯管</td><td>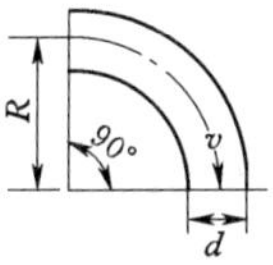</td><td>90°</td><td><table>
<tr><td>R/d</td><td>0.5</td><td>1.0</td><td>1.5</td><td>2.0</td><td>3.0</td><td>4.0</td><td>5.0</td></tr>
<tr><td>$\zeta_{90°}$</td><td>1.2</td><td>0.80</td><td>0.60</td><td>0.48</td><td>0.36</td><td>0.30</td><td>0.29</td></tr>
</table></td></tr>
<tr><td>弯管</td><td>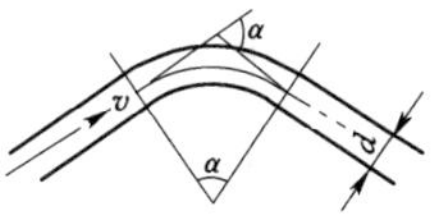</td><td>任意角度</td><td><table>
<tr><td colspan="8">$\zeta_{\alpha°}=a\zeta_{90°}$</td></tr>
<tr><td>$\alpha°$</td><td>20</td><td>30</td><td>40</td><td>50</td><td>60</td><td>70</td><td>80</td></tr>
<tr><td>a</td><td>0.40</td><td>0.55</td><td>0.65</td><td>0.75</td><td>0.83</td><td>0.88</td><td>0.95</td></tr>
<tr><td>$\alpha°$</td><td>90</td><td>100</td><td>120</td><td>140</td><td>160</td><td>180</td></tr>
<tr><td>a</td><td>1.00</td><td>1.05</td><td>1.13</td><td>1.20</td><td>1.27</td><td>1.33</td></tr>
</table></td></tr>
<tr><td>闸阀</td><td>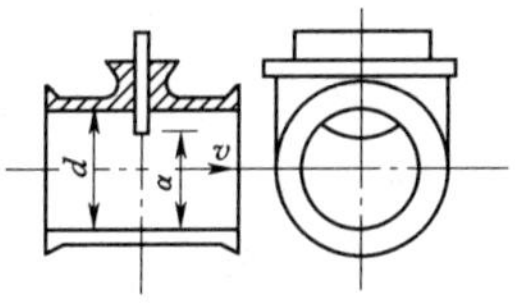</td><td>圆形管道</td><td><table>
<tr><td colspan="6">当全开时（$a/d=1$）</td></tr>
<tr><td>d(mm)</td><td>15</td><td>20～50</td><td>80</td><td>100</td><td>150</td></tr>
<tr><td>ζ</td><td>1.5</td><td>0.5</td><td>0.4</td><td>0.2</td><td>0.1</td></tr>
<tr><td>d(mm)</td><td>200～250</td><td>300～450</td><td>500～800</td><td>900～100</td></tr>
<tr><td>ζ</td><td>0.08</td><td>0.07</td><td>0.06</td><td>0.05</td></tr>
<tr><td colspan="8">当各种开启度时</td></tr>
<tr><td>a/d</td><td>7/8</td><td>6/8</td><td>5/8</td><td>4/8</td><td>3/8</td><td>2/8</td><td>1/8</td></tr>
<tr><td>$A_{开启}/A_{总}$</td><td>0.948</td><td>0.856</td><td>0.740</td><td>0.609</td><td>0.466</td><td>0.315</td><td>0.159</td></tr>
<tr><td>ζ</td><td>0.15</td><td>0.26</td><td>0.81</td><td>2.06</td><td>5.52</td><td>17.0</td><td>97.8</td></tr>
</table></td></tr>
<tr><td>截止阀</td><td>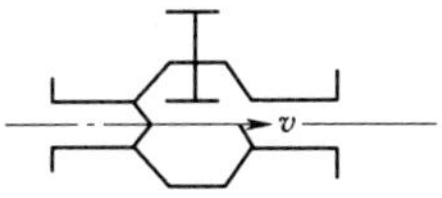</td><td>全开</td><td>4.3～6.1</td></tr>
<tr><td rowspan="2">莲蓬头
（滤水网）</td><td>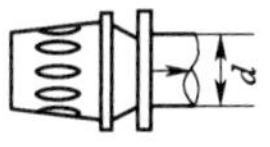</td><td>无底阀</td><td>2～3</td></tr>
<tr><td>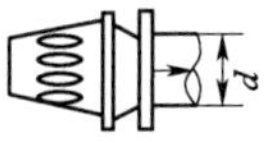</td><td>有底阀</td><td><table>
<tr><td>d(mm)</td><td>40</td><td>50</td><td>75</td><td>100</td><td>150</td><td>200</td></tr>
<tr><td>ζ</td><td>12</td><td>10</td><td>8.5</td><td>7.0</td><td>6.0</td><td>5.2</td></tr>
<tr><td>d(mm)</td><td>250</td><td>300</td><td>350</td><td>400</td><td>500</td><td>750</td></tr>
<tr><td>ζ</td><td>4.4</td><td>3.7</td><td>3.4</td><td>3.1</td><td>2.5</td><td>1.6</td></tr>
</table></td></tr>
<tr><td>平板门槽</td><td>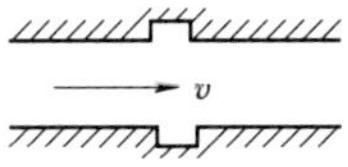</td><td></td><td>0.05～0.20</td></tr>
</table>

续表

名称	简　　图	局部水头损失系数ζ值
拦污栅	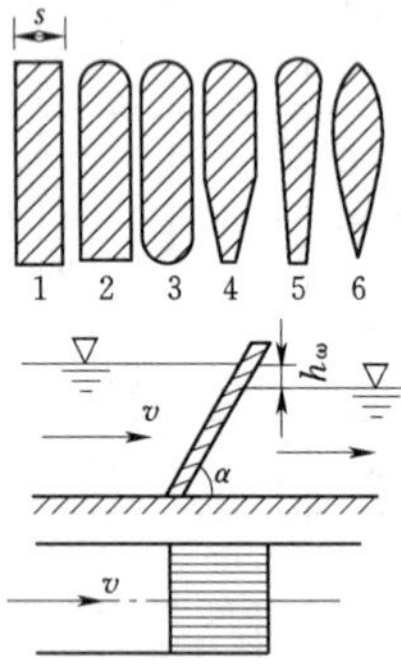	$\zeta=\beta\left(\frac{s}{b}\right)^{4/3}\sin\alpha$ 式中　s——栅条宽度； b——栅条间距； α——倾角； β——栅条形状系数，用下表确定

栅条形状	1	2	3	4	5	6	7
β	2.42	1.83	1.67	1.035	0.92	0.76	1.79

* 《管渠水力计算表》，中国建筑工业出版社，1973 年 5 月，基谢列夫，《水力计算手册》，俄文第四版，1972 年。

【例 4－5】　从水箱引出一直径不同的管道，如图 4－17 所示。已知 $d_1=150\text{mm}$，$L_1=30\text{m}$，$\lambda_1=0.036$，$d_2=125\text{mm}$，$L_2=20\text{m}$，$\lambda_2=0.038$，第二段管子上有一平板闸阀，其开度为 $a/d=0.5$。当输送流量 $Q=25\text{L/s}$ 时，求：沿程水头损失 $\sum h_f$，局部水头损失 $\sum h_j$，水箱的水头 H。

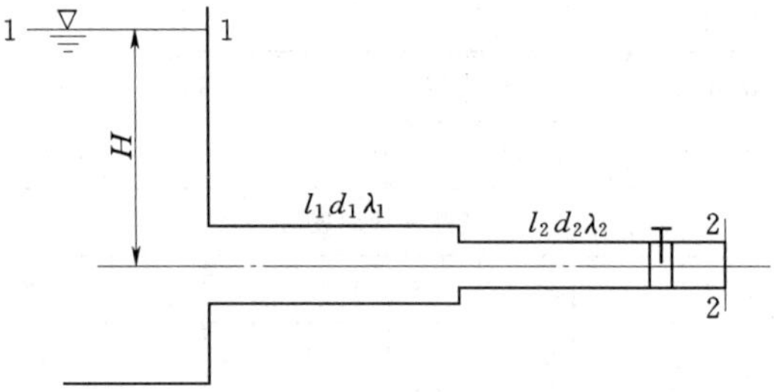

图 4－17

解　(1) 沿程水头损失。

第一段：

$$Q=25\text{L/s}=0.025\ \text{m}^3/\text{s}$$

断面平均流速　$v_1=\frac{Q}{A_1}=\frac{4\times0.025}{3.14\times0.15^2}=1.415\text{m/s}$

沿程水头损失

$$h_{f1}=\lambda_1\frac{L_1}{d_1}\frac{v_1^2}{2g}=0.036\times\frac{30}{0.15}\times\frac{1.415^2}{19.6}=0.736\text{m}$$

第二段：

断面平均流速　$v_2=\frac{Q}{A_2}=\frac{4\times0.025}{3.14\times0.125^2}=2.038\text{m/s}$

沿程水头损失　$h_{f2}=\lambda_2\frac{L_2}{d_2}\frac{v_2^2}{2g}=0.038\times\frac{20}{0.125}\times\frac{2.04^2}{19.6}=1.288\text{m}$

$$\sum h_f=h_{f1}+h_{f2}=0.736+1.288=2.02\text{m}$$

(2) 局部水头损失。

进口损失：查表 4－3 中直角进口 $\zeta_{进口}=0.5$，则

$$h_{j1}=\zeta_{进口}\frac{v_1^2}{2g}=0.5\times\frac{1.415^2}{19.6}=0.051\text{m}$$

管道断面缩小损失：根据 $\frac{A_2}{A_1}=\left(\frac{d_2}{d_1}\right)^2=0.694$，查表 4－3，得

$$\zeta_{缩} = 0.5 \times \left(1 - \frac{A_2}{A_1}\right) = 0.5(1 - 0.694) = 0.153$$

则
$$h_{j2} = \zeta_{缩}\frac{v_2^2}{2g} = 0.153 \times \frac{2.038^2}{19.6} = 0.032\text{m}$$

闸阀损失：由平板闸阀的开度 $a/d=0.5$，查表 4-3 得 $\zeta_{闸}=2.06$

则
$$h_{j3} = \zeta_{闸}\frac{v_2^2}{2g} = 2.06 \times \frac{2.038^2}{19.6} = 0.437\text{m}$$

$$\sum h_j = h_{j1} + h_{j2} + h_{j3} = 0.051 + 0.032 + 0.437 = 0.52\text{m}$$

(3) 水箱的水头 H。

以管轴为基准面，取水箱水面 1—1 和管道出口断面 2—2 列能量方程。断面 1—1 位置高度为 H，压强为大气压，流速近似为零。断面 2—2 取中心点，位置高度为零，因断面四周为大气压强，故中心点也近似为大气压强，流速为 v_2，列能量方程得

$$H = \frac{\alpha v_2^2}{2g} + h_\omega = \frac{\alpha v_2^2}{2g} + \sum h_f + \sum h_j$$

用上述已算的数字代入，得

$$H = \frac{1 \times 2.038^2}{19.6} + 2.02 + 0.52 = 2.75\text{m}$$

习　　题

4-1　一输水管道，直径 $d=300$mm，管长 $L=250$m，测得管壁的切应力 $\tau_0=46\text{N/m}^2$，试求：①全管长的水头损失；②在圆管中心和半径 $\gamma=100$mm 处的切应力。

4-2　一矩形断面明渠中的流动为均匀流，已知：底坡 $i=0.005$，水深 $h_0=3$m，底宽 $b=6$m，试求：①渠道壁面上的切应力 τ_0；②水深 $h=2$m 处水流中的切应力 τ。

4-3　水流经变直径管道，已知小管径为 d_1，大管径为 d_2，若$\frac{d_2}{d_1}=2$，试问哪个断面的雷诺数大？两断面雷诺数的比值$\frac{Re_2}{Re_1}$是多少？

4-4　有一圆形输水管道，直径 $d=20$mm，断面平均流速 $v=0.25$m/s，水温 $t=20$℃，试判别管中的流态。若管中通过的流量及水温不变，管径 $d=80$mm，则管中的流态又怎样？

4-5　有一矩形断面渠道，水深 $h=15$cm，底宽 $b=20$cm，断面平均流速 $v=0.15$m/s，水温为 15℃，试判别渠道中的流态。

4-6　为了测定 AB 管段的沿程水头损失系数 λ 值，采用题 4-6 图示装置。已知 AB 段的管长 $L=10$m，管径 $d=45$mm。实验量测数据为：①AB 实验段的测压管水头差 $\Delta h=0.6$m；②经 120s 流入量水箱的水体积为 0.35m^3。试求该管段的沿程水头损失系数 λ 值。

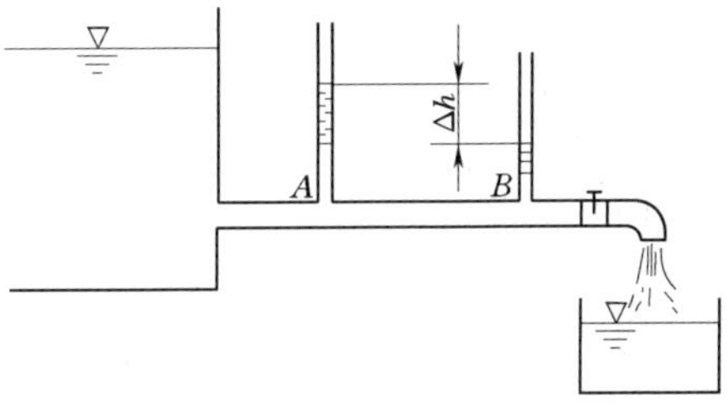

题 4-6 图

4-7　过水管道采用普通钢管，直径

d=42mm。现测得水温 t=4℃，当通过流量 Q=0.05L/s 时，用摩迪图确定管道中的沿程水头损失系数 λ 为多少？若保持管中为层流，问相距 10m 的两个过水断面的最大测压管水头差应为多少？

4－8　有一梯形断面坚实的粘土渠道，已知：底宽 b=10m，均匀流水深 h=3m，边坡系数 m=1，土壤的粗糙系数 n=0.020，通过的流量 Q=39 m^3/s。试求：在 1000m 渠道长度上的水头损失。

4－9　如题 4－9 图所示，一直径 d_1=15cm 的水管突然放大成直径 d_2=30cm。如管内过水流量 Q=0.22 m^3/s，求接在两管段上的水银比压计的压差 h 值。

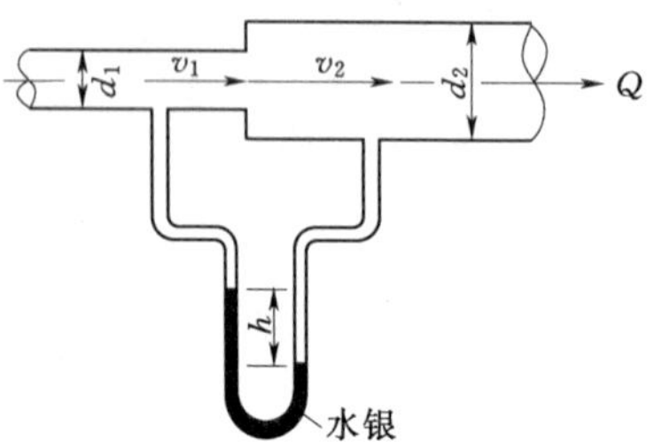

题 4－9 图

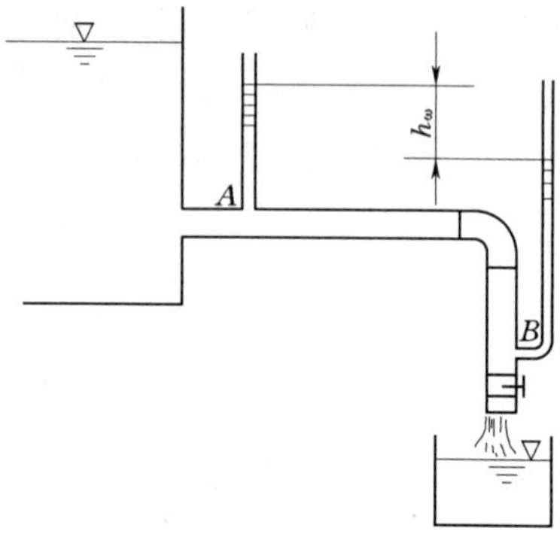

题 4－10 图

4－10　为测定 90°弯管的局部水头损失系数 ζ 值，可采用如题 4－10 图所示的装置。已知 AB 管长 L 为 10m，管径 d=50mm，该管段的沿程水头损失系数 λ=0.03，测得实验数据：①A、B 两测压管的水头差为 0.629m；②经 2min 流入量水箱的水量为 0.329m^3。试求弯管的局部水头损失系数 ζ 值。

4－11　如题 4－11 图为一输水管路，已知铸铁管的管长 L=250m，管径 d=100mm，管路进口为直角进口，有一个弯头和一个闸阀，弯头的局部损失系数 $\zeta_{弯}$=0.8。当闸门全开时，管路出口流速 v=1.6m/s，求水塔的水面高度 H。

4－12　如题 4－12 图所示，A、B、C 三个水箱由两段普通钢管相连接，管中为恒定流动。已知：A、C 箱水面差 H=15m，L_1=50m，L_2=40m，d_1=250mm，d_2=200mm。第一管段中间有一个 90°弯管（R/d_1=2.0），第二管段中间有一个闸板式阀门（a/d_2=0.75）。试求：①管中流量 Q；②图中 h_1 及 h_2。

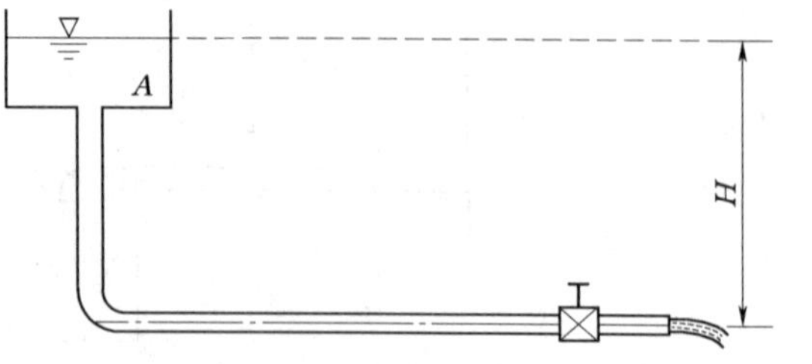

题 4－11 图

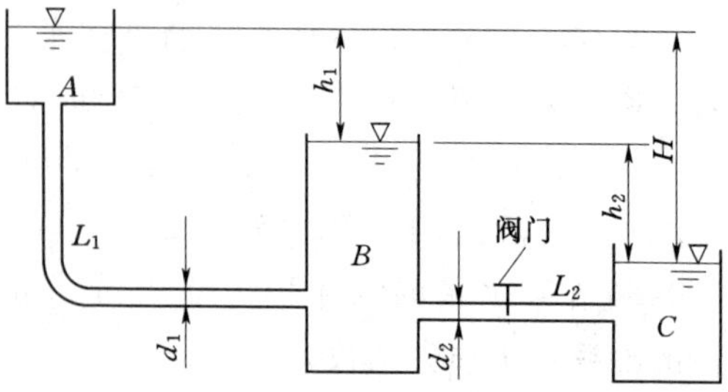

题 4－12 图

第五章　管　　流

第一节　概　　述

前面两章阐述了液体运动的基本规律、水流型态及水头损失，这一章是运用这些基本原理，分析各种有压输水管道的水力计算问题。有压管道是指整个过水管道的横断面均被液体所充满，管内没有自由水面，横断面的周界即是湿周，液体的压强一般不等于大气压强，管道的边壁处处受到水流压力的作用。有压管道中的水流属于有压流，一般叫管流。

水电站的压力隧洞或压力钢管；供生产、生活用水的给水管网；各种水泵装置、虹吸管以及在供热、供气和通风工程中输送流体的管道等，都是工程中常见的有压管道。

有些管道，水流没有充满管道的整个横断面，有自由液面，如污水管、排水管、暗沟、涵管等就不能当作有压管道，其水流不能叫做管流，而是明渠水流。

有压管道中的水流有恒定流及非恒定流两种。本章主要讨论有压管道中的恒定流，对于非恒定流，仅对有压管道的水击问题作一简单介绍。

根据有压管道中水流的沿程水头损失、局部水头损失及流速水头所占的比重不同，有压管道可分为长管和短管。

长管是指管道中水流的沿程水头损失较大，局部水头损失和流速水头较小且两项之和小于沿程水头损失的5%，局部水头损失和流速水头可以忽略不计的管道。当管道中局部水头损失与流速水头两项之和大于沿程水头损失的5%，则局部水头损失和流速水头不能忽略的管道，称为短管。

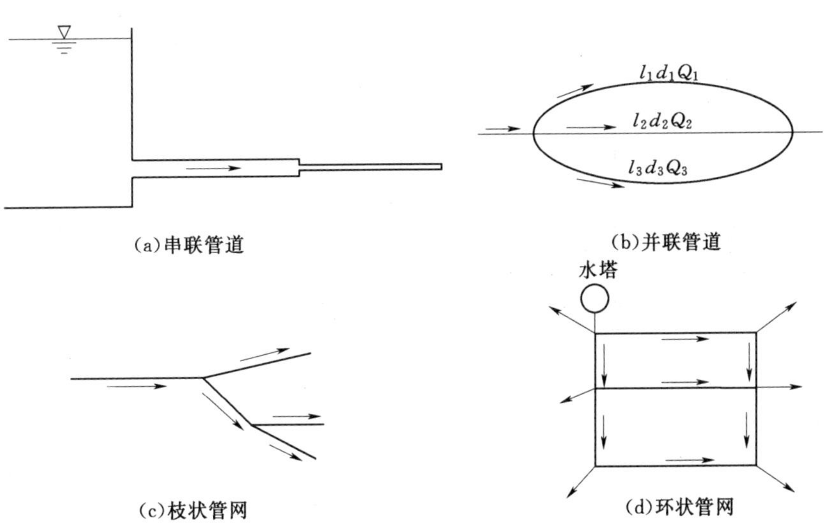

(a)串联管道　(b)并联管道

(c)枝状管网　(d)环状管网

图 5-1

长管和短管不能简单地用管道的绝对长度判别，必须通过计算局部水头损失和流速水头之和与沿程水头损失的比值来判别。当管道中的局部水头损失较大时，即使管道很长，局部水头损失也不能略去，必须按短管计算。一般水利工程中的有压输水管道以及常见的水泵吸水管、虹吸管、倒虹吸管多按短管计算，生活和生产中的给水管道大部分按长管计算。

另外，根据管道的布设情况，有压管道又可分为简单管道和复杂管道。简单管道是指管径相等、无分支、沿程糙率及流量不变的管道；复杂管道是指管径不同或有分叉的管道，主要有串联管道、并联管道、枝状管网和环状管网等，如图 5－1 所示。

第二节 简单管道的水力计算

一、简单短管的水力计算

设有简单短管，如图 5－2、图 5－3 所示。以过管道出口断面中心点的平面 $o'-o'$ 为基准面，对管道进口前满足渐变流条件的 0—0 断面和出口 2—2 断面列总流的能量方程，得

$$H_0 = H_2 + h_{\omega 0-2} = z_2 + \frac{p_2}{\gamma} + \frac{\alpha_2 v_2^2}{2g} + h_{\omega 0-2} \tag{5-1}$$

也可写为

$$H' = H_0 - \left(z_2 + \frac{p_2}{\gamma}\right) = \frac{\alpha_2 v_2^2}{2g} + h_{\omega 0-2} \tag{5-2}$$

式中 H_0——0—0 断面的总水头；

H_2、$z_2+\frac{p_2}{\gamma}$、$\frac{\alpha_2 v_2^2}{2g}$——出口断面 2—2 的总水头、测压管水头和流速水头；

$h_{\omega 0-2}$——0—0 断面至 2—2 断面的水头损失，它包括沿程水头损失和局部水头损失；

H'——H_0 与 $\left(z_2+\frac{p_2}{\gamma}\right)$ 的差值，为出口断面 2—2 的作用水头。

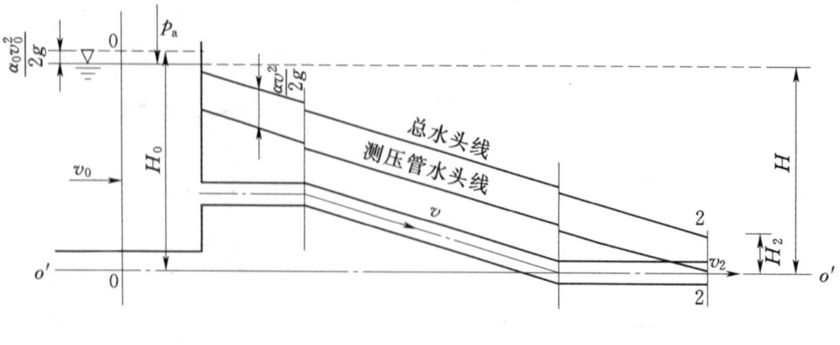

图 5－2

由式（5－2）可以看出，作用水头一部分消耗于水头损失，其余的则转化为出口断面 2—2 的流速水头。

对于简单管道，管径和流量沿程不变，管道中任一断面的过水断面面积和断面平均流

速均相等。按照沿程水头损失和局部水头损失的计算公式可得

$$h_{\omega 0-2}=h_{f0-2}+\sum h_j=\left(\lambda\frac{L}{d}+\sum\zeta\right)\frac{v^2}{2g} \tag{5-3}$$

将式（5-3）代入式（5-2），令 $\alpha_2=\alpha$ 得

$$v=\frac{1}{\sqrt{\alpha+\lambda\frac{L}{d}+\sum\zeta}}\sqrt{2g\left[H_0-\left(z_2+\frac{p_2}{\gamma}\right)\right]}$$

$$=\frac{1}{\sqrt{\alpha+\lambda\frac{L}{d}+\sum\zeta}}\sqrt{2gH'} \tag{5-4}$$

管道的输水流量为

$$Q=Av=\frac{A}{\sqrt{\alpha+\lambda\frac{L}{d}+\sum\zeta}}\sqrt{2gH'}$$

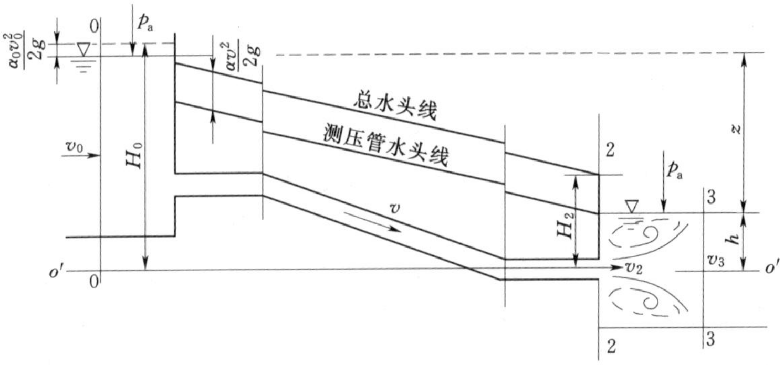

图 5-3

根据管道出口条件，管流可分为自由出流和淹没出流两种情况，分述如下。

（一）自由出流

图 5-2 中，出口断面水股四周都受大气压力的作用，称为自由出流。进口前 0—0 断面的总能量为

$$H_0=H+\frac{\alpha_0 v_0^{\ 2}}{2g}$$

式中 H——管道出口断面中心点与上游水位的高差。

出口断面 2—2 的测压管水头 $z_2+\frac{p_2}{\gamma}=0$，作用水头 $H'=H_0$，取 $\alpha_0=\alpha=1.0$，代入式（5-4）得

$$v=\frac{1}{\sqrt{1+\lambda\frac{L}{d}+\sum\zeta}}\sqrt{2gH_0}$$

令 $\mu_c=\frac{1}{\sqrt{1+\lambda\frac{L}{d}+\sum\zeta}}$，称为管道流量系数，则

$$Q = vA = \mu_c A \sqrt{2gH_0} \tag{5-5}$$

当进口前断面 0—0 的断面平均流速 v_0 很小时 $v_0 \approx 0$，则

$$Q = \mu_c A \sqrt{2gH} \tag{5-6}$$

（二）淹没出流

如图 5-3 所示，管道出口淹没在下游水面以下，称为淹没出流。进口前断面的总能量为

$$H_0 = h + z + \frac{\alpha_0 v_0{}^2}{2g}$$

式中 h——下游水面到基准面的高差；

z——上下游水位差。

当出口下游流速较小时，$\alpha v_3^2/(2g) \approx 0$，出口断面 2—2 的测压管水头 $z_2 + p_2/\gamma = h$，作用水头 $H' = z + \alpha_0 v_0{}^2/(2g)$，取 $\alpha_0 = \alpha = 1.0$ 代入式（5-4），得

$$v = \frac{1}{\sqrt{1 + \lambda \frac{L}{d} + \sum \zeta}} \sqrt{2g\left(z + \frac{\alpha_0 v_0{}^2}{2g}\right)}$$

令

$$z + \frac{\alpha_0 v_0{}^2}{2g} = z_0$$

则

$$Q = vA = \mu_c A \sqrt{2gz_0} \tag{5-7}$$

当进口前断面 0—0 的断面平均流速 v_0 很小时，$v_0 \approx 0$，则

$$Q = vA = \mu_c A \sqrt{2gz} \tag{5-8}$$

由式（5-6）、式（5-8）可以看出，对于同样布置的简单管道，自由出流和淹没出流的流量系数相同（注意计算流量系数 μ_c 时，$\sum\zeta$ 中不包括管道出口的局部水头损失系数），但两者的作用水头不等。式（5-7）、式（5-8）适用于淹没出流下游流速较小，$\alpha_0 v_0^2/2g \approx 0$ 的情况。当下游流速水头不能忽略时，则应对图 5-3 中的 0—0、3—3 断面直接列能量方程求解，这时能量方程中的水头损失应包括出口断面的局部水头损失。

二、简单长管的水力计算

对于图 5-2、图 5-3 所示的管道，当按长管进行计算时，流速水头和局部水头损失可忽略不计，式（5-2）可写为

$$H' = h_f$$

水利工程中的有压输水管道中的水流一般位于紊流阻力平方区，可采用谢才公式计算沿程水头损失，由谢才公式可得

$$Q = Av = AC\sqrt{RJ} = AC\sqrt{R\frac{h_f}{L}}$$

令 $K = AC\sqrt{R}$，则

$$H' = h_f = \frac{Q^2}{K^2}L \tag{5-9a}$$

对于自由出流 $H' = H$；对淹没出流 $H' = z$。

上式中 K 称为流量模数，它综合反映管道的断面形式、尺寸及边壁粗糙对过水能力

的影响，其单位和流量单位相同，其数值等于水力坡度 $J=1$ 时的流量。当管流位于阻力平方区时，可由曼宁公式 $C=\frac{1}{n}R^{1/6}$ 计算出不同管径、不同糙率的流量模数 K，如表 5 - 1 所示。当管中流速比较小时（$v<1.2$m/s），一般位于紊流过渡区，严格来讲不能用曼宁公式求流量模数，所以不能直接由式（5 - 9a）计算水头损失。但工程实际中一般仍采用式（5 - 9a）进行计算，但需要在式（5 - 9a）中乘以修正系数 k，即

$$H'=h_f=k\frac{Q^2}{K^2}L \tag{5-9b}$$

对于钢管和铸铁管，修正系数 k 可由表 5 - 2 查得。

表 5 - 1　给水管道的流量模数 $K=AC\sqrt{R}$ 数值

$\left(按 C=\frac{1}{n}R^y，y=\frac{1}{6}计算\right)$

直径 d (mm)	K (L/s)			直径 d (mm)	K (L/s)		
	清洁管 $\frac{1}{n}=90$ ($n=0.011$)	正常管 $\frac{1}{n}=80$ ($n=0.0125$)	污秽管 $\frac{1}{n}=70$ ($n=0.0143$)		清洁管 $\frac{1}{n}=90$ ($n=0.011$)	正常管 $\frac{1}{n}=80$ ($n=0.0125$)	污秽管 $\frac{1}{n}=70$ ($n=0.0143$)
50	9.624	8.460	7.403	500	4.467×10^3	3.927×10^3	3.436×10^3
75	28.37	24.94	21.83	600	7.264×10^3	6.386×10^3	5.587×10^3
100	61.11	53.72	47.01	700	10.96×10^3	9.632×10^3	8.428×10^3
125	110.80	97.40	85.23	750	13.17×10^3	11.58×10^3	10.13×10^3
150	180.20	158.40	138.60	800	15.64×10^3	13.57×10^3	12.03×10^3
175	271.80	238.90	209.00	900	21.42×10^3	18.83×10^3	16.47×10^3
200	388.00	341.10	298.50	1000	28.36×10^3	24.93×10^3	21.82×10^3
225	531.20	467.00	408.60	1200	46.12×10^3	40.55×10^3	35.48×10^3
250	703.50	618.50	541.20	1400	69.57×10^3	61.16×10^3	53.52×10^3
300	1.144×10^3	1.006×10^3	880.00	1600	99.33×10^3	87.32×10^3	76.41×10^3
350	1.726×10^3	1.517×10^3	1.327×10^3	1800	136.00×10^3	119.50×10^3	104.60×10^3
400	2.464×10^3	2.166×10^3	1.895×10^3	2000	180.10×10^3	158.30×10^3	138.50×10^3
450	3.373×10^3	2.965×10^3	2.594×10^3				

表 5 - 2　钢管及铸铁管修正系数 k 值

v (m/s)	k	v (m/s)	k	v (m/s)	k	v (m/s)	k
0.20	1.41	0.45	1.175	0.70	1.085	1.00	1.03
0.25	1.33	0.50	1.15	0.75	1.07	1.10	1.015
0.30	1.28	0.55	1.13	0.80	1.06	1.20	1.00
0.35	1.24	0.60	1.115	0.85	1.05		
0.40	1.20	0.65	1.10	0.90	1.04		

三、简单管道水力计算的类型

（一）已知管线布置、管道断面尺寸、作用水头、粗糙系数，计算管道的输水能力

【例 5 - 1】　某水库泄洪压力隧洞，如图 5 - 4 所示。洞身断面为圆形，内径 $d=$

5.00m，洞长 $L=160.00$m，进口有渐变段及闸门槽，其局部水头损失系数 $\zeta_1=0.2$，中间有一弯段，局部水头损失系数 $\zeta_2=0.15$，洞壁糙率 $n=0.0125$，隧洞出口底部高程 200.00m。水库水位 237.50m。试计算隧洞为自由出流时的泄流量。

解　隧洞为自由出流，忽略进口断面行近流速，可按式（5-6）计算其泄流量。

（1）计算沿程水头损失系数 λ。

水力半径　$$R=\frac{d}{4}=\frac{5}{4}=1.250\text{m}$$

谢才系数　$$C=\frac{1}{n}R^{1/6}=\frac{1}{0.0125}\times1.25^{1/6}=83.031\ \text{m}^{1/2}/\text{s}$$

沿程水头损失系数　$$\lambda=\frac{8g}{C^2}=\frac{8\times9.8}{83.031^2}=0.0114$$

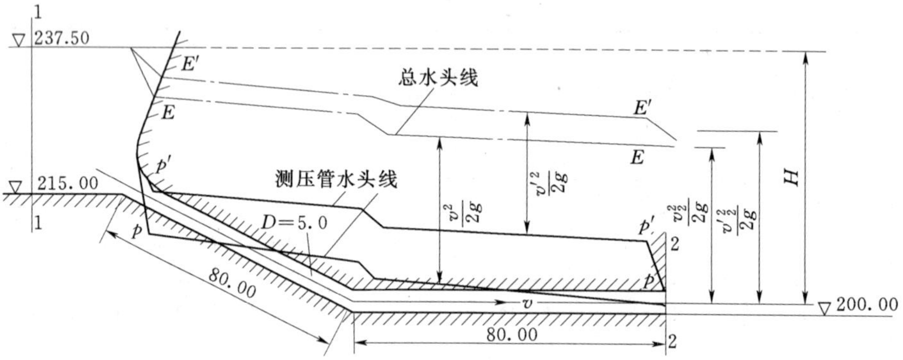

图 5-4

（2）确定流量系数 μ_c。

$$\mu_c=\frac{1}{\sqrt{1+\lambda\dfrac{L}{d}+\sum\zeta}}=\frac{1}{\sqrt{1+0.0114\times\dfrac{160}{5}+0.2+0.15}}=0.764$$

（3）计算泄流量 Q。

过水断面面积　$$A=\frac{\pi}{4}d^2=\frac{3.14}{4}\times5^2=19.625\text{m}^2$$

作用水头　$$H=237.5-200-\frac{5}{2}=35.000\text{m}$$

流量 $Q=\mu_c A\sqrt{2gH}=0.764\times19.625\times\sqrt{2\times9.8\times35}=392.70\ \text{m}^3/\text{s}$

（二）已知管线布置、管道断面尺寸、粗糙系数和输水量，确定作用水头

【例 5-2】　由水塔引一简单长管向工厂供水，管长 L 为 3500m，直径 d 为 350mm. 拟采用正常铸铁管，管道布设如图 5-5 所示。工厂所需水头 H_c 为 20m，若需保证向工厂供水量 Q 为 $0.085\text{m}^3/\text{s}$，试确定所需水塔高度 H。

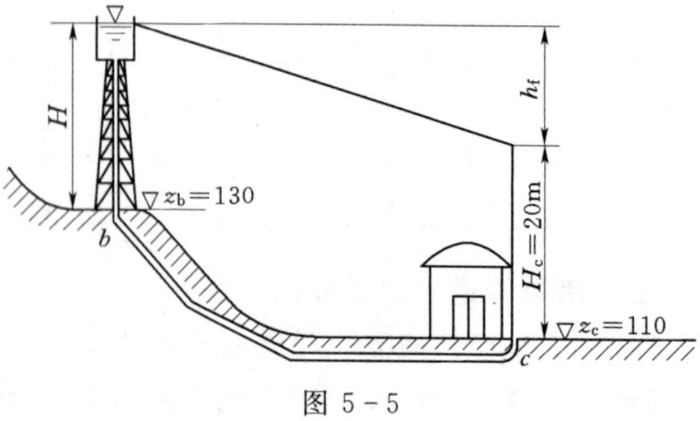

图 5-5

解　给水管道按长管计算，管道内流速

$$v=\frac{Q}{A}=\frac{0.085}{\frac{1}{4}\times 3.14\times 0.35^2}=0.884\text{m/s}<1.2\text{m/s}$$

由表 5-2 内插得修正系数是 $k=1.044$，由表 5-1 查得 $d=350\text{mm}$ 的新铸铁管 $K=1.517\text{m}^3/\text{s}$。

由式（5-9b）计算沿程水头损失

$$h_f=k\frac{Q^2}{K^2}L=1.044\times\frac{0.085^2}{1.517^2}\times 3500=11.472\text{m}$$

所需水塔高度为

$$H=H_c+h_f-(z_b-z_c)=20+11.472-(130-110)=11.47\text{m}$$

（三）已知管线布置、输水量、作用水头、粗糙系数，确定管道的断面尺寸

当管道布置一定时，管道的长度 L 便已知，在这种情况下，管道的断面尺寸有确定的数值，可按简单管道水力计算的基本公式求解。

对于长管，可按下式先求出流量模数

$$K=\frac{Q}{\sqrt{\frac{H'}{L}}}$$

管道采用圆管，则可根据求得的 K 值，由表 5-1 确定所需要的管径。

对于短管，无论自由出流或淹没出流，管道的断面面积均可表示为

$$A=\frac{Q}{\mu_c\sqrt{2gH'}}$$

但式中的流量系数 μ_c 与管道的横断面形状及尺寸有关，必须采用试算法才能求解管道的断面尺寸。

【例 5-3】　某渠道与河道相交，用钢筋混凝土倒虹吸管穿过河道，如图 5-6 所示。已知通过的流量 $Q=3\text{m}^3/\text{s}$，管长 $L=50\text{m}$，倒虹吸管上下游水位差 $z=3\text{m}$，沿程水头损失系数 $\lambda=0.025$，折角 30°处局部水头损失系数均为 0.20，进口局部水头损失系数为 0.5，出口局部水头损失系数为 0.8，上下游渠道中的流速相等，若采用圆管，试确定倒虹吸管的管径。

解　倒虹吸管的出口淹没在下游水面以下，为淹没出流。由于渠道中的流速不能忽略，因此不能直接用式（5-8）计算。

以下游渠道中的水面为基准面对进口前 1—1 断面和出口后 2—2 断面列能量方程

$$z+0+\frac{\alpha_1 v_1^2}{2g}=0+0+\frac{\alpha_2 v_2^2}{2g}+h_{\omega 1-2}$$

取 $\alpha_1=\alpha_2=1$，又因 $v_1=v_2$，则

$$z=h_{\omega 1-2}=\lambda\frac{L}{d}\frac{v^2}{2g}+\sum\zeta\frac{v^2}{2g}$$

式中　v——管道中的流速。

$$v=\frac{1}{\sqrt{\lambda\frac{L}{d}+\sum\zeta}}\sqrt{2gz}$$

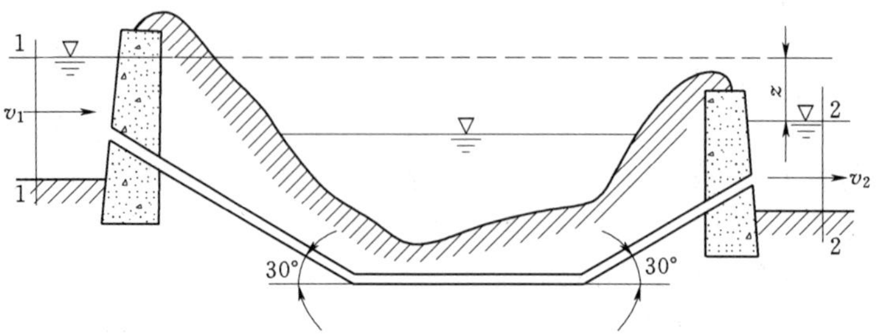

图 5-6

则
$$Q = Av = \mu_c A\sqrt{2gz}$$
用试算法求管径 d

设 $d = 0.9\text{m}$， $A = \frac{\pi}{4}d^2 = \frac{3.14}{4}\times 0.9^2 = 0.636\text{m}^2$

$$\mu_c = \frac{1}{\sqrt{\lambda\frac{L}{d} + \sum\zeta}} = \frac{1}{\sqrt{0.025\frac{50}{0.9} + 0.5 + 2\times 0.2 + 0.8}} = 0.569$$

$$Q = \mu_c A\sqrt{2gz} = 0.569\times 0.636\times\sqrt{2\times 9.8\times 3} = 2.77\ \text{m}^3/\text{s}$$

与已知流量不符，重新试算。

设 d=0.93m，按上述步骤可求得 Q=2.98m³/s。实际可取管径 d=0.95m。

在管道设计中，有的情况是给定管道长度 L 和输水量 Q，要求设计管道的断面尺寸及确定相应的作用水头。在这种情况下，一般要从技术和经济两方面综合考虑确定管道的断面尺寸和作用水头。在流量一定的条件下，流速的大小与管道的断面尺寸有关，管道的断面尺寸小，则流速大，反之则流速小。流速过大容易产生较大的水击压强（水击问题本章末尾将给以简单介绍）引起管道的破坏；流速过小又容易使水流挟带的泥沙在管道中淤积。一般情况下，水电站引水管中的流速不应超过 5～6m/s；给水管道中采用的流速为 2.5～3m/s，不应小于 0.25m/s。

另外，管道的断面尺寸小，造价低，便于施工，但流速大，运行中的水头损失大，对于抽水装置会增加运行中的电能消耗，运行费用高；管道的断面尺寸大，则管道的造价高，安装困难，但流速小，运行中的水头损失小，运行费用低。重要的管道，应选择几个方案进行经济比较，使管道投资与运转费用的总和最小，这样的流速称为经济流速，其相应的管径称为经济管径。一般的给水管道，当 d=100～200mm，经济流速为 0.6～1.0 m/s，d=200～400mm，经济流速为 1.0～1.4m/s。水电站压力隧洞的经济流速约为2.5～3.5m/s。

输水管道断面尺寸的正确选择，是一个比较复杂的问题，实际工作中通常是在进行技术及经济比较的基础上选定管道的流速，再确定管道的断面尺寸。对圆管，则由下式求得管径

$$d = \sqrt{\frac{4Q}{\pi v}}$$

管径确定后，可按管道水力计算第二类问题的计算方法求作用水头。

（四）已知管线布置、管道尺寸、作用水头和流量，确定沿管道各断面的压强

有压管道在输水过程中，应避免出现过大的真空值，以免危及管道的安全。因此，在设计管道时应求出管道各断面压强的大小。

如图 5-7 为一泄水简单短管，以通过出口断面中心的水平面为基准面，入口前断面 1—1 的总水头为 H_1，若已知通过管道的流量和管径，则可求出管道中各断面的平均流速

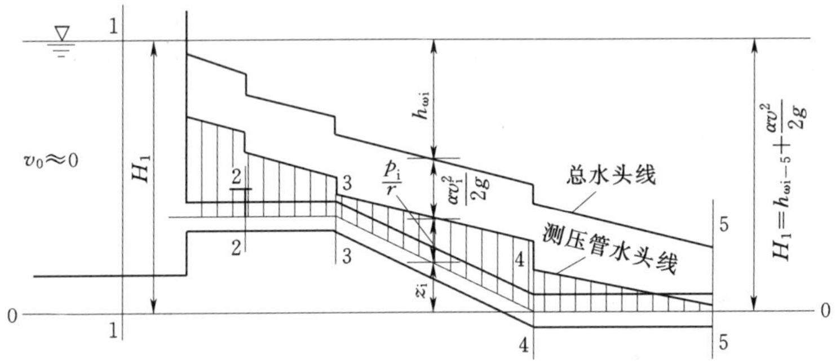

图 5-7

和由 1—1 断面至任一断面 i—i 之间的水头损失 $h_{\omega 1-i}$。任一断面的总水头为

$$z_i+\frac{p_i}{\gamma}+\frac{\alpha_i v_i^2}{2g}=H_1-h_{\omega 1-i} \tag{5-10}$$

任一断面的总水头减去该断面的流速水头为该断面的测压管水头；测压管水头与位置水头（断面中心）的高差为该断面的压强水头。所以，对于管线布置一定的管道，如果能绘制出总水头线和测压管水头线，便可知道沿管道各断面的压强大小及其变化。但确定管道各断面的压强并不需要将各个断面的总水头和测压管水头都计算出来，这是因为对于管径相同，只有沿程水头损失的管段，沿程水头损失与管道长度成正比，所以只要求出该管段两端断面的总水头，用直线连接，便可得到该管段的总水头线。比总水头线低一个流速水头，作总水头线的平行线，就可得到测压管水头线。计算绘制总水头线和测压管水头线的步骤如下：

（1）选定基准面，计算出管道进口前的断面的总水头 H_1。

（2）以产生局部水头损失的断面为分界断面将管道分段，计算出各管段（包括进出口断面）的流速、流速水头、沿程水头损失和各个局部水头损失。

（3）按式（5-10）计算出分界断面的总水头。例如 2—2 断面的总水头 $H_2=H_1-h_{\omega 1-2}$，3—3 断面的总水头 $H_3=H_1-h_{\omega 1-3}$（3—3 断面的总水头也可用 $H_2-h_{\omega 2-3}$ 求得），依次类推。

（4）绘制总水头线和测压管水头线。绘制总水头线一般从上游进口断面开始，向下游绘制，并假设局部水头损失集中在一个断面上。测压管水头线一般从出口断面开始，向上游绘制。

绘制总水头线和测压管水头线，应先绘总水头线再绘测压管水头线，测压管水头线比总水头线低一个流速水头值。但应注意，总水头线沿程总是下降的，而测压管水头线沿程

既可以下降、也可能会上升，这主要取决于管径的变化情况。对于管径不变的管段，总水头线和测压管水头线是沿程下降的平行直线。有局部水头损失的地方，一般将局部水头损失绘制在断面发生变化的断面上，将水头线绘成竖直下降的直线。在绘制水头线时，应注意使水头线和管道进、出口的边界条件相符合，如图 5-8、图 5-9 所示。

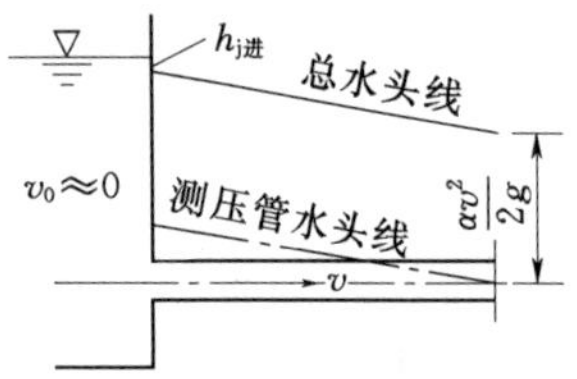

图 5-8

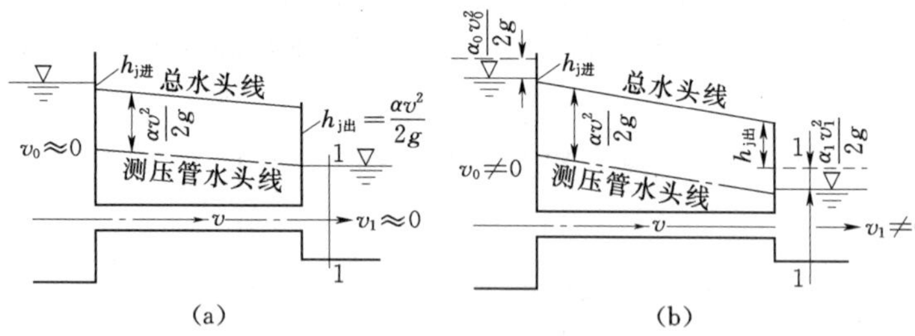

图 5-9

根据总水头线和测压管水头线很容易得出管道各断面的压强水头。如果测压管水头线在断面中心的上方，该断面中心点压强为正值；测压管水头线在断面中心点的下方，该断面中心点的压强为负值。当管道内存在较大负压时，水流常处于不稳定状态，且有可能产生空蚀现象，使管道遭到破坏，应采取措施调整管道内的压强分布。

从式（5-10）不难看出，如果 H_1、v_i 和 $h_{\omega i}$ 一定，则 z_i 值越大，即管道位置越高，压强越小，相反 z_i 值越小，p_i 越大。因此通过改变管线布置，是调整管道内水流压强的有效方法。

压力管道还要特别注意边界线型发生急剧改变的管段设计，例如管道进出口段、高压闸门槽以及拐弯段等，这些地方水流容易和边界脱离，压强分布相当复杂，如果设计不善可能出现很高的局部负压。这类问题不能应用总流分析方法，需要进行专门的理论和试验研究。

【例 5-4】 （1）按［例 5-1］给出的条件和计算结果，计算绘制泄洪洞的总水头线和测压管水头线。

（2）为减小洞内出现的负压，在洞的出口造一个渐缩段，将出口断面面积缩小 20%，渐缩段的局部水头损失系数 $\zeta_3=0.15$，在上下游相同的条件下，问测压管水头线及泄流量如何变化？

解 （1）计算绘制泄洪洞的总水头线和测压管水头线。

按［例 5-1］的计算结果，$Q=392.70\text{m}^3/\text{s}$。

1）计算管道进口前断面的总水头。

以过隧洞出口断面中心点的水平面为基准面，忽略管道进口前 1—1 断面的流速水头，则 1—1 断面的总水头 $H_0=37.5-\frac{5}{2}=35\text{m}$。

2）计算各管段的流速、流速水头和水头损失。

根据隧洞的管线布置，以拐弯处为界，可将隧洞分为斜段和水平段。两段的洞径相等，洞内流速均为

$$v=\frac{Q}{A}=\frac{392.7}{19.625}=20.010\text{m/s}$$

流速水头
$$\frac{v^2}{2g}=\frac{20.010^2}{2\times9.8}=20.429\text{m}$$

进口渐变段水头损失

$$h_{j1}=\zeta_1\frac{v^2}{2g}=0.20\times20.429=4.086\text{m}$$

斜段沿程水头损失

$$h_{f2}=\lambda\frac{L_1}{d}\frac{v^2}{2g}=0.0114\times\frac{80}{5}\times20.429=3.726\text{m}$$

拐弯处局部水头损失

$$h_{j3}=\zeta_2\frac{v^2}{2g}=0.15\times20.429=3.064\text{m}$$

平段沿程水头损失

$$h_{f4}=\lambda\frac{L_2}{d}\frac{v^2}{2g}=0.0114\times\frac{80}{5}\times20.429=3.726\text{m}$$

3）计算分界断面的总水头。

管道进口后断面的总水头

$$H_1'=H_1-h_{j1}=35-4.086=30.914\text{m}$$

拐弯断面前的总水头

$$H_2=H_1'-h_{f2}=30.914-3.726=27.188\text{m}$$

拐弯断面后的总水头

$$H_2'=H_2-h_{j3}=27.188-3.064=24.124\text{m}$$

出口断面总水头

$$H_3=H_2'-h_{f4}=24.124-3.726=20.398\text{m}$$

4）绘制总水头线和测压管水头线。

根据计算结果，按比例绘出总水头线 $E-E$，于 $E-E$ 线下面 20.429m 处，作 $E-E$ 的平行线 $p-p$ 即为测压管水头线，如图 5-4 所示。

（2）当出口断面缩小 20%时，设洞内流速为 v，出口断面流速为 v_2。对进口前断面 1—1 和出口断面 2—2 列能量方程为

$$H=\frac{\alpha_2 {v_2}^2}{2g}+\left(\lambda\frac{L}{d}+\zeta_1+\zeta_2\right)\frac{v^2}{2g}+\zeta_3\frac{{v_2}^2}{2g}$$

根据连续方程式 $v=\left(\frac{A_2}{A}\right)v_2$，代入上式得

$$v_2=\frac{\sqrt{2gH}}{\sqrt{\alpha_2+\zeta_3+\left(\lambda\frac{L}{d}+\zeta_1+\zeta_2\right)\left(\frac{A_2}{A}\right)^2}}$$

$$=\frac{\sqrt{2\times9.8\times35.0}}{\sqrt{1+0.15+\left(0.0114\times\frac{160}{5}+0.2+0.15\right)\times0.8^2}}$$

$$=20.658\text{m/s}$$

$$Q=v_2A_2=20.658\times\frac{3.14}{4}\times5^2\times(1-20\%)=324.33\ \text{m}^3/\text{s}$$

泄流量比原来减少百分数

$$\frac{392.70-324.33}{392.70}\times100\%=17.41\%$$

在此流量下按上面同样的方法可计算沿洞各断面的总水头和测压管水头，并绘出总水头线 $E'-E'$ 和测压管水头线 $p'-p'$，如图 5-4 所示。从测压管水头线变化可知，洞内负压状态大大得到改善。

第三节　虹吸管及水泵装置的水力计算

一、虹吸管的水力计算

虹吸管是一种跨越河堤、土坝或高地，向低处输水的简单管道，一般属于短管，其布置如图 5-10 所示。虹吸管的工作原理是：先将管内空气排出，使管内形成一定的真空值，由于虹吸管进口处水流的压强大于大气压强，因此在管内外形成压强差，这样水流就会由压强大的地方流向压强小的地方。保持在虹吸管中有一定的真空值以及一定的上、下游水位差，水就不断地由上游通过虹吸管流向下游。为了保证虹吸管能正常工作，虹吸管内的真空值不能太大，一般限制在 7～8m 水柱高以下。

虹吸管顶部管轴线到上游水面的距离为虹吸管的安装高度（h_s）。虹吸管的水力计算主要有以下两项：

（1）计算虹吸管的泄流量。

（2）确定虹吸管的允许安装高度。

【例 5-5】　有一渠道用直径 $d=1.0$m 的混凝土虹吸管来跨过山丘，如图 5-10 所示。渠道上、下游水位差 $z=1$m，虹吸管长度 $L_1=8$m，$L_2=12$m，$L_3=15$m，中间有两个 60°弯头，每个弯头的局部水头损失系数 $\zeta=0.365$，若已知进口局部水头损失系数为 $\zeta_{进}=0.5$，下游水池流速忽略不计，试确定：①虹吸管的泄流量；②当虹吸管中的最大允许真空值为 7m 时，问虹吸管的允许安装高度是多少？

解　（1）虹吸管的泄流量计算。

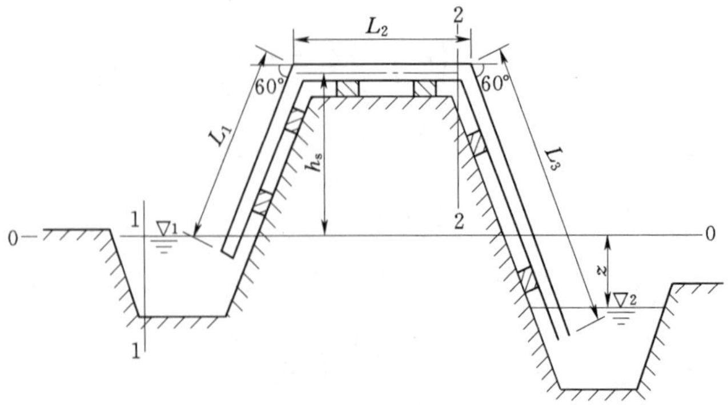

图 5-10

虹吸管出口淹没在水面以下，为淹没出流，可直接由式（5-8）计算。

虹吸管的作用水头 $z=1\text{m}$，混凝土管 $n=0.014$，采用曼宁公式计算谢才系数

$$C=\frac{1}{n}R^{1/6}=\frac{1}{0.014}\times\left(\frac{1}{4}\right)^{1/6}=56.693\ \text{m}^{1/2}/\text{s}$$

沿程水头损失系数

$$\lambda=\frac{8g}{C^2}=\frac{8\times 9.8}{56.7^2}=0.0244$$

管道的流量系数为

$$\mu_c=\frac{1}{\sqrt{1+\lambda\frac{L}{d}+\sum\zeta}}=\frac{1}{\sqrt{1+\lambda\frac{(L_1+L_2+L_3)}{d}+\zeta_{进}+2\zeta_{弯}}}$$

$$=\frac{1}{\sqrt{1+0.0244\times\frac{35}{1}+0.5+2\times 0.365}}=0.569$$

虹吸管的泄流量为

$$Q=\mu_c A\sqrt{2gz}=0.569\times\frac{3.14\times 1^2}{4}\times\sqrt{2\times 9.8\times 1}=1.977\ \text{m}^3/\text{s}\approx 1.98\ \text{m}^3/\text{s}$$

（2）虹吸管允许安装高度 h_s 计算。

本题虹吸管中最大真空发生在第二个弯头前，即 2—2 断面。以上游渠道自由水面为基准面，对上游断面 1—1 及断面 2—2 列能量方程

$$0+0+\frac{\alpha_1 v_1^2}{2g}=h_s+(-7)+\frac{\alpha_2 v_2^2}{2g}+h_f+\sum h_j$$

取 $\alpha_1=\alpha_2=1.0$，$\frac{\alpha_1 v_1^2}{2g}\approx 0$，$v_2=v=\frac{Q}{A}=\frac{4\times 1.977}{3.14\times 1^2}=2.518\text{m/s}$

$$h_s=7-\left(1+\lambda\frac{(L_1+L_2)}{d}+\zeta_{进}+\zeta_{弯}\right)\frac{v_2^2}{2g}$$

$$=7-(1+0.0244\times\frac{20}{1}+0.5+0.365)\times\frac{2.518^2}{2\times 9.8}=6.24\text{m}$$

故虹吸管的允许安装高度为 6.24m。

二、水泵装置的水力计算

图 5-11 为一抽水系统，由吸水管、压水管、水泵及其配套的动力机械和一些管道附件组成。水泵工作前先将吸水管及水泵内充满水，水泵工作时是通过水泵叶轮转动的作用，将吸水管中的水输入压力管，在水泵进口端形成真空，水流在池面大气压作用下不断沿水管上升，水流流经水泵不断从水泵获得新的能量，进入压水管，再流入水池，这就是水泵的工作原理。水泵叶轮轴线到上游水面的垂直距离为水泵的安装高度。

水泵装置的水力计算主要有：

（1）确定水泵的允许安装高度。

（2）确定水泵的扬程及动力机械功率。

（一）水泵的允许安装高度

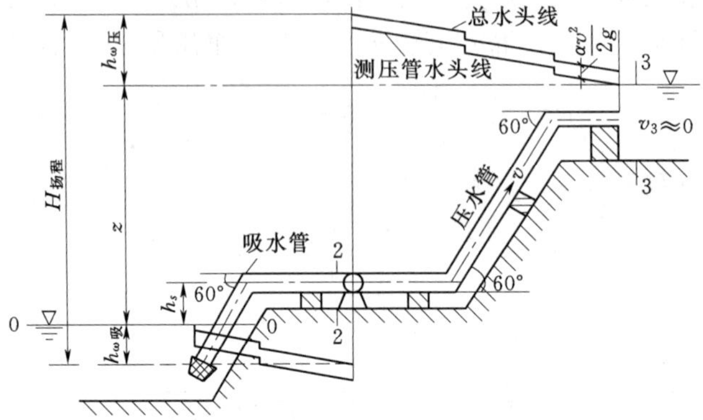

图 5-11

由水源到水泵进口的一段管道为吸水管，其允许流速为1.2～2.0m/s，一般按短管计算。

吸水管的直径 d 一般按下式确定

$$d_{吸} = \sqrt{\frac{4Q}{\pi v_{允吸}}}$$

水泵的允许安装高度与水泵的最大允许真空值及吸水管的水头损失有关。其计算方法与虹吸管允许安装高度的计算方法相同。

（二）水泵的扬程

从水泵出口到水池的一段管道为压水管，压水管允许流速一般取为2.0～3.0m/s。压水管的直径可按压水管的允许流速确定。在水泵的作用下水流经过吸水管和压水管，水由低处流向高处，增加了能量，水流在流动过程中克服阻力损失能量，这两部分能量均由水泵提供，水泵向单位重量液体所提供的能量即水泵的扬程。设水泵的提水高度为 z，吸水管水头损失为 $h_{\omega吸}$，压水管水头损失为 $h_{\omega压}$，水泵的扬程为 H，则

$$H = z + h_{\omega吸} + h_{\omega压} \tag{5-11}$$

（三）水泵的动力机械功率

水流经过水泵获得了能量，即水泵对水流做了一定的功，而水泵是在动力机械的带动下转动的，动力机械的功率可由下式计算

$$N_p = \frac{\gamma QH}{\eta_p} \tag{5-12}$$

式中 γ——水的容重，kN/m^3；

Q——流量，m^3/s；

H——水泵的扬程，m；

η_p——水泵和动力机械的总效率；

N_p——动力机械功率，kW。

【例 5-6】 水泵装置系统如图 5-11 所示。水泵流量 Q=25m^3/h，吸水管长度为5m，压水管长度为20m。60°弯头的局部水头损失系数为0.6，沿程水头损失系数 λ=0.045。水泵提水高度 z=18m。水泵最大允许真空值不超过6m，水泵和动力机械总效率

为 70%。试确定：(1) 水泵的允许安装高度；(2) 水泵的扬程；(3) 带动水泵的动力机械功率。

解 (1) 确定水泵的允许安装高度。

选取吸水管允许流速 $v_{允}=2.0\text{m/s}$，则

$$d_{吸}=\sqrt{\frac{4Q}{\pi v_{允}}}=\sqrt{\frac{4\times 25}{3.14\times 2.0\times 3600}}=0.066\text{m}$$

选择标准管径 $$d_{吸}=75\text{mm}$$

相应流速 $$v_{吸}=\frac{Q}{\frac{\pi}{4}d_{吸}^{2}}=\frac{25}{\frac{3.14}{4}\times 0.075^2\times 3600}=1.573\text{m/s}$$

以上游水池水面为基准面，对进口 1—1 断面和水泵入口 2—2 断面列能量方程，忽略水池流速水头，得

$$0+0+0=h_s+(-6)+\frac{\alpha_2 v_2^{2}}{2g}+h_f+\sum h_j$$

取 $\alpha_2=1.0$，因为 $v_2=v_{吸}$，则

$$h_s=6-\left(\alpha_2+\lambda\frac{L_{吸}}{d_{吸}}+\sum\zeta\right)\frac{v_{吸}^{2}}{2g}$$

查表 4-3 知底阀局部水头损失系数 $\zeta_{阀}=8.5$，将已知数据代入上式

$$h_s=6-\left(1+0.045\times\frac{5}{0.075}+8.5+0.6\right)\times\frac{1.573^2}{2\times 9.8}=4.35\text{m}$$

故水泵最大安装高度为 4.35m。

(2) 确定水泵的扬程。

取压水管允许流速 $v_{允}=2.5\text{m/s}$，则

$$d_{压}=\sqrt{\frac{4Q}{\pi v_{允}}}=\sqrt{\frac{4\times 25}{3.14\times 2.5\times 3600}}=0.059\text{m}$$

选定标准管径 $d_{压}=75\text{mm}$，对应流速 $v_{压}=v_{吸}=1.573\text{m/s}$，取出口处局部水头损失系数为 1.0。

$$h_{\omega吸}=\left(\lambda\frac{L_{吸}}{d_{吸}}+\sum\zeta\right)\frac{v_{吸}^{2}}{2g}$$

$$=\left(0.045\times\frac{5}{0.075}+8.5+0.6\right)\times\frac{1.573^2}{2\times 9.8}=1.528\text{m}$$

$$h_{\omega压}=\left(\lambda\frac{L_{压}}{d_{压}}+\sum\zeta\right)\frac{v_{压}^{2}}{2g}$$

$$=\left(0.045\times\frac{20}{0.075}+0.6+0.6+1\right)\times\frac{1.573^2}{2\times 9.8}=1.793\text{m}$$

由式 (5-11) 得水泵扬程 H

$$H=z+h_{\omega吸}+h_{\omega压}=18+1.528+1.793=21.32\text{m}$$

(3) 确定动力机械功率 N_p。

由式 (5-12) 可求 N_p

$$N_p=\frac{\gamma QH}{\eta_p}=\frac{9.8\times 25\times 21.32}{0.7\times 3600}=2.07\text{kW}$$

根据计算出的安装高度 h_s、扬程 H 和流量 Q，即可在产品目录中选用适当型号的水泵。

第四节 复杂管道的水力计算

工程中常根据需要建造由几条不同直径、不同长度的管段按不同形式组合而成的复杂管道。复杂管道最基本的类型为串联管道和并联管道。除此之外，还有分叉管道，连续均匀泄流管道和管网。复杂管道多按长管计算，下面分别对各种类型的复杂管道的水力计算进行讨论。

一、串联管道

由不同直径的管段顺次联接而成的管道称为串联管道。串联管道各段通过的流量可能相同，也可能因流量的分出而不相同，如图 5-12 所示。由于管段的直径不同，一般各段的流速也不同，所以应分别计算各段的水头损失，整个管道的水头损失应等于各段的水头损失之和。

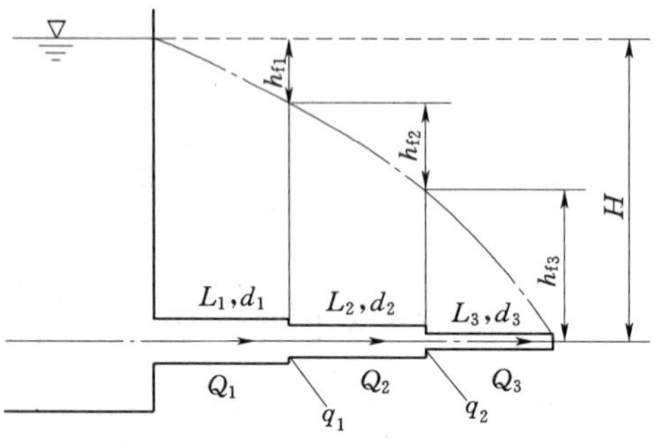

图 5-12

串联管道中任一管段都可看成一简单长管，根据长管的计算公式（5-9b），任一管段的水头损失可以写为

$$h_{fi} = k_i \frac{Q_i^2}{K_i^2} L_i$$

式中 i——管段的序号。

全管段的水头损失应等于全管的作用水头，如图 5-12 中 H 为管道出口断面作用水头，则

$$H = \sum_{i=1}^{n} h_{fi} = \sum_{i=1}^{n} \left(k_i \frac{Q_i^2 L_i}{K_i^2} \right) \tag{5-13}$$

式中 n——管段的总数目。

各管段的流量由连续原理可得

$$Q_{i+1} = Q_i - q_i \tag{5-14}$$

式中 q_i——第 i 段管道末端分出的流量。

由式（5-13）、式（5-14）可求解流量 Q、管径 d、作用水头 H 等各类问题。由于串联管道各段的流速不同，所以各段的水力坡度也不同，全管的测压管水头线呈折线形，如图 5-12 所示。

【例 5-7】 有一条用水泥砂浆涂衬内壁的铸铁输水管，已知 $n=0.012$，作用水头 $H=20$m，管长 $L=2000$m，通过流量 $Q=200$L/s，选择铸铁管直径 d。

解 按长管计算，由长管的水力计算的公式（5-9a）

$$H = \frac{Q^2}{K^2} L$$

得
$$K = \frac{Q}{\sqrt{\frac{H}{L}}} = \frac{0.2}{\sqrt{\frac{20}{2000}}} = 2\ \mathrm{m^3/s} = 2 \times 10^3\ \mathrm{L/s}$$

根据 $n=0.012$，查表 5-1 与 K 值相近的管径有：

$$d = 350\text{mm} \quad (K = 1.517 \times 10^3\ \text{L/s})$$
$$d = 400\text{mm} \quad (K = 2.166 \times 10^3\ \text{L/s})$$

考虑既充分利用水头又要节约的原则，采用两段直径不同的管道串联，把 $d=350\text{mm}$ 和 $d=400\text{mm}$ 两段管道串联起来，设 $d_1=400\text{mm}$ 的管长为 L_1，$K_1=2.166\times10^3\text{L/s}$；$d_2=350\text{mm}$的管长为 L_2，$K_2=1.517\times10^3\text{L/s}$。

又
$$v_1 = \frac{4Q_1}{\pi d_1^2} = \frac{4\times0.2}{3.14\times0.4^2} = 1.59\text{m/s} > 1.2\text{m/s} \quad k_1 = 1.0$$
$$v_2 = \frac{4Q_2}{\pi d_2^2} = \frac{4\times0.2}{3.14\times0.35^2} = 2.08\text{m/s} > 1.2\text{m/s} \quad k_2 = 1.0$$

由式（5-13）得

$$H = h_{f1} + h_{f2} = \frac{Q_1^2}{K_1^2}L_1 + \frac{Q_2^2}{K_2^2}L_2$$

因
$$Q_1 = Q_2 = 0.2\ \text{m}^3/\text{s}$$

则
$$20 = \left(\frac{L_1}{2.166^2} + \frac{L_2}{1.517^2}\right)\times 0.2^2$$

又
$$L_1 + L_2 = 2000$$

联解上两式得
$$L_1 = 1474\text{m};\quad L_2 = 526\text{m}$$

水利工程中的有压输水管道或隧洞，设计中当选用不同断面尺寸的管道串联时，一般管道长度较小，局部水头损失较大而不能略去，应按短管计算。

二、并联管道

两条以上的管道在同一处分出，又在另一处汇合，这样组成的管道称为并联管道。在图 5-13 中，B、C 两点间的三条管道构成了一组并联管道，其中任一条支管，在分叉与汇合处两断面间单位重量液体的水头损失都相等。

即
$$h_{f1} = h_{f2} = h_{f3} = h_f \tag{5-15}$$

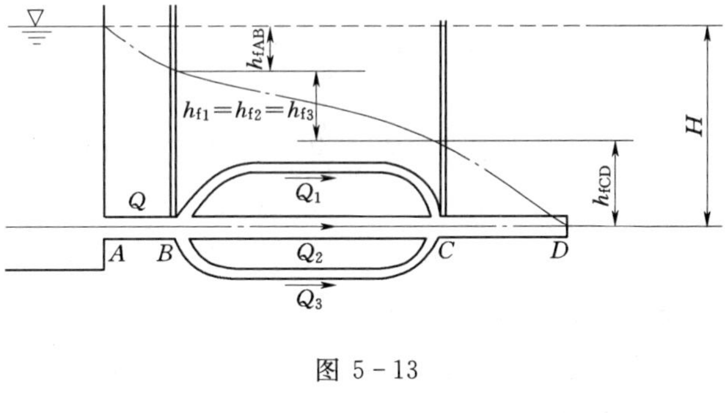

图 5-13

脚标为并联管道的编号。

式（5-15）表示了并联管道中的水流应满足两端共同的边界条件，即并联管道是在相等的作用水头下流动。由于并联各支管的长度、直径、糙率一般不同，故各支管通过的流量也不会相同。

根据长管计算公式（5-9）可求通过各支管的流量，即

$$Q_i = K_i\sqrt{\frac{h_{fi}}{L_i}} = \frac{K_i}{\sqrt{L_i}}\sqrt{h_f} \tag{5-16}$$

各支管的流量应满足连续条件，则

$$\sum_{i=1}^{n} Q_i = Q \tag{5-17}$$

式中　n——支管的总数目；

Q——总流量。

把式（5－16）代入式（5－17）得

$$\sum_{i=1}^{n}\left(\frac{K_{\mathrm{i}}}{\sqrt{L_{\mathrm{i}}}}\sqrt{h_{\mathrm{f}}}\right)=Q \tag{5-18}$$

已知总流量 Q 及各并联管道的直径、长度和糙率，即可由式（5－18）计算各支管的流量和水头损失 h_{f}。

【例 5－8】　有一输水管道，在 A 处用四条并联管道供水到 B 处。各管糙率均为 $n=0.013$，直径 $d_1=300\mathrm{mm}$，$d_2=d_3=350\mathrm{mm}$，$d_4=250\mathrm{mm}$；管长 $L_1=200\mathrm{m}$，$L_2=400\mathrm{m}$，$L_3=350\mathrm{m}$，$L_4=300\mathrm{m}$；总流量 $Q=400\mathrm{L/s}$，求 AB 间水头损失及各管流量 Q_1，Q_2，Q_3，Q_4。

解　由四条管道管径查表 5－1 可得

$$K_1=1.006\times10^3\ \mathrm{L/s}$$

$$K_2=K_3=1.517\times10^3\ \mathrm{L/s}$$

$$K_4=618.5\mathrm{L/s}$$

将已知数据代入式（5－18），得

$$\sum_{i=1}^{n}\frac{K_{\mathrm{i}}}{\sqrt{L_{\mathrm{i}}}}\sqrt{h_{\mathrm{f}}}=\left(\frac{1.006\times10^3}{\sqrt{200}}+\frac{1.517\times10^3}{\sqrt{400}}+\frac{1.571\times10^3}{\sqrt{350}}+\frac{618.5}{\sqrt{300}}\right)\sqrt{h_{\mathrm{f}}}=400$$

解得

$$h_{\mathrm{f}}=2.250\mathrm{m}$$

将 h_{f}代入式（5－16）得

$$Q_1=K_1\sqrt{\frac{h_{\mathrm{f}}}{L_1}}=1.006\times10^3\times\sqrt{\frac{2.25}{200}}=106.70\mathrm{L/s}$$

$$Q_2=K_2\sqrt{\frac{h_{\mathrm{f}}}{L_2}}=1.517\times10^3\times\sqrt{\frac{2.25}{400}}=113.78\mathrm{L/s}$$

$$Q_3=K_3\sqrt{\frac{h_{\mathrm{f}}}{L_3}}=1.517\times10^3\times\sqrt{\frac{2.25}{350}}=121.63\mathrm{L/s}$$

$$Q_4=K_4\sqrt{\frac{h_{\mathrm{f}}}{L_4}}=618.5\times\sqrt{\frac{2.25}{400}}=46.39\mathrm{L/s}$$

三、分叉管道

总管道在一处分为两条以上的支管并不再汇合，这样的管道叫分叉管道，如图 5－14 所示。分叉前的总管道与分叉后每一支管，均可作为一个串联管道计算。对每一个串联管道应有

$$H_{\mathrm{i}}=h_{\mathrm{f}}+h_{\mathrm{fi}}=\frac{Q^2}{K^2}L+\frac{Q_{\mathrm{i}}^2}{K_{\mathrm{i}}^2}L_{\mathrm{i}} \tag{5-19}$$

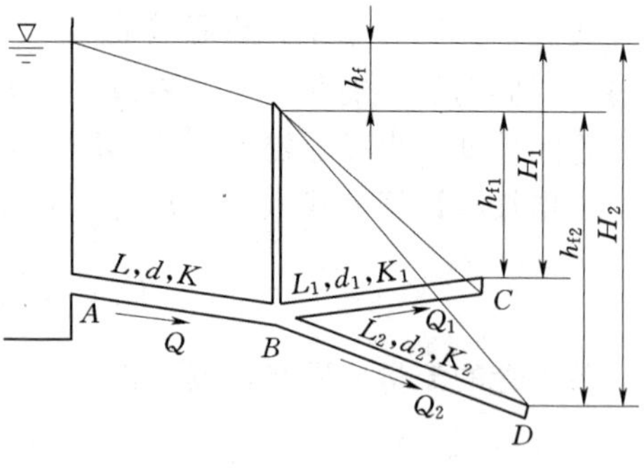

图 5－14

式中　H_{i}——第 i 条分叉支管出口断面的作用水头；

h_f、h_{fi}——总管道和支管所对应的沿程水头损失。

根据连续性方程

$$\sum_{i=1}^{n} Q_i = Q \tag{5-20}$$

式中　n——分叉支管数目。

若已知总管和各支管的管径、管长及糙率，根据式（5－19）、式（5－20），由作用水头 H_i 可计算各支管流量，或者已知各支管的流量计算作用水头 H_i。

【例 5－9】　如图 5－14 所示，一分叉管道由两个支管，管道材料相同，$n=0.013$，已知主管道管径 $d=1\text{m}$，管长 $L=3000\text{m}$；1 支管管径 $d_1=0.45\text{m}$，管长 $L_1=600\text{m}$，出口断面作用水头 $H_1=13\text{m}$；2 支管管径 $d_2=0.6\text{m}$，管长 $L_2=1000\text{m}$，出口断面作用水头 $H_2=22\text{m}$。求通过主管道和支管的流量。

解　由三根管道的管径及糙率查表 5－1 得

$$K=24.93\times10^3\text{L/s};K_1=2.965\times10^3\text{L/s};K_2=6.386\times10^3\text{L/s}$$

将已知数据代入式（5－19）得

$$13=\frac{Q^2}{(24.93\times10^3)^2}\times3000+\frac{Q_1^2}{(2.965\times10^3)^2}\times600$$

$$22=\frac{Q^2}{(24.93\times10^3)^2}\times3000+\frac{Q_2^2}{(6.386\times10^3)^2}\times1000$$

又

$$Q=Q_1+Q_2$$

将以上三式联立求解，可得

$$Q=1123\text{L/s};\quad Q_1=318\text{L/s};\quad Q_2=805\text{L/s}$$

四、沿程均匀泄流管道

在灌溉、卫生和其它工程方面，常遇到沿程连续均匀泄流或沿程多孔口等间距等流量出流的管道，如灌溉工程中的配水管、滤池冲洗管、人工降雨管道和给水工程中冷却塔的配水管等。这种沿程连续不断泄出流量的管道，称为沿程均匀泄流管道。计算这种管道水头损失时，常把实际上多孔口等流量出流简化为沿程连续均匀泄流。

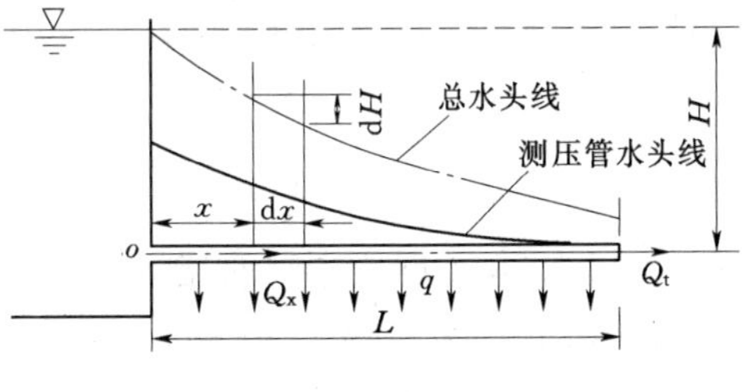

图 5－15

设每单位长度上泄出流量为 q，全管长 L 的均匀泄流量为 $qL=Q_u$，在末端泄出流量为 Q_t。Q_t 流经全管，称为贯通流量或通过流量。因为流量沿程泄出，管道中的流量不断减小，若管道断面不变，流速将沿程减小，故沿管道水力坡度 J 是变量，总水头线和测压管水头线都是曲线，如图 5－15 所示。

下面推求水头损失的表达式。设距管道进口端 x 处管中流量为 Q_x，在长度为 $\text{d}x$ 的微段上水头损失为

$$\text{d}H=J\text{d}x=\frac{Q_x^2}{K^2}\text{d}x$$

又 $Q_x=Q_t+Q_u-qx=Q_t+Q_u-\frac{Q_u}{L}x$，代入上式得

$$dH=\frac{\left(Q_t+Q_u-\frac{Q_u}{L}x\right)^2}{K^2}dx$$

从 0 到 L 积分，得全管沿程水头损失

$$h_f=\int_0^L dH=\int_0^L\frac{\left(Q_t+Q_u-\frac{Q_u}{L}x\right)^2}{K^2}dx$$

$$=\frac{1}{K^2}\left[(Q_t+Q_u)^2x-\frac{Q_u(Q_t+Q_u)}{L}x^2+\frac{Q_u^2}{3L^2}x^3\right]_0^L$$

$$H=\frac{L}{K^2}\left(Q_t^2+Q_tQ_u+\frac{1}{3}Q_u^2\right)$$

上式可近似写为

$$H=\frac{L}{K^2}(Q_t+0.55Q_u)^2=\frac{Q_r^2}{K^2}L \tag{5-21}$$

$$Q_r=Q_t+0.55Q_u \tag{5-22}$$

式中 Q_r——折算流量。

若只有沿程分泄流量而没有贯通流量，即 $Q_t=0$，则

$$H=\frac{1}{3}\frac{Q_u{}^2}{K^2}L \tag{5-23}$$

式（5-23）表明当流量全部沿程均匀泄出时，其水头损失只等于全部流量集中在末端泄出时水头损失的 1/3。

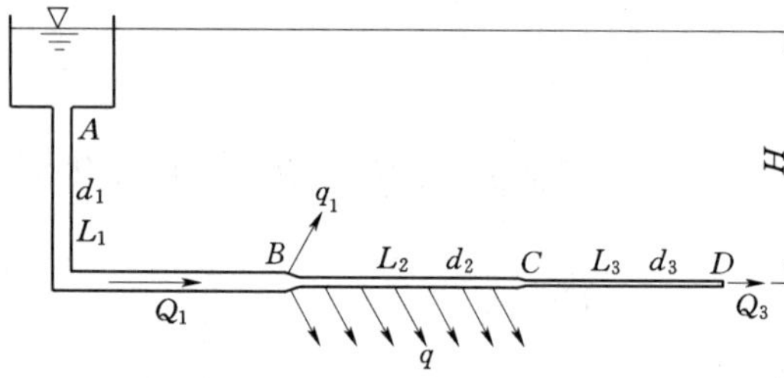

图 5-16

【例 5-10】 有一水塔供水的输水管道（见图 5-16），全管道包括三段：AB、BC 及 CD。中间 BC 段为沿程均匀泄流管道，每米长度上连续分泄的流量 q 为 0.1L/s，在管道接头 B 点要求分泄流量 q_1 为 15 L/s，CD 段末端的流量 Q_3 为 10L/s。各段的长度及直径分别为：L_1 为 300m，d_1 为 200mm；L_2 为 200m，d_2 为 150mm；L_3 为 100m，d_3 为 100mm。管道都是铸铁管，n 为 0.0125，求需要的水头 H。

解 本题中 AB、BC 及 CD 三段管道为串联管道，整个管道的水头可按式（5-13）进行计算

$$H=k_1\frac{Q_1^2}{K_1^2}L_1+k_2\frac{Q_2^2}{K_2^2}L_2+k_3\frac{Q_3^2}{K_3^2}L_3$$

其中 $$Q_1=Q_3+qL_2+q_1=10+0.1\times200+15=45\ \text{L/s}$$

因为 BC 管段为沿程均匀泄流管道，管中流量可按折算流量计算

$$Q_2=Q_r=Q_t+0.55Q_u=10+0.55\times0.1\times200=21\ \text{L/s}$$

$$Q_3=Q_t=10\ \text{L/s}$$

由各段的流量和管径，可求得各段流速分别 $v_1=1.43\text{m/s}$，$v_2=1.20\text{m/s}$，$v_3=1.27\text{m/s}$，流速均大于 1.2m/s，修正系数 $k_1=k_2=k_3=1.0$。

由 $n=0.0125$，$d_1=200\text{mm}$，$d_2=150\text{mm}$，$d_3=100\text{mm}$ 查表 5－1 可得 $K_1=0.3411\ \text{m}^3/\text{s}$，$K_2=0.1584\ \text{m}^3/\text{s}$，$K_3=0.0537\ \text{m}^3/\text{s}$，则管道所需水头为

$$H=\frac{0.045^2}{0.3411^2}\times 300+\frac{0.021^2}{0.1584^2}\times 200+\frac{0.01^2}{0.0537^2}\times 100=12.20\text{m}$$

第五节　管网水力计算

在给水、供热等管路系统中，常将许多管路组合成管网。根据管网的布置形式可分为枝状管网和环状管网，下面分别讨论这两种管网的水力计算。

一、枝状管网的水力计算

枝状管网的水力计算，通常会遇到两种情况，即设计新的供水管网和扩建已有的供水管网。

设计新的供水管网，一般应根据供水区域的地形及建筑物的要求等条件，合理布置管线，确定出各管段长度和各管段需要通过的流量，同时考虑消防、高层建筑、扩建等需要确定各供水端点的自由水头、设计干管、选择各段的直径 d 及确定水塔高度 H（或水泵的扬程）。

计算时应首先按经济流速选择各管段的管径，然后用公式 $h_f=k\dfrac{Q^2}{K^2}L$ 分别计算出各管段的水头损失 h_f，最后按串联管路求出从水塔到管网的控制点的总水头损失。控制点是指在管网中水塔到该点的水头损失、地形标高和要求的自由水头三项之和为最大值的点。水塔高度 H 可由下式求出：

$$H=z_1+\sum h_f+H_z-z_2 \tag{5-24}$$

式中　z_1——控制点的地形高程；

z_2——水塔处的地形高程；

H_z——控制点的自由水头；

$\sum h_f$——从水塔到管网控制点的总水头损失。

扩建已有的供水管网，常常是已知管路沿线的地形、水塔高度、管路长度、用水点的自由水头及通过的流量，要求确定扩建管路的管径。

因水塔已建成，再用经济流速确定管径很难保证供水的技术经济要求，对于这种情况，应根据枝状管网各支线的已知条件用下式

$$\overline{J}=\frac{H+(z_2-z_1)-H_z}{\sum L_i}$$

算出各自的平均坡度，然后根据平均水力坡度的最小值（$\overline{J}_{min}$），计算出各管段的流量模数

$$K_i=\frac{Q_i}{\sqrt{\overline{J}_{min}}}$$

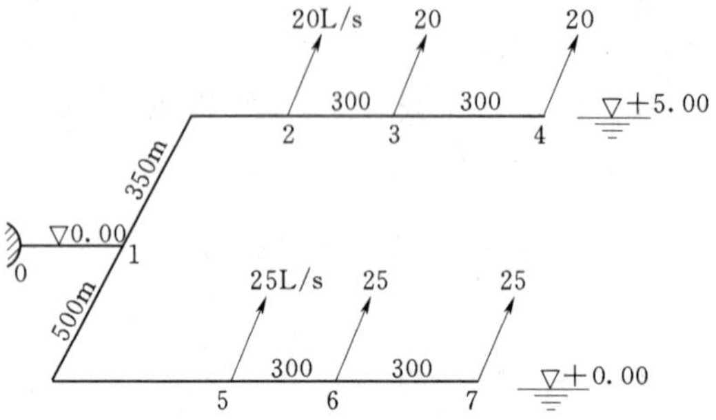

图 5-17

式中 Q_i——扩建管路中各管段通过的流量。

按照求得的 K_i 值，就可选出各管段的管径。

【例 5-11】 一枝状管网从水塔 0 沿 0—1 干线用铸铁管输送用水，干线长 120m，如图 5-17。每段管路长度均标在图中。水塔处的地形高程和点 7 的地形高程相同，而点 4 的高程比它们高出 5m。点 7 和点 4 要求的自由水头同为 $H_z=12$m，求各管段直径、水头损失及水塔的高度（$n=0.013$）。

解 根据经济流速选择各管段管径：

对于 3—4 管段，$Q=20$L/s，采用经济流速 $v=1$m/s，则管径

$$d=\sqrt{\frac{4Q}{\pi v}}=\sqrt{\frac{4\times0.02}{3.14\times1}}=0.16\text{m}=160\text{mm}$$

采用标准管径，取 $d=200$mm，查表 5-1 得 $K=341.0$L/s。

管中实际流速 $v=\frac{4Q}{\pi d^2}=\frac{4\times0.02}{3.14\times0.2^2}=0.64$m/s，因 $v<1.2$m/s，水流在过渡区，修正系数 $k=1.103$，由式（5-9b）可求得 3—4 管段水头损失 h_f

$$h_f=k\frac{Q^2}{K^2}L=1.103\times\frac{20^2}{341^2}\times300=1.14\text{m}$$

分别计算各段 h_f，将计算结果列于表 5-3 中。

表 5-3 **计 算 结 果**

已知数据				计算所得数据				
管段		管段长度 L（m）	管段中流量 Q（L/s）	管径 d（mm）	流速 v（m/s）	流量模数 K（L/s）	修正系数 k	水头损失 h_f（m）
左支线	3—4	300	20	200	0.64	341.0	1.103	1.12
	2—3	300	40	250	0.82	618.5	1.056	1.36
	1—2	350	60	250	1.23	618.5	1.0	3.56
右支线	6—7	300	25	200	0.86	341.0	1.06	1.74
	5—6	300	50	250	1.03	618.5	1.025	2.12
	1—5	500	75	300	1.06	1006.0	1.020	3.01
0—1		120	135	350	1.40	15117.0	1.0	1.03

从水塔到最远的用水点 4 和点 7 的水头损失分别为

沿 43210 线 $\sum h_f=1.14+1.36+3.56+1.03=7.09$m

沿 76510 线 $\sum h_f=1.74+2.12+3.01+1.03=7.90$m

因为点 4 和点 7 的自由水头均为 12m，而点 4 的地形标高为 5.00m，比点 7 高出 5m，

不难判定点 4 是控制点，则水塔高度应为

$$H = z_4 + \sum h_f + H_z - z_0 = 5 + 7.09 + 12 - 0 = 24.09\text{m}$$

二、环状管网水力计算

环状管网由若干闭合管环组成，又称闭合管网。环状管网的优点是：如果一个方向的管道因故不能供水，从另一方向的管道仍能保证继续供水，提高了供水保证率，对一些重要部门往往采用环状管网供水。环状管网的设计是先根据供水要求及地形条件布置管线，确定各管段长度及各结点向外引出的流量，然后通过水力计算确定各管段通过的流量 Q、管径 d 和各段的水头损失。

环状管网中的流动必须满足下面两个条件：

（1）根据连续性原理，任何结点流进和流出的流量必须相等。即任一结点的流量代数和等于零

$$\sum Q_i = 0$$

（2）对于每个闭合环，从一个结点到另一个结点间，沿顺时针方向流动的水头损失，应等于沿反时针方向流动的水头损失。如图 5-18 所示，如果规定顺时针方向流动的水头损失为正，逆时针方向流动的水头损失为负，则任一闭合环中的水头损失之代数和等于零。

即
$$\sum h_{fi} = 0$$

$$h_{fAB} + h_{fBC} - h_{fAF} - h_{fFc} = 0$$

$$h_{fFc} + h_{fCD} - h_{fFE} - h_{fED} = 0$$

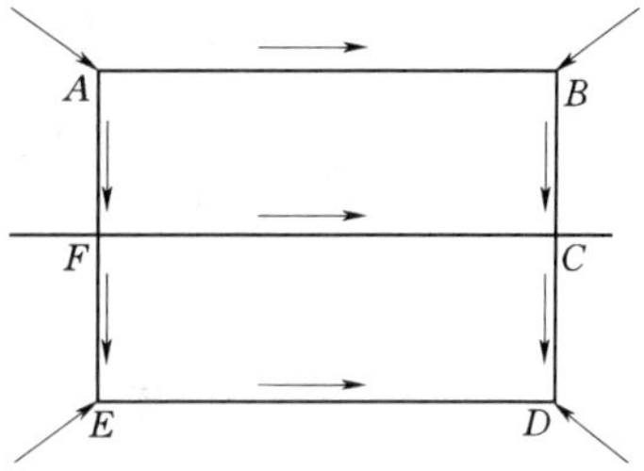

图 5-18

根据上述两个条件，进行环状管网的水力计算，需用逐次渐近法，步骤如下：

（1）按照每个结点 $\sum Q_i = 0$ 的条件下，拟定各管段的水流方向和流量，根据拟定的流量按经济流速选择各管段的直径。

（2）用公式 $h_{fi} = k\dfrac{Q_i^2}{K_i^2}L_i$ 计算各管段的水头损失。

（3）以顺时针方向的水头损失为正值，逆时针方向的水头损失为负值，计算每一环各管段的水头损失之和。在首次试算时，其值一般不会正好等于零，即首次分配流量不满足规定的条件。

（4）求校正流量 ΔQ。逐次渐近法的关键就在于找出使闭合环的 $\sum h_{fi} = 0$ 或小于规定数值的校正流量 ΔQ。设初次拟定的流量为 Q_i，那么对于每一管段加入校正流量后的水头损失为

$$h_{fi} = \frac{L}{K_i^2}(Q_i + \Delta Q)^2 = \frac{L}{K_i^2}[Q_i^2 + 2Q_i\Delta Q + (\Delta Q)^2]$$

因为 ΔQ 较小，可将上式括号中第三项略去。对于同一环，因各管段的校正流量 ΔQ 相等，为使 $\sum h_{fi} = 0$ 应有

$$\sum h_{fi} = \sum \frac{L_i}{K_i^2}(Q_i^2 + 2Q_i\Delta Q) = \sum h_{fi} + 2\sum h_{fi}\frac{\Delta Q}{Q_i} = 0$$

$$\Delta Q = -\frac{\sum h_{fi}}{2\sum \dfrac{h_{fi}}{Q_i}} \tag{5-25}$$

按式（5－25）计算 ΔQ，为使与水头损失取得一致的符号，特规定环路内水流以顺时针方向为正，逆时针方向为负。

（5）求出校正流量后，对各管段的流量进行修正并重新计算各管段的水头损失。若闭合差 $\sum h_{fi} \neq 0$ 且大于规定值，就要再次对各管段流量进行分配，直到 $\sum h_{fi}$ 小于规定的值为止。这时的流量、管径和水头损失，就可认为是最后的计算结果。具体计算见下例。

【例 5－12】　图 5－19 所示的管网，为铸铁管，糙率 $n=0.0125$，由 1、2、3、4 四个结点组成，各管段长度和结点流量分别在图 5－19 中标出。试确定各管段的直径及管网中的流量分配（要求闭合差 $\sum h_{fi}$ 小于 0.1m）。

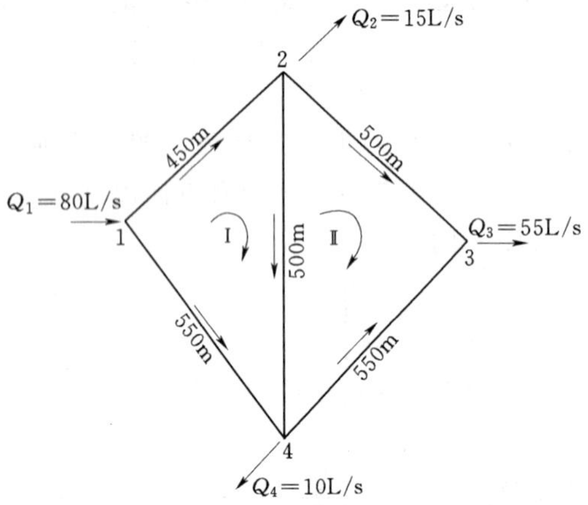

图 5－19

解　（1）初拟流向，分配流量。初拟各管段的流向如图 5－19 所示。根据结点流量平衡 $\sum Q_i=0$，第一次分配的流量值列于表 5－4。

（2）根据初步分配的流量，按经济流速选择标准管径，见表 5－4。

（3）计算两环中各管段的水头损失。首先按分配流量利用式 $h_{fi}=k_i\frac{Q_i^2}{K_i^2}L_i$，计算各管段的水头损失。例如计算 1—2 段的水头损失，可由 $d_{1-2}=250\text{mm}$，查表 5－1 得 $K_{1-2}=618.5\text{L/s}$。第一次分配流量 $Q_{1-2}=50\text{L/s}$，则

$$v_{1-2}=\frac{4Q_{1-2}}{\pi d_{1-2}^2}=\frac{4\times 0.05}{3.14\times 0.25^2}=1.02\text{m/s}$$

查表 5－4 内插得修正系数 $k=1.027$

$$h_{f1-2}=1.027\times\frac{0.05^2}{0.6185^2}\times 450=3.02\text{m}$$

按同样的方法可计算出两环各管段的水头损失，结果列于表 5－4 中。

（4）检查两环水头损失的闭合差 $\sum h_{fi}$ 是否满足要求。根据第一次分配的流量，Ⅰ环闭合差 $\sum h_{fi}=0.513\text{m}$；Ⅱ环闭合差 $\sum h_{fi}=0.374\text{m}$，闭合差均大于规定值。

（5）按式（5－25）分别计算两环的校正流量 ΔQ，将 ΔQ 与各管段第一次分配的流量相加，得二次分配流量。

值得注意的是：对于两个闭合环路共用的管段，该管段的流量校正值应为两个闭合环流量校正值的代数和。校正值符号由所在环路的方向确定。例如本题 2—4 管段为Ⅰ、Ⅱ闭合环路共用的管段，计算Ⅰ环路管段的校正流量时，除加上Ⅰ环路求出的校正值，还应加上Ⅱ环路求出的校正值，其符号由在Ⅰ环路中的方向确定。

由再分配的流量重复上述的计算步骤直到各环路满足闭合差要求为止。本题按三次分配流量计算，各环路满足闭合差的要求，故三次分配流量即为各管段通过的流量。

表 5-4　　　　　　　　　　　　**环状管网水力计算表**

环号	管段 (m)	管长 (m)	管径 (mm)	一次分配流量 (L/s)	K_i (L/s)	v_i (m/s)	修正系数 k	h_{fi} (m)	$\frac{h_{fi}}{Q_i}$	ΔQ	校正流量 (L/s)	二次分配流量 (L/s)	v_i (m/s)	修正系数 k	h_{fi} (m)	$\frac{h_{fi}}{Q_i}$	ΔQ (L/s)	校正流量 (L/s)	三次分配流量 (L/s)	v_i (m/s)	修正系数 k	h_{fi} (m)
Ⅰ	1—2	450	250	50	618.5	1.02	1.027	3.020	0.060	−0.85	−0.85	49.15	1.00	1.030	2.927	0.060	−0.18	−0.18	48.97	1.00	1.030	2.906
	2—4	500	200	20	341.1	0.64	1.103	1.896	0.095		−0.85 +0.40	19.55	0.62	1.110	1.823	0.093		−0.18 +0.21	19.58	0.624	1.110	1.829
	1—4	550	200	−30	341.1	0.95	1.035	−4.403	0.147		−0.85	−30.85	0.98	1.032	−4.643	0.151		−0.18	−31.03	0.988	1.031	−4.693
	Σ							0.513	0.302						0.11	0.304						0.04
Ⅱ	2—3	500	150	15	158.4	0.85	1.050	4.708	0.314	−0.40	−0.40	14.60	0.82	1.060	4.503	0.308	−0.21	−0.21	14.39	0.813	1.057	4.362
	2—4	500	200	−20	341.1	0.64	1.103	−1.896	0.095		−0.40 +0.85	−19.55	0.62	1.110	−1.823	0.093		−0.21 +0.18	−19.58	0.624	1.110	−1.829
	4—3	550	250	−40	618.5	0.81	1.060	−2.438	0.061		−0.40	−40.40	0.82	1.062	2.487	0.062		−0.21	−40.61	0.827	1.055	−2.500
	Σ							0.374	0.470						0.192	0.463						0.032

第六节　压力管道中的水击问题

本章前面几节讨论了有压管道的恒定流，这一节将讨论有压管道非恒定流中的水击问题。

一、水击现象

在压力管路中，由于某种外部因素，例如闸阀的急剧关闭或开启、水泵突然停机等，从而使管道中发生压强交替升降的现象，称为水击或水锤。当水击发生时，管道中任一断面水流的运动要素随时间发生变化，属于非恒定流问题。水击对压力管道的危害很大，压强的急剧升高或降低，会导致管道系统的强烈振动，甚至引起管道严重变形或爆裂等。

由于水击引起管道中的压强变化相当大，所以讨论水击问题必须考虑液体的压缩性及管壁的弹性。下面以简单管道阀门突然完全关闭为例说明水击现象。

如图 5-20 所示一压力管道，进口断面 M 与水库连接，出口断面 N 装一阀门。已知管长为 L，管径为 d，进口前的总水头为 H，水击发生前管中流速为 v_0，压强水头为 $\frac{p_0}{\gamma}$。由于压力管道中的水头损失及流速水头远远小于水击压强水头的变化，在分析水击问题时可忽略不计，即认为水击发生前管路的测压管水头线与静水头线 $z—z$ 重合。

首先考虑突然完全关闭阀门的情况。当管末端阀门突然完全关闭（近似认为关闭时间为零），则紧靠阀门的 N 断面的一薄层水 dL 被迫突然停止流动，速度由 v_0 骤然变为零。根据动量定律，流速的突然降低必然导致压强的突然升高，使得紧靠阀门处水体的压强水头增大 $\Delta p/\gamma$，$\Delta p/\gamma$ 称为水击压强水头。假若水和管道都是刚体，全管道的水体会发生相同的变化，实际上水和管道都是弹性体，不可能在同一时刻发

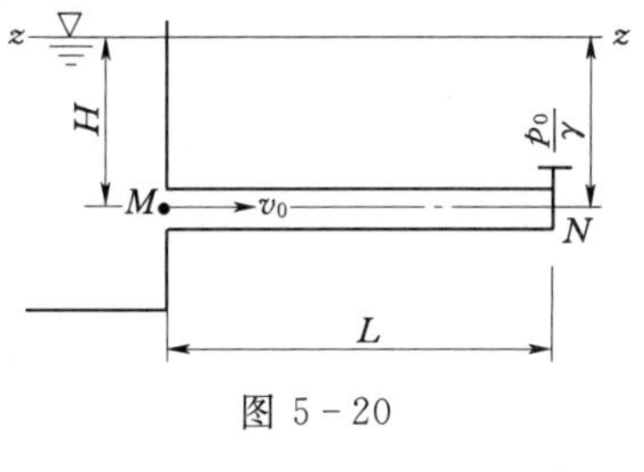

图 5-20

生相同的变化，在水击压强的作用下，将首先使 N 断面的水体压缩、管壁膨胀。当第一层水停止流动后，接着第二层，第三层，……逐层被迫停止流动，压强逐段升高，并以弹性波的形式由 N 断面迅速传向管道进口断面 M。这种由水击引起的弹性波，称为水击波。水击波通过的管段，压力管中的水体停止流动，流速由 v_0 变为零，压强水头增大 $\Delta p/\gamma$，管壁膨胀，如图 5-21（a）所示。若弹性波的波速用 c 表示，经过时间 $t=L/c$ 水击波达到 M 断面，这是水击波传播的第一阶段。第一阶段传播的初生水击波为减速增压波。

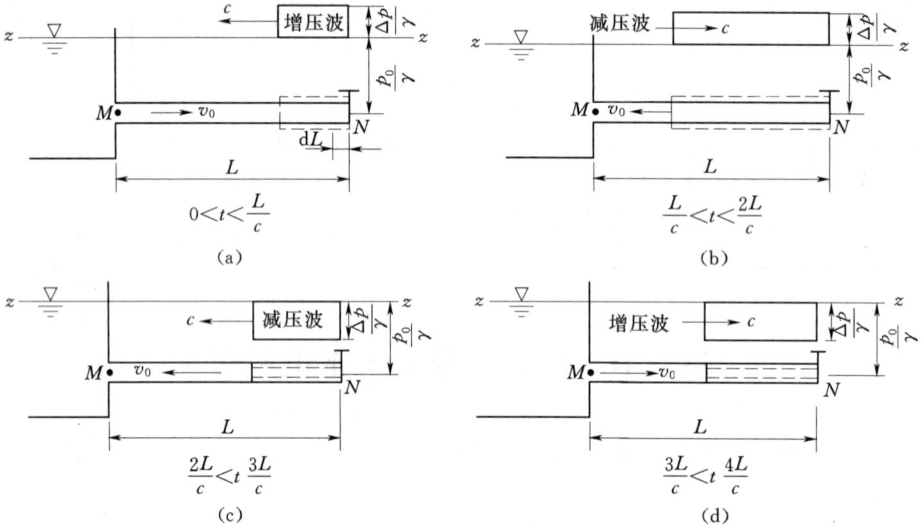

图 5-21

当水击波到达 M 断面时，由于 M 断面有一增压水头 $\Delta p/\gamma$，大于管道进口前的水深 H 所产生的压强水头 p_0/γ，在压强差的作用下，从 M 断面开始管中的水流又会以速度 v_0 向水库方向流动，首先使靠近进口段的压强水头降至为原有压强水头 p_0/γ，被压缩的水体和膨胀了的管壁都恢复原状，并一层层地向下游 N 断面传播。由水库反射的增速减压波未到达前的管道下游段仍为第一阶段减速增压波所引起的压强，如图 5-21（b）所示。当 $t=2L/c$ 时，反射波到达断面 N，这是水击波传播的第二阶段。

第二阶段结束，全管水体的压强、密度和管壁都恢复正常，但水流仍向水库流动，反向的流速又使断面 N 的压强水头骤然降低 $\Delta p/\gamma$，管壁收缩，速度变为零。于是一个稀疏化的减速减压波又由断面 N 开始向断面 M 反射，减速减压波通过的管段，水体处于膨胀而停止运动的状态，如图 5-21（c）所示，当 $t=3L/c$ 时，减速减压波又到达 M 断面，这是水击波传播的第三阶段。

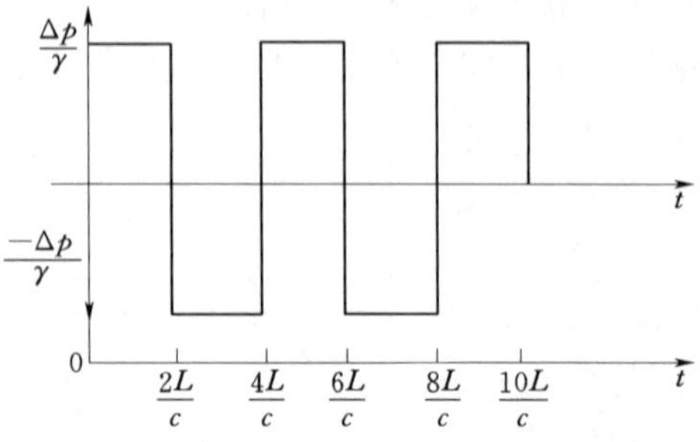

图 5-22

第三阶段结束时，断面 M 的压强比水库进口前的压强水头小 $\Delta p/\gamma$，断面 M 处的水体又会以速度 v_0 向下游流动，产生一个增速增压波，向断面 N 反射。水击波通过后，管道内的压强、密度、管壁恢复正常，如图 5-21（d）

所示，这是第四阶段。

当 $t=4L/c$ 时，全管恢复到起始状态，但仍存在向下游的流速 v_0。以后水击现象又重复上述全阶段，继续往返传播。水击波在全管往返传播一次需要的时间 $T_z=2L/c$，称为相长。两个相长时间 $4L/c$ 为水击波传播的一个周期。图 5－22 为紧靠阀门的断面 N 的水击压强随时间呈周期性变化的情况。实际产生的水击现象由于管壁和水体间存在摩擦力，并且水体和管壁也不是绝对的弹性体，在传播过程中压强将逐渐衰减，断面 N 的水击压强随时间的变化如图 5－23 所示。

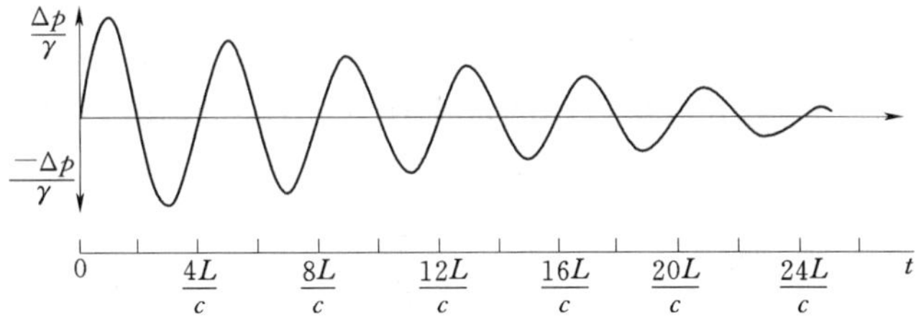

图 5－23

二、直接水击和间接水击

（一）直接水击

以上讨论是在假定阀门突然完全关闭的条件下得出的结果。实际上关闭阀门是需要一个时间过程，如果把关闭过程视为一系列微小突然关闭的综合，那么每一微小关闭都会产生一个相应的弹性波，见图 5－24 所示。当整个关闭时间小于一个相长（$T_z=2L/c$），那么最早产生初生水击波的反射波到达断面 N 以前，阀门已全部关闭，这时断面 N 所产生的水击压强的最大值和突然完全关闭相同，这种水击称为直接水击。

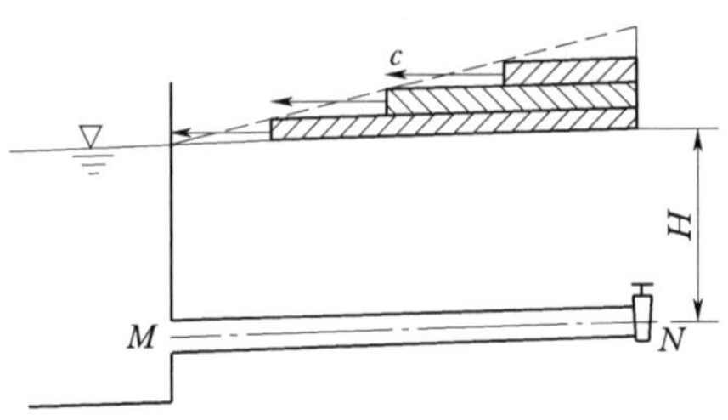

图 5－24

（二）间接水击

如果阀门关闭的时间 $T_z>2L/c$，则开始关闭时产生的水击波的反射波（增速减压波），在阀门尚未完全关闭前已从 M 断面到达断面 N，并且又产生减速减压的波向进口断面传播。减压波和阀门继续关闭产生的增压波相叠加，使断面 N 的最大水击小于直接水击压强，这种水击叫间接水击。

三、水击压强的计算

（一）直接水击压强的计算

设管流在断面 2—2 上骤然关闭造成水击，水击压强为 Δp。若水击波的传播速度为 c，经过 Δt 时段，水击波到达 1—1 断面（见图 5－25）。1—2 段水的流速由 v_0 变为 v，密度由 ρ 变为 $\rho+\Delta\rho$，因管壁膨胀，过水断面由 A 增至 $A+\Delta A$，1—2 段的长度为 $c\Delta t$。Δt 时段内，该段在水流方向的动量增

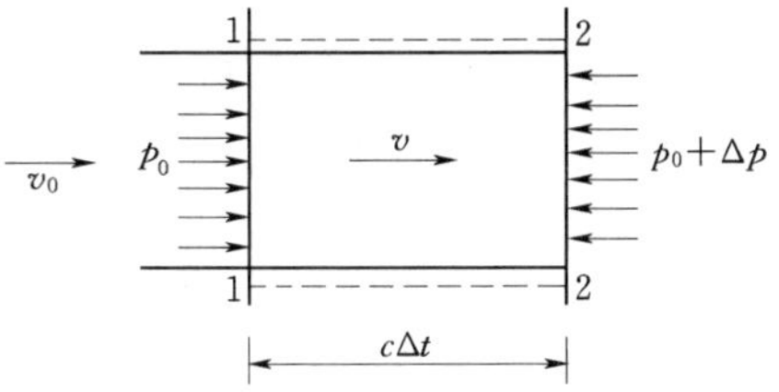

图 5－25

量 ΔE 为

$$\Delta E = (\rho + \Delta\rho)(A + \Delta A)c\Delta t(v - v_0)$$

外力在水流方向的冲量为

$$\sum F\Delta t = [p_0(A + \Delta A) - (p_0 + \Delta p)(A + \Delta A)]\Delta t = -\Delta p(A + \Delta A)\Delta t$$

根据动量定律，得

$$-\Delta p(A + \Delta A)\Delta t = (\rho + \Delta\rho)(A + \Delta A)c\Delta t(v - v_0)$$

忽略高阶微量，并且考虑到水的密度和管道断面面积变化很小，$\Delta\rho \ll \rho$，$\Delta A \ll A$，整理得

$$\Delta p = \rho c(v_0 - v) \tag{5-26}$$

这就是儒柯夫斯基早在 1898 年得出的水击计算公式。当阀门突然完全关闭时，水击压强

$$\Delta p = \rho c v_0 \tag{5-27}$$

或

$$\frac{\Delta p}{\gamma} = \frac{c v_0}{g} \tag{5-28}$$

（二）间接水击压强的计算

间接水击由于存在初生水击波与反射波的相互作用，计算比较复杂。当阀门完全关闭的情况下，一般可近似用莫洛索夫公式确定$\Delta p/\gamma$。

$$\frac{\Delta p}{\gamma} = \frac{2\sigma}{2-\sigma}H \tag{5-29}$$

$$\sigma = \frac{v_0 L}{gHT} \tag{5-30}$$

式中　H——管道阀门处的静水头；

v_0——水击发生前管道内的流速；

L——管道长度；

T——关闭时间。

当σ不大于0.5，且水击压强不是很大时，采用式（5-29）计算出的水击压强可得到相当准确的结果。

前面以阀门突然关闭为例，说明了水击波的发生和传播过程，并导出直接水击压强的计算公式。不难理解，当阀门突然开启时也会产生水击现象，一般称为负水击，其性质与关闭情况完全相同。不同的是，阀门突然开启时，紧靠阀门的断面所产生的初生水击波为增速减压波，从进口断面反射回来的则是增速增压波，以后的传播及反射过程与阀门突然开启时完全相同。直接水击压强的计算公式（5-26），对阀门突然开启时也完全适用，不过此时 $v_0 < v$，Δp 应为负值。

四、水击波的传播速度

式（5-26）表明，直接水击压强与水击波的传播速度成正比，考虑到水的压缩性和管壁的弹性变形，应用连续性方程可推出水击波的传播速度为（推导过程从略）

$$c = \frac{c_0}{\sqrt{1 + \frac{D}{\delta}\frac{K}{E}}} \tag{5-31}$$

式中　c_0——声波在水中的传播速度，$c_0=1435\text{m/s}$；

　　D——管道的直径，m；

　　δ——管壁的厚度，m；

　　K——水的弹性系数，$K=1.96\times10^6\text{kPa}$；

　　E——管壁材料的弹性系数，常用的钢管、铸铁管、钢筋混凝土管中的弹性系数分别为 $1.96\times10^8\text{kPa}$、$9.8\times10^8\text{kPa}$、$1.96\times10^7\text{kPa}$。

式（5-31）表明：水击波速 c 与液体和管壁材料的弹性系数、管道直径、管壁厚度有关，与管道长度和阀门关闭时间无关。

五、减小水击危害的措施

水击压强很大，会对压力管道的运行造成许多不利的影响，甚至破裂损坏，必须予以预防。工程中常采用以下几种措施减小水击压强。

（1）延长阀门的启闭时间 T。工程中应力求避免产生直接水击，当产生直接水击时，从对水击波的传播过程分析可以知道，关闭时间愈长，从进口反射回来的减压波的减压作用就愈大，阀门前 N 断面的水击压强就愈小。但应注意，对于水电站的压力输水管道，阀门的启闭时间还应满足水电站的运转要求。

（2）减小压力管道中的流速。管道中的流速减小后，当发生水击时，由水流惯性引起的水击压强就不会很大，所以在工程设计中对管道中的流速是加以限制的。但减小流速必须加大管道直径，增加工程的投资。

（3）缩短管道长度。压力管道愈短，从管道进口断面反射回来的减压波到达阀门的时间愈短，在相同的时间内，减压波的减压作用愈大。所以在水电站设计中，如果条件许可，应尽可能缩短压力管的长度。

（4）设置调压室。调压室是具有较大储水量的建筑物，如图 5-26 所示。当水电站的压力输水管道的阀门（水轮机导叶）关闭而减小引用流量时，压力管道中的水流在水击压强的作用下部分进入调压室，减小水击压强并缩小水击的影响范围，这是减小水电站有压输水管道水击压强最有效的措施，但造价太高。

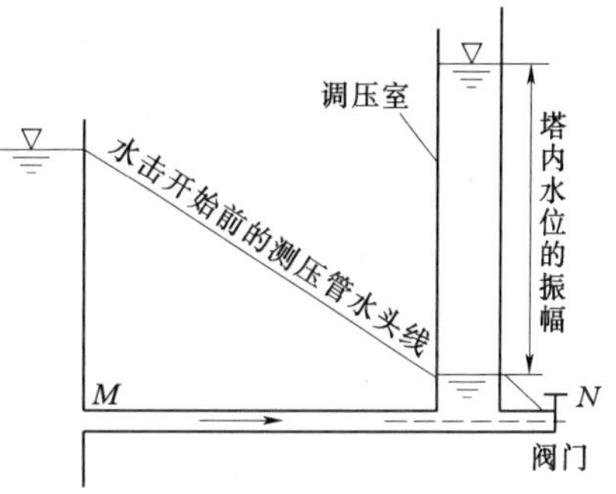

图 5-26

（5）安装减压阀。减压阀安装在管道末端，当压强超过规定数值时，减压阀能自动打开，将部分水从管中放出，减缓管道中水流速度的变化，达到减小水击压强的目的。

任何事物都是一分为二的，就一般而言，水击是有害的，但水击现象也有它可利用的一面，例如利用水击压强可用来扬水，这种装置称为水锤泵。水锤泵构造简单，运行可靠，在有条件的地方有一定的使用价值。

习　　题

5-1　坝下埋设一预制混凝土引水管，如题 5-1 图所示，直径 D 为 1m，长为 40m，进口处有一道平板闸门控制流量，引水管出口底部高程 ▽62.0m，当上游水位为

▽70.0m，下游水位为▽60.5m，闸门全开时能引多大流量；若下游水位升到▽64.0m，且下游水池流速忽略不计，问此时的泄流量。

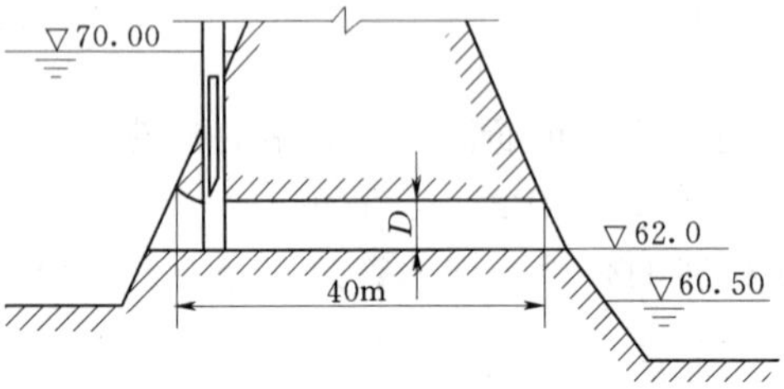

题 5－1 图

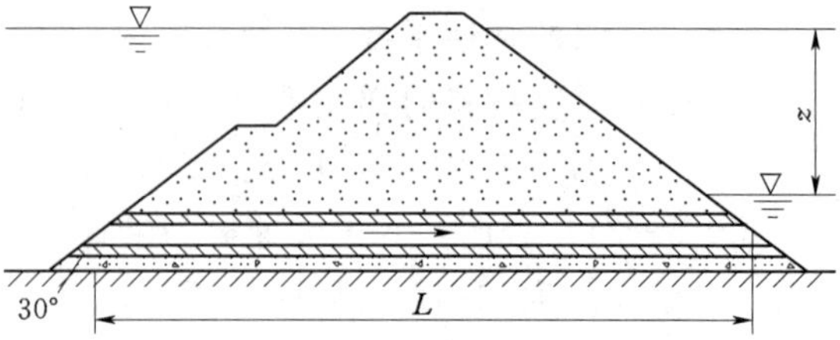

题 5－4 图

5－2　工厂某车间耗水量为 36 m^3/h，用直径 75mm、长 140m 的铸铁管供水（$n=0.013$）。水管接在水塔，不计局部损失，求水塔水面和用水点的高差。

5－3　有一输水管路，由山上引泉水作生活用水，水管采用铸铁管，水源至用户距离 $L=280m$，作用水头 $H=30m$，流量 $Q=200L/s$。为了完全利用这一水头，问水管直径应为多大？

5－4　一路堤下设有钢筋混凝土泄水管，如题 5－4 图所示。管长 $L=50m$，路堤上游面与水平面的夹角为 30°，进口局部阻力系数 $\zeta_{进口}=0.91$，上下游水位差 $z=20m$。若要求管内泄流量 $Q=15m^3/s$，水管粗糙系数 $n=0.013$，试确定所需要的管道直径。

5－5　有一灌溉渠道，利用直径 $D=1m$ 的钢筋混凝土虹吸管自水源引水（见题 5－5 图），虹吸管上下游水位差 $z=2m$，虹吸管全长 $L=25m$，虹吸管弯段的局部水头损失系数 $\zeta=0.6$。①计算虹吸管的流量；②当虹吸管第二弯管前断面的最大允许真空值为 7m 水柱，由进口至该端面的管长为 13m 时，虹吸管的最高点可以高出上游水面多少？

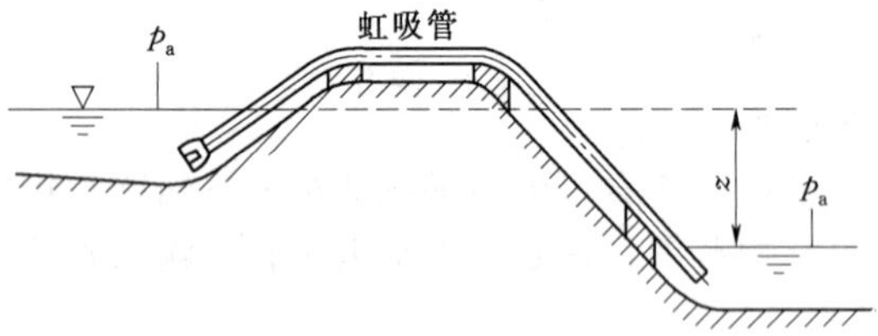

题 5－5 图

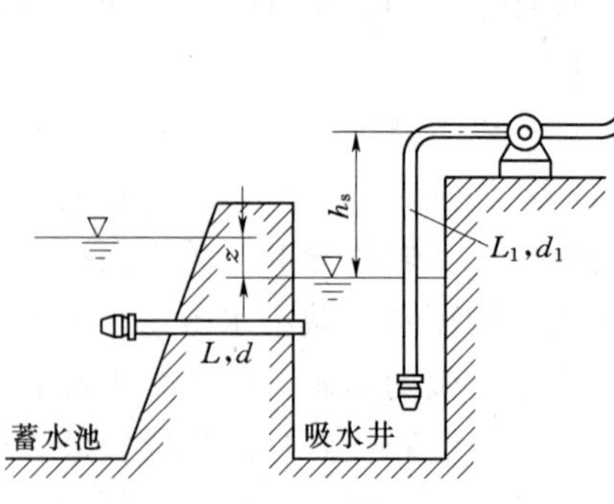

题 5－6 图

5－6　水泵自吸水井抽水，吸水井与蓄水池用自流管相接，其水位均不变，如题 5－6 图所示。水泵安装高度为 $h_s=4.5m$；自流管长 $L=20m$，直径 $d=150mm$，水泵吸水管长 $L_1=12m$，直径 $d_1=150mm$；自流管与吸水管的沿程水头损失系数 $\lambda=0.03$；自流管滤网的局部阻力水头损失系数 $\zeta=2.0$；水泵底阀的局部阻力系数 $\zeta=9.0$。90°弯头的局部阻力系数 $\zeta=0.3$。若水泵进口真空值不超过 6m 水柱，求水泵的最大泄流量是多少；在这种流量下，水池与水井的水位差 z 将为若干。

5-7　有一水泵将水抽至水塔，如题5-7图所示。已知动力机的功率为100kW，抽水流量$Q=100\text{L/s}$，吸水管长$L_1=30\text{m}$，压水管长$L_2=500\text{m}$，管径$d=300\text{mm}$，管的沿程水头损失系数$\lambda=0.03$，水泵允许真空值为6m水柱高，动力机及水泵的总效率为0.75，局部阻力系数：$\zeta_{进口}=6$，$\zeta_{弯头}=0.4$求：水泵的提水高度z；水泵的最大安装高度h_s。

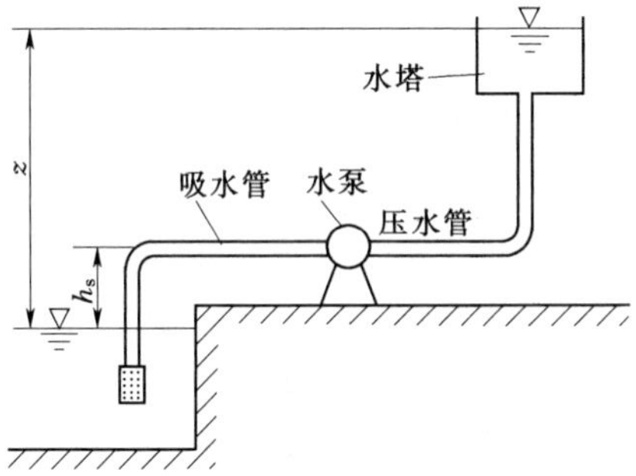

题5-7图

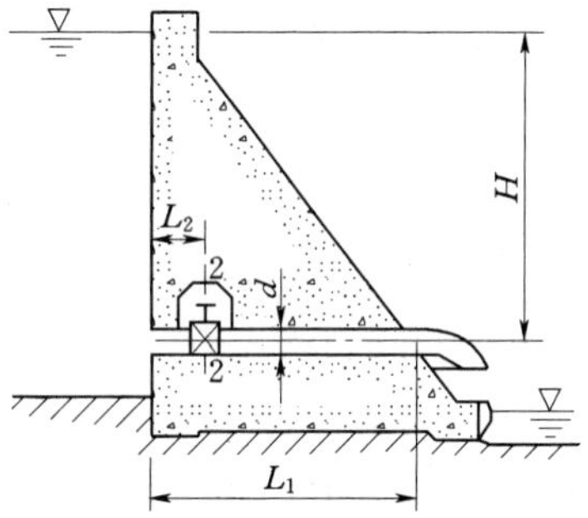

题5-8图

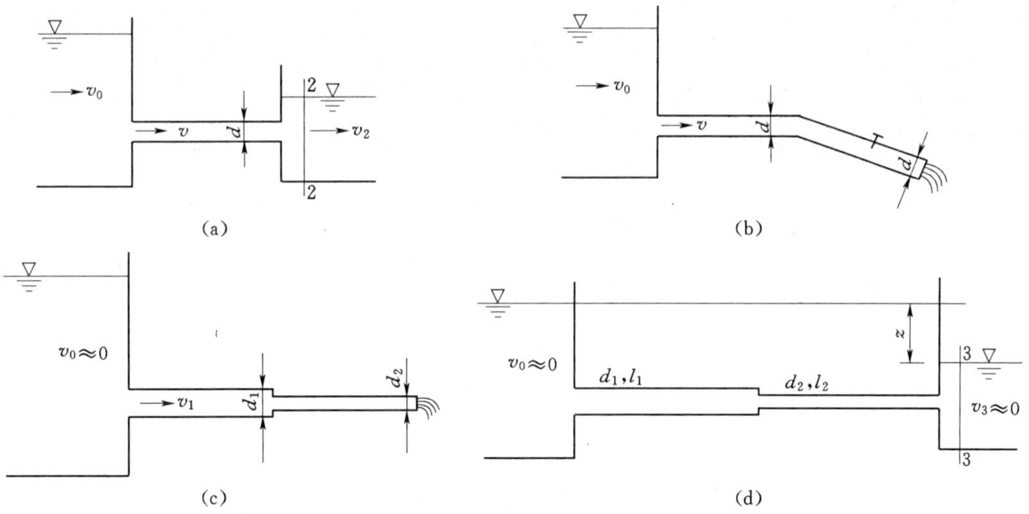

题5-9图

5-8　如题5-8图所示，混凝土坝内有一泄水隧洞，已知洞长$L_1=10\text{m}$，$L_2=2\text{m}$，$H=10\text{m}$，洞径$d=0.5\text{m}$，沿程水头损失系数$\lambda=0.025$，进口为喇叭形，进口局部水头损失系数$\zeta=0.1$，其后装一阀门，相对开度$a/d=0.5$。试求：①洞中通过流量Q；②定量绘制隧洞的总水头线及测压管水头线。

5-9　试定性绘出题5-9图中

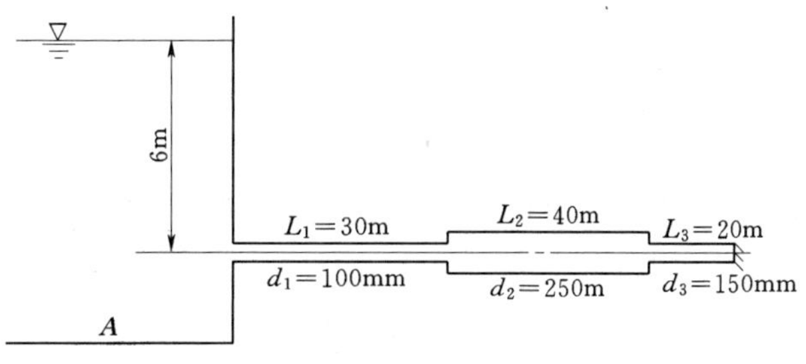

题5-10图

各管道总水头线和测压管水头线。

5－10　如题 5－10 图所示，水平放置串联管路从 A 水池输水，上游水位高出管轴线 6m，已知 $L_1=30$m，$d_1=100$mm；$L_2=40$m，$d_2=250$mm；$L_3=20$m，$d_3=150$mm，设管材为铸铁管（采用 $n=0.013$），按长管计算。求流经管路的流量，并定量绘制测压管水头线。

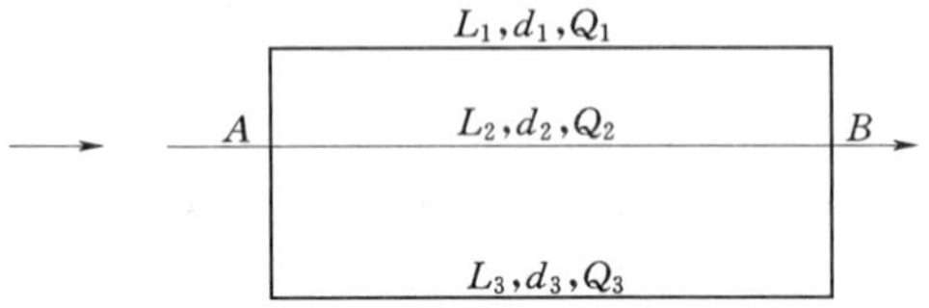

题 5－11 图

5－11　如题 5－11 图所示，三根并联的旧铸铁管路，各管路的长度和直径分别为 $L_1=500$m，$d_1=300$mm；$L_2=800$m，$d_2=250$mm；$L_3=100$m，$d_3=200$mm。已知 A、B 两公共点间水头损失为 40m，求每一并联管路的流量。

5－12　由水塔供水的输水管道，全管包括两段，如题 5－12 图所示。第一段管长 $L_1=800$m，$d_1=250$mm，第二段是均匀泄流管，管径 $d_2=150$mm，管长 $L_2=200$m，$n=0.0125$。每米长连续泄出流量 $q=0.10$L/s，在第一，第二段管的接头 A 处，需要分出流量 $Q_A=20$L/s，管末端出口流量 $Q_t=10$L/s，求管路所需水头。

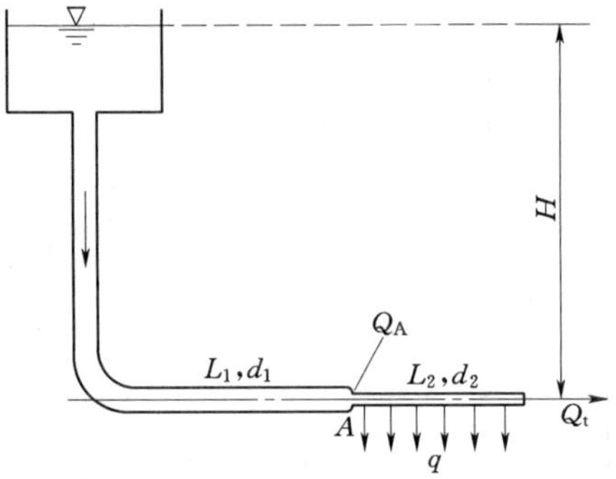

题 5－12 图

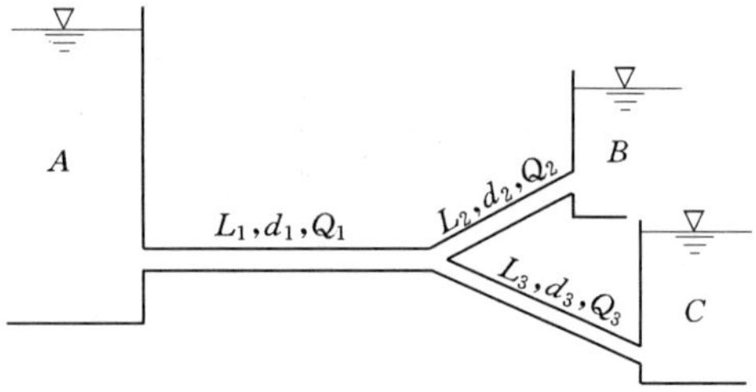

题 5－13 图

5－13　一分叉管道连接池 A、B、C，如题 5－13 图所示。设 1、2、3 段管道的直径及长度分别为：$d_1=60$cm，$L_1=900$m；$d_2=45$cm，$L_2=300$m；$d_3=40$cm，$L_3=1200$m。管道为新钢管，A、B、C 水池的水面高程为：$Z_A=30$m，$Z_B=18$m，$Z_C=0.00$m。求通过各管流量 Q_1，Q_2，Q_3。

5－14　有一给水系统，管网布置及供水末端高程如题 5－14 图所示。水管的粗糙系数 $n=0.0125$，要求供水终点应保留的压力水头为 $h_{端}=6$m，试确定所需要的水塔高度（高度、长度单位为 m）。

5－15　水平两环管网如题 5－15 图所示，已知用水点流量 $Q_4=0.032\ m^3/s$，$Q_5=0.054\ m^3/s$。各管段均为铸铁管，长度及直径如表所示。求各管段通过的流量（闭合差小于 0.5m 即可）。

5－16　输水钢管直径 $d=100$mm，壁厚 $\delta=7$mm，流速 $v_0=1.0$m/s。试求阀门突然完全关闭时水击波的传播速度和压强升高值。

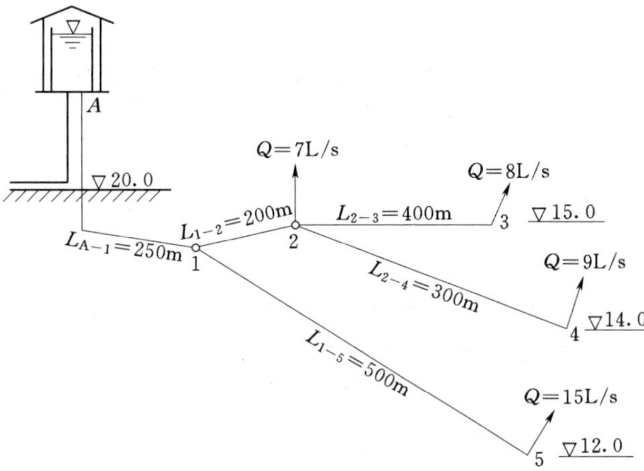

题 5－14 图

环号	管段	长度（m）	直径（mm）	环号	管段	长度（m）	直径（mm）
Ⅰ	2—5 5—3 2—3	220 210 90	200 200 150	Ⅱ	1—2 2—3 3—4 4—1	270 90 80 260	200 150 200 250

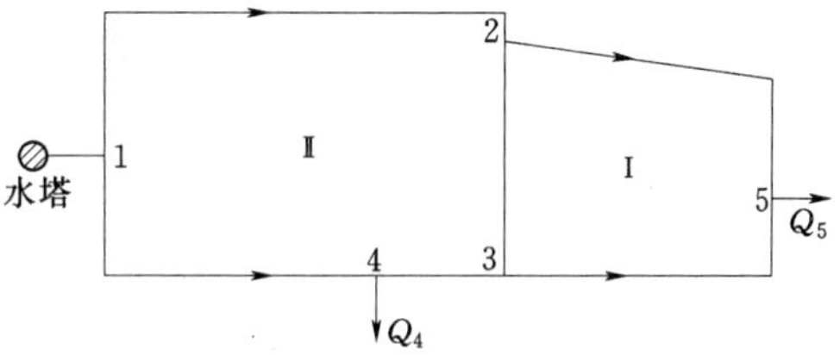

题 5－15 图

第六章　明渠恒定均匀流

明渠水流是指具有自由水面的水流，相应的过水渠道称为明渠。明渠可以是自然形成的，也可以是人工修筑的。明渠水流的特点是存在与大气接触的自由表面，自由表面上各点压强均等于大气压强（相对压强为零），故明渠水流又称为无压流。天然河道、人工渠道、渡槽、无压洞涵中的水流，均属于明渠水流。

明渠水流按其运动要素是否随时间变化，可分为恒定流和非恒定流；根据运动要素是否沿流程变化，也可分为均匀流和非均匀流。本章仅讨论明渠恒定均匀流。

根据均匀流的定义，均匀流的运动要素沿流程不变，流线为相互平行的直线。但在实际工程中，由于河渠过水断面形状与尺寸、边界条件往往沿程变化，很难形成均匀流。在水利工程、给排水工程中，当渠槽比较顺直，断面形状、尺寸及边界条件变化不大时，常按均匀流处理。另外明渠均匀流理论，对于进一步研究明渠非均匀流问题，也具有重要意义。

第一节　概　　述

为了研究明渠水流运动的规律，必须了解明渠的几何特征及其对水流运动的影响。

一、渠道横断面及其对水流运动的影响

过水渠道按其成因可分为天然河道和人工渠道。天然河道由于地质条件的差异和自然因素的影响，往往形成不规则形状的横断面，山区河道常为 V 形断面，平原河道常为主槽和边滩构成的复式断面。人工渠道一般根据实际需要，按照地质条件或选择不同的建筑材料修筑成规则的对称断面，常见的有梯形、矩形、圆形、U 形和复式断面，如图 6－1 所示。

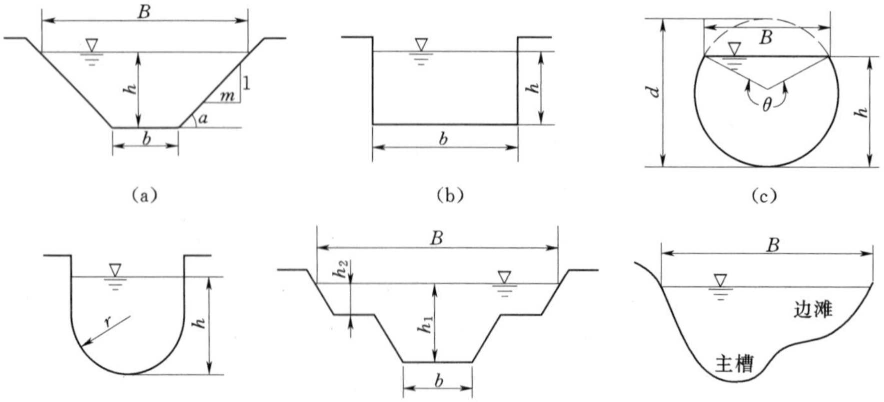

图 6－1

(a) 梯形；(b) 矩形；(c) 圆形；(d) U 形；(e) 复式断面；(f) 河道断面

工程中土质渠道常采用梯形断面。如图 6-1（a）所示，渠道底宽为 b，水深为 h，边坡倾斜程度用边坡系数 m 表示，α 是边坡线与水平线的夹角，则 $m=\text{ctg}\alpha$。m 值的大小取决于土壤种类和护坡情况，具体选用时参照表 6-1 或有关技术资料。

由几何学知，梯形过水断面水力要素为

水面宽度 $$B = b + 2mh \tag{6-1}$$

过水断面面积 $$A = (b + mh)h \tag{6-2}$$

湿周 $$\chi = b + 2h\sqrt{1+m^2} \tag{6-3}$$

水力半径 $$R = \frac{A}{\chi} = \frac{(b+mh)h}{b+2h\sqrt{1+m^2}} \tag{6-4}$$

表 6-1　　梯形渠道边坡系数 m 值

土壤种类	边坡系数 m	土壤种类	边坡系数 m
细沙土	3.0～3.5	一般粘土	1.0～1.5
沙壤土和松散壤土	2.0～2.5	密实的重粘土	1.0
密实壤土和轻粘壤土	1.5～2.0	半岩性抗水土壤	0.5～1.0
砾石和沙砾石土	1.5	风化的岩石	0.25～0.5
重粘壤土和密实的黄土	1.0～1.5	未风化的岩石	0～0.25

利用混凝土、条石、木材修建或直接在岩石中开凿的渠道，渠道断面往往做成矩形；无压隧洞通常为圆形、城门洞形或马蹄形断面。

圆形断面 $$B = 2\sqrt{h(d-h)} = d\sin\frac{\theta}{2} \quad (\theta\text{为弧度下同}) \tag{6-5}$$

$$A = \frac{1}{8}d^2(\theta - \sin\theta) \tag{6-6}$$

$$\chi = \frac{d}{2}\theta \tag{6-7}$$

$$R = \frac{1}{4}d\left(1 - \frac{\sin\theta}{\theta}\right) \tag{6-8}$$

另外，天然河道中有的河宽远远大于水深，一般把这种河道称为宽浅式河道。在进行宽浅式河道水力计算时，可将过水断面近似为矩形，计算水力半径时可略去水深的影响，即

水力半径 $$R = \frac{A}{\chi} = \frac{bh}{b+2h} = \frac{h}{1+2\dfrac{h}{b}} \approx h$$

在进行水力计算时可直接用过水断面的平均水深代替水力半径。

渠道断面形状、尺寸和底坡沿程不变的顺直渠道称为棱柱体渠道。棱柱体渠道的过水断面面积仅随水深而变化，$A=f(h)$。受地形、地质条件限制或水流运动条件的要求，渠道的断面形状、尺寸和底坡不完全相同，这种渠道称为非棱柱体渠道。非棱柱体渠道过水断面面积随水深、沿程而变化，$A=f(h, l)$。在非棱柱体渠道中，不可能形成均匀流，流线也不可能为平行直线。

二、渠道的底坡

明渠渠底沿水流运动方向单位距离下降的高度称为底坡，用 i 表示，如图 6-2 所示。

$$i = \sin\theta = \frac{z_1 - z_2}{L'} \tag{6-9}$$

式中　θ——渠底线与水平面的夹角；

z_1、z_2——断面 1—1 和 2—2 渠底的位置高度；

L'——断面 1—1 和 2—2 间的渠长。

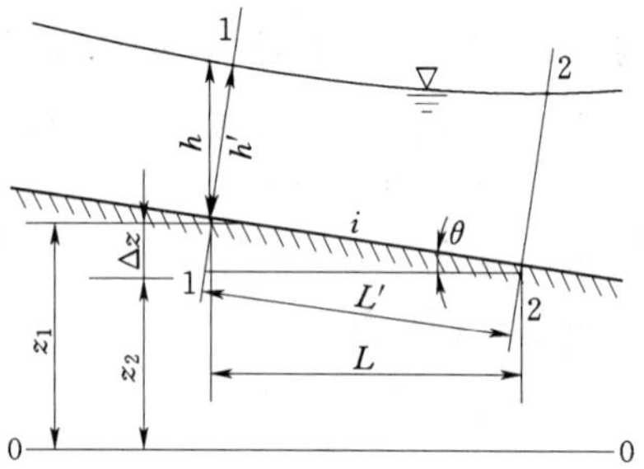

图 6-2

当渠道的底坡很小（即 $\theta \leqslant 6°$）时，$\sin\theta \approx \tan\theta$，可用断面 1—1 和 2—2 间的水平距离 L 代替 L'，垂直水深 h' 也可以用铅直水深 h 代替，这样给量测和计算提供了方便。

渠道底坡分为三种：渠底高程沿流程降低的称为正坡，又称顺坡，$i>0$；渠底高程沿流程不变的称为平坡，$i=0$；渠底高程沿流程升高称为逆坡，又称倒坡或反坡，$i<0$，如图 6-3 所示。对于天然河道河底起伏不平，底坡是变化的，进行河道水力计算时，可取计算河段河道底坡的平均值。

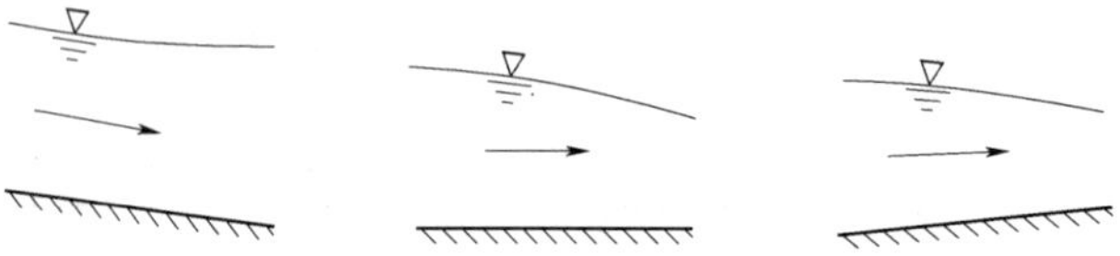

(a) $i>0$　　(b) $i=0$　　(c) $i<0$

图 6-3

第二节　明渠均匀流的特性及计算公式

明渠均匀流是流动形式最简单的明渠水流，其运动规律是明渠水力计算的基本依据。明渠均匀流的特征及其形成条件在分析明渠非均匀流问题时，也具有重要的意义。

一、明渠均匀流的特性

明渠均匀流的运动要素沿流程不变，其流线是平行直线，如图 6-4 所示。明渠均匀流具有下列特性：

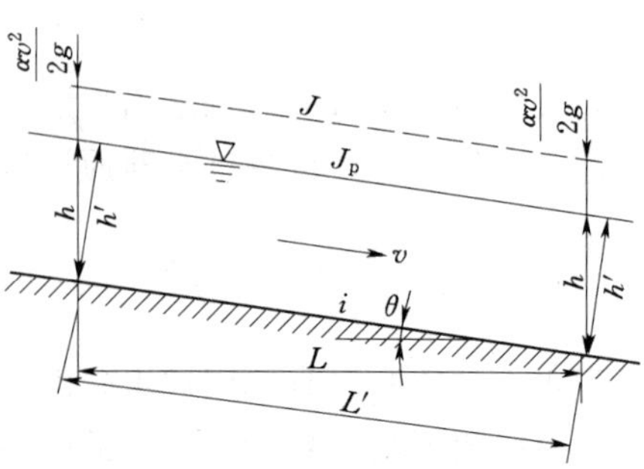

图 6-4

(1) 过水断面的形状和尺寸沿程保持不变。

(2) 过水断面的流速分布沿程保持不变，故断面平均流速和流速水头沿程保持不变。

(3) 总水头线、水面线和渠底线相互平行，水力坡度 J、水面坡度 J_p 和底坡 i 三者相等，即 $J=J_p=i$。

明渠均匀流是一种等速直线流动，故作用在流动水体上的外力保持平衡。如图 6-5 所示，在均匀流中取出断面 1—1 和 2—2 之间的水体为隔离体对其进行受力分析，作用在水体上的力有：重力 G、周围边界的摩擦阻力 F、两端面上的动水压力 P_1 和 P_2。建立沿流动方向力的平衡方程，得

$$P_1 + G\sin\theta - P_2 - F = 0 \qquad (6-10)$$

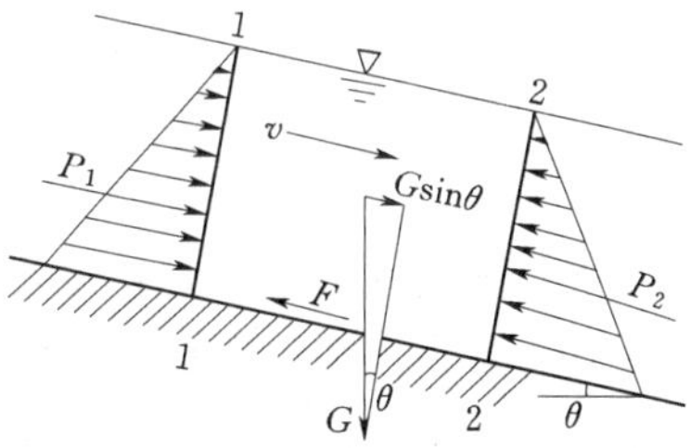

图 6-5

因为作用在均匀流过水断面的动水压强符合静水压强的分布规律，又因过水断面的面积和水深沿程均不改变，所以 P_1 和 P_2 大小相等，方向相反，相互抵消后，上式可化简为

$$G\sin\theta = F \qquad (6-11)$$

上式表明：只有正坡渠道（$i>0$），周围边界的摩擦阻力才能与重力沿流向的分力相平衡而形成均匀流；从能量观点看，在均匀流中，对于单位重量液体重力所作的功等于克服摩擦阻力所消耗的能量，动能保持不变。

二、明渠均匀流的产生条件

必须满足以下条件，才能形成明渠均匀流。

(1) 水流必须是恒定流，沿程没有流量流出和汇入。

(2) 渠道必须为底坡不变的正坡渠道。只有正坡明渠，才有可能使重力沿水流方向的分量与阻力相平衡，在平坡和逆坡明渠中均不可能形成均匀流。

(3) 明渠的粗糙程度沿程不变，这样才能保证水流周界阻力 F 沿程不变。

(4) 渠道必须为长直棱柱体渠道，渠道中不存在任何阻碍水流运动的建筑物。非棱柱体渠道内不可能形成均匀流，如果在棱柱体渠道中修建有闸、坝等水工建筑物，改变了渠道过水断面的大小和渠道的阻力，不能形成均匀流。

由以上分析可知，完全满足上述条件才能形成明渠均匀流。严格地说，实际水流很难完全满足上述条件，对于人工渠道，渠线较顺直，过水断面形状、尺寸及底坡在较长流程保持不变，且边界条件无显著变化，基本上能满足均匀流的产生条件，则可按均匀流进行水力计算。对于天然河道的某些顺直且断面变化不大的河段，亦可按均匀流近似计算。

三、明渠均匀流的计算公式

明渠均匀流水力计算采用谢才公式

$$v = C\sqrt{RJ} \qquad (6-12)$$

因明渠均匀流的水力坡度 J 等于底坡 i，则明渠均匀流的流量公式也可写为

$$Q = AC\sqrt{Ri} \qquad (6-13)$$

令

$$K = AC\sqrt{R} \qquad (6-14)$$

那么

$$Q = K\sqrt{i} \qquad (6-15)$$

式 (6-15) 中 K 为流量模数，与流量的单位相同，它综合反映了明渠断面形状、尺寸和粗糙程度对渠道过流能力的影响。可以看出当 i 不变时，Q 与 K 成正比；当 $i=1$ 时 $K=Q$，故 K 又叫特征流量。

通常将明渠均匀流的水深称为正常水深，以 h_0 表示。相应过水断面的面积、湿周、水力半径、谢才系数、流量模数也可用 A_0、χ_0、R_0、C_0、K_0 来表示。

实际工程中的明渠水流的流态多属于紊流阻力平方区，为了确定谢才系数 C，前人进行了大量的实验工作，提出了许多计算公式。实际工程中，通常采用式 (4-31)、式

(4-34)两个应用较广泛的经验公式。

根据式（6-13）和式（4-31）可得

$$Q=\frac{A}{n}R^{2/3}i^{1/2} \tag{6-16}$$

在进行渠道水力计算时，需要注意 n 值的选择，它对计算结果影响很大。无论选择的 n 值偏大或偏小，都会带来不良的后果，直接影响工程造价和运行安全。在设计流量、底坡一定的情况下，选择的 n 值小于实际值，则设计计算出的渠道断面面积小于实际所需要的过水断面面积，渠道过水能力不能满足实际要求，并且由于设计阻力小于实际阻力，导致实际流速减小而引起泥沙淤积；如果 n 值选择大了，不但使渠道断面偏大，工程量增加造成浪费，还会因实际流速过大引起渠道冲刷破坏。因此在渠道水力计算中，选择 n 值应持慎重态度。对人工渠道的 n 值，长期生产实践已积累了丰富资料，初步计算时可参照表6-2或有关水力计算手册选取。

河道的粗糙系数与河道表面的粗糙情况有关，应根据实测资料来确定。无实测资料的情况下，可参照表6-3或有关资料选取。

表6-2　　各种材料人工明渠的粗糙系数 n 值

明渠壁面材料情况及描述	表面粗糙情况		
	较好	中等	较差
1. 土渠			
清洁、形状正常	0.020	0.0225	0.025
不通畅、并有杂草	0.027	0.030	0.035
渠线略有弯曲、有杂草	0.025	0.030	0.033
挖掘机挖成的土渠	0.0275	0.030	0.033
沙砾渠道	0.025	0.027	0.033
细沙砾渠道	0.027	0.030	0.033
土底、石砌坡岸渠	0.030	0.033	0.035
不光滑的石底、有杂草的土坡渠	0.030	0.035	0.040
2. 石渠			
清洁的、形状正常的凿石渠	0.030	0.033	0.035
粗糙的断面不规则的凿石渠	0.040	0.045	
光滑而均匀的石渠	0.025	0.035	0.040
精细地开凿的石渠		0.02～0.025	
3. 各种材料护面的渠道			
三合土（石灰、沙、煤灰）护面	0.014	0.016	
浆砌砖护面	0.012	0.015	0.017
条石砌面	0.013	0.015	0.017
浆砌块石护面	0.017	0.025	0.030
干砌块石护面	0.023	0.032	0.035
4. 混凝土渠道			
抹灰的混凝土或钢筋混凝土护面	0.011	0.012	0.013
无抹灰的混凝土或钢筋混凝土护面	0.013	0.014～0.015	0.017
喷浆护面	0.016	0.018	0.021
5. 木质渠道			
刨光木板	0.012	0.013	0.014
未刨光木板	0.013	0.014	0.015

表 6-3　　天然河流的粗糙系数 n 值

河槽类型及情况	最小值	正常值	最大值
一、小河（洪水位的水面宽度小于 30m）			
1. 平原河流			
（1）清洁、顺直、无浅滩深潭	0.025	0.030	0.033
（2）同（1），但块石多，杂草多	0.030	0.035	0.040
（3）清洁，弯曲有浅滩深潭	0.033	0.040	0.045
（4）同（3），但有块石杂草	0.035	0.045	0.050
（5）同（4），水深较浅、河底坡度多变，平面上回流区较多	0.040	0.048	0.055
（6）同（4），但块石多	0.045	0.050	0.060
（7）多杂草、有深潭、流动缓慢的河段	0.050	0.070	0.080
（8）多杂草的河段、深潭多或林木滩地上的过洪	0.075	0.100	0.150
2. 山区河流（河槽无草木、河岸较陡，岸坡树丛过洪时淹没）			
（1）河底为砾石、卵石、间有孤石	0.03	0.040	0.050
（2）河底为卵石和大孤石	0.040	0.050	0.070
二、大河（洪水位的水面宽度大于 30m）			
相应于上述小河各种情况，因河岸阻力相对较小，n 值略小			
1. 断面比较规则整齐、无孤石或丛木	0.025		0.060
2. 断面不规则整齐、床面粗糙	0.035		0.100
三、洪水时期滩地漫流			
1. 草地、无树丛			
（1）长草	0.025	0.030	0.035
（2）短草	0.035	0.035	0.050
2. 耕地			
（1）未熟庄稼	0.020	0.030	0.040
（2）已熟成行庄稼	0.025	0.035	0.045
（3）已熟密植庄稼	0.030	0.040	0.050
3. 矮树丛			
（1）稀疏、多杂草	0.035	0.050	0.070
（2）不密、夏季情况	0.040	0.060	0.080
（3）茂密、夏季情况	0.070	0.100	0.160
4. 树木			
（1）平整田地，干树无枝	0.030	0.040	0.050
（2）同（1），干树多新枝	0.050	0.060	0.080
（3）密林、树下植物少、洪水位在枝下	0.080	0.100	0.120
（4）同（3），洪水位淹没树枝	0.100	0.120	0.160

第三节　明渠均匀流的水力计算

工程实践中遇到的明渠均匀流水力计算问题，可归纳为以下四类。

一、校核渠道的输水能力

在实践中往往需要校核已建成渠道的过流能力。例如对长期使用或需要进行改建的渠道需要进行复核计算，渠道管理单位需要计算绘制渠道的水深与流量关系曲线，供管理调度使用。这类计算都是根据实测渠道过水断面的尺寸、粗糙系数、底坡，求渠道通过的流量。

【例 6-1】　一矩形断面的渠道，底宽 $b=8\text{m}$，底坡 $i=1.25\times10^{-4}$，粗糙系数 $n=0.028$。当正常水深 $h_0=3.95\text{m}$ 时，问能否通过设计流量 $Q_{设}=20\text{m}^3/\text{s}$。

解　由已知条件，应用式（6-13）进行计算。当正常水深 $h_0=3.95\text{m}$ 时相应过水断面水力要素为

过水断面面积　$$A=bh_0=8\times3.95=31.600\ \text{m}^2$$

湿周　$$\chi=b+2h_0=8+2\times3.95=15.900\ \text{m}$$

水力半径　$$R=\frac{A}{\chi}=\frac{31.6}{15.9}=1.987\ \text{m}$$

谢才系数　$$C=\frac{1}{n}R^{1/6}=\frac{1}{0.028}\times1.99^{1/6}=40.044\ \text{m}^{1/2}/\text{s}$$

代入式（6-13）得

$$Q=AC\sqrt{Ri}=31.6\times40.044\times\sqrt{1.987\times1.25\times10^{-4}}=19.94\ \text{m}^3/\text{s}$$

经过计算渠道能通过 $Q_{设}=19.94\text{m}^3/\text{s}$ 的流量。若假设几个水深 h 值，按上述步骤可计算出对应的几个流量 Q 值，这样就可以绘制 $h\sim Q$ 关系曲线，供渠道运行管理使用。

二、确定渠道的底坡

确定渠段渠底的高程差或水面的落差都可归纳为求渠道的底坡问题，即已知渠道的糙率、设计流量、断面形状和尺寸，求渠道的底坡。

在这种情况下，先由式（6-14）计算出水流作均匀流时的流量模数 K。然后直接利用式（6-15）求出渠道的底坡，即

$$i=\frac{Q^2}{K_0^2}\qquad(6-17)$$

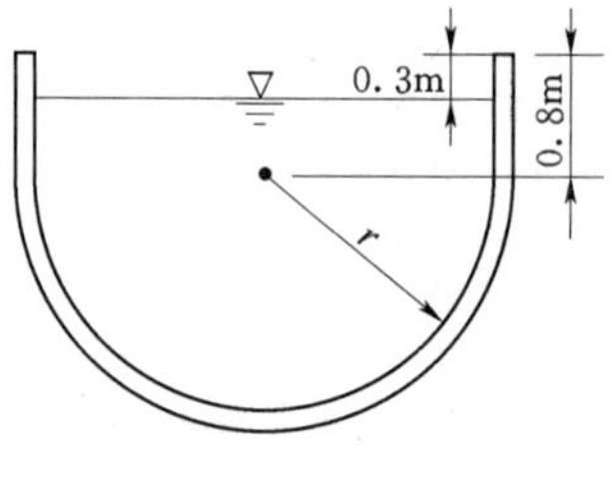

图 6-6

【例 6-2】　一 U 形断面钢丝网水泥薄壳渡槽。渡槽长度 $L=200\text{m}$，底部半圆的直径 $d=2.5\text{m}$，上部侧墙高 $h+\Delta h=0.8\text{m}$（其中 $\Delta h=0.3\text{m}$ 为安全超高），如图 6-6 所示。采用水泥灰浆抹面，粗糙系数 $n=0.013$，设计流量 $Q=5.5\text{m}^3/\text{s}$，试计算渡槽两端渠底高程差 Δz。

解　利用式（6-17）计算出渡槽的底坡，便可求出渠底高程差 Δz。下面先计算过水断面水力要素

$$A=h+\frac{1}{2}\pi\left(\frac{d}{2}\right)^2=2.5\times(0.8-0.3)+\frac{1}{2}\times3.14\times\left(\frac{2.5}{2}\right)^2=3.703\ \text{m}^2$$

$$\chi=2h+\pi r=2\times(0.8-0.3)+3.14\times\left(\frac{2.5}{2}\right)=4.925\ \text{m}$$

$$R=\frac{A}{\chi}=\frac{3.7}{4.93}=0.752\ \text{m}$$

$$C=\frac{1}{n}R^{1/6}=\frac{1}{0.013}\times(0.752)^{1/6}=73.354\ \text{m}^{1/2}/\text{s}$$

则　$$K_0=AC\sqrt{R}=3.703\times73.354\times\sqrt{0.752}=235.552\ \text{m}^3/\text{s}$$

$$i=\frac{Q^2}{K_0^2}=\frac{5.5^2}{235.552^2}=0.000545$$

$$\Delta z = iL = 0.000545 \times 200 = 0.109\text{m} \approx 11\ \text{cm}$$

三、河渠粗糙系数的计算

这类问题是求解已建渠道的粗糙系数，即根据已知断面的尺寸、底坡及实测出渠道通过的流量，由式（6-16）进行求解。

四、设计渠道的断面尺寸

下面以梯形渠道为例讨论这类问题。将梯形断面的各水力要素代入式（6-13），整理得

$$Q = AC\sqrt{Ri} = \frac{1}{n}\frac{[(b+mh_0)h_0]^{5/3}}{(b+2h_0\sqrt{1+m^2})^{2/3}}i^{1/2} = f(b,h_0,m,n,i) \qquad (6-18)$$

上式中包括 Q、b、h_0、m、n、i 六个变量，规划设计渠道时，设计流量 Q 由渠道所承担的输水任务确定，边坡系数 m 和粗糙系数 n 根据渠道经过地段的地形、地质条件、建渠材料及施工条件选定，渠道底坡 i 根据渠道所经地段的地形以及水流泥沙含量等情况确定，设计渠道的断面尺寸就是在已知 Q、m、n、i 的条件下，求渠道的底宽 b 和正常水深 h_0。一个方程式只能确定一个未知量，式（6-18）中有两个未知量，因此可以有多组解。进行渠道断面设计，就是对计算出的多组 b、h_0 值进行技术、经济比较，从中选出一组技术上可行、经济上合理的 b、h_0 值作为渠道的设计断面。计算 b、h_0 有两种方法：一是根据实际情况给定 h_0 求 b，或给定 b 求 h_0（参见［例 6-3］）；二是给定宽深比 β 值（底宽与水深之比 $\beta = b/h_0$），求 b、h_0（参见［例 6-4］）。

【例 6-3】 一梯形断面的灌溉渠道，已知底宽 $b=7\text{m}$，底坡 $i=0.0003$，边坡系数 $m=1.5$，因通过沙壤土地段，采用浆砌石护面，以提高渠道的抗冲能力和减少渗漏损失。求通过流量 $Q=9.68\text{m}^3/\text{s}$，并保证超高 $\Delta h=0.4\text{m}$ 时渠堤的高度。

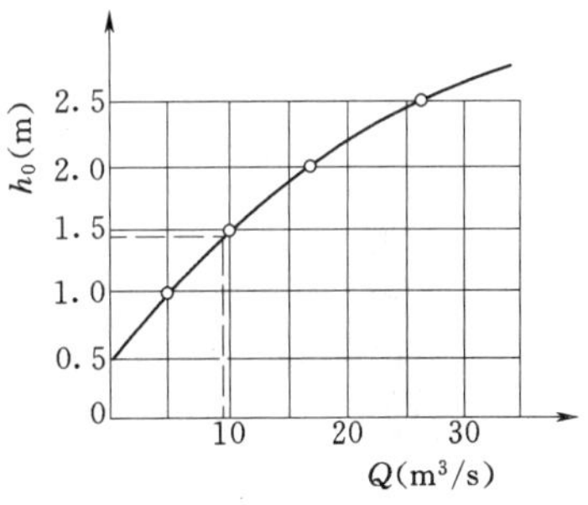

图 6-7

解 当求得水深 h_0，加上安全超高即得堤的高度。故本题主要是计算正常水深 h_0。由表 6-2 查得浆砌石 $n=0.025$。这类问题直接利用式（6-13）计算 h_0 有困难。本题介绍三种计算 h_0 的方法：

1. 试算法

假设不同的 h_0 值，运用均匀流公式求出相应的流量，当用某一 h_0 值算出的流量与已知的流量相等时，此 h_0 值即为所求。一般情况下很难一次得到满意的结果，需要假设多个 h_0 值（最好不少于 4 个），并且使试算出的流量既有大于也有小于已知流量的，然后点绘出 $h_0 \sim Q$ 曲线，在曲线上由已知流量 Q 查出相应的 h_0，此 h_0 值即为所求。下面介绍具体的求解过程。

（1）设 $h_0=1.0\text{m}$，则

$$A = (b+mh_0)h_0 = (7+1.5\times1.0)\times1.0 = 8.500\ \text{m}^2$$

$$\chi = b+2h_0\sqrt{1+m^2} = 7+2\times1.0\times\sqrt{1+1.5^2} = 10.606\ \text{m}$$

$$R = \frac{A}{\chi} = \frac{8.50}{10.606} = 0.801\ \text{m}$$

$$C = \frac{1}{n}R^{1/6} = \frac{1}{0.025} \times 0.801^{1/6} = 38.548 \text{ m}^{1/2}/\text{s}$$

故
$$Q = AC\sqrt{Ri}$$
$$= 8.50 \times 38.548 \times \sqrt{0.801 \times 0.0003} = 5.08 \text{ m}^3/\text{s}$$

（2）设 h_0=1.5m、2.0m、2.5m，将计算结果列入表 6-4。

表 6-4　　计 算 结 果

h_0（m）	A（m²）	χ（m）	R（m）	C（$m^{0.5}/s$）	Q（m^3/s）
1.0	8.50	10.61	0.80	38.54	5.08
1.5	13.88	12.41	1.12	40.76	10.37
2.0	20.00	14.1	1.41	42.36	17.42
2.5	26.88	16.0	1.68	43.61	26.32

（3）利用表 6-4 中的数据，点绘出 $h_0 \sim Q$ 曲线，如图 6-7 所示。从曲线横坐标为 Q =9.68m^3/s 的点作铅直线与 $h_0 \sim Q$ 曲线相交，该交点对应的纵坐标 h_0=1.45m，即为所求。

故渠堤高度为

$$h_0 + \Delta h = 1.45 + 0.4 = 1.85 \text{ m}$$

2. 逼近法（也叫迭代法）

该法可以采用下式求解梯形断面（边坡系数 $m \neq 0$）明渠均匀流的正常水深

$$h_0 = \sqrt{a_2^2 + a_1(b + 2h\sqrt{1+m^2})^{0.4}} - a_2 \qquad (6-19)$$

其中
$$a_1 = \frac{1}{m}\left(\frac{nQ}{\sqrt{i}}\right)^{0.6}; \quad a_2 = \frac{b}{2m}$$

具体步骤如下：

（1）由已知 Q、b、m、n、i 值计算 a_1、a_2 值。

（2）假设一个水深 h，代入式（6-19）右端可计算出一个水深 h_0，判断 h 与 h_0 是否相等，通常第一次 $h \neq h_0$。

（3）以求出的 h_0 再代入式（6-19）右端，又计算一个水深 h_{01}，再以 h_{01} 代入式（6-19）右端计算出 h_{02}，依次类推，直到所求出的水深与代入的水深相等，此时水深即为所求正常水深 h_0。下面为具体的求解过程。

$$a_1 = \frac{1}{m}\left(\frac{nQ}{\sqrt{i}}\right)^{0.6} = \frac{1}{1.5}\left(\frac{0.025 \times 9.68}{\sqrt{0.0003}}\right)^{0.6} = 3.244$$

$$a_2 = \frac{b}{2m} = \frac{7}{2 \times 1.5} = 2.333$$

将 a_1、a_2 值代入式（6-19）得计算式

$$h_0 = \sqrt{2.333^2 + 3.244 \times (7 + 3.606h)^{0.4}} - 2.333$$

设 h=2.0m 代入计算式右端，得 h_0=1.517m

将 h_0=1.517m 再代入计算式右端，得 h_{01}=1.454m

将 h_{01}=1.454m 再代入计算式右端，得 h_{02}=1.445m

将 $h_{02}=1.445\text{m}$ 再代入计算式右端，得 $h_{03}=1.445\text{m}$

故所求正常水深 h_0 为 1.45m。

3. 查图法

这是直接利用已制成的曲线（见附录Ⅰ）求解。解题步骤如下：

（1）求流量模数

$$K_0=\frac{Q}{\sqrt{i}}=\frac{9.68}{\sqrt{0.0003}}=558.875\ \text{m}^3/\text{s}$$

（2）求比数

$$\frac{b^{2.67}}{nK_0}=\frac{7^{2.67}}{0.025\times558.875}=12.817$$

（3）依据比数，查附录中 $m=1.5$ 的相应曲线，得

$$\frac{h_0}{b}=0.207$$

（4）求 h_0

$$h_0=b\times\frac{h_0}{b}=b\times0.207=7\times0.207=1.45\ \text{m}$$

本题的其它条件不变，若给定 h_0 求解 b 时，同样可运用试算法、逼近法或查图法（利用附录Ⅱ）求解。利用逼近法求解渠底底宽时，采用下述计算公式：

$$b=\frac{A}{h}-mh=\frac{m}{h}a_1\left(b+2h\sqrt{1+m^2}\right)^{0.4}-mh \tag{6-20}$$

式中符号的意义同式（6－19）。

另外，利用 Microsoft Excel 可简单快捷地对正常水深或底宽进行计算，具体算法见第十三章。

第四节　明渠均匀流计算中的几个问题

一、水力最佳断面

明渠过水能力与明渠的断面形状、尺寸、底坡和粗糙系数有关，在明渠底坡和粗糙系数确定的情况下，明渠的过水能力就取决于断面形状和尺寸。

水力最佳断面是指在已知渠道底坡和粗糙系数的条件下，过水断面面积一定，通过的流量最大，或者通过的流量一定，所需的过水断面面积最小的断面。由式（6－16）可以知道，当渠道底坡 i、粗糙系数 n 和过水断面面积 A 一定时，湿周 χ 愈小（即水力半径 R 愈大），通过的流量 Q 愈大。由几何学知道：过水断面面积相等时，圆形周长最小，即湿周最小，水力半径最大。但在实际工程中，只有钢筋混凝土渡槽或钢丝网水泥薄壳渡槽有时采用半圆形断面，一般渠道多为梯形断面。

对于梯形断面：$A=(b+mh)h$，$\chi=b+2h\sqrt{1+m^2}$，根据水力最佳断面的定义和数学分析中求极值的方法，梯形断面满足水力最佳断面的条件为

$$\frac{\text{d}A}{\text{d}h}=(b+mh)+h\left(\frac{\text{d}b}{\text{d}h}+m\right)=0$$

$$\frac{d\chi}{dh}=\frac{db}{dh}+2\sqrt{1+m^2}=0$$

由以上两式解得梯形水力最佳断面的宽深比 $\beta_{佳}$ 值为

$$\beta_{佳}=\frac{b}{h}=2(\sqrt{1+m^2}-m)=f(m) \tag{6-21}$$

式（6-21）表明：梯形水力最佳断面的宽深比 $\beta_{佳}$ 仅是边坡系数 m 的函数。矩形断面可认为是边坡系数 $m=0$ 的梯形断面，由式（6-21）可得矩形过水断面水力最佳断面的宽深比 $\beta_{佳}=2$，水力半径 $R=h/2$。不难证明，矩形或梯形水力最佳断面实际上是半圆的外切多边形断面（见图 6-8）。

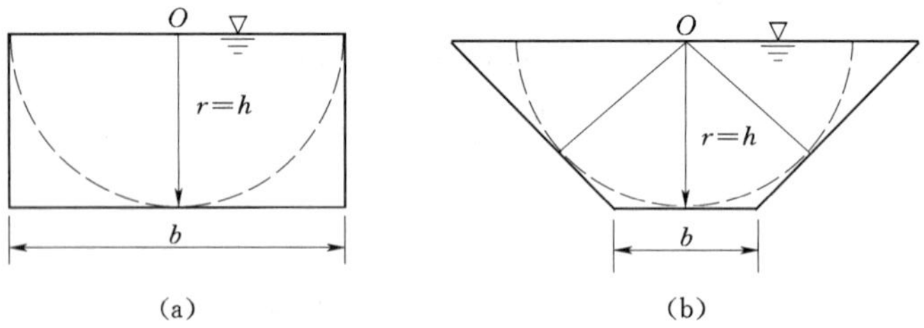

图 6-8

一般土质渠道的边坡系数 $m>1$，则 $\beta_{佳}<1$。显然这样的梯形水力最佳断面都是窄深式的，虽然工程量小，但需深挖高填，提高了单位土方的造价，又不便于施工和养护，特别对于大型渠道，既不经济，技术上也不合理。所以，实际工程中采用的断面一般不是水力最佳断面，具体设计时要进行技术经济比较。

二、渠道的允许流速

合理选择渠道的设计方案，除考虑技术经济因素之外，还应根据渠道担负的供水任务（灌溉、水电站供水、航运等）、渠槽表面的建筑材料、水流的含沙量及运行管理等技术方面的要求，对渠道中的流速进行限制，使渠道满足不冲不淤及其它技术要求。下面就各种因素分别讨论。

（一）不冲允许流速 $v_{不冲}$

这是指渠道免遭冲刷破坏的最大限制流速。它的大小决定于建渠的材料或渠道的衬砌材料（如土渠中土壤的种类、级配及密实程度），还与渠道中流量、水深及水流的挟沙情况有关。具体计算可参考表 6-5 或有关水力计算手册。

（二）不淤允许流速 $v_{不淤}$

这是指保证渠中水流所挟的泥沙不淤积的最小流速，它的大小与水流条件及挟沙特性等多方面因素有关，可参考有关水力计算手册确定。

（三）其它要求

对于有冬季灌溉、航运、电站引水和防止杂草滋生等方面的要求时，应根据相应的安全运行和应用管理方面的要求，参考有关水力计算手册确定允许流速的大小。

【例 6-4】 一建在重壤土地段梯形断面的排水渠道，已知：底坡 $i=0.0002$，边坡系数 $m=1.25$，粗糙系数 $n=0.025$，需要通过的设计流量 $Q=2m^3/s$。试按水力最佳断面设计渠道，并校核渠中流速（已知渠道的不淤允许流速 $v_{不淤}=0.4\text{m/s}$）。

解　(1) 按式 (6-21) 算出水力最佳断面的宽深比

$$\beta_{佳}=2(\sqrt{1+m^2}-m)=2(\sqrt{1+1.25^2}-1.25)=0.702,\text{则 } b=0.702h$$

又
$$A=(b+mh)h=(0.702h+1.25h)h=1.952h^2$$

$$\chi=b+2h\sqrt{1+m^2}=0.702h+2h\sqrt{1+1.25^2}=3.904h$$

$$R=\frac{A}{\chi}=\frac{1.952h^2}{3.904h}=\frac{h}{2}=0.50h$$

$$C=\frac{1}{n}R^{1/6}=\frac{1}{0.025}\times(0.5h)^{1/6}=35.636h^{1/6}$$

$$Q=AC\sqrt{Ri}$$
$$=1.952h^2\times35.636h^{1/6}\times\sqrt{0.5h\times0.0002}=0.696h^{8/3}$$

将 $Q=2\text{m}^3/\text{s}$ 代入上式可得

$$h=\left(\frac{Q}{0.69}\right)^{3/8}=\left(\frac{2}{0.69}\right)^{3/8}=1.486\text{m}\approx1.49\text{m}$$

则
$$b=0.702h=0.702\times1.486=1.043\text{m}\approx1.04\text{m}$$

(2) 渠中流速校核。渠中断面平均流速

$$v=\frac{Q}{A}=\frac{Q}{(b+mh)h}=\frac{2}{(1.043+1.25\times1.486)\times1.486}$$
$$=0.464\text{m/s}\approx0.46\text{ m}$$

查表 6-5 查得 $R=1.0\text{m}$ 时的不冲允许流速 $v'_{不冲}=(0.70\sim1.00)\text{ m/s}$，对所设计的水力最佳断面 $R=\frac{h}{2}=\frac{1.49}{2}=0.745\ (\text{m})$；取 $\alpha=\frac{1}{4}$，则

$$v_{不冲}=v'_{不冲}R^{\alpha}$$
$$=(0.70-1.00)\times0.745^{1/4}$$
$$=(0.65-0.93)\text{m/s}$$

又已知渠道的不淤允许流速 $v_{不淤}=0.4\text{m/s}$，所以 $v_{不淤}<v<v_{不冲}$，即所设计断面满足渠道不冲刷不淤积的条件。

表 6-5　　**渠道不冲允许流速 $v_{不冲}$ 数值表**

一、坚硬岩石和人工护面渠道			
岩石或护面种类	渠道流量（m^3/s）		
	<1.0	1～10	>10
软质水成岩（泥灰岩、页岩、软砾岩）	2.5	3.0	3.5
中等硬质水成岩（致密砾岩，多孔石灰岩、层状石灰岩、白云石灰岩、灰质砂岩）	3.5	4.25	5.0
硬质水成岩（白云砂岩、砂质石灰岩）	5.0	6.0	7.0
结晶岩、火成岩	8.0	9.0	10.0
单层块石铺砌	2.5	3.5	4.0
双层块石铺砌	3.5	4.5	5.0
混凝土护面（水流中不含砂和卵石）	6.0	8.0	10.0

续表

二、土 质 渠 道

	土 质	不冲允许流速(m/s)		说 明
均质粘性土	轻壤土	0.60～0.80		(1) 均质粘性土质渠道中各种土质的干容重为 1.3～1.7t/m^3；(2) 表中所列为水力半径 $R=1.0$m 的情况，如 $R\neq1$m，则应将表中数值乘以 R^α 才得相应的不冲允许流速值。对于砂、砾石、卵石，疏松的壤土、粘土 $\alpha=\frac{1}{3}\sim\frac{1}{4}$；对于密实的壤土、粘土 $\alpha=\frac{1}{4}\sim\frac{1}{5}$
	中壤土	0.65～0.85		
	重壤土	0.70～1.00		
	粘 土	0.75～0.95		
均质无粘性土	土质	粒径（mm）	不冲允许流速（m/s）	
	极细砂	0.05～0.10	0.35～0.45	
	细砂、中砂	0.25～0.50	0.45～0.60	
	粗 砂	0.50～2.00	0.60～0.75	
	细砾石	2.00～5.00	0.75～0.90	
	中砾砂	5.00～10.0	0.90～1.10	
	粗砾砂	10.0～20.0	1.10～1.30	
	小卵石	20.0～40.0	1.30～1.80	
	中卵石	40.0～60.0	1.80～2.20	

注　上表引自陕西省水利电力厅勘测设计院“陕西省灌溉渠系设计规范和编写说明”，1967 年 7 月。

三、过水周界上粗糙系数不同明渠均匀流的水力计算

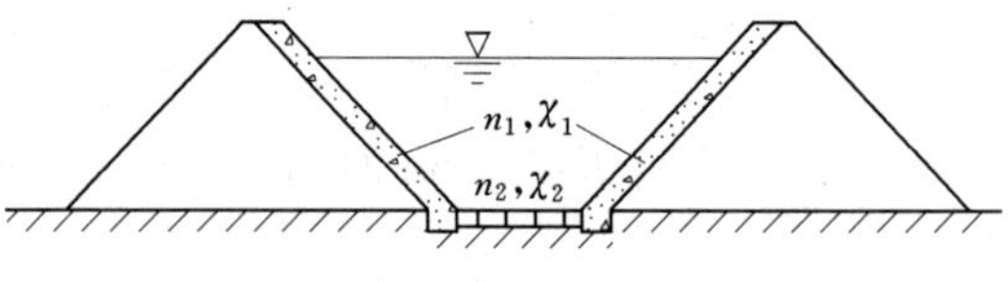

图 6-9

当明渠的过水断面上的粗糙系数沿湿周发生变化时，这种渠道称为非均质渠道，如图 6-9 所示为边坡混凝土护面而底部浆砌石护底的渠道。对于非均质渠道进行水力计算时，可采用综合粗糙系数等效代替沿湿周不同的粗糙系数，这样可以将非均质渠道的水力计算转化为均质渠道的水力计算。综合粗糙系数可以用下式计算

$$n_{综}=\sqrt{\frac{\sum n_i^2\chi_i}{\sum\chi_i}} \tag{6-22}$$

除了采用上述公式计算 $n_{综}$ 外，还可参考有关水力计算手册采用其它计算公式。

四、复式断面明渠均匀流计算的处理方法

平原地区的天然河道常为不规则的复式断面。流量变幅较大的大型人工明渠也常采用复式断面，如图 6-10 所示。像这种沿湿周各部分水深相差大，粗糙系数不同，断面各部分流速相差较大的过水断面，若将整个断面当成一个统一的总流断面进行计算，必然得出的结果误差较大。复式断面明渠均匀流一般按下列方法进行计算。如图 6-10 所示，先用铅垂线将断面划分为水深不等的几个部分，分别运用明渠均匀流公式计算出各自的流量 Q_i，再进行叠加得渠道的总流量 Q，即

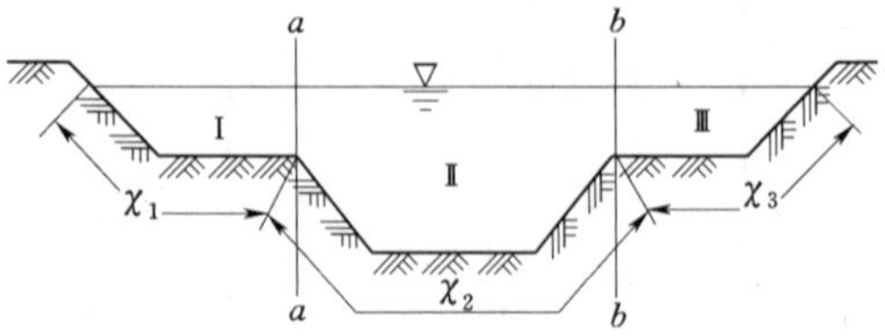

图 6-10

$$Q = \sum Q_i = \sum K_i \sqrt{i} \tag{6-23}$$

K_i 为各部分过水断面的流量模数。运用上式时还应注意：一是保证同一过水断面上水面为水平面，各部分的水力坡降相同，且等于渠道的底坡 i；二是计算湿周时不能计入划分断面的分界线。

习　　题

6-1　一梯形断面渠道，底宽 $b=2\text{m}$，边坡系数 $m=2.5$，底坡 $i=0.001$，粗糙系数 $n=0.025$。当正常水深 $h_0=0.5\text{m}$ 时，问能否通过流量 $Q=1\text{m}^3/\text{s}$。

6-2　如题 6-2 图所示，混凝土圆管直径 $d=1\text{m}$，粗糙系数 $n=0.016$，底坡 $i=0.01$。求水深 h 分别为 $d/4$、$d/2$ 及 $3d/4$ 时的流量。

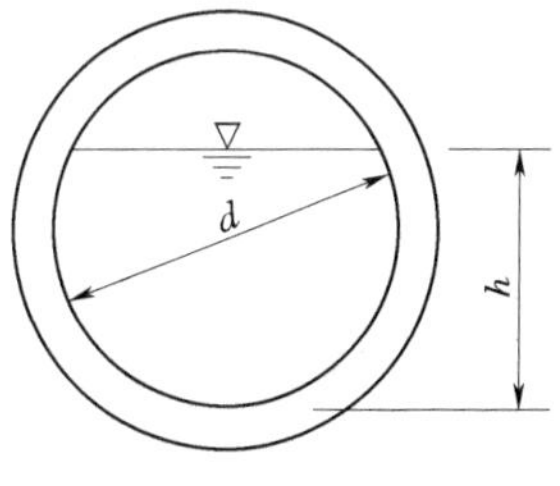

题 6-2 图

6-3　在梯形渠道相距 1200m 的两处测得水面的高程分别为▽250.53m、▽250.23m，又知渠底的宽度 $b=10\text{m}$，边坡系数 $m=1.5$，正常水深 $h_0=3\text{m}$，流量为 $40\text{m}^3/\text{s}$。试按均匀流估算粗糙系数 n 值。

6-4　一梯形混凝土渠道，按均匀流设计。现已知通过的流量 $Q=35\text{m}^3/\text{s}$，底宽 $b=8\text{m}$，边坡系数 $m=1.5$，粗糙系数 $n=0.0125$，底坡 $i=0.0012$。试求保证超高 $\Delta h=0.3\text{m}$ 时渠堤的高度。

6-5　一梯形土质灌溉渠道，按均匀流设计。根据渠道等级、土质情况确定渠道的底坡 $i=0.001$，边坡系数 $m=1.5$，粗糙系数 $n=0.025$，渠道设计流量 $Q=4.2\text{m}^3/\text{s}$，并选定水深 $h=1\text{m}$。试设计渠道的底宽 b。

6-6　在坚固的黄土中开挖梯形断面的渠道。已知渠中通过的流量为 $4\text{m}^3/\text{s}$，粗糙系数 $n=0.0225$，边坡系数 $m=1$，底坡 $i=0.0004$，选定渠道的宽深比 $\beta=b/h_0=2.5$。试求渠道的底宽 b 和水深 h_0。

6-7　某用条石砌筑的矩形断面渠道长而顺直，已知：渠道的粗糙系数 $n=0.023$，底宽 $b=8\text{m}$，底坡 $i=0.0001$。试求过水断面符合水力最佳断面时通过的流量。

6-8　灌区中一矩形断面渡槽，底宽为 $b=5\text{m}$，钢筋混凝土槽身，粗糙系数 $n=0.014$，通过的设计流量 $Q=26\text{m}^3/\text{s}$，水深 $h=3.08\text{m}$。试求渡槽的底坡为多少？并校核此时槽内流速是否满足通航要求（渡槽内允许通航流速 $v<1.8\text{m/s}$）。

6-9　某梯形土质渠道，土质种类为均质无粘性粗砂，渠道的粗糙系数 $n=0.02$，底坡 $i=0.001$，边坡系数 $m=2$，底宽 $b=1\text{m}$，水深 $h=1\text{m}$，水中含沙量极少，渠中不淤流速为 0.5m/s。试校核该渠道是否满足不冲不淤的要求。

6-10　有一傍山渠道的断面如题 6-10 图所示，靠山一侧按 1∶0.5 的边坡开挖，岩面的粗糙系数 $n_1=0.030$，另一侧为混凝土边墙，粗糙系数 $n_2=0.017$，底宽 $b=6\text{m}$，底坡 $i=0.002$。试求当渠中水深 $h=1.5\text{m}$ 时的过水能力。

6-11　一复式断面河道，已知渠道底坡 $i=0.0001$，深槽的粗糙系数 $n_1=0.025$，滩地的粗糙系数 $n_2=0.030$，洪水位及其它尺寸如题 6-11 图所示。求渠道通过的洪水流量。

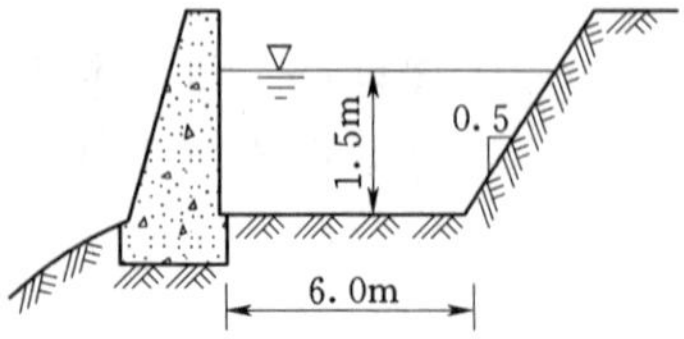

题 6－10 图

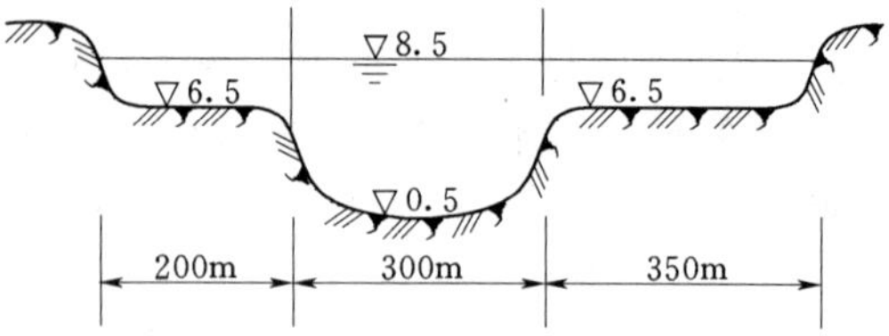

题 6－11 图

第七章 明渠恒定非均匀流

天然河道或者人工渠道中的水流，绝大多数是非均匀流。这是因为产生非均匀流的因素很多，如过水断面形状及尺寸的改变；糙率或底坡的沿程变化；河道或渠道中修建的水工建筑物的影响等，都可以形成非均匀流。如图 7-1 所示，渠道上的水闸前后，渠道底坡变化处上下游的水流都属于明渠非均匀流。

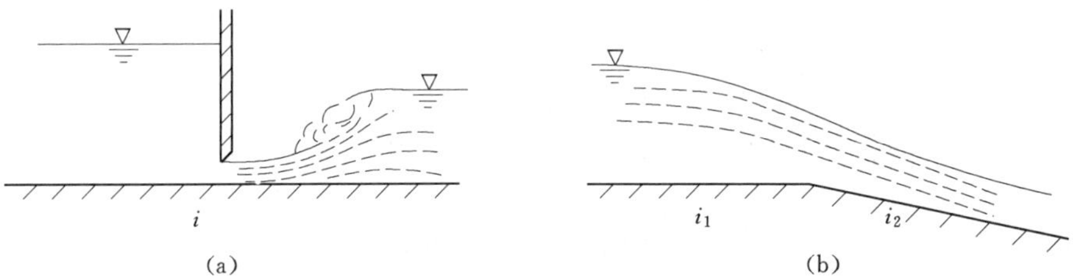

图 7-1

明渠非均匀流的渠道底坡 i，水面坡度 J_p 和水力坡度 J 不相等，流速、水深沿程变化，流线不是平行直线。如果明渠非均匀流的流线间的夹角较小，曲率半径较大，称为明渠渐变流，反之为急变流。

河道或渠道的纵剖面与水面的交线，称为水面线。非均匀流的水面线不是直线而是曲线，水面线的壅高或降低，不仅影响河道或渠道堤防和护岸的高程，而且对河道、渠道的淤积、冲刷也会造成直接影响。因此，分析和计算明渠非均匀流的水面线，在实际工程中有着十分重要的意义。本章重点研究明渠恒定非均匀渐变流水面线的变化规律和计算方法。

第一节 明渠水流的三种流态及其判别

一、明渠水流的三种流态

在生活中大家会观察到一种现象，在平静的湖面上投一颗石子，水面将会产生一个干扰波，而且这个波动是以石子的着水点为中心，以一定的速度 v_ω 向四周传播。平面上干扰波的波形是半径不等的同心圆，如图 7-2 (a) 所示。如果在流动的水中投一颗石子，设水流的断面平均流速为 v，那么水面波的传播速度应是水流的速度与波速的矢量和。根据 v 和 v_ω 的大小，水面波的传播图形如图 7-2 (b)、图 7-2 (c)、图 7-2 (d) 所示。当 $v<v_\omega$ 时，水面波将以 $v'_\omega=v_\omega-v$ 的速度向上游传播，以速度 $v'_\omega=v+v_\omega$ 向下游传播；当 $v\geqslant v_\omega$ 时，水面波不能向上游传播，只能向下游传播，向下游传播的速度为 $v+v_\omega$；当 $v=v_\omega$ 时，$v+v_\omega=2v_\omega$。在水力学研究中，根据干扰微波能否向上游传播，将水流分为缓流、急流和临界流。

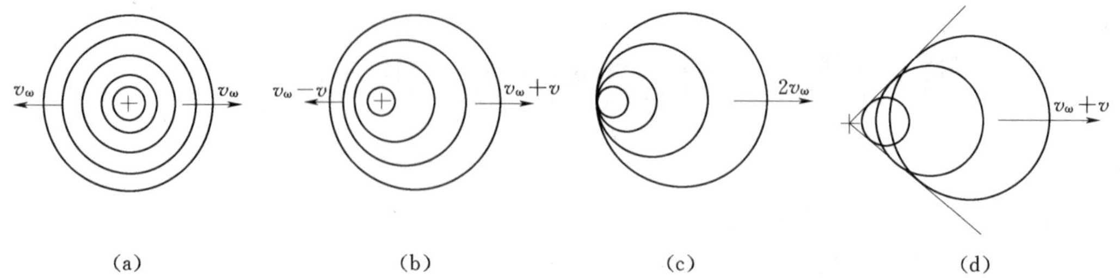

图 7-2

(a) $v=0$；(b) $v<v_\omega$；(c) $v=v_\omega$；(d) $v>v_\omega$

当 $v<v_\omega$ 时，干扰波能向上游传播，称为缓流；

当 $v>v_\omega$ 时，干扰波不能向上游传播，称为急流；

当 $v=v_\omega$ 时，干扰波不能向上游传播，但处于临界状态，称为临界流。

正确判别水流的三种流态，对分析研究明渠非均匀流的水面曲线变化有着重要作用。

（一）微波的波速

由上面的分析可知，要判别水流的流态，不仅需要知道水流的断面平均流速，还必须求出微波的波速，下面建立微波波速的表达式。

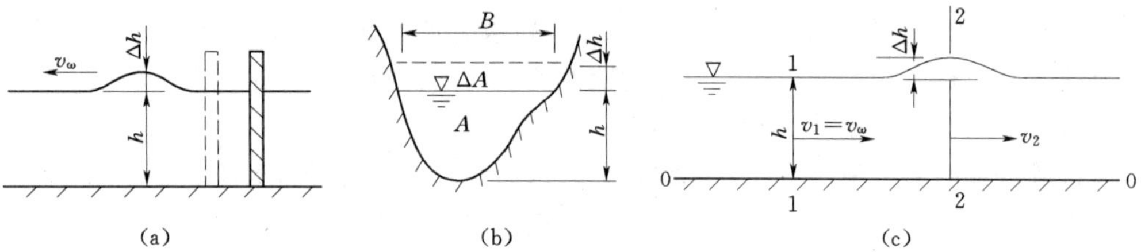

图 7-3

如图 7-3（a）、图 7-3（b）所示，任意形状的平底棱柱体明渠，渠内水流处于静止状态，水深为 h，断面面积为 A，水面宽度为 B。若用一竖直平板，以一定的速度向左拨动一下，水面将产生一个向左移动的干扰微波。设微波的波高为 Δh，波速为 v_ω，如果忽略摩阻力的影响，则微波将保持开始的形状和速度一直传到无限远处。若用相对运动的概念，也可认为干扰波是静止的，水体以速度 v_ω 向右运动，如同观察者坐在火车上看到车厢是不动的，铁路两侧的物体向后跑一样。对于以速度 v_ω 自右向左运动的坐标系而言，明槽中的水流运动是不随时间而变化的恒定流，但因水深沿流程变化，所以是非均匀流动。如图 7-3（c）所示，以渠底为基准，对相距很近的 1—1 断面和 2—2 断面列能量方程，不计两断面间的能量损失，则

$$h+\frac{\alpha_1 v_1^2}{2g}=(h+\Delta h)+\frac{\alpha_2 v_2^2}{2g} \tag{7-1}$$

根据连续方程

$$v_2=\frac{A}{A+\Delta A}v_1$$

将上式代入式（7-1），令 $a_1=a_2=1$，并以 v_ω 代替 v_1 得

$$h+\frac{v_\omega^2}{2g}=h+\Delta h+\left(\frac{A}{A+\Delta A}\right)^2\frac{v_\omega^2}{2g}$$

$\Delta A \approx B \cdot \Delta h$，代入上式整理得

$$v_\omega=\sqrt{\frac{2g\left(\frac{A}{B}+\Delta h\right)^2}{\frac{2A}{B}+\Delta h}}$$

对于微波，波高 $\Delta h \ll A/B$（断面平均水深），略去 Δh，则微波波速的表达式为

$$v_\omega=\sqrt{g\frac{A}{B}} \tag{7-2}$$

若明槽的断面形状为矩形，$A=Bh$，则

$$v_\omega=\sqrt{gh} \tag{7-3}$$

断面为任意形状时，式（7-2）可简化为

$$v_\omega=\sqrt{g\bar{h}} \tag{7-4}$$

式中 $\bar{h}$——断面平均水深。

由式（7-4）可以看出，在忽略摩阻力的情况下，微波的波速与断面平均水深的 1/2 次方成正比，水深愈大，波速亦愈大。

（二）流态的判别数——佛汝德数

当求出明渠中的断面平均流速和干扰波的波速之后，将两者比较，就可以判别水流的流态。但在水力学研究中，通常是以水流的流速和波速的比值作为流态的判别数，称为佛汝德数，用符号 Fr 表示

$$Fr=\frac{v}{v_\omega}=\frac{v}{\sqrt{g\frac{A}{B}}}=\frac{v}{\sqrt{g\bar{h}}} \tag{7-5}$$

当 $Fr<1$，则 $v<v_\omega$，水流为缓流；

当 $Fr>1$，则 $v>v_\omega$，水流为急流；

当 $Fr=1$，则 $v=v_\omega$，水流为临界流。

佛汝德数是一个无量纲数，是水力学中的一个极其重要的判别数。为了理解其物理意义，可以将佛汝德数改变一下形式，写为

$$Fr=\frac{v}{\sqrt{g\bar{h}}}=\sqrt{2\frac{\frac{v^2}{2g}}{\bar{h}}} \tag{7-6}$$

显而易见，佛汝德数 Fr 反映了过水断面上单位重量的液体所具有的平均动能与平均势能之比。Fr 愈大，水流的平均动能所占的比重愈大，当平均单位动能等于平均单位势能的 1/2 时，$Fr=1$，水流为临界流。当平均单位动能大于或小于平均单位势能的 1/2 时，$Fr>1$ 或 $Fr<1$，水流分别为急流或缓流。

佛汝德数的物理意义还可以通过量纲分析来认识。

惯性力的量纲式可表示为 $[F]=[M][a]=[\rho L^3][L/T^2]=[\rho L^2 v^2]$

重力的量纲式可表示为　　$[G]=[M][g]=[\rho L^3 g]$

惯性力和重力之比开平方的量纲式为

$$\left[\frac{F}{G}\right]^{1/2}=\left[\frac{\rho L^2 v^2}{\rho L^3 g}\right]^{1/2}=\left[\frac{v}{\sqrt{gL}}\right]$$

这个比值的量纲式与佛汝德数的量纲式相同，所以通过量纲分析可以看出，佛汝德数表示了水流的惯性力与重力作用的对比关系。当 $Fr<1$ 时，惯性力的作用小于重力的作用，水流为缓流；当 $Fr>1$ 时，惯性力的作用大于重力的作用，水流为急流；当 $Fr=1$ 时，惯性力与重力的作用相等，水流为临界流。

二、断面单位能量、临界水深

为了从能量的角度进一步分析明渠水流的三种流态，需要引入断面单位能量和临界水深的概念。

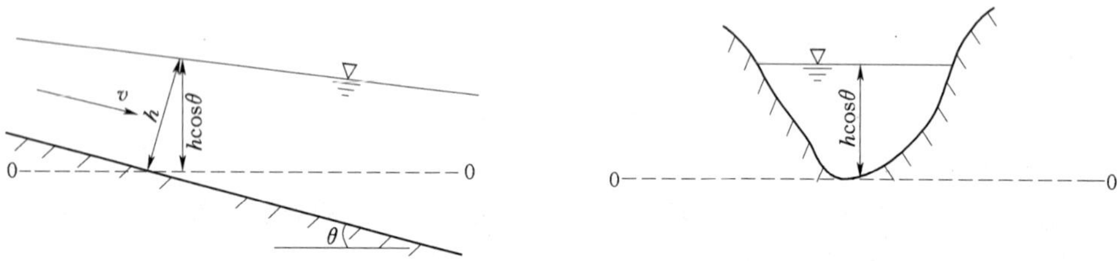

图 7-4

（一）断面单位能量

如图 7-4 所示，明渠的底坡与水平面的夹角为 θ，水流为非均匀渐变流。任取一过水断面，设水深为 h、流速为 v，若以过断面最低点的水平面为基准面，以水面为代表点，断面上单位重量的液体所具有的机械能，称为断面单位能量或断面比能，以 E_s 表示。

$$E_s=h\cos\theta+\frac{\alpha v^2}{2g} \tag{7-7}$$

当底坡较小（工程中一般当底坡 $i<10\%$）时，$\cos\theta\approx1$，常采用

$$E_s=h+\frac{\alpha v^2}{2g} \tag{7-8}$$

式（7-8）可改写为

$$E_s=h+\frac{\alpha Q^2}{2gA^2} \tag{7-9}$$

由式（7-9）可以看出，当流量 Q 和渠道的过水断面的形状和尺寸一定时，断面比能仅仅是水深的函数，即 $E_s=f(h)$。在非均匀流中，由于边界条件的影响，同一流量可能会以不同的水深通过某一过水断面，水深不同，过水断面面积 A 和流速 v 也不同，可以计算出不同的断面比能 E_s 值。以水深 h 为纵坐标，以 E_s 为横坐标，可以绘制出 $h\sim E_s$ 关系曲线。$h\sim E_s$ 关系曲线，称为比能曲线。下面首先定性分析一下比能曲线的变化规律。

由式（7-9）可以看出：当 $h\to0$ 时，$A\to0$，$\frac{\alpha Q^2}{2gA^2}\to+\infty$，$E_s\to+\infty$，比能曲线以横

坐标轴为渐近线；当 $h\to+\infty$时，$A\to+\infty$，$\frac{\alpha Q^2}{2gA^2}\to0$，$E_s\to+\infty$，比能曲线以45°线为渐近线。因为断面比能是水深的连续函数，并且水深 h 从0增加到$+\infty$，断面单位能量 E_s 从$+\infty$先是减小，而后再增加到$+\infty$，故比能曲线中间必有一拐点，拐点所对应的断面比能为最小值。根据上面的讨论，定性绘制出的比能曲线如图7-5所示。

（二）临界水深

为了解断面比能最小值所对应的水深的意义，可以将式（7-9）对 h 求一阶导数，并令其等于零。

$$\frac{\mathrm{d}E_s}{\mathrm{d}h}=\frac{\mathrm{d}}{\mathrm{d}h}\left(h+\frac{\alpha Q^2}{2gA^2}\right)=1-\frac{\alpha Q^2}{gA^3}\frac{\mathrm{d}A}{\mathrm{d}h}=0$$

式中 $\mathrm{d}A$ 是水深变化 $\mathrm{d}h$ 而引起的过水断面面积的变化，故$\frac{\mathrm{d}A}{\mathrm{d}h}=B$，$B$ 为过水断面的水面宽度，代入上式得

$$\frac{\mathrm{d}E_s}{\mathrm{d}h}=1-\frac{\alpha Q^2}{gA^3}\frac{\mathrm{d}A}{\mathrm{d}h}=1-\frac{\alpha v^2}{g\frac{A}{B}} \tag{7-10}$$

取 $\alpha=1$，则式（7-10）可写为

$$\frac{\mathrm{d}E_s}{\mathrm{d}h}=1-Fr^2=0 \tag{7-11}$$

上式表明，断面比能最小时，$Fr=1$，这就是前面讲到的临界流动。因此，把断面比能最小值所对应的水深称为临界水深，用 h_k 表示。图7-5中，临界水深在比能曲线上所对应的点 C，将比能曲线分成上下两支，曲线上半支随水深 h 的增大，断面比能 E_s 增大，即 $\mathrm{d}E_s/\mathrm{d}h>0$，$Fr<1$，为缓流；曲线下半支随水深 h 的增大，断面比能 E_s 减小，即 $\mathrm{d}E_s/\mathrm{d}h<0$，$Fr>1$，表示流动属于急流。断面比能曲线是对某一固定断面而言的，且与流量有关。对于同一断面，不同流量可以得出不同的比能曲线及相应的临界水深，如图7-5中虚线所示。当渠道中通过某一流量时，实际水深 h 大于临界水深 h_k，相应于比能曲线上支，为缓流；实际水深 h 小于临界水深 h_k，相应于比能曲线下支，为急流；实际水深 $h=h_k$，则为临界流。故用临界水深也可判别水流的流态。

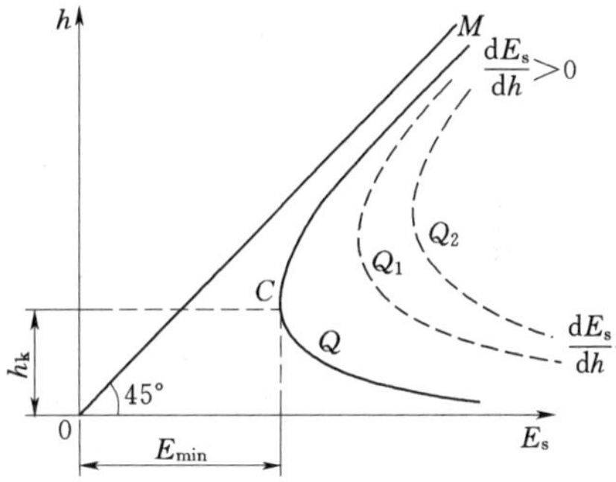

图7-5

若以 A_k、B_k 分别表示临界水深 h_k 所对应的过水断面面积和水面宽度，由式（7-10）可以得到临界水深的计算公式为

$$1-\frac{\alpha Q^2}{gA^3}\frac{\mathrm{d}A}{\mathrm{d}h}=0$$

即

$$\frac{\alpha Q^2}{g}=\frac{A_k^3}{B_k} \tag{7-12}$$

当流量 Q、断面形状和尺寸一定时，可以用式（7-12）求解临界水深。对于任意形

状的断面，式（7-12）是临界水深的隐函数形式，求解临界水深需要试算。为了方便计算，对于水利工程中常见的梯形断面、圆形断面可以利用附录Ⅲ图解法求出临界水深。另外，对于梯形断面还可以用逼近法计算临界水深。逼近法、图解法的具体算法见[例 7-2]。

对于矩形断面 $A_k=B_k h_k$，总流量 $Q=B_k q$ [q 为单宽流量，单位是 $m^3/(s\cdot m)$]，代入式（7-12）可以得到临界水深的计算公式为

$$h_k=\sqrt[3]{\frac{\alpha q^2}{g}} \tag{7-13}$$

下面再分析一下矩形明槽中的临界流动的水深、流速水头和断面单位能量间的关系。将 $q=h_k v_k$ 代入式（7-13），整理得

$$h_k=2\frac{\alpha v_k^2}{2g} \tag{7-14}$$

临界流动的断面比能为

$$E_s=h_k+\frac{h_k}{2}=\frac{3}{2}h_k$$

或

$$h_k=\frac{2}{3}E_s \tag{7-15}$$

由上面可以看出，矩形明槽中的临界流动，临界水深是临界流速水头的 2 倍，是断面单位能量的 2/3。

前面分析了一定流量通过固定断面时断面比能与水深的关系，下面以矩形明槽为例，进一步分析对某一固定断面，若断面比能一定，水深与单宽流量之间的关系。

以 $v=q/h$，代入式（7-8），并取 $\alpha=1$，可得

$$q=h\sqrt{2g(E_s-h)} \tag{7-16}$$

由式（7-16）可知：若 $E_s=\text{const}$，$q=0$ 时，水深存在最小值 $h=0$ 和最大值 $h=E_s$，在 $0<h<E_s$ 区间，$q>0$。因此，水深由 $h=0$ 增大到 $h=E_s$，单宽流量则经历由 0 增大再减小至 0 的变化过程，单宽流量必定存在最大值，它所对应的水深可以从 $dq/dh=0$ 求出，求解得

$$h=\frac{2}{3}E_s$$

前面已证明，水深 $h=\frac{2}{3}E_s$ 时，为临界水深，即 $h=h_k$，故 $E_s=\text{const}$ 时，临界流动时的过流量最大。以 h 为纵坐标，q 为横坐标，点绘 $h\sim q$ 关系曲线，如图 7-6 所示。

从图中可以看出，当断面比能不变时，对于缓流（曲线上半支），单宽流量愈大，水深愈小，$dq/dh<0$；对于急流（曲线下半支），单宽流量愈大，水深愈大，$dq/dh>0$。

三、临界底坡、缓坡与陡坡

从第六章明渠均匀流知道，对于断面形状、尺寸和糙率一定的棱柱体明渠，当通过一定流量形成均匀流动时，渠道中的正常水深 h_0 仅仅与底坡 i 有关。底坡 i 愈大，h_0 愈小；底坡 i 愈小，h_0 愈大。正常水深 h_0 与底坡 i 的关系曲线，如图 7-7 所示。如果某一底坡正好使渠道中的正常水深 h_0 等于相应流量的临界水深 h_k，该底坡称为临界底坡，用 i_k 表

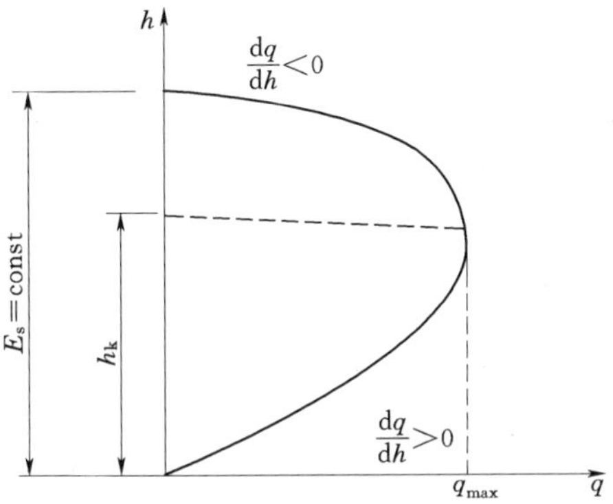

图 7-6

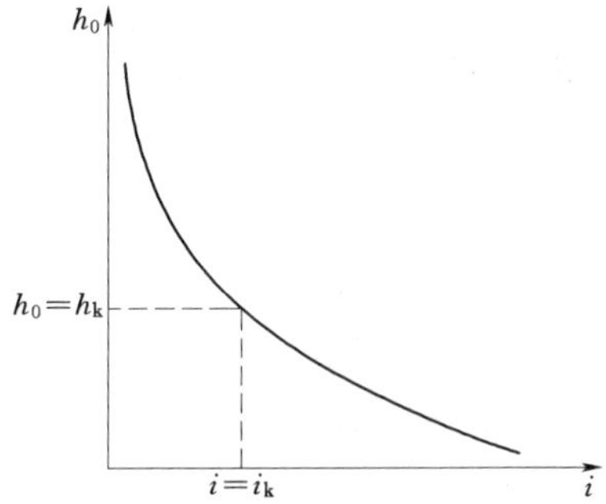

图 7-7

示。临界底坡上的流动应满足两个条件：一是均匀流动；二是临界流动。应同时满足关系式

$$\begin{cases} Q = A_k C_k \sqrt{R_k i_k} \\ \dfrac{\alpha Q^2}{g} = \dfrac{A_k^3}{B_k} \end{cases}$$

联解上两式可得临界底坡的计算式为

$$i_k = \frac{g\chi_k}{\alpha C_k^2 B_k} \tag{7-17}$$

对于宽浅渠道，$\chi_k \approx B_k$，式（7-17）可简化为

$$i_k = \frac{g}{\alpha C_k^2} \tag{7-18}$$

式中 A_k、B_k、C_k、R_k、χ_k——临界水深所对应的过水断面面积、水面宽度、谢才系数、水力半径和湿周。

由式（7-17）可知，临界底坡 i_k 与流量、断面形状及尺寸、糙率有关，与渠道的实际底坡 i 无关。对于一定的流量，如果渠中形成均匀流动，渠道的底坡与临界底坡比较，存在三种情况：①$i<i_k$，$h_0>h_k$，为缓流，渠道的底坡称为缓坡；②$i>i_k$，$h_0<h_k$，为急流，称为陡坡；③$i=i_k$，$h_0=h_k$，为临界流，称为临界坡。所以，在均匀流的情况下，根据临界底坡即可判别水流的流态。但是，对于非均匀流，由于边界条件的控制，渠中的水深不等于正常水深 h_0，所以在缓坡上可能会出现急流，陡坡上也可能出现缓流，不能用临界坡判别急流和缓流。还需要注意的是，临界坡与流量有关，对于同一渠道，流量不同，临界坡也不同，所以，要判别渠道底坡的类型，必须求出相应流量下的临界底坡。

【例 7-1】 一矩形断面明渠，底宽 $b=10$m，流量 $Q=45\text{m}^3/\text{s}$，正常水深 $h_0=3.5$m。试计算微波波速 v_ω、佛汝德数 Fr、临界水深 h_k，并根据计算结果用不同的方法判别明渠均匀流水流的流态。

解 渠中流速 $v = \dfrac{Q}{bh_0} = \dfrac{45}{10\times 3.5} = 1.286 \text{ m/s}$

微波波速 $v_\omega = \sqrt{gh_0} = \sqrt{9.8\times 3.5} = 5.857 \text{ m/s}$

佛汝德数 $$Fr=\frac{v}{v_{\omega}}=\frac{1.286}{5.857}=0.22<1$$

单宽流量 $$q=\frac{Q}{b}=\frac{45}{10}=4.500\ \text{m}^3/(\text{s}\cdot\text{m})$$

临界水深 $$h_k=\sqrt[3]{\frac{\alpha q^2}{g}}=\sqrt[3]{\frac{1\times 4.5^2}{9.8}}=1.27\ \text{m}$$

从波速看，因为 $v<v_{\omega}$，干扰波能向上游传播，故渠中水流为缓流。

以佛汝德数为标准，$Fr<1$，水流为缓流。

将正常水深与临界水深比较，$h_0>h_k$，渠中水流为缓流。

【例 7-2】 一梯形断面渠道，$Q=65\text{m}^3/\text{s}$，底宽 $b=8\text{m}$，边坡系数 $m=2.5$，糙率 $n=0.0225$，底坡 $i=0.0004$，渠中水流为明渠均匀流。试计算临界底坡 i_k，并判别渠道的底坡是缓坡还是陡坡？

解 要计算临界底坡 i_k，首先应计算临界水深 h_k

1. 图解法求 h_k

$$\frac{Q}{b^{2.5}}=\frac{65}{8^{2.5}}=0.359$$

由 $\frac{Q}{b^{2.5}}=0.359$ 和 $m=2.5$ 查附录Ⅲ得 $\frac{h_k}{b}=0.19$

$$h_k=0.19\times 8=1.52\ \text{m}$$

2. 逼近法求临界水深 h_k

用逼近法求梯形断面（边坡系数 $m\neq 0$）的临界水深采用下面的计算公式

$$h_k=\sqrt{\beta_1(b+2mh)^{1/3}+\beta_2^2}-\beta_2 \tag{7-19}$$

其中 $$\beta_1=\frac{1}{m}\left(\frac{\alpha Q^2}{g}\right)^{1/3},\quad \beta_2=\frac{b}{2m}$$

根据已知条件 $\beta_1=\frac{1}{m}\left(\frac{\alpha Q^2}{g}\right)^{1/3}=\frac{1}{2.5}\left(\frac{65^2}{9.8}\right)^{1/3}=3.022$，$\beta_2=\frac{b}{2m}=\frac{8}{2\times 2.5}=1.600$

把 β_1、β_2 代入式（7-19），得 h_k 的计算式

$$h_k=\sqrt{3.022(8+5h)^{1/3}+1.6^2}-1.6$$

设 $h=1.0\text{m}$ 代入计算式右端，得 $h_k=1.509\text{m}$；

把 $h_k=1.509\text{m}$ 再代入计算式右端，得 $h_{k1}=1.578\text{m}$；

再将 $h_{k1}=1.578\text{m}$ 代入计算式右端，重复上述计算，直到代入计算式右端的 $h_k=1.588\text{m}$ 时，求出的 h_k 值与代入值相等，故 $h_k=1.588\text{m}$。

逼近法比图解法精确，以逼近法计算结果进行以下水力要素的计算。

$$\chi_k=b+2h_k\sqrt{1+m^2}=8+2\times 1.588\times\sqrt{1+2.5^2}=16.552\ \text{m}$$

$$A_k=(b+mh_k)h_k=(8+2.5\times 1.588)\times 1.588=19.008\ \text{m}^2$$

$$B_k=b+2mh_k=8+2\times 2.5\times 1.588=15.940\ \text{m}$$

$$R_k=\frac{A_k}{\chi_k}=\frac{19.008}{16.552}=1.148\ \text{m}$$

$$C_k = \frac{1}{n} R_k^{1/6} = \frac{1}{0.0225} \times 1.148^{1/6} = 45.479 \text{ m}^{1/2}/\text{s}$$

$$i_k = \frac{g\chi_k}{\alpha C_k^2 B_k} = \frac{9.8 \times 16.552}{1 \times 45.479^2 \times 15.940} = 0.0049 > i = 0.0004$$

故属缓坡渠道。

第二节　缓流、急流的转换现象——水跌与水跃

缓流和急流是明渠水流两种不同的流态。当水流由一种流态转换为另一种流态时，会产生局部水力现象——水跌和水跃。下面分别讨论这两种水力现象的特点及有关问题。

一、水跌

水跌是明渠水流由缓流状态过渡到急流状态产生的水面连续跌落现象。如图 7-8 所示，在缓坡上处于缓流状态的明渠水流，因渠底变为陡坡或末端存在跌坎，水流在底坡改变的 c—c 断面的上下游一段距离内，由于重力作用增大，它力图将水流的势能转变为动能，因此水面会发生急剧降落，并以临界流动状态通过 c—c 断面，转变为急流，这就是水跌现象。

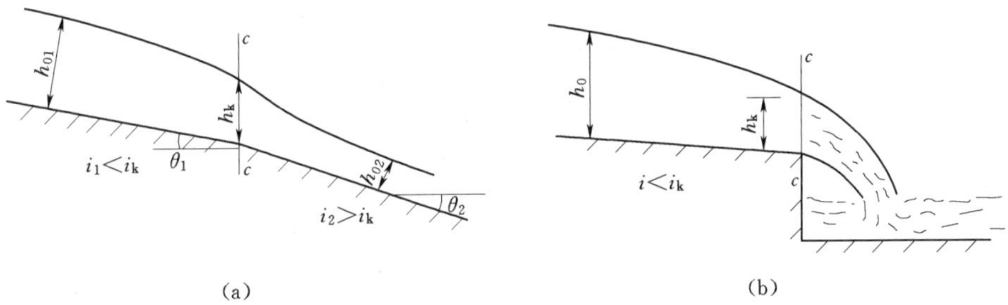

图 7-8

下面以图 7-8（a）渠道底坡由缓坡转变为陡坡的情况为例，说明 c—c 断面处的水深为什么等于临界水深。根据比能曲线图 7-5 可以知道，当上游段水深由正常水深 h_{01} 减小时，断面比能 E_s 将随之减小，但转折断面 c—c 的水深最低只能降至临界水深 h_k。因为如果在 c—c 断面之前已小于临界水深，水流将成为急流状态，根据比能曲线，若水深继续减小，将会形成在缓坡上（重力在运动方向的分量没有变化）水流一边克服阻力流动，断面比能反而增大的现象，这显然是不可能的，故 c—c 断面的最小极限水深是临界水深。在 c—c 断面之后的一段距离内，因底坡变为陡坡，重力在运动方向的分量增大，并大于下游均匀流段的沿程阻力 F_{f2}，即 $G\sin\theta_2 > F_{f2}$，所以在 c—c 断面之后的一段距离内，渠道水流的断面比能沿程增加，c—c 断面下游必定是急流，因为只有急流，水深减小，比能才会增加。随水深进一步减小，流速增大，沿程阻力增大，经过一定距离，$G\sin\theta_2 = F_{f2}$，断面比能不再变化，恢复为均匀流动。从上面的分析可知，c—c 断面之前不可能是急流，c—c 断面下游必定是急流，故 c—c 断面的水深一定是临界水深。根据实验观测，c—c 断面的水深并不等于 h_k，h_k 出现在 c—c 断面的上游，距 c—c 断面的距离为（3～4）h_k 处。

这是因为水跌属于急变流动，前面分析是根据渐变流条件得出的结果，没有考虑流线弯曲的影响。由于这种影响很小，在实际工程中，一般仍近似认为转折断面 $c—c$ 处的水深为 h_k。

二、水跃

（一）水跃现象

水跃是明渠水流从急流状态过渡到缓流状态时，水面突然跃起的局部水力现象。例如，在水闸、溢流堰的下游，下泄的水流多为急流状态，如果下游河（渠）道中为缓流，就会产生水跃现象。图 7-9 所示，为水闸下游产生的水跃。水跃区的流动可以分为主流区和表面漩滚区。主流区位于水跃的下部，在流动过程中，水流急剧扩散，水深增大，流速减小。主流区的上面有一个回漩翻腾的表面漩滚，水流饱掺空气。主流区与表面漩滚区的交界面上的流速梯度很大，水流紊动混掺强烈，水质点不断交换，致使造成大量的能量损失，使流速急剧下降，很快转化为缓流状态。由于水跃的消能效果好，所以泄水建筑物下游常用水跃消除动能，减小河（渠）道的冲刷。

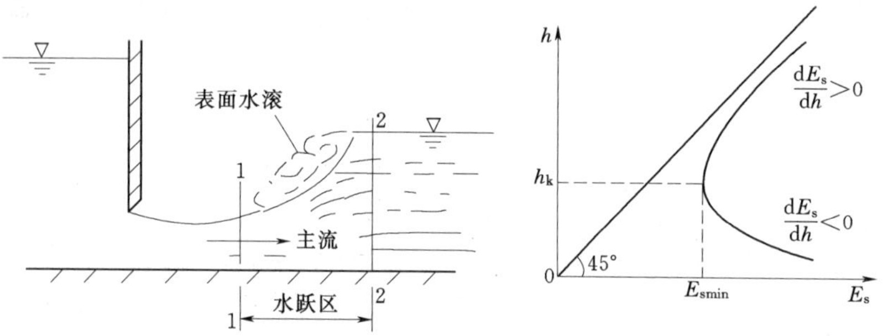

图 7-9

为什么从急流状态过渡到缓流状态，水面线不是光滑曲线，而会产生水跃现象呢？以平底棱柱体渠道上产生的水跃现象为例来说明这一问题。图 7-9 中，水跃以前水流为急流，水深 $h<h_k$，在流动过程中，水流克服阻力，断面比能减小，水深增大，符合能量的变化规律。但是，水深不可能平稳地通过 h_k 再继续增大和下游水面衔接。因为水深一旦大于 h_k 成为缓流，水深再增大，从比能曲线可以看出，断面比能就会增大，即水流的单位机械能增大。水流边克服阻力流动，能量边增大，这是不可能的。因此水流必然垂直跃起通过临界水深，在跃后水压力的作用下，垂直跃起的水流向前倾倒，形成水跃现象。

水跃发生在什么位置，主要取决于跃前断面 1—1 和跃后断面 2—2 的水深，分别称为跃前水深和跃后水深，两者必须满足一定的关系才能发生水跃，这一对水深称为共轭水深。跃后水深与跃前水深之差叫水跃高度。跃前与跃后两断面间的水平距离，叫水跃长度。水跃的主要计算任务是求解共轭水深和计算水跃的长度。

（二）棱柱体水平明渠的水跃方程

共轭水深的关系式，即为水跃方程式。图 7-10 为一棱柱体水平明渠中的水跃，这种不采取任何工程措施而产生的水跃，称为自由水跃。由于水跃区的水流非常紊乱，能量损失很大，且不能求出，所以无法应用能量方程建立自由水跃的共轭水深关系，只能应用动量方程式推求。

设渠道中通过的流量为 Q，跃前断面 1—1 的水深为 h'，断面平均流速为 v_1；跃后断面 2—2 的水深为 h''，断面平均流速为 v_2；水跃长度为 L_j。取跃前断面 1—1 和跃后断面 2—2 之间的水体为隔离体，并作如下假定：

(1) 因水跃长度不大，水流与槽身之间的摩擦力与水跃两端的水压力相比甚小，可以忽略不计。

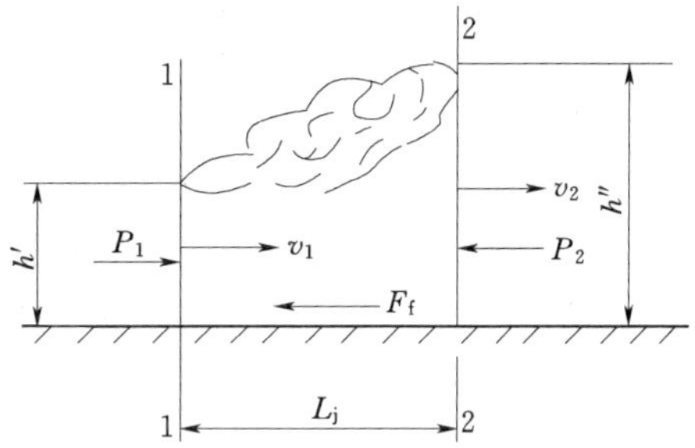

图 7-10

(2) 跃前、跃后两断面上的水流满足渐变流条件，动水压强分布可以按静水压强的分布规律计算，故作用于跃前和跃后两断面上的动水总压力分别为

$$P_1 = \gamma h_{c1} A_1 ; \quad P_2 = \gamma h_{c2} A_2$$

式中　A_1、A_2——跃前断面和跃后断面的面积；

h_{c1}、h_{c2}——跃前、跃后断面形心处的水深。

(3) 跃前、跃后断面的动量修正系数 $\beta_1 = \beta_2 = 1.0$。

对 1—1 断面和 2—2 断面写动量方程，得

$$\gamma h_{c1} A_1 - \gamma h_{c2} A_2 = \frac{\gamma Q}{g}(v_2 - v_1) \tag{7-20}$$

根据连续方程

$$v_1 = \frac{Q}{A_1}; v_2 = \frac{Q}{A_2}$$

代入式 (7-20)，整理可得

$$\frac{Q^2}{gA_1} + A_1 h_{c1} = \frac{Q^2}{gA_2} + A_2 h_{c2} \tag{7-21}$$

式 (7-21) 就是棱柱体水平明渠的水跃方程式。

当渠道的断面形状、尺寸一定，式 (7-21) 中的断面面积 A 和形心在水面以下的深度 h_c，都是水深 h 的函数。所以当流量 Q 一定，水跃方程的左右两边分别是跃前水深 h' 和跃后水深 h'' 的函数，此函数称为水跃函数，并以 $J(h)$ 表示，即

$$J(h) = \frac{Q^2}{gA} + Ah_c$$

水跃方程可以写为

$$J(h') = J(h'') \tag{7-22}$$

式(7-22)表明，对于平底棱柱体明槽，跃前水深与跃后水深所对应的水跃函数值应相等。

(三) 棱柱体水平明渠共轭水深的计算

根据水跃方程式可知，只要已知共轭水深中的一个便可求出另一个。但水跃方程中的 A 和 h_c 都与共轭水深有关，除了矩形断面外，一般讲，共轭水深不易直接求出，通常需采用图解法求解。方法是：在给定流量、断面形状和尺寸的情况下，设不同的水深 h，可算出一系列与水深相应的水跃函数值 $J(h)$。以 h 为纵坐标，$J(h)$ 为横坐标，可以绘出 $J(h)\sim h$ 关系曲线，称为水跃函数曲线，如图 7-11 所示。从图上可以看出，水跃函数存在最小值 J_{min}，可

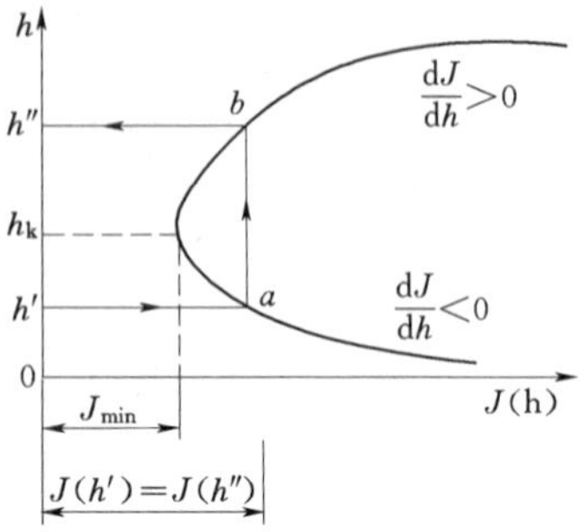

图 7-11

以证明与 J_{min} 相应的水深为临界水深 h_k（见[例 7-3]），水跃函数的上半支 $h>h_k$ 为缓流，下半支 $h<h_k$ 为急流。同一水跃函数值在水跃函数曲线上对应的两个水深，必为共轭水深。因此，当已知一个共轭水深 h'（或 h''），以该水深作水平线交 $J(h)\sim h$ 关系曲线下半支 a 点（或上半支 b 点），自该点作平行于 h 轴的直线交 $J(h)\sim h$ 关系曲线的另一支 b 点（或 a 点），该点所对应的水深 h''（或 h'），即为所求的另一共轭水深。

从 $J(h)\sim h$ 关系曲线上还可以看出，跃前水深 h' 愈小，对应的跃后水深愈大；跃前水深 h' 愈大，对应的跃后水深愈小。

泄水建筑物下游明槽的断面多为矩形，讨论求解矩形断面明槽中的水跃共轭水深更具有实际意义。

设矩形断面明槽的底宽为 b，则单宽流量 $q=\frac{Q}{b}$。将 $Q=bq$，$A=bh$，$h_c=\frac{h}{2}$ 代入式（7-21），得

$$\frac{b^2q^2}{gbh'}+\frac{h'}{2}bh'=\frac{b^2q^2}{gbh''}+\frac{h''}{2}bh''$$

两端消去 b，经整理得

$$h'h''(h'+h'')=\frac{2q^2}{g} \tag{7-23}$$

分别以跃后水深 h'' 和跃前水深 h' 为未知数，求解式（7-23）可得

$$h''=\frac{h'}{2}\left(\sqrt{1+\frac{8q^2}{gh'^3}}-1\right) \tag{7-24}$$

$$h'=\frac{h''}{2}\left(\sqrt{1+\frac{8q^2}{gh''^3}}-1\right) \tag{7-25}$$

式（7-24）、式（7-25）即为矩形棱柱体水平明渠的水跃方程。因 $q^2/(gh'^3)=Fr_1^2$；$q^2/(gh''^3)=Fr_2^2$，式（7-24）、式（7-25）可改写为

$$h''=\frac{h'}{2}(\sqrt{1+8Fr_1^2}-1) \tag{7-26}$$

$$h'=\frac{h''}{2}(\sqrt{1+8Fr_2^2}-1) \tag{7-27}$$

式中 Fr_1 和 Fr_2 分别为跃前和跃后断面的佛汝德数。利用上面的式子可直接计算棱柱体矩形平底明槽中的水跃共轭水深。

（四）棱柱体水平明渠中的水跃长度

水跃区水流紊动强烈，底部流速大，冲刷能力强，一般在水跃区均需建造护坦。因此，水跃长度是泄水建筑物消能设计的主要依据之一。由于水跃现象非常复杂，迄今理论分析还没有成熟的结论，还只能依据实验研究得出的经验公式计算水跃的长度。下面介绍常用的自由水跃长度的计算公式。

1. 矩形断面的水跃长度公式

（1）欧勒佛托斯基公式　　$L_j=6.9(h''-h')$　　（7-28）

(2) 切尔托乌索夫公式 $L_j = 10.3h'(Fr_1 - 1)^{0.81}$ (7-29)

(3) 陈椿庭公式 $L_j = 9.4(Fr_1 - 1)h'$ (7-30)

上三式中 h'、h''——跃前、跃后水深；

Fr_1——跃前断面的佛汝德数。

2. 梯形断面的水跃长度公式

梯形断面明渠中的水跃，工程中遇到的较少，对水跃长度的计算至今没有确切地解答，一般可按下列经验公式估算

$$L_j = 5h''\left(1 + 4\sqrt{\frac{B_2 - B_1}{B_1}}\right) \tag{7-31}$$

式中 B_1、B_2——跃前、跃后断面的水面宽度。

平底棱柱体明渠中的水跃，尤其是矩形断面，在工程设计中应用最多。但在非棱柱体渠道中，如果水流由急流过渡为缓流，也会产生水跃。推求非棱柱体明渠中水跃共轭水深的关系式，仍然要用动量方程，它与棱柱体明渠的主要区别在于槽身的横断面尺寸沿程变化，使得作用于水跃区水体上的外力较为复杂，推求的共轭水深的关系也较复杂，这里不再进行详细讨论，有需要时可查阅有关水跃问题的专著和水力计算手册。

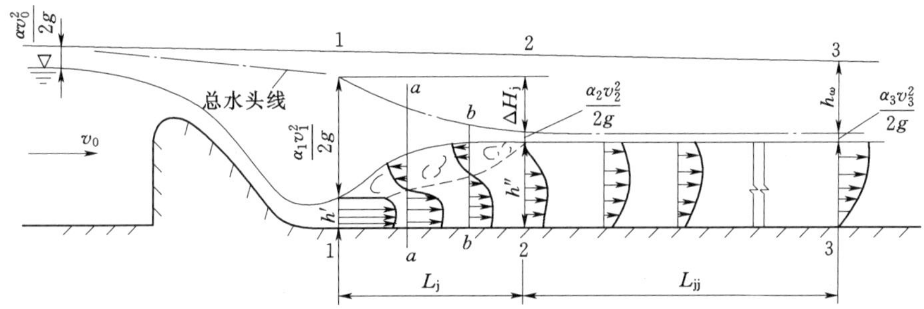

图 7-12

（五）水跃段的消能量

1. 水跃消能的水流特征

水跃段可以消除大量的能量。那么，水跃消能的机理是什么？消能率主要取决于哪些因素？下面讨论这些问题。

图 7-12 绘出了溢流坝址下游水跃段及跃后流段的部分断面垂线上的时均流速分布图和两流段的总水头线。由图 7-12 可以看出，跃前断面 1—1 流速最大，且垂线流速分布均匀。在水跃区内（如 a—a 和 b—b 断面），流速呈 S 形分布，表面漩滚区的流向与底部相反，指向上游，底部流速小于跃前断面的流速，但仍然很大。在跃后断面 2—2 上流速进一步减小，但底部流速仍大于上部的流速，直到 3—3 断面才趋于正常的流速分布。从总水头线的变化看，1—1 断面至 2—2 断面总水头线急剧降落，这说明水跃段内消除了大量的动能。跃后流段 2—2 至 3—3 断面，总水头线下降缓慢，说明跃后流段能量消耗较少。水跃段之所以能消除大量的动能，是因为在水跃段中，主流与表面漩滚的交界面上流速梯度很大，产生了大量的漩涡，流速梯度愈大，漩涡强度也愈大，从而导致了水流的强烈紊动、混掺。结果一方面使水流运动要素的分布沿流动方向迅速获得调整，另一方面产

生了很大的附加切应力，使跃前断面的大部分动能转化为热能而消散掉。主流与表面漩滚的交界面，是产生强烈漩涡的区域，又是机械能损失最集中的地方。这种紊动扩散消能过程直到 3—3 断面才结束，故水跃段 L_j 和跃后流段 L_{jj}，合称为水跃消能段。

2. 水跃的消能量

水跃总的消能量应包括水跃段 L_j 和跃后流段 L_{jj} 的消能量。为简便起见，工程中一般只计算水跃段消除的能量，并以跃前断面与跃后断面的单位能量差作为水跃的消能量，即

$$\Delta H_j = H_1 - H_2 \tag{7-32}$$

式中 ΔH_j——水跃段的消能量；

H_1、H_2——跃前、跃后断面的总水头。

对于平底明槽，式（7-32）可写为

$$\Delta H_j = \left(h' + \frac{\alpha_1 v_1^2}{2g}\right) - \left(h'' + \frac{\alpha_2 v_2^2}{2g}\right) \tag{7-33}$$

对于平底矩形明槽，前面在建立水跃方程时得到下式

$$h'h''(h' + h'') = \frac{2q^2}{g}$$

应用上式可以得到

$$\frac{v_1^2}{2g} = \frac{q^2}{2gh'^2} = \frac{1}{4}\frac{h''}{h'}(h' + h'')$$

$$\frac{v_2^2}{2g} = \frac{q^2}{2gh''^2} = \frac{1}{4}\frac{h'}{h''}(h' + h'')$$

将上面两式代入式（7-33），取 $\alpha_1 = \alpha_2 = 1$，化简后得

$$\Delta H_j = \frac{(h'' - h')^3}{4h'h''} \tag{7-34}$$

把式（7-26）中的 h'' 值代入式（7-34），得

$$\Delta H_j = \frac{h'\left(\sqrt{1 + 8Fr_1^2} - 3\right)}{16\left(\sqrt{1 + 8Fr_1^2} - 1\right)} \tag{7-35}$$

该式表明，在水跃段内，单位重量的水体消耗的能量与跃前水深成正比，并与跃前断面的佛汝德数 Fr_1 有关。

水跃消能量与跃前断面水流的总能量的比值，称为水跃消能率，以 K_j 表示。

$$K_j = \frac{\Delta H_j}{H_1} \tag{7-36}$$

将式（7-35）及 $H_1 = h' + \frac{v_1^2}{2g} = h' + \frac{h'}{2}\frac{v_1^2}{gh'} = h' + \frac{h'}{2}Fr_1^2$ 代入式（7-36），得

$$K_j = \frac{\left(\sqrt{1 + 8Fr_1^2} - 3\right)^3}{8\left(\sqrt{1 + 8Fr_1^2} - 1\right)\left(2 + Fr_1^2\right)} \tag{7-37}$$

可见，水跃消能率仅是跃前断面佛汝德数 Fr_1 的函数。根据式（7-37）绘出 $K_j \sim Fr_1$ 关系曲线，如图 7-13 所示。从图上可以看出，Fr_1 越大，消能率越高。

根据实验观测，Fr_1 不同，水跃的形式、流态和消能率也不同，如图 7-14 所示。

当 $1 < Fr_1 < 1.7$，为波状水跃。因跃前断面的动能小，水跃段表面不能形成漩滚，只

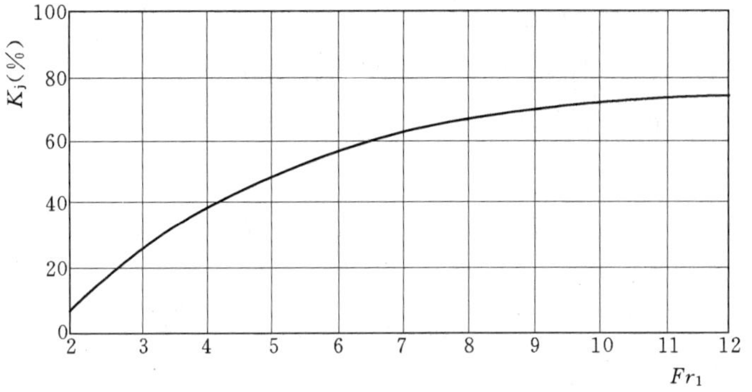

图 7－13

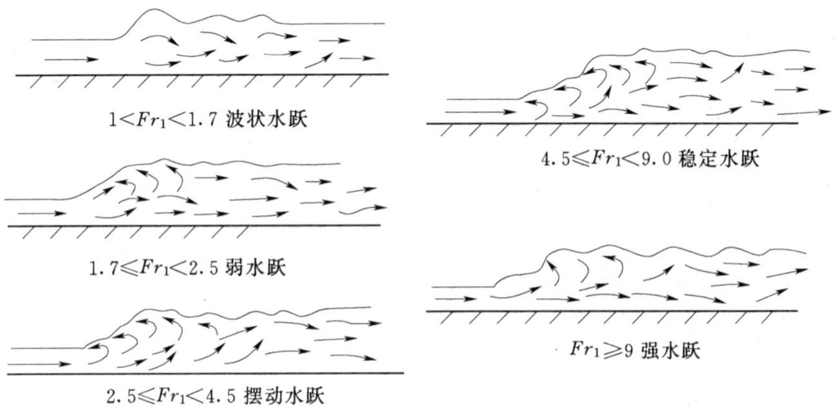

图 7－14

有部分动能转变为波动能量，消能率很小。

当 $1.7\leqslant Fr_1<2.5$，为弱水跃。水面产生许多小漩滚，但紊动微弱，消能率 $K_j<20\%$，跃后水面较平稳。

当 $2.5\leqslant Fr_1<4.5$，为摆动水跃。水跃不稳定，水跃段中的底部高速水流间歇向上窜升，跃后水面波动较大，消能率 $K_j<45\%$。

当 $4.5\leqslant Fr_1<9.0$，为稳定水跃。水跃的消能率较高，$K_j=45\%\sim70\%$，跃后水面平稳。若建筑物下游采用水跃消能时，最好使 Fr_1 位于此范围。

当 $Fr_1\geqslant 9$ 时，为强水跃。水跃消能率 $K_j>70\%$，但跃后段会产生较强的水面波动，并且向下游传播的距离较远，通常需要采取措施稳定水流。

【例 7－3】 试证明当过水断面的流量及形状、尺寸一定时，水跃函数最小值 J_{min} 所对应的水深为临界水深。

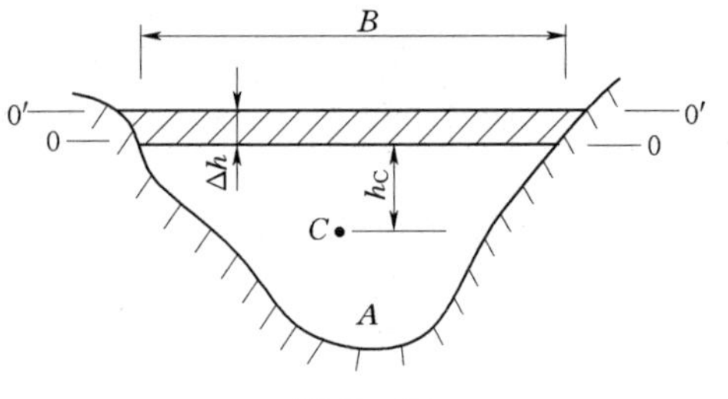

图 7－15

证 $J(h)=Ah_c+\dfrac{Q^2}{gA}$ 对水深 h 求一阶导数，并令其等于零，得

$$\frac{dJ}{dh}=-\frac{Q^2}{gA^2}\frac{dA}{dh}+\frac{d(Ah_c)}{dh}=-\frac{Q^2}{gA^2}B+\frac{d(Ah_c)}{dh}=0 \tag{7-38}$$

为了便于说明问题，作图 7－15。从图中可以看出，Ah_c 是过水断面面积 A 对水面 0—0 的面积矩。当水深增加 Δh 时，水面上升至 0′—0′ 的位置，则面积矩的增量为$\Delta(Ah_c)$

$$\Delta(Ah_c)=\left[A(h_c+\Delta h)+B\Delta h\frac{\Delta h}{2}\right]-Ah_c=\left(A+B\frac{\Delta h}{2}\right)\Delta h$$

$$\frac{d(Ah_c)}{dh}=\lim_{\Delta h\to 0}\frac{\Delta(Ah_c)}{\Delta h}=\lim_{\Delta h\to 0}\left(A+B\frac{\Delta h}{2}\right)=A$$

代入式（7－38），得

$$\frac{Q^2}{g}=\frac{A^3}{B}$$

上式为临界水深的表达式，故 J_{min} 所对应的水深是临界水深。

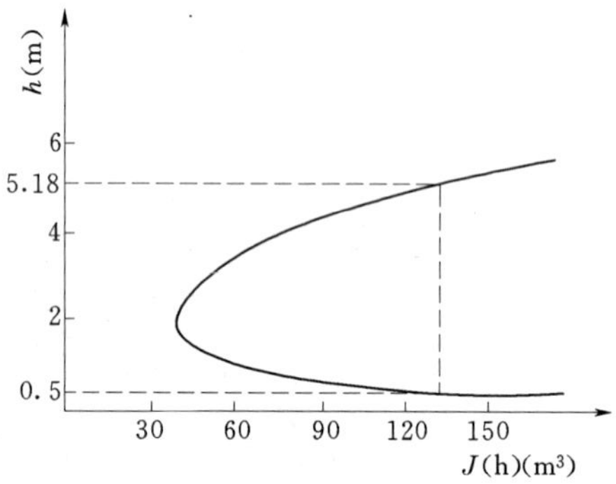

图 7－16

【例 7－4】 一平底梯形断面渠道，底宽 $b=6$m，边坡系数 $m=1.0$，通过的流量 $Q=65\text{m}^3/\text{s}$，试求跃前水深 $h'=0.5$m 时的跃后水深 h'' 和水跃段的消能量。

解 （1）采用图解法求跃后水深 h''

对于梯形断面

$$A=(b+mh)h=(6+h)h$$

$$h_c=\frac{h}{6}\frac{3b+2mh}{b+mh}=\frac{(9+h)}{3(6+h)}h$$

水跃函数

$$J(h)=\frac{Q^2}{gA}+h_cA=\frac{65^2}{9.8A}+h_cA=\frac{431.12}{A}+h_cA$$

为了绘制水跃函数曲线，设不同的 h 值并应用以上关系式计算出不同 h 值相应的 $J(h)$值，计算结果列入表 7－1。

表 7－1 **计 算 结 果**

h (m)	A (m²)	h_c (m)	Ah_c (m³)	$\frac{Q^2}{gA}$ (m³)	$J(h)=\frac{Q^2}{gA}+h_cA$ (m³)
0.4	2.56	0.196	0.501	168.41	168.92
0.5	3.25	0.244	0.79	132.65	133.44
0.7	4.69	0.338	1.58	91.92	93.50
1.5	11.25	0.700	7.88	38.32	46.20
2.0	16.00	0.917	14.67	26.95	41.62
2.5	21.25	1.127	23.95	20.29	44.24
3.5	33.25	1.535	51.04	12.97	64.01
4.5	47.25	1.929	91.15	9.12	100.27
5.5	63.25	2.312	146.21	6.82	153.03

用表 7-1 中的数据绘出水跃函数曲线，见图 7-16。从图中查得当 $h'=0.5\text{m}$ 时，$h''=5.18\text{m}$。

（2）求水跃的消能量

跃前断面：

流速　$$v_1=\frac{Q}{A}=\frac{Q}{(b+mh')h'}=\frac{65}{(6+0.5)\times0.5}=20.00\ \text{m/s}$$

流速水头　$$\frac{v_1^2}{2g}=\frac{20^2}{2\times9.8}=20.408\ \text{m}$$

总水头　$$H_1=h'+\frac{v_1^2}{2g}=0.5+20.408=20.908\ \text{m}$$

跃后断面：

流速　$$v_2=\frac{Q}{A}=\frac{Q}{(b+mh'')h''}=\frac{65}{(6+5.18)\times5.18}=1.122\ \text{m/s}$$

流速水头　$$\frac{v_2^2}{2g}=\frac{1.122^2}{2\times9.8}=0.064\ \text{m}$$

总水头　$$H_2=h''+\frac{v_2^2}{2g}=5.18+0.064=5.244\ \text{m}$$

水跃段单位重量水体能量消耗

$$\Delta H_j=H_1-H_2=20.908-5.244=15.664\ \text{m}$$

水跃消耗率

$$K_j=\frac{\Delta H_j}{H_1}=\frac{15.664}{20.908}=75\%$$

【例 7-5】　某棱柱体渠道断面为矩形，底宽 $b=5.0\text{m}$。渠道上建一水闸，闸门与渠道等宽。当闸门局部开启，通过的流量 $Q=20.4\text{m}^3/\text{s}$，闸后产生一自由水跃，跃前水深 $h'=0.62\text{m}$，求：（1）跃后水深 h''；（2）计算水跃的长度。

解　（1）求跃后水深 h''

跃前断面流速　$$v_1=\frac{Q}{bh'}=\frac{20.4}{5\times0.62}=6.581\ \text{m/s}$$

跃前佛汝德数　$$Fr_1=\frac{v_1}{\sqrt{gh'}}=\frac{6.581}{\sqrt{9.8\times0.62}}=2.670$$

跃后断面水深　$$h''=\frac{h'}{2}\left(\sqrt{1+8Fr_1^2}-1\right)$$

$$=\frac{0.62}{2}\times\left(\sqrt{1+8\times2.67^2}-1\right)=2.052\ \text{m}$$

（2）计算水跃长度

用式（7-28）计算　$L_j=6.9(h''-h')=6.9\times(2.052-0.62)=9.88\ \text{m}$

用式(7-29)计算　$L_j=10.3h'(Fr_1-1)^{0.81}=10.3\times0.62\times(2.67-1)^{0.81}=9.67\text{m}$

用式（7-30）计算　$L_j=9.4(Fr_1-1)h'=9.4\times(2.67-1)\times0.62=9.73\ \text{m}$

从上面的计算结果看，只要在公式的应用范围内，各公式的计算结果相差不大。

第三节　明渠恒定非均匀渐变流基本方程

分析计算明渠非均匀流问题，必须遵循非均匀流的基本方程式。下面利用能量方程式，首先推导非均匀渐变流微分方程的一般形式。

一、基本微分方程

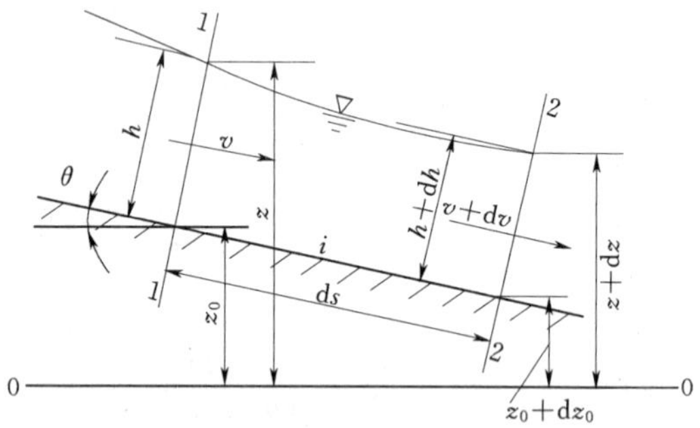

图 7-17

图 7-17 表示底坡为 i 的明渠非均匀渐变流。沿流动方向任取两断面 1—1 和 2—2。间距为 ds。设断面 1—1 的水深为 h，水位为 z，断面平均流速为 v，底部高程为 z_0，由于非均匀流的水力要素沿流程是变化的，经过微分流段 ds，2—2 断面的水深、水位、断面平均流速、渠底高程可分别表示为 $h+dh$、$z+dz$、$v+dv$ 和 z_0+dz_0。以 0—0 为基准面，对 1—1 和 2—2 断面建立能量方程，得

$$z_0+h\cos\theta+\frac{\alpha_1 v^2}{2g}=(z_0+dz_0)+(h+dh)\cos\theta+\frac{\alpha_2(v+dv)^2}{2g}+dh_f+dh_j \qquad (7-39)$$

式中 dh_f 和 dh_j 表示 1—1 和 2—2 断面间的沿程水头损失和局部水头损失。

因为

$$\frac{\alpha_2(v+dv)^2}{2g}=\frac{\alpha_2}{2g}[v^2+2vdv+(dv)^2]$$

略去高阶微量，则

$$\frac{\alpha_2(v+dv)^2}{2g}\approx\frac{\alpha_2}{2g}(v^2+2vdv)=\frac{\alpha_2 v^2}{2g}+d\left(\frac{\alpha_2 v^2}{2g}\right)$$

令 $\alpha_1=\alpha_2=1$，并将上式及 $dz_0=-ids$ 代入式（7-39）化简得

$$ids=dh\cos\theta+d\left(\frac{\alpha v^2}{2g}\right)+dh_f+dh_j \qquad (7-40)$$

沿程水头损失 dh_f 近似用均匀流公式计算，则

$$dh_f=\frac{Q^2}{K^2}ds=J_f ds$$

式中　K——流量模数；

J_f——沿程水头损失坡降，称为摩阻坡度。

局部水头损失可表示为 $dh_j=\zeta d\left(\frac{v^2}{2g}\right)$。将 dh_f、dh_j 代入式（7-40）得

$$ids=dh\cos\theta+(\alpha+\zeta)d\left(\frac{v^2}{2g}\right)+J_f ds \qquad (7-41)$$

当底坡较小时，$\cos\theta\approx1$ 则上式可写作

$$ids=dh+(\alpha+\zeta)d\left(\frac{v^2}{2g}\right)+J_f ds \qquad (7-42)$$

式（7-41）、式（7-42）就是明渠恒定非均匀流的基本微分方程。

二、棱柱体明渠水深沿程变化的微分方程

对于人工渠道，渠底一般为平面，水深沿流程的变化能够反映出水面线的变化。为了便于分析人工棱柱体渠道的水面线，可将明渠非均匀流的基本微分方程，变换为水深沿流程变化的形式。人工渠道的底坡一般都较小，可取 $\cos\theta=1$，下面仅讨论这种情况。

将式（7-42）两端同除以 ds，经整理则有

$$i-J_{\mathrm{f}}=\frac{\mathrm{d}h}{\mathrm{d}s}+(\alpha+\zeta)\frac{\mathrm{d}}{\mathrm{d}s}\left(\frac{v^2}{2g}\right) \tag{7-43}$$

因为棱柱体渠道的过水断面面积 A 是水深的函数，即 $A=f(h)$，而非均匀流水深 h 又是流程 s 的函数，故 A 是 s 的复合函数，则

$$\frac{\mathrm{d}A}{\mathrm{d}s}=\frac{\partial A}{\partial h}\frac{\mathrm{d}h}{\mathrm{d}s}=B\frac{\mathrm{d}h}{\mathrm{d}s}$$

式中 B 为明渠的水面宽度，由此可得

$$\frac{\mathrm{d}}{\mathrm{d}s}\left(\frac{v^2}{2g}\right)=\frac{\mathrm{d}}{\mathrm{d}s}\left(\frac{Q^2}{2gA^2}\right)=-\frac{Q^2}{gA^3}\frac{\mathrm{d}A}{\mathrm{d}s}=-\frac{Q^2B}{gA^3}\frac{\mathrm{d}h}{\mathrm{d}s}$$

代入式（7-43），整理得

$$i-J_{\mathrm{f}}=\frac{\mathrm{d}h}{\mathrm{d}s}\left[1-(\alpha+\zeta)\frac{Q^2B}{gA^3}\right]$$

对于棱柱体明渠中的渐变流，局部水头损失很小，可忽略不计 $\zeta=0$，于是上式可简化为

$$i-J_{\mathrm{f}}=\frac{\mathrm{d}h}{\mathrm{d}s}\left(1-\frac{\alpha v^2}{g\dfrac{A}{B}}\right)=\frac{\mathrm{d}h}{\mathrm{d}s}(1-Fr^2)$$

即

$$\frac{\mathrm{d}h}{\mathrm{d}s}=\frac{i-J_{\mathrm{f}}}{1-Fr^2} \tag{7-44}$$

式（7-44）就是棱柱体明渠水深沿程变化的微分方程，主要用于分析棱柱体明渠非均匀渐变流水面线的变化规律。

三、水位沿程变化的微分方程

天然河道与人工渠道不同，河底一般高低不平，底坡沿程变化，因此只能用水位反映水面线的变化，这就需要将基本方程式变换为水位沿流程变化的关系式。

由图 7-17 可以看出，水位 $z=z_0+h\cos\theta$，则 $\mathrm{d}z=\mathrm{d}z_0+\mathrm{d}h\cos\theta$。又因 $\mathrm{d}z_0=-i\mathrm{d}s$，故 $\mathrm{d}z=-i\mathrm{d}s+\mathrm{d}h\cos\theta$，也可写为

$$\mathrm{d}h\cos\theta=\mathrm{d}z+i\mathrm{d}s \tag{7-45}$$

将式（7-45）代入基本方程式（7-41），并以 Q^2/K^2 代替 J_{f}，可得恒定非均匀渐变流的水位沿程变化的微分方程式为

$$-\frac{\mathrm{d}z}{\mathrm{d}s}=(a+\zeta)\frac{\mathrm{d}}{\mathrm{d}s}\left(\frac{v^2}{2g}\right)+\frac{Q^2}{K^2} \tag{7-46}$$

它主要应用于分析、计算天然河道水面线。

第四节　棱柱体渠道恒定非均匀渐变流水面线分析

明渠非均匀渐变流的水面线比较复杂，在进行定量计算之前，对水面线的性质、形状

作定性分析是很有必要的。

利用式（7-44）$dh/ds=(i-J_f)/(1-Fr^2)$可定性分析棱柱体渠道水面线的沿程变化。当$dh/ds>0$时，表明水深沿程增加，水流作减速流动，称为壅水曲线；当$dh/ds<0$时，水深沿程减小，水流作加速流动，称为降水曲线；当$dh/ds\rightarrow 0$时，水深沿程不变，趋于均匀流动；当$dh/ds\rightarrow\pm\infty$时，由式（7-44）可知$Fr\rightarrow 1$，则水深趋于临界水深。若$dh/ds\rightarrow+\infty$，表明水深沿流程由$h<h_k$趋近$h_k$，必然产生水跃；若$dh/ds\rightarrow-\infty$，表明水深沿流程由$h>h_k$趋近$h_k$，产生水跌。

一、水面线的分类

从式（7-44）可以看出，水深沿流程的变化率dh/ds，与渠道的底坡i有关，明渠的底坡不同，可以产生不同型式的水面线。为了便于分析，需要根据底坡对水面线进行分类。明渠的底坡分为：正坡（$i>0$），平坡（$i=0$）和逆坡（$i<0$）。在正坡棱柱体渠道中，水流既可能是均匀流动，也可能是非均匀流动；既可能是缓流，也可能是急流。如果用$N—N$线表示渠道的正常水深线，用$K—K$线表示渠道的临界水深线（$N—N$线和$K—K$线分别是水深等于正常水深h_0和临界水深h_k，且与渠底线平行的直线），那么用$N—N$线可以判别水流是均匀流还是非均匀流，用$K—K$线可以判别水流是急流还是缓流。

正坡渠道又分为缓坡（$i<i_k$），陡坡（$i>i_k$）和临界坡（$i=i_k$）。三种情况的$N—N$线和$K—K$线的相对位置不同，缓坡$h_0>h_k$，$N—N$线位于$K—K$线之上；陡坡$h_0<h_k$，$N—N$线位于$K—K$线之下；临界坡$h_0=h_k$，$N—N$线与$K—K$线重合，如图7-18所示。根据渠道中的实际水面线相对于$N—N$线和$K—K$线的位置，可以将水面线分为三个区。位于$N—N$线和$K—K$线之上，为a区；位于二者之间，为b区；位于$N—N$线和$K—K$线之下，为c区；在临界底坡上$N—N$线和$K—K$线重合，没有b区，只有a区和c区，见图7-18。

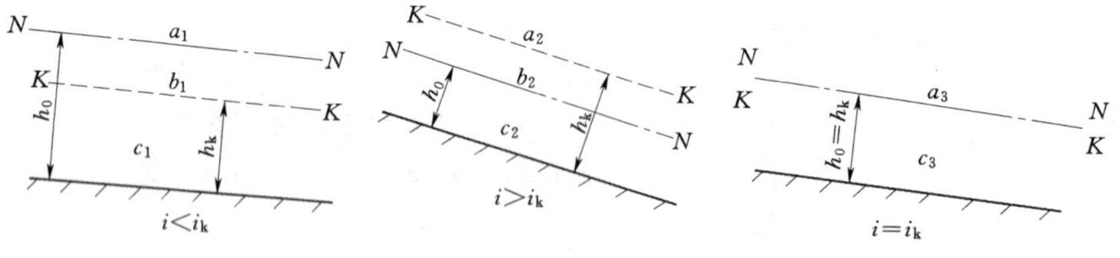

图7-18

在平坡和逆坡棱柱体明渠中，不可能有均匀流，不存在正常水深h_0，所以也不存在正常水深线$N—N$线。但平坡和逆坡渠道中的水流有可能是缓流，也可能是急流，判别急流和缓流需要计算出临界水深h_k并绘出$K—K$线。因不存在$N—N$线，或者可以设想$N—N$线在无限远处，所以对于平坡和逆坡棱柱体明渠，只有b区和c区，如图7-19所示。

为了区分不同底坡上相同流区的水面线，在流区号上需加脚标。缓坡上加“1”；陡坡上加“2”；临界坡上加“3”；平坡上和逆坡上分别加“0”和“′”。通过以上分析可知，棱柱体明渠共有五种底坡，可以有a_1、b_1、c_1；a_2、b_2、c_2；a_3、c_3；b_0、c_0和b'、c'十二

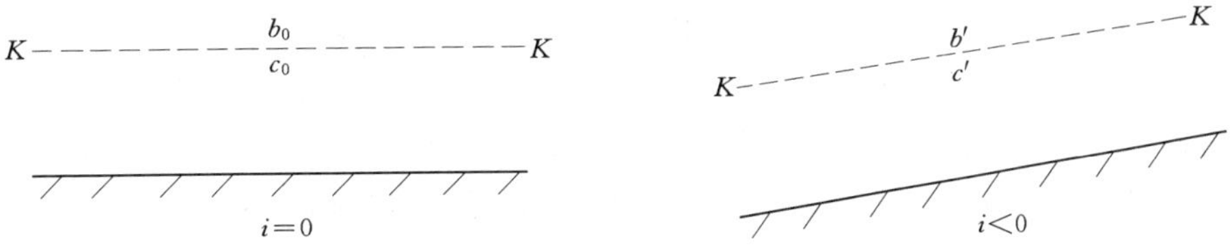

图 7-19

种水面线。

二、水面线分析

棱柱体明渠中的各种水面线的定性分析，可以从式（7-44）得出。下面以缓坡渠道为例，分析各区水面线的型式。

1. a 区

该区水深 $h>h_0>h_k$，$h>h_0$，摩阻坡度 $J_f<i$，$i-J_f>0$；$h>h_k$，$Fr<1$，$1-Fr^2>0$，由式（7-44）可得 $dh/ds>0$，水深沿程增加，为 a_1 型壅水曲线。当 $h\to\infty$ 时，$J_f\to0$，$Fr\to0$，$dh/ds=i$，不难证明，水面线趋近水平线。这就是说 a_1 型水面线的下游以水平线为渐近线，向上游水深减小，当 $h\to h_0$ 时，$J_f\to i$，$dh/ds\to0$，水深沿程不变，趋于均匀流动。所以 a_1 型水面线的上游端以正常水深线 N—N 为渐近线，下游以水平线为渐近线，见图 7-20（a）。在缓坡渠道上修建的挡水建筑物，当抬高上游水位，使上游控制水深 $h>h_0$ 时，建筑物上游出现的水面线，就是 a_1 型壅水曲线，见图 7-20（b）。

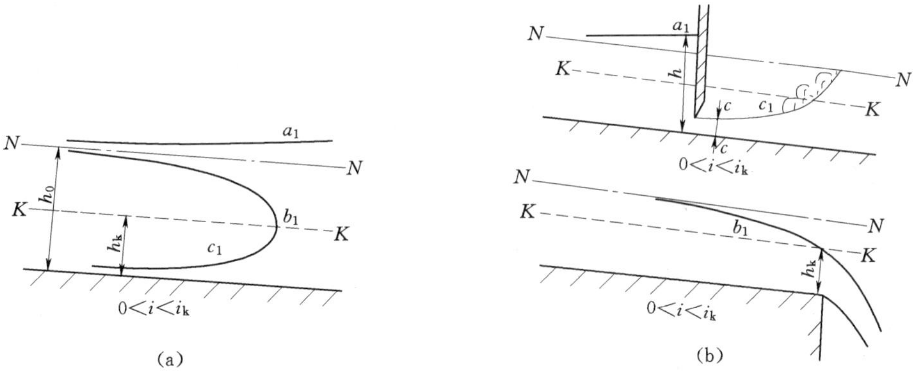

图 7-20

2. b 区

该区水深 $h_k<h<h_0$，$h>h_k$，$Fr<1$，$1-Fr^2>0$；$h<h_0$，$J_f>i$，$i-J_f<0$ 由式（7-44）得 $dh/ds<0$，故水深沿程减小，为 b_1 型降水曲线。向下游水深减小，当 $h\to h_k$ 时，$Fr\to1$，$1-Fr^2\to0$，$dh/ds\to-\infty$，水面线与 K—K 线有成正交的趋势，将出现从缓流向急流转换的水跌现象。向上游水深增大，当 $h\to h_0$ 时，$J_f\to i$，$i-J_f\to0$，$dh/ds\to0$，水深沿程不变，趋于均匀流动，见图 7-20（a）。当缓坡渠道的下游存在跌坎时，跌坎上游的水面线就是 b_1 型降水曲线，见图 7-20（b）。

3. c 区

该区水深 $h<h_k<h_0$，$h<h_0$，$J_f>$i，$i-J_f<0$；$h<h_k$，$Fr>1$，$1-Fr^2<0$，由式

(7-44) 得 $dh/ds>0$，水深沿程增加，为 c_1 型壅水曲线。向下游水深增大，当 $h\rightarrow h_k$ 时，$Fr\rightarrow 1$，$1-Fr^2\rightarrow 0$，$dh/ds\rightarrow +\infty$，水面线有与 $K—K$ 线成正交的趋势，将产生水跃现象，见图 7-20 (a)。c_1 型水面线的上游端的水深不可能为 0，其最小水深通常是由水工建筑物控制的。在缓坡渠道上修建的水闸，当闸门局部开启时，闸门后收缩断面 $c—c$ 的水深 $h_c<h_k$ 为急流，在流动过程中克服阻力，断面单位能量减小，水深增大，自 $c—c$ 断面至跃前断面就是 c_1 型壅水曲线，如图 7-20 (b) 所示。

用同样的方法，可以分析陡坡、临界坡、平坡和逆坡棱柱体渠道上的水面线，这里不在一一进行讨论。图 7-21 给出了陡坡、临界坡、平坡和逆坡上各类水面线的类型及实例供参考。需要指出的是，a_3 型和 c_3 型水面线，当水深 $h\rightarrow h_k$ 时，水面线以水平线为渐近线，这两种水面线实际上是很少出现的。

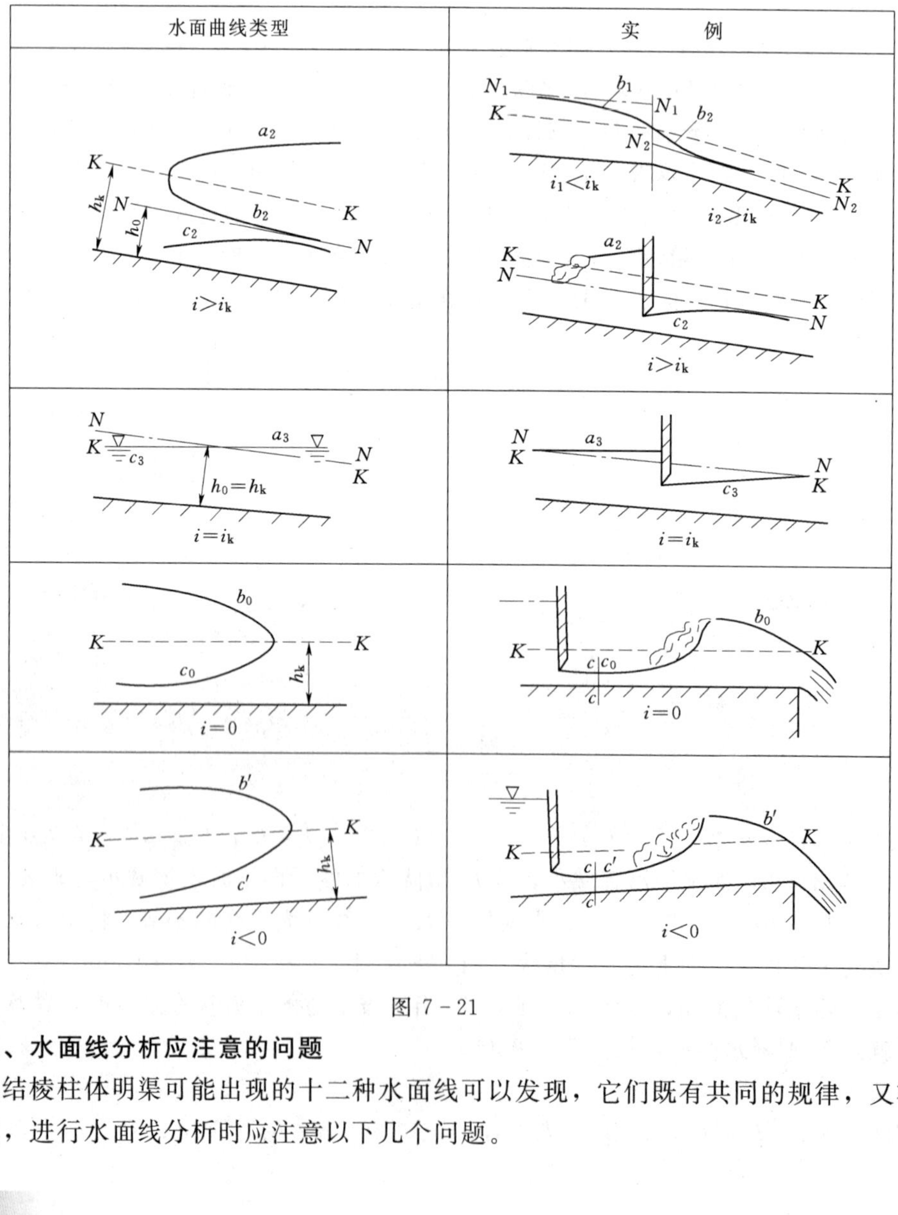

图 7-21

三、水面线分析应注意的问题

总结棱柱体明渠可能出现的十二种水面线可以发现，它们既有共同的规律，又有各自的特点，进行水面线分析时应注意以下几个问题。

（1）所有 a 区和 c 区只能产生壅水曲线，b 区只能产生降水曲线。

（2）无论何种底坡，每一个流区只可能有一种确定的水面曲线类型。如缓坡上的 a 区，只能是 a_1 型壅水曲线，不可能有其它类型的水面线。

（3）对于正坡渠道，当渠道很长，在非均匀流影响不到的地方，水深 $h \to h_0$，水面线与 $N—N$ 线相切，水流趋近均匀流动。

（4）水流由缓流过渡为急流产生水跌，在底坡由缓坡变为陡坡或有跌坎的转折断面上，水深近似等于临界水深 h_k。水流由急流过渡到缓流发生水跃，水跃的位置应根据跃前与跃后水深的共轭关系确定。水流由急流趋近临界流或由缓流趋近临界流，水面线均以水平线为渐近线。

（5）分析、计算水面线必须从已知水深的断面开始，这种断面称为控制断面，相应的水深为控制水深。例如，当明渠中的水深受水工建筑物的控制，建筑物上、下游的水深可根据水力计算求出（详见第八章、第九章），作为控制水深；在跌坎上或其它缓流过渡为急流的地方必须通过临界水深，h_k 即为控制水深。

（6）因为急流中的干扰波不能向上游传播，缓流中的干扰波能向上游传播，所以急流的控制水深在上游，应自上而下分析、推算水面线；缓流的控制水深在下游，应自下而上分析、推算水面线。

四、水面线定性分析举例

【例 7-6】　图 7-22 为两段断面尺寸及糙率相同的长直棱柱体渠道，底坡 $0 < i_1 < i_2 < i_k$，试分析渠道中水面线的形式。

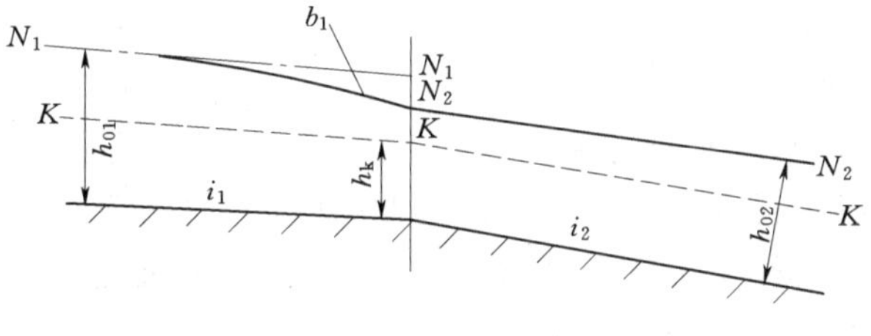

图 7-22

解　首先分别绘出两段渠道的临界水深线 $K—K$ 和正常水深线 $N—N$。由于两段渠道的断面尺寸相同，故两段渠道的临界水深相等。又因 $0 < i_1 < i_2 < i_k$ 则 $h_{01} > h_{02}$，渠道上游段的 $N_1—N_1$ 线高于下游段的 $N_2—N_2$ 线，如图中所示。

本题产生非均匀流的因素是底坡的改变，远离底坡转折断面上下游的水流均应趋近均匀流，水深应分别为 h_{01} 和 h_{02}。由上游水深 h_{01} 要转变到下游较小的水深 h_{02}，水面必然发生降落，有三种可能。

（1）转折断面上的水深 $h = h_{01}$ 水面完全在下游段降落。

（2）转折断面上的水深 $h_{02} < h < h_{01}$，水面在上下游段各降落一部分。

（3）转折断面上的水深 $h = h_{02}$ 水面在上游段降落。

在上述三种情况中，若是第一种或第二种情况，则在下游段 a 区将产生降水曲线，这和前面所讨论的 a 区只能是壅水曲线相矛盾，所以第一种和第二种水面线的型式是不可能出现的。只有第三种情况在第一段产生 b_1 型降水曲线，上游水面线与正常水深 N_1—N_1 线相切，符合水面的变化规律，是正确的。

【例 7-7】 水库溢洪道为棱柱体渠道，进口设有闸门控制流量，纵剖面如图 7-23 所示。已知 $i_1=0$、$i_2>i_k$，下游河道不影响陡坡上的流动，试定性分析闸门局部开启时的沿程水面线的变化。

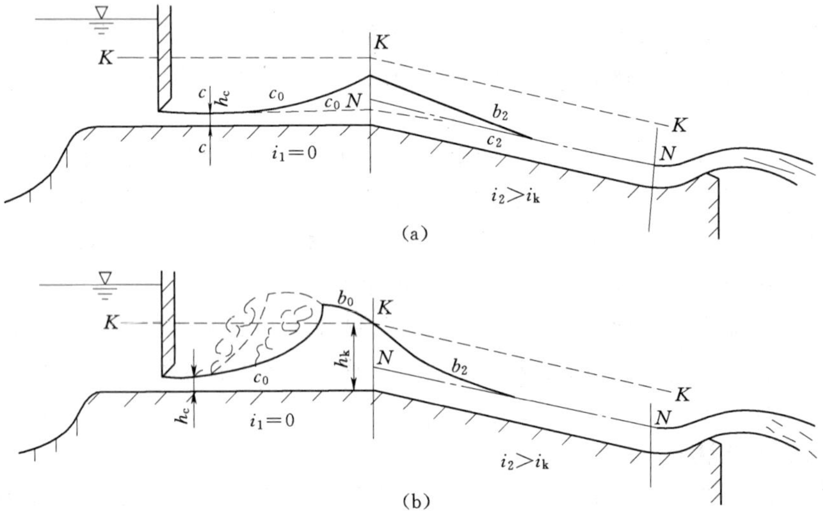

图 7-23

解 (1) 根据已知条件，分别绘出 K—K 线和 N—N 线。

(2) 确定控制断面，分析控制水深。水流在进口处受到闸门的控制，由于惯性的作用，闸门后存在一最小水深 h_c 小于闸门的开度，称为收缩断面水深，h_c 就是闸后急流段的控制水深。平坡与陡坡的转折断面为另一控制断面，其水深受上游水流条件的影响。

(3) 水面线定性分析。收缩断面水深位于 c 区，收缩断面之后将出现 c_0 型壅水曲线，根据平坡段的长度不同，可以出现两种情况。

一种情况如图 7-23 (a) 所示，平坡段较短，c_0 型水面线由 h_c 升高至水深 $h<h_k$ 已达底坡转折断面。如果 $h<h_{02}$ 在陡坡上形成 c_2 型壅水曲线，如图中虚线所示；如果 $h_{02}<h<h_k$，则在陡坡上形成 b_2 型降水曲线，如图中实线所示。陡坡上的流动为急流，如果陡坡段较长，在陡坡段下游水流趋于均匀流动，通过下游挑坎泄入下游河道。

另一种情况如图 7-23 (b) 所示，平坡段较长，当 c_0 型水面线趋近 h_k 时，距底坡转折断面尚远，在平坡段上出现急流向缓流转变，产生水跃，跃后断面的水流为缓流，下游陡坡为急流，则必然发生缓流向急流转变的水跌现象，转折断面上的水深为临界水深 h_k，陡坡上产生 b_2 型降水曲线，平坡段水跃之后为 b_0 型降水曲线，如图中实线所示。因为转折断面上的水深 h_k 是平坡段上缓流的控制水深（缓流的控制水深在下游），所以 b_0 型降水曲线的始端水深受平坡段上缓流长度的影响，该段愈长，b_0 型降水曲线的始端水深愈大，根据跃前、跃后水深的共轭关系，水跃位置将向闸门方向移动，如图中虚线所示。当跃前水深为收缩断面水深 h_c 或收缩断面被淹没时，将不存在 c_0 型壅水曲线。

第五节　明渠恒定非均匀渐变流水面线计算

上面分析了棱柱体明渠各种水面线的变化规律，本节将研究明渠恒定非均匀渐变流水面线的计算问题。

计算明渠恒定非均匀渐变流水面线的基本方法是分段法，它适用于各种流动情况。下面分别介绍如何利用分段法计算棱柱体渠道、非棱柱体渠道和天然河道的水面线。

一、棱柱体明渠水面线计算

（一）计算公式

前面已经推导出明渠恒定非均匀渐变流的基本微分方程式为

$$i\mathrm{d}s = \mathrm{d}h\cos\theta + (\alpha + \zeta)\mathrm{d}\left(\frac{v^2}{2g}\right) + J_{\mathrm{f}}\mathrm{d}s$$

忽略局部水头损失，上式可写为

$$\mathrm{d}\left(h\cos\theta + \frac{\alpha v^2}{2g}\right) = (i - J_{\mathrm{f}})\mathrm{d}s$$

或

$$\mathrm{d}E_{\mathrm{s}} = (i - J_{\mathrm{f}})\mathrm{d}s \tag{7-47}$$

式中　E_{s}——断面比能，$E_{\mathrm{s}} = h\cos\theta + \frac{\alpha v^2}{2g}$。

分段法是将整个流动分为有限的几段，并近似认为在每个流段内，断面比能和沿程水头损失成线性变化，这样可以把式（7-47）改写成差分的形式

$$\Delta E_{\mathrm{s}} = (i - \overline{J}_{\mathrm{f}})\Delta s \quad 或 \quad \Delta s = \frac{\Delta E_{\mathrm{s}}}{i - \overline{J}_{\mathrm{f}}} \tag{7-48}$$

式（7-48）就是分段法计算棱柱体明渠水面线的基本公式。式中 ΔE_{s} 为流段 Δs 下游断面比能与上游断面比能的差值。用 E_{su} 和 E_{sd} 分别表示上下游断面的断面比能，则

$$\Delta E_{\mathrm{s}} = E_{\mathrm{sd}} - E_{\mathrm{su}} \tag{7-49}$$

$\overline{J}_{\mathrm{f}}$ 为流段的平均水力坡度，近似采用均匀流沿程水头损失的计算公式，则

$$\overline{J}_{\mathrm{f}} = \frac{\overline{v}^2}{\overline{C}^2\overline{R}} \tag{7-50}$$

式中　$\overline{v}$、$\overline{C}$、$\overline{R}$——流段上、下游断面的流速、谢才系数、水力半径的平均值。

$$\overline{v} = \frac{v_{\mathrm{u}} + v_{\mathrm{d}}}{2}; \quad \overline{C} = \frac{C_{\mathrm{u}} + C_{\mathrm{d}}}{2}; \quad \overline{R} = \frac{R_{\mathrm{u}} + R_{\mathrm{d}}}{2}$$

（二）计算方法

用分段法计算水面线，首先应从控制断面开始，把非均匀流分成若干流段。流段的长度应适宜，因分段法是由差分方程代替了微分方程，所以计算精度与流段划分的长短有关。流段越短，精度越高，但工作量越大；反之则精度越低。划分流段时一般应注意以下两点：

（1）每段的断面形状及尺寸、糙率、底坡应尽可能一致，发生突变处，应在该断面上分段。

（2）一般情况下，降水曲线和急流壅水曲线水面变化较快，分段宜短些；缓流壅水曲线水面变化较缓，分段可长些。

棱柱体渠道水面线计算一般有两种情况。第一种情况，已知流段两端断面的水深，求

流段的距离 Δs，可直接用公式（7－48）求出 Δs，无需试算。在实际计算过程中，可从已知控制断面的水深开始，直接按水深分段。例如，控制断面的水深为 h_1，依据水深变化情况，设水深 h_2、h_3、h_4、…，则 $h_1 \sim h_2$ 为第一流段；$h_2 \sim h_3$ 为第二流段；$h_3 \sim h_4$ 为第三流段……，而后可按每一流段的两端水深，分别求出各流段相应的长度 Δs_1、Δs_2、Δs_3、…，这样就可计算出非均匀流的水面线。第二种情况是已知流段一端的水深和流段长 Δs，求另一端的水深。可先假定另一端的水深，用式（7－48）计算出 Δs，若算出的 Δs 和已知流段的长度相等，则假定的水深即为所求，否则，重新假定水深再进行计算。例如，当棱柱体渠道的总长度一定，按第一种情况计算出前面各断面间的距离之后，要确定最后一个流段的末端水深，便属于此种情况。

二、非棱柱体明渠水面线计算

水利工程中除棱柱体明渠外，还有非棱柱体明渠。例如，溢洪道陡槽的渐变段就属于非棱柱体明渠。非棱柱体明渠水面线的计算，其计算公式和平均摩阻坡度的计算与棱柱体明渠相同。二者的主要区别是，非棱柱体渠道的过水断面面积与流程和水深有关，即 $A=f(s,h)$。因此，计算水面线之前，必须从控制断面开始按流程分段，才能计算出划分流段的各个断面的尺寸，再利用公式（7－48）从控制断面开始逐段通过试算求出各个断面的水深。

试算方法同棱柱体渠道水面线计算中的第二种情况。

三、天然河道水面线的计算

（一）计算公式

天然河道是不规则的，河床起伏不平且不断发生冲淤变化，因此天然河道的水面线难以通过水深确定，一般用水位高程的沿程变化表示。本章第三节已经建立了恒定非均匀渐变流水位沿流程变化的微分方程。

$$-\frac{\mathrm{d}z}{\mathrm{d}s}=(\alpha+\zeta)\frac{\mathrm{d}}{\mathrm{d}s}\left(\frac{v^2}{2g}\right)+\frac{Q^2}{K^2}$$

用分段法计算天然河道的水面线，同样需要把上式改写成差分方程，即认为在有限的计算河段内，所有水流要素均呈线性变化。

$$-\frac{\Delta z}{\Delta s}=(\alpha+\zeta)\frac{\Delta\dfrac{Q^2}{2gA^2}}{\Delta s}+\frac{Q^2}{\overline{K}^2} \tag{7-51}$$

或

$$-\Delta z=(\alpha+\zeta)\frac{Q^2}{2g}\Delta\left(\frac{1}{A^2}\right)+\frac{Q^2}{\overline{K}^2}\Delta s \tag{7-52}$$

式中

$$-\Delta z=z_u-z_d;\quad \Delta\left(\frac{1}{A^2}\right)=\frac{1}{A_d^2}-\frac{1}{A_u^2}$$

若河道断面变化不大，计算河段的平均流量模数采用 $\frac{1}{\overline{K}^2}=\frac{1}{2}\left(\frac{1}{K_u^2}+\frac{1}{K_d^2}\right)$ 表示，将上述各值代入式（7－52），并把具有相同脚标的水流要素分列在方程式的两边，可得

$$z_u+(\alpha+\zeta)\frac{Q^2}{2gA_u^2}-\frac{\Delta s}{2}\frac{Q^2}{K_u^2}=z_d+(\alpha+\zeta)\frac{Q^2}{2gA_d^2}+\frac{\Delta s}{2}\frac{Q^2}{K_d^2} \tag{7-53}$$

上式中脚标 u，d 的各符号，分别表示流段上、下游断面的水流要素。式（7－53）是

计算天然河道水面线的基本公式。

（二）水面线的计算

采用分段法计算天然河道水面线，应首先收集有关的河道地形及水文资料，如河道的纵、横剖面图、河道的糙率等，这些资料的可靠程度，直接影响计算结果的准确性。然后根据河道地形及纵、横剖面，把河道分为若干计算流段。由于天然河道一般是宽窄相间，河床高低不平，边岸凸凹交错，划分流段时应注意几点：

(1) 尽可能使各段的过水断面形状及尺寸、底坡、糙率无急剧变化。

(2) 同一流段内的流量沿程不变。有支流汇入或分出的河道，分段位置应放在支流入口或出口附近。

(3) 每一计算流段内，上、下游断面的水位差不能过大。一般山区河道的纵坡较陡，水面落差大，流段应划分的短一些，水位差可取 1.0～3.0m；平原河道的纵坡较缓，水面落差小，流段可划分的长一些，水位差可取 0.2～1.0m。

(4) 扩散河段和收缩河段应分开。这是因为收缩河段局部水头损失小，可以忽略不计，$\zeta=0$。扩散河段局部水头损失一般不能忽略，视扩散程度，可取 $\zeta=-0.3\sim-1.0$，扩散角（指两岸夹角）愈大，所取 ζ 值的绝对值应愈大。ζ 只所以取负值，是因为基本微分方程式中局部水头损失的表达式为 $dh_j=\zeta d(v^2/2g)$，$d(v^2/2g)$ 是流速水头沿流程的增量，对于扩散河段为负值，为使局部水头损失得正值，则必须使 ζ 取负值。

流段划分之后，应根据实测的地形或横断面，绘制各断面的横断面图，并计算出每个断面不同水位高程的过水断面面积 A、湿周 χ、水力半径 R，绘制 $Z\sim A$、$Z\sim R$ 关系曲线，以备查用。计算天然河道水面线，也是从控制断面的已知水位开始，利用公式（7-53）试算河段另一端的水位，步骤如下：

式（7-53）的两边分别为计算流段上、下游两端断面水位 z 的函数，分别用 $f(z_u)$ 和 $\Phi(z_d)$ 表示，则

$$f(z_u)=z_u+(\alpha+\zeta)\frac{Q^2}{2gA_u^2}-\frac{\Delta s}{2}\frac{Q^2}{K_u^2}$$

$$\Phi(z_d)=z_d+(\alpha+\zeta)\frac{Q^2}{2gA_d^2}+\frac{\Delta s}{2}\frac{Q^2}{K_d^2}$$

式（7-53）可写为 $f(z_u)=\Phi(z_d)$。

1) 若已知下游断面的水位 z_d（或上游断面的水位 z_u，计算方法相同），可计算出函数 $\Phi(z_d)$。

2) 设流段上游不同的水位 z_u，分别计算出相应的 $f(z_u)$ 值，绘制 $z_u\sim f(z_u)$ 关系曲线，如图 7-24 所示。

3) 在图 7-24 的横坐标上，截取 $f(z_u)=\Phi(z_d)$ 值，该值在 $z_u\sim f(z_u)$ 曲线上所对应的水位，即为所求的计算流段上游断面的水位 z_u。该水位又是下一流段的控制水位，依次类推，可求出上游各断面的水位，得到整个河道的水面线。

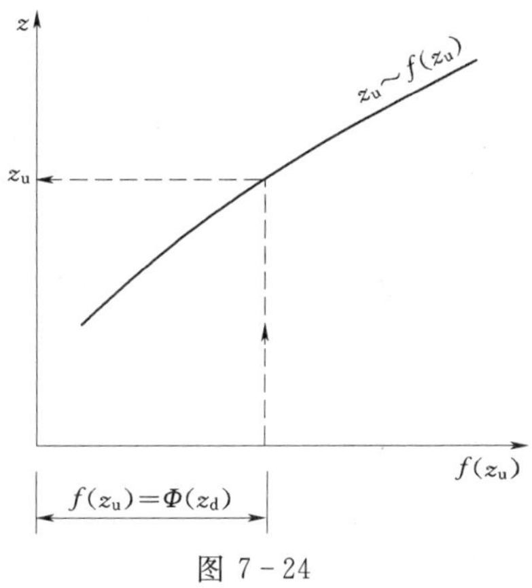

图 7-24

采用分段法逐段试算天然河道水面线比较繁琐，而且每次只能计算出一个流量的水面线。在水利工程中常需要进行多个方案比较，需要算出不同流量，不同控制水位下的水面线，这时采用图解法比较方便。图解法和试算法的基本原理是相同的，做法上有区别，如有需要可查阅有关水力计算手册或水力学教科书。

【例 7-8】 某排水渠如图 7-25 所示，断面为梯形，底宽 $b=8\text{m}$，边坡系数 $m=2$，糙率 $n=0.025$，渠道纵坡 $i=0.0005$，渠道长 $S=3335\text{m}$，退水流量 $Q=25\text{m}^3/\text{s}$，退入下游河道。退水时由于下游河道排洪，水位上涨，使排水渠末端出口断面水深达 3.5m，试计算排水渠入口断面的水深。

解 （1）判别水面线类型。

经计算该渠道正常水深 $h_0=1.92\text{m}$，临界水深 $h_k=0.921\text{m}$。因 $h_0>h_k$，故渠道底坡为缓坡。又因排水渠末端水深 $h=3.5\text{m}>h_0$，控制水深位于 a 区，所以为 a_1 型水面曲线。

（2）水面线计算。

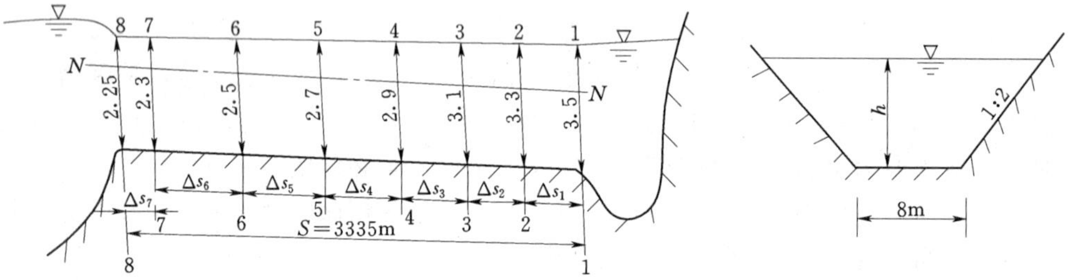

图 7-25

因为水流为缓流，水面线应从排水渠末端控制水深 $h=3.5\text{m}$ 开始，从下游向上游按水深分段推算。设上游各断面的水深分别为 3.3m，3.1m，2.9m，…，应用式（7-48）求出各相应流段的距离 Δs_1、Δs_2、Δs_3、…、Δs_6，然后再根据已知渠道的总长度 $S=3335\text{m}$，用试算法求出排水渠进口处的水深，具体计算如下：

1）已知流段两断面的水深，求流段的距离 Δs。

以 1—1 断面至 2—2 断面第一流段为例计算，1—1 断面 $h_1=3.5\text{m}$，则

$$A_1=(b+mh_1)h_1=(8+2\times3.5)\times3.5=52.500\ \text{m}^2$$

$$v_1=\frac{Q}{A_1}=\frac{25}{52.5}=0.476\ \text{m/s}$$

$$\frac{v_1^2}{2g}=\frac{0.476^2}{2\times9.8}=0.012\ \text{m}$$

断面比能 $$E_{s1}=h_1+\frac{v_1^2}{2g}=3.5+0.012=3.512\ \text{m}$$

同理可算得 2—2 断面

$$h_2=3.3\ \text{m},A_2=48.180\ \text{m}^2,v_2=0.519\ \text{m/s},\frac{v_2^2}{2g}=0.014\ \text{m}$$

断面比能 $$E_{s2}=h_2+\frac{v_2^2}{2g}=3.3+0.014=3.314\ \text{m}$$

1—1 断面和 2—2 断面的比能差

$$\Delta E_{s1-2} = E_{sd} - E_{su} = E_{s1} - E_{s2} = 3.512 - 3.314 = 0.198 \text{ m}$$

1—1 断面的水力要素

$$\chi_1 = b + 2h_1\sqrt{1+m^2} = 8 + 2\times 3.5\times\sqrt{1+2^2} = 23.652 \text{ m}$$

$$R_1 = \frac{A_1}{\chi_1} = \frac{52.5}{23.652} = 2.220 \text{ m}$$

$$C_1 = \frac{1}{n}R_1^{1/6} = \frac{1}{0.025}\times 2.22^{1/6} = 45.686 \text{ m}^{1/2}/\text{s}$$

同理可算出 2—2 断面的水力要素

$$\chi_2 = 22.758\text{m} \quad R_2 = 2.117\text{m} \qquad C_2 = 45.326\text{m}^{1/2}/\text{s}$$

两断面水力要素的平均值

$$\overline{R} = \frac{R_1 + R_2}{2} = \frac{2.22 + 2.117}{2} = 2.169 \text{ m}$$

$$C = \frac{C_1 + C_2}{2} = \frac{45.686 + 45.326}{2} = 45.506 \text{ m}^{1/2}/\text{s}$$

$$\bar{v} = \frac{v_1 + v_2}{2} = \frac{0.476 + 0.519}{2} = 0.498 \text{ m/s}$$

第一流段平均水力坡降　$\overline{J}_f = \dfrac{\bar{v}^2}{\overline{C}^2\overline{R}} = \dfrac{0.498^2}{45.506^2\times 2.169} = 0.000056$

第一流段的长度　$\Delta s_1 = \dfrac{\Delta E_{s1-2}}{i - \overline{J}_{f1-2}} = \dfrac{0.198}{0.0005 - 0.000056} = 446 \text{ m}$

其它各流段的长度可参照以上方法列表计算，如表 7－2。

表 7－2　　列表计算结果

断面	h (m)	A (m²)	v (m/s)	$\frac{v^2}{2g}$ (m)	E_s (m)	ΔE_s (m)	χ (m)	R (m)	C (m$^{1/2}$/s)	$\bar{v}$ (m/s)	$\overline{C}$ (m$^{1/2}$/s)	$\overline{R}$ (m)	$\overline{J}_f$ ×10^{-5}	$\Delta s=\frac{\Delta E_s}{i-\overline{J}_f}$ (m)	$\Sigma\Delta s$ (m)
1—1	3.5	52.50	0.476	0.012	3.512	0.198	23.65	2.22	45.69	0.498	45.52	2.17	5.62	446	446
2—2	3.3	48.18	0.519	0.014	3.314	0.198	22.76	2.12	45.34	0.544	45.15	2.07	7.01	461	907
3—3	3.1	44.02	0.568	0.016	3.116	0.196	21.86	2.01	44.95	0.597	44.75	1.96	9.07	479	1386
4—4	2.9	40.02	0.625	0.020	2.920	0.196	20.97	1.91	44.55	0.658	44.34	1.86	11.24	506	1892
5—5	2.7	36.18	0.691	0.024	2.724	0.194	20.07	1.80	44.13	0.730	43.90	1.75	15.80	567	2459
6—6	2.5	32.50	0.769	0.030	2.530	0.192	19.18	1.69	43.67	0.816	43.43	1.64	21.53	674	3133
7—7	2.3	28.98	0.863	0.038	2.338	0.048	18.29	1.58	43.19	0.876	43.13	1.57	26.28	201	3334
8—8	2.25	28.13	0.889	0.040	2.290		18.06	1.56	43.07						

2）已知末流段的间距 Δs_7 和下游断面的水深，求渠道进口断面 8—8 的水深。

从表 7－2 中的计算结果可知，1—1～7—7 断面的总长度为 3133 m，比渠道全长少 3335－3133＝202m。现已知 7—7 断面水深为 2.3m，求渠道进口水深必须试算。设进口水深 h_8＝2.25m，求出 Δs_7＝201m≈202m，故渠道进口水深为 2.25m。

【例 7－9】　图 7－26 所示某水库溢洪道，由两段组成，断面为矩形。上游为直线收缩段，底坡 i_1＝0.03，收缩段以下等宽，i_2＝0.05。已知收缩段进口断面 1—1 宽 60m，出口断面 3—3 宽 40m，收缩段长 50m。溢洪道用混凝土衬砌，糙率 $n=0.014$。当通过设计流量 $Q=580\text{m}^3/\text{s}$ 时，进口断面 1—1 的水深 $h_1=2.12\text{m}$，求设计流量下收缩段的水面线。

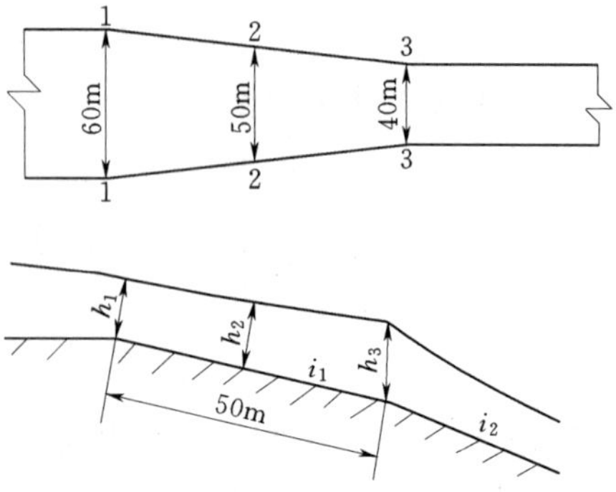

图 7-26

解　收缩段为非棱柱体明渠，需要先将渠道按流程分段，计算出断面尺寸。由于收缩段较短，可以分为两段，$\Delta s_1=25\text{m}$；$\Delta s_2=25\text{m}$。容易计算出中间断面 2—2 的底宽 $b_2=50\text{m}$，利用公式

$$\Delta s=\frac{\Delta E_s}{i-\overline{J}_f}=\frac{E_{sd}-E_{su}}{i-\overline{J}_f}$$

进行试算，便可求出中间断面 2—2 的水深 h_2 和出口断面 3—3 的水深 h_3。

为了方便计算，可将上式改写为

$$E_{su}+i\Delta s=E_{sd}+\overline{J}_f\Delta s$$

进口断面 1—1 的水力要素

$$A_1=b_1h_1=60\times2.12=127.200\ \text{m}^2$$

$$\chi_1=b+2h_1=60+2\times2.12=64.240\ \text{m}$$

$$R_1=\frac{A_1}{\chi_1}=\frac{127.22}{64.24}=1.980\ \text{m}$$

$$v_1=\frac{Q}{A_1}=\frac{580}{127.2}=4.560\ \text{m/s}$$

$$\frac{v_1^2}{2g}=\frac{4.56^2}{2\times9.8}=1.060\ \text{m}$$

$$E_{s1}=h_1+\frac{v_1^2}{2g}=2.12+1.06=3.180\ \text{m}$$

$$E_{s1}+i\Delta s_1=3.18+0.03\times25=3.93\ \text{m}$$

因溢洪道泄流为急流，水面线总趋势为降水曲线，2—2 断面水深小于 1—1 断面水深，设 2—2 断面水深 $h_2=1.84\text{m}$，同样可计算出 2—2 断面的各水力要素，然后再计算出 E_{s2} 和 $\overline{J}_f$。

当 $E_{s2}+\overline{J}_f\Delta s_1=3.93\text{m}$ 时的水深即为所求。3—3 断面水深的计算与 2—2 断面的计算方法完全一样，不再赘述。整个计算结果列于表 7-3。

表 7-3　　计算结果表

断面	b (m)	h (m)	A (m²)	v (m/s)	$\frac{v^2}{2g}$ (m)	E_s (m)	χ (m)	R (m)	C (m^1/2/s)	$\overline{v}$ (m/s)	$\overline{c}$ (m^1/2/s)	$\overline{R}$ (m)	$\overline{J}_f$ ×10⁻³	Δs (m)	$\Delta E_{su}+i\Delta s$ (m)	$E_{sd}+\overline{J}_f\Delta s$ (m)
1—1	60	2.12	127.23	4.56	1.06	3.18	64.24	1.98	80.05	5.43	79.09	1.85	2.55	25	3.93	3.93
2—2	50	1.84	92.00	6.30	2.03	3.87	53.68	1.71	78.14							
2—2	50	1.84	92.00	6.30	2.03	3.87	53.68	1.71	78.14	6.59	78.85	1.81	3.86	25	4.62	4.62
3—3	40	2.11	84.40	6.87	2.41	4.52	44.22	1.91	79.55							

收缩段出口断面 3—3 的水深 h_3 计算出来之后，又是下段陡槽段的控制水深。下段陡槽段属棱柱体渠道，可按棱柱体渠道水面线的计算方法计算，从而可计算出整个溢洪道的水面曲线。

【例 7-10】 为确定拦河坝前壅水对上游河滩耕地淹没的影响，需要计算沿河的水面线。已知泄流量 $Q=245\text{m}^3/\text{s}$，相应的坝前水位 $z_0=481.75\text{m}$，河床糙率 $n=0.035$，已测绘沿河地形图并量得各断面之间的距离 $\Delta s_{0-1}=625\text{m}$，$\Delta s_{1-2}=1015\text{m}$，$\Delta s_{2-3}=1700\text{m}$，见图 7-27（a）。

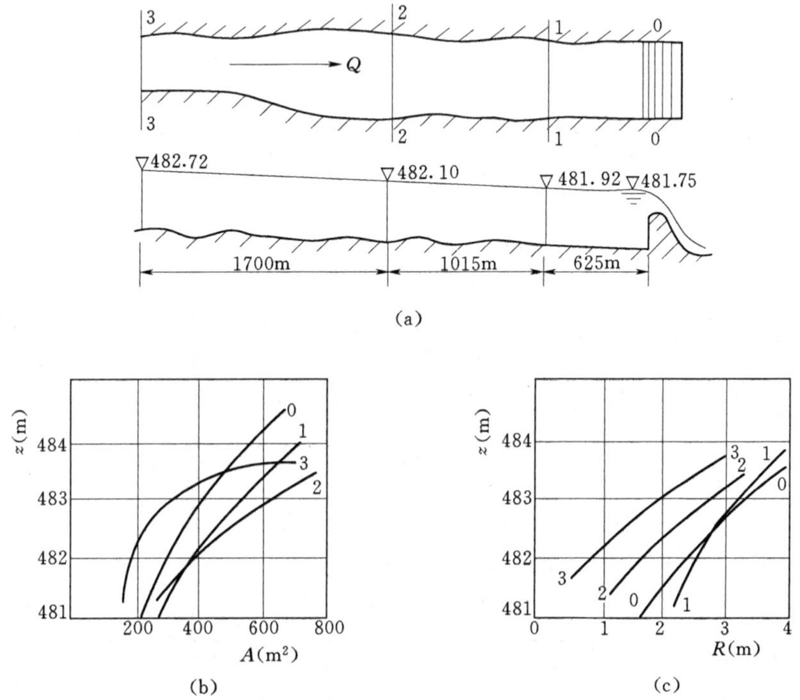

图 7-27

解 （1）根据测绘的沿河地形图绘出各断面的横断面图，并按图计算出各断面不同水位 z 的过水断面面积 A，湿周 χ 及水力半径 R，绘出 $z\sim A$，$z\sim R$ 关系曲线，如图 7-27（b）、图 7-27（c）所示，以备查用。

（2）坝前壅水，全段均为缓流。坝前断面 0—0 为控制断面，由该断面自下而上推算水面线。从地形资料可以看出：从 1—1 断面至 0—0 断面地形变化不大，令 $\zeta=0$。

计算采用式（7-53），用 0—0 断面的水位，计算方程右边可写为

$$\Phi(z_d)=z_d+(\alpha+\zeta)\frac{v_d^2}{2g}+\frac{\Delta s}{2}\frac{Q^2}{K_d^2}$$

查 0—0 断面的 $z\sim A$、$z\sim R$ 曲线，得 $A_0=280\text{m}^2$，$R_0=2.20\text{m}$，计算 0—0 断面的水力要素

$$v_0=\frac{Q}{A_0}=\frac{245}{280}=0.875\ \text{m/s}$$

$$\frac{v_0^2}{2g}=\frac{0.875^2}{2\times9.8}=0.039\ \text{m}$$

$$C_0=\frac{1}{n}R_0^{1/6}=\frac{1}{0.035}\times2.20^{1/6}=32.584\ \text{m}^{1/2}/\text{s}$$

$$K_0=A_0C_0\sqrt{R_0}=280\times32.584\times\sqrt{2.20}=13531\ \text{m}^3/\text{s}$$

将计算结果和已知条件代入上式，得

$$\Phi(z_0)=z_0+\frac{v_0^2}{2g}+\frac{\Delta s_{0-1}}{2}\frac{Q^2}{K_0^2}=481.75+0.039+\frac{625}{2}\times\frac{245^2}{13531^2}=481.89\ \text{m}$$

设 1—1 断面的水位，计算式（7－53）左边可写为

$$f(z_u)=z_u+(\alpha+\zeta)\frac{v_u^2}{2g}-\frac{\Delta s}{2}\frac{Q^2}{K_u^2}$$

设 $z_1=482.00$m，查 1—1 断面的 $z\sim A$，$z\sim R$ 曲线得 $A_1=390\text{m}^2$，$R_1=2.55$m，则

$$v_1=\frac{Q}{A_1}=\frac{245}{390}=0.628\ \text{m/s}$$

$$\frac{v_1^2}{2g}=\frac{0.628^2}{2\times9.8}=0.020\ \text{m}$$

$$C_1=\frac{1}{n}R_1^{1/6}=\frac{1}{0.035}\times2.55^{1/6}=33.396\ \text{m}^{1/2}/\text{s}$$

$$K_1=A_1C_1\sqrt{R_1}=390\times33.396\times\sqrt{2.55}=20800\ \text{m}^3/\text{s}$$

$$f(z_1)=z_1+\frac{v_1^2}{2g}-\frac{\Delta s_{0-1}}{2}\frac{Q^2}{K_1^2}=482+0.02-\frac{625}{2}\times\frac{245^2}{20800^2}=482.06\ \text{m}>481.89\ \text{m}$$

重设 z_1 进行计算。设 $z_1=481.92$m，查得 $A_1=370\text{m}^2$，$R_1=2.50$m，重复上述计算得 f（z_1）$=481.89$m，满足要求，故 $z_1=481.92$m。

同理可计算出 2—2 断面和 3—3 断面的水位。计算中取 $\alpha=1$，第二流段仍取 $\zeta=0$。从 3—3 断面至 2—2 断面为逐渐扩展段，取 $\zeta=-0.35$，计算过程见表 7－4。

表 7－4　　计　算　表

断面	z (m)	A (m²)	R (m)	C (m$^{1/2}$/s)	K (m³/s)	Δs (m)	$\frac{\Delta s}{2}\cdot\frac{Q^2}{K^2}$	v (m/s)	$\frac{v^2}{2g}$ (m)	ζ	$(\alpha+\zeta)\frac{v^2}{2g}$ (m)	Φ (z_d) (m)	f (z_u) (m)
0—0	481.75	280	2.20	32.53	13531		0.102	0.875	0.039		0.039	481.89	
1—1	482.00	390	2.55	33.40	20800	625	0.042	0.628	0.020	0	0.020		482.06
	481.92	370	2.50	33.29	19475		0.049	0.662	0.022		0.022		481.89
1—1	481.92	370	2.50	33.29	19475		0.080	0.662	0.022		0.022	482.02	
2—2	482.20	435	1.90	31.80	13832	1015	0.159	0.563	0.016	0	0.016		482.06
	482.10	395	1.82	31.57	16823		0.108	0.620	0.020		0.020		482.01
2—2	482.10	395	1.82	31.57	16823		0.180	0.620	0.020		0.013	482.29	
3—3	482.65	240	1.55	30.74	9184	1700	0.605	1.021	0.053	−0.35	0.035		482.08
	482.72	260	1.70	31.21	10581		0.456	0.942	0.045		0.029		482.29

最后利用计算出的各断面的水位高程，绘制出水面线，如图 7－27（a）所示。

第六节 弯道水流简介

无论天然河道或人工渠道一般都有弯道，弯道中的水流可能是缓流，也可能是急流。缓流弯道水流与急流弯道水流的流动现象完全不同，本节主要介绍缓流弯道水流问题。

流经弯道的水流受边界的约束，在流动过程中不断改变方向，水流除受重力作用外，还受离心力的作用，离心力的方向指向凹岸。因为水流具有自由表面，受离心力的作用和凹岸边界的约束，会使凹岸水面高于凸岸水面，在弯道的横断面上形成横向水面坡降，并且使水流除了纵向流动外，还产生横向流动，形成断面环流，如图 7－28（a）所示。弯道水流的纵向流动和横向流动合成在一起就构成了螺旋流，如图 7－28（b）所示。

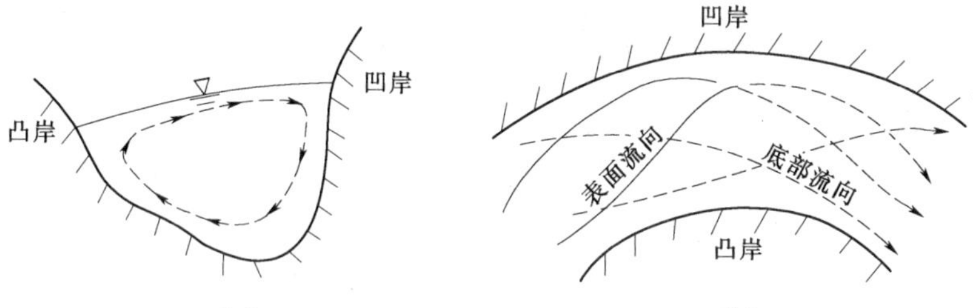

图 7－28

弯道水流能够使凹岸发生冲刷，凸岸发生淤积，这对于河床演变有重要作用。要进行河道整治、港口建设等，就必须掌握这些变化规律。另外，在河道上修建引水闸时，人们还常常利用弯道水流的特性，将取水口的位置选在凹岸，既可以防止主流脱离取水口，还能够防止底沙进入渠道，减少渠道淤积。总之，研究弯道水流问题有重要的实际意义。

下面对弯道水流的横向水面坡降、断面环流及能量损失等问题，进行一些讨论。

一、横向水面坡降及超高计算

一弯曲河道如图 7－29 所示，以弯道曲率中心 O 点为坐标原点，建立直角坐标系。设凸岸的曲率半径为 r_1，凹岸的曲率半径为 r_2。在水面上任取一水质点 A，质量为 $\mathrm{d}m$，其纵向流速为 u，曲率半径为 x。作用于水质点上的重力 $\mathrm{d}G=\mathrm{d}mg$，方向垂直向下；作用于水质点上的离心力 $\mathrm{d}f=\mathrm{d}m\dfrac{u^2}{x}$，方向水平指向凹岸。若忽略液体内摩擦力的影响，则

$$\mathrm{tg}\theta=\frac{\mathrm{d}f}{\mathrm{d}G}=\frac{\mathrm{d}m\dfrac{u^2}{x}}{\mathrm{d}mg}=\frac{u^2}{gx} \tag{7-54}$$

过 A 点作一直线与水面相切，在 xoz 平面上该直线的斜率为 $\mathrm{tg}\alpha=\mathrm{d}z/\mathrm{d}x$，见图7－29（b）。在 x 方向水质点没有运动，即在质量力的作用下处于平衡状态，质量力的合力必垂直于过 A 点的切线，即 $\mathrm{tg}\alpha=\mathrm{tg}\theta$，故弯道水流 A 点的横向水面坡降为

$$J_x=\frac{\mathrm{d}z}{\mathrm{d}x}=\frac{u^2}{gx} \tag{7-55}$$

从上式可以看出，弯道的横向水坡降与纵向流速的平方成正比，与曲率半径成反比。

分离积分变量得

$$dz = \frac{u^2}{gx}dx \tag{7-56}$$

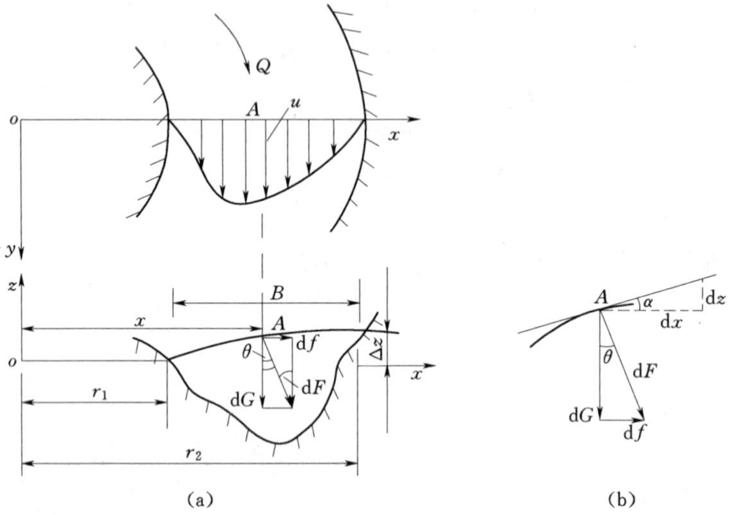

图 7-29

只要找出纵向流速 u 沿横向分布的函数关系，代入上式积分，就可得到弯道上的横向自由水面方程式。但由于弯道水流的复杂性，纵向流速 u 沿横向的分布规律一般是不知道的，所以无法对上式直接积分。为了估算横向水面超高 Δz，往往以断面平均流速 v 代替纵向流速 u，以河道中心曲率半径 r_c 代替各点的曲率半径 x 代入上式，并乘以修正系数 α_0，可得

$$\Delta z = \alpha_0 \int_{r_1}^{r_2} \frac{v^2}{gr_c}dx = \frac{\alpha_0 v^2}{gr_c}(r_2 - r_1) = \frac{\alpha_0 v^2}{gr_c}B \tag{7-57}$$

式中　B——水面宽度；

　　α_0——约为 1.01～1.1。

二、断面环流

弯道水流的另一重要特性是在和弯道中心线正交的横断面上水流具有横向分速。在水流的表面，横向分速指向凹岸，靠近底部的横向分速指向凸岸，这种横向流动叫做断面环流。断面环流是怎么产生的呢？可以在横断面上任意取一微小柱体，分析微小柱体单位体积的受力情况，见图 7-30。

作用于水面下任一深处的水质点的离心力是与该点的纵向流速 u 的平方成正比，即作用于单位体积上的离心力 $f=\rho u^2/\gamma$。因为沿垂线上的纵向流速一般呈抛物线分布，则离心惯性力沿垂线亦呈抛物线分布，如图 7-30（a）所示。作用在微小柱体两侧的动水压强可认为按静水压强分布，那么水柱两侧的压强差的分布，见图 7-30（b）。离心惯性力与动水压强差沿垂线分布进行叠加，可得到微小柱体所受横向力沿垂线的分布图，见图 7-30（c）。图中表明，微小柱体上部的横向力指向凹岸，下部指向凸岸。故在横断面上，上部流动朝向凹岸，下部朝向凸岸，形成断面环流。横向分速和纵向流速的综合，就形成

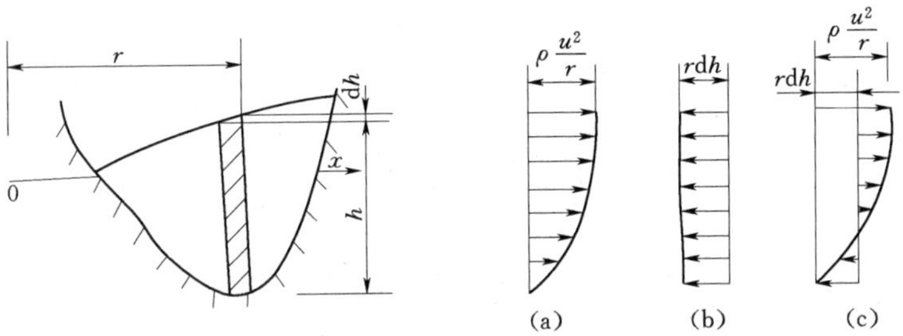

图 7-30

了弯道中的螺旋式流动。凹岸常被水流淘刷，塌下的泥沙又常常被底部水流推移到凸岸下游形成淤积，这就是弯道水流的运动特征。

三、能量损失

弯道中的流动水头损失比同等长度顺直河（渠）道要大，这是因为弯道中存在断面环流，受到的河床阻力较直段大，并且在弯道下游端的凸岸附近有时会发生水流分离现象，这些都会增大能量损失。弯道水流的局部水头损失仍按下式计算。

$$h_j = \zeta \frac{v^2}{2g} \tag{7-58}$$

实验结果表明，局部水头损失系数主要与弯道轴线的曲率半径 r_c，水面宽度 B，水深 h，弯段长度 L，河槽糙率 n 有关，渠道的局部水头损失系数可采用以下经验公式确定

$$\zeta = \frac{19.62L}{C^2R}\left(1 + \frac{3}{4}\sqrt{\frac{B}{r_c}}\right) \tag{7-59}$$

式中 R——水力半径；

B——水面宽度；

r_c——弯道轴线曲率半径；

L——弯道长度；

C——谢才系数。

在天然河道中，河宽一般远远大于水深，由于河床阻力的影响，使环流引起的能量损失很小且可以忽略不计。

习　　题

7-1　某梯形渠道，底宽 $b=5$m，边坡系数 $m=1.5$，当通过流量 $Q=28\text{m}^3/\text{s}$ 时，水流为均匀流，正常水深 $h_0=2.58$m。求：①微波的波速；②佛汝德数；③判别水流的流态。

7-2　一矩形渠道，已知 $Q=40\text{m}^3/\text{s}$，底宽 $b=10$m，糙率 $n=0.025$，底坡 $i=0.00035$。试分别用临界水深、临界坡度及佛汝德数判别渠道中为均匀流动时的流态。

7-3　已知无压圆管，$d=4$m，$Q=15.3\text{m}^3/\text{s}$ 时的正常水深 $h_0=3.25$m。求：①临界水深；②临界流速；③佛汝德数；④判别均匀流动的流态。

7-4　一矩形断面渠道，已知底宽 $b=8$m，通过的流量 $Q=45\text{m}^3/\text{s}$。求：①绘制水跃

函数曲线；②由曲线查出临界水深及跃前水深 $h'=0.60\text{m}$、$h'=0.75\text{m}$ 所对应的跃后水深 h''。

7－5　试验水槽中的水流现象如题 7－5 图所示，流量保持不变，若升高或降低尾门，试分析水跃位置是否移动，如果移动，向哪边移动？为什么？若流量增大，调整闸门和尾门，使闸后收缩断面的水深 h_c 和跃后水深 h_t 不变，问水跃位置是否变化？为什么？

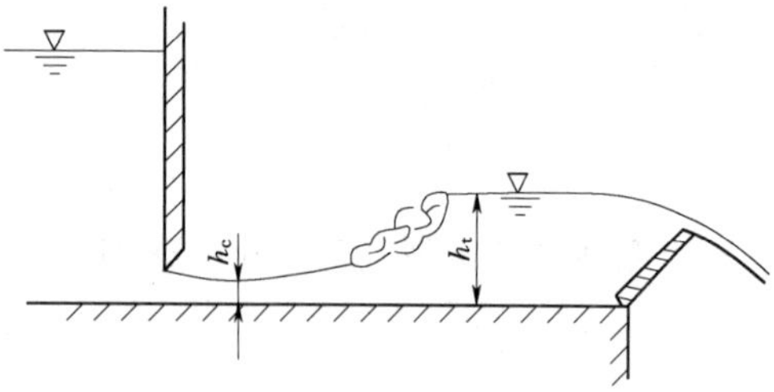

题 7－5 图

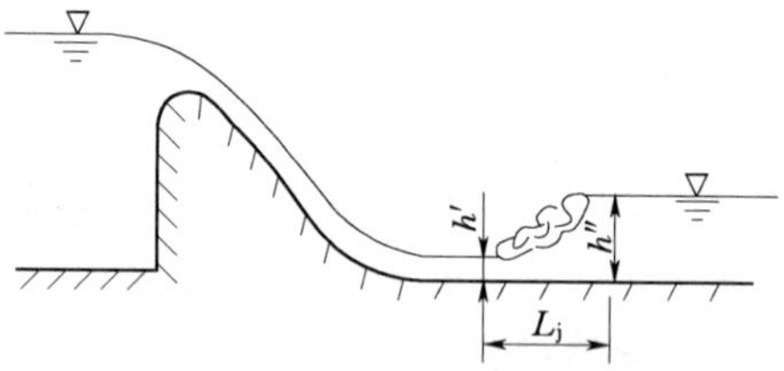

题 7－6 图

7－6　如题图 7－6 所示，在溢洪道坡脚处的水平护坦上发生水跃，跃前水深 $h'=2.6\text{m}$，溢洪道断面为矩形，宽 24.38m，通过的流量 $Q=1588.53\text{m}^3/\text{s}$。求：①跃后水深 h''；②水跃长度 L_j；③判别属何种水跃并计算水跃的消能率 K_j。

7－7　试定性分析题 7－7 图渠道纵坡变化时，上下游渠道水面线的形式并注出其名

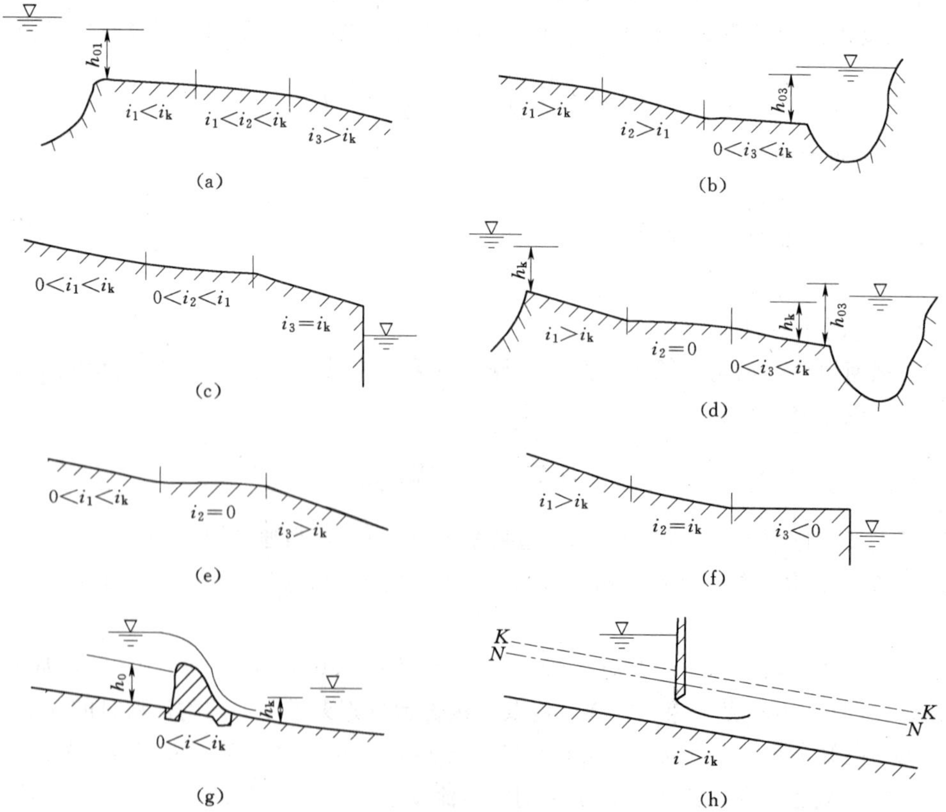

题 7－7 图

称。已知渠道为断面形状、尺寸及糙率沿程不变的长直棱柱体渠道（各段均充分长）。

7-8　试定性分析题7-8图所示渠道中的水面线，并指出不同型式的水面线其断面比能沿流程如何变化。已知渠道的断面型式及尺寸沿流程不变，且各段均充分长。

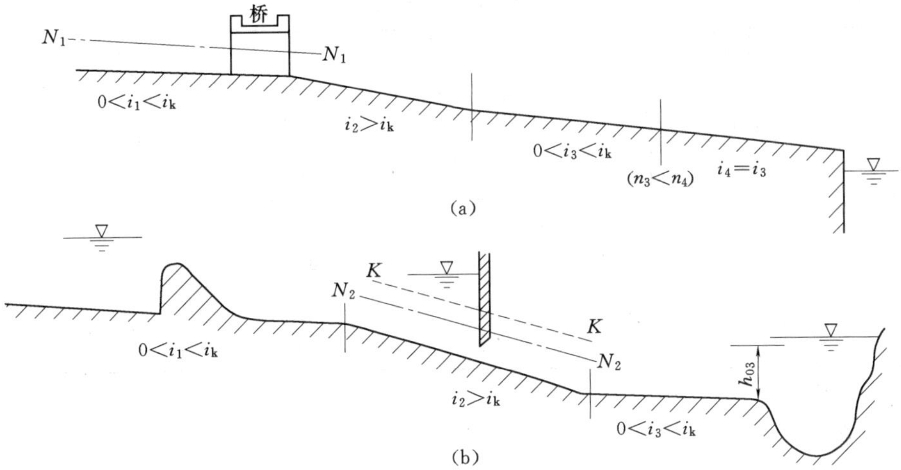

题7-8图

7-9　有一梯形断面的土渠，底宽 $b=7.5\text{m}$，边坡系数 $m=2$，底坡 $i=0.00035$，糙率 $n=0.025$，试作该渠道水深与流量的关系曲线。当流量 $Q=40\text{m}^3/\text{s}$ 时，正常水深等于多少？今在该渠道上修建一节制闸，已知当水闸通过上述流量时的闸前水深 $h=3.8\text{m}$，试计算节制闸上游水面线的壅水长度并绘制水面线（注：水深从大于 h_0 趋近于 h_0 时，水面线计算长度可计算到 $h=1.01h_0$；水深从小于 h_0 趋近 h_0 时，水面线可计算到 $h=0.99h_0$）。

7-10　如题7-10图所示，为了减小溢洪道末端的单宽流量，利于消能，在溢洪道的末端建一水平扩散段，段面为矩形。已知1—1断面的水深 $h_1=3.0\text{m}$，宽度 $b=40\text{m}$，扩散段按直线扩散至60m，扩散角 $\alpha=7.5°$，试计算当通过流量 $Q=1450\text{m}^3/\text{s}$ 时扩散段的水面线（糙率 $n=0.014$）。

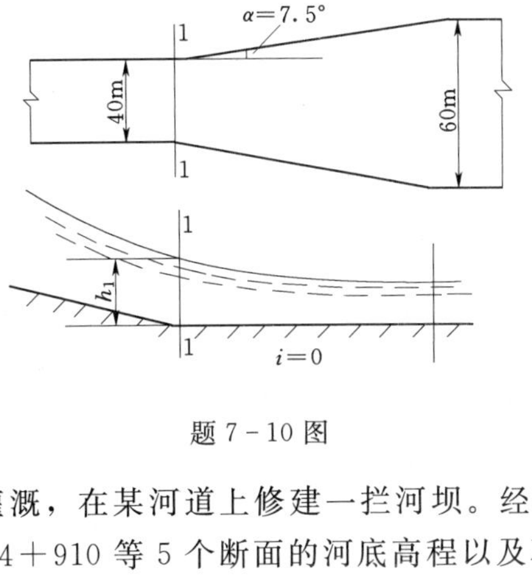

题7-10图

7-11　为了防洪和灌溉，在某河道上修建一拦河坝。经测算坝上游桩号0+000、1+900、2+880、3+900、4+910等5个断面的河底高程以及不同水位的过水断面面积

A，水力半径 R 的关系如表 7－5 所示。当通过设计流量 $Q=1200m^3/s$，坝前 0＋000 段面的水位为 84m，河床糟率 $n=0.035$，试绘制桩号 0＋000 至桩号 4＋910 这一河段的水面线。

表 7－5　断面参数表

桩　号	0+000		1+900		2+880		3+900		4+910	
河底高程（m）	82.1		82		81.65		81.50		80.90	
水位（m）＼断面面积及水力半径	A (m^2)	R (m)	A (m^2)	R (m)	A (m^2)	R (m)	A (m^2)	R (m)	A (m^2)	R (m)
85	330	2.80	360	2.61	218	2	425	2.53	393	2.55
86	412	3.12	458	3.14	298	2.48	562	2.44	558	3.17
87	576	3.29	620	3.41	623	3.78	1002	2.40	971	2.34
88	765	4.25	895	3.25	792	4.66	1426	3.38	1391	3.27

第八章　闸孔出流和堰流

第一节　概　　述

为达到防洪及引水灌溉、发电、供水等目的，常修建水闸和溢流堰等水工建筑物，以控制水库或渠道中的水位和流量。水流受到闸门的控制，闸前水位抬高，水流由闸门底缘和闸底板之间的孔口流出，过水断面受到闸门开启高度的限制，其自由水面不是连续的，称为闸孔出流，见图 8-1。

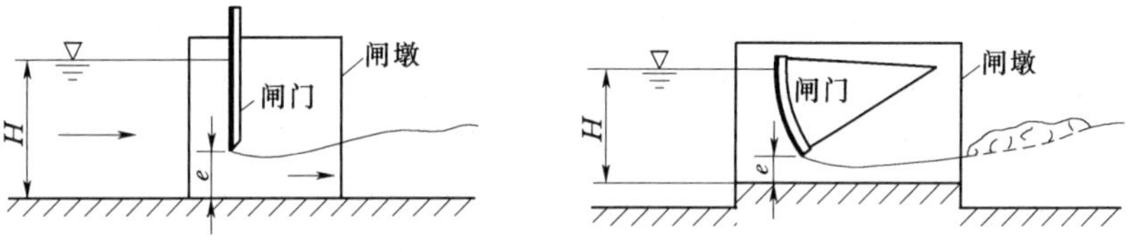

图 8-1

(a) 平板闸门；(b) 弧形闸门

水流受建筑物的约束，上游水位壅高，水流经建筑物顶部下泄，水面不受任何约束呈连续的自由降落水面，这种建筑物称为堰，其水流现象称为堰流。在水利工程中，根据不同使用要求和建筑条件，将堰做成不同的剖面形状。堰的剖面形状和堰上作用水头不同，堰流的形式也不同。为了研究方便，根据堰顶厚度 δ 与堰上作用水头 H 的比值，将堰流分为以下三种：

1. 薄壁堰流（$\delta/H\leqslant 0.67$）

薄壁堰的堰壁很薄，水流沿前进方向几乎不受堰顶厚度 δ 的影响，水舌下缘与堰顶只有线的接触，水面呈单一的降落曲线。薄壁堰顶常做成锐缘，故薄壁堰也称锐缘堰［见图 8-2 (a)］。

2. 实用堰流（$0.67<\delta/H\leqslant 2.5$）

实用堰的堰顶较薄壁堰厚，水舌下缘与堰顶呈面接触，水舌受到堰顶的约束和顶托，但越过堰顶的水流主要还是在重力作用下自由跌落。根据堰顶剖面形状，实用堰又可分为曲线型实用堰和折线型实用堰［见图 8-2 (b)、图 8-2 (c)］。

3. 宽顶堰流（$2.5<\delta/H\leqslant 10$）

宽顶堰的堰顶厚度较大，堰顶厚度对水流的顶托作用已非常明显。水流进入堰顶后，过水断面减小，流速加大，动能增加，势能减小，再加上水流进入堰顶时所产生的局部水头损失，因此在进口处发生水面跌落。堰顶水深最小的断面称为收缩断面，该断面 c—c

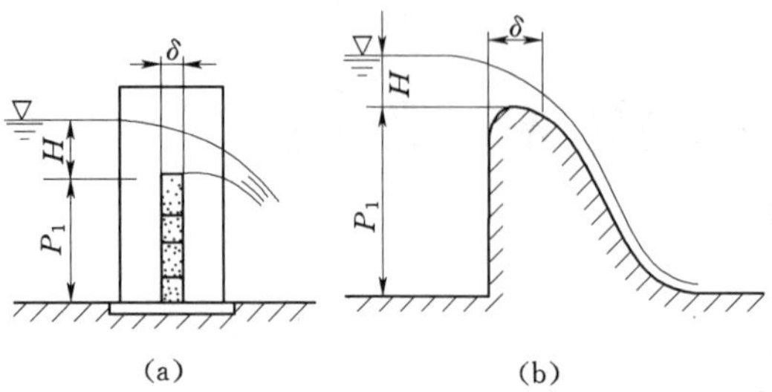

图 8-2

(a) 薄壁堰；(b) 曲线型实用堰；(c) 折线型实用堰；(d) 宽顶堰

处的水深 $h_c<h_k$，此后堰顶水流保持急流状态，水面线略有回升，与堰顶近似平行，当下游水位较低时，出口水流又会产生第二次降落 [见图 8-2 (d)]。

闸孔出流与堰流，主要是从水面是否受闸门（或胸墙）的控制来区分。这两种水流现象在一定的边界条件下是可以互相转化的。若为闸孔出流，当闸门的开启高度 e 增大到一定值，闸前水面下降与闸门底缘不接触时，则水流就由闸孔出流转化为堰流；若为堰流，当闸门的开启高度减少到一定值，闸门对水流起控制作用时，水流则由堰流转化为闸孔出流。闸孔出流、堰流两种流态相互转化的条件，除和闸门的相对开启高度 e/H 有关外，还和闸底坎型式及上游来流是降水或涨水等有关。一般采用下列判别式来区分闸孔出流和堰流：

当闸底坎为宽顶堰时，$e/H\leqslant 0.65$，为闸孔出流；$e/H>0.65$，为堰流。

当闸底坎为曲线型实用堰时，$e/H\leqslant 0.75$，为闸孔出流；$e/H>0.75$，为堰流。

式中，H 为从堰顶或闸底板算起的堰上水头或闸前水头（见图 8-1、图 8-2）。

闸孔出流和堰流虽然是两种不同的水流现象，但从研究过水能力及其影响因素来说，两者是有共同点的。首先，闸孔出流和堰流都是在一定的水头作用下形成的，水流的流动过程都是势能转化为动能的过程；其次，这两种水流都属于明渠急变流动，在较短距离内流线发生急剧弯曲，离心惯性力对压强分布和过水能力均有一定影响，其流动过程中的能量损失主要是局部能量损失。

下面分别介绍闸孔出流和堰流的过水能力计算方法并讨论其影响因素。

第二节 闸 孔 出 流

实际工程中的水闸，当闸前水头 H、闸门开启高度 e 和下游水深 h_t 等在不同的条件下，闸孔出流有不同的类型和水流形态。如果闸前水头 H 和闸门的开启高度 e 不随时间而变，则闸孔出流的流速和流量不随时间变化，即为恒定出流，否则为非恒定出流；如果下游水深不影响过闸流量，称为自由出流，否则为淹没出流。

闸门按型式可分为平板闸门和弧形闸门；闸底坎按型式又可分为宽顶堰与曲线型实用堰两类。

闸孔出流所要解决的基本问题是：研究恒定闸孔出流过闸流量的大小与闸孔尺寸、上下游水位、闸门型式及底坎型式等的关系，给出相应的水力计算公式，下面分别进行讨论。

一、底坎为宽顶堰型的闸孔出流

图 8-3 是平底坎上平板闸门下的出流。闸前水头 H 和闸门开启高度 e 在流动过程中不随时间变化，为恒定闸孔出流。水流由闸门底缘流出时，在惯性力作用下，流线发生急剧弯曲，闸后水流发生垂直方向的收缩，大约在距闸门（0.5～1）e 的地方为水深最小的收缩断面 $c—c$，收缩断面处的水深 h_c 一般小于临界水深 h_k，水流为急流状态。而闸孔下游渠槽中的水流一般呈缓流状态，因此闸后水流从急流到缓流要发生水跃。根据水跃函数与水深的关系曲线可以分析，水跃位置随下游水深 h_t 而变化。水跃发生的位置不同，使闸孔出流分为自由出流和淹没出流。设收缩断面水深 h_c 所对应的共轭水深为 h''_c，当 $h''_c>h_t$，在收缩断面以后形成一段壅水曲线，直到水深与下游水深 h_t 相共轭时，才能发生水跃，称为远驱水跃［见图 8-3（a）］；当 $h''_c=h_t$ 时，水跃在收缩断面处发生，称为临界水跃［见图 8-3（b）］。以上两种情况都不改变收缩断面的水深，下游水深 h_t 的大小不影响闸孔的过流能力，称为闸孔自由出流。当 $h''_c<h_t$，水跃旋滚淹没收缩断面，称为淹没水跃［见图 8-3（c）］。此时下游水位使闸孔的过流能力减小，称为闸孔淹没出流。

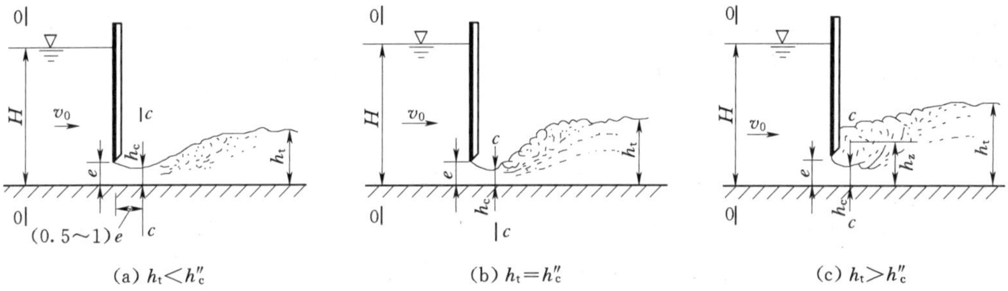

图 8-3

从上面的讨论可以看出，判断闸孔自由出流或淹没出流，须求出收缩断面水深 h_c 及它相应的共轭水深 h''_c，然后将 h''_c 和下游水深 h_t 比较，判别闸后是否发生淹没水跃。

上述判别条件对坎高不为零和弧形闸门下的宽顶堰型闸孔出流也完全适用。平底坎上平板闸门和弧形闸门收缩断面的水深 h_c 可由下式确定：

$$h_c=\varepsilon' e \tag{8-1}$$

式中 ε'——闸门的垂直收缩系数，它和闸门的型式、闸门开启高度 e 和闸前水头 H 的比值 e/H 有关。

表 8-1　　平板闸门垂直收缩系数

e/H	0.10	0.15	0.20	0.25	0.30	0.35	0.40	0.45	0.50	0.55	0.60	0.65	0.70	0.75
ε'	0.615	0.618	0.620	0.622	0.625	0.628	0.630	0.638	0.645	0.650	0.660	0.675	0.690	0.705

平板闸门的垂直收缩系数 ε' 值，列于表 8-1 中。弧形闸门的垂直收缩系数 ε'，主要

与闸门开启高度 e 和闸门底缘切线与水平线的夹角 θ 值有关，θ 值按下式计算（式中符号如图 8-4 所示）：

$$\cos\theta = \frac{c-e}{R}$$

式中　e——闸门开启高度；

c——弧形闸门的转轴高度；

R——弧形闸门的半径。

计算出 θ 值之后，可以由表 8-2 直接查处弧形闸门的垂向收缩系数 ε' 值。

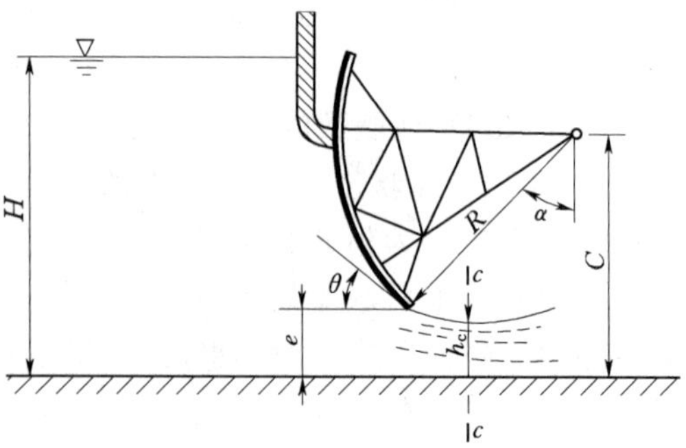

图 8-4

表 8-2　　**弧形闸门垂直收缩系数**

θ	35	40	45	50	55	60	65	70	75	80	85	90
ε'	0.789	0.766	0.742	0.720	0.698	0.678	0.662	0.646	0.635	0.627	0.622	0.620

（一）平板闸门下的闸孔出流

首先讨论平板闸门下的自由出流。

如图 8-3（a）所示，收缩断面 c—c 处的流线近似为平行直线，可以认为是渐变流。以闸底板为基准面，取闸门上游距闸门最近又符合渐变流条件的 0—0 断面与收缩断面 c—c 建立能量方程

$$H + \frac{\alpha_0 v_0^2}{2g} = h_c + \frac{\alpha_c v_c^2}{2g} + h_\omega$$

式中　h_ω——水流从 0—0 断面到 c—c 断面的水头损失，由于 0—0 到 c—c 断面的距离很短，因而只计局部水头损失，即 $h_\omega = h_j = \zeta v_c^2/(2g)$；

ζ——局部阻力系数。

令 $H_0 = H + \alpha_0 v_0^2/(2g)$，将 $h_\omega = \zeta v_c^2/(2g)$ 及 H_0 代入上式，整理可得

$$v_c = \frac{1}{\sqrt{\alpha+\zeta}}\sqrt{2g(H_0-h_c)} = \varphi\sqrt{2g(H_0-h_c)} \tag{8-2}$$

式中 $\varphi = 1/\sqrt{\alpha+\zeta}$（称为流速系数）。它反映了闸孔出流局部水头损失和收缩断面流速分布不均匀的影响，其值的大小主要取决于建筑物的型式和尺寸。初步设计时，对于平板闸门，底坎高为零的宽顶堰型闸孔，可取 $\varphi = 0.97 \sim 1.0$，坎高不为零时，可取 $\varphi = 0.85 \sim 0.95$。

根据连续方程　$Q = A_c v_c = Bh_c v_c$

则　$Q = Bh_c\varphi\sqrt{2g(H_0-h_c)}$

因为　$h_c = \varepsilon' e$

所以　$Q = \varphi\varepsilon' Be\sqrt{2g(H_0-h_c)}$

令 $\mu = \varphi\varepsilon'$ 则上式可写成

$$Q = \mu Be\sqrt{2g(H_0-h_c)} \tag{8-3}$$

式中 μ——流量系数，综合反映闸孔形状、闸门型式和闸门相对开启度对泄流量的影响系数；

B——闸孔过水净宽，若闸门孔数为 n，每孔净宽为 b，则 $B=nb$。

在实际水力计算中，因为 φ 值选择有一定任意性，垂向收缩系数 ε' 值与实际也有出入，所以流量系数 μ 不易确定，通常将公式（8－3）改写成更简单的形式为

$$Q=\mu Be\sqrt{2g(H_0-h_c)}=\mu Be\sqrt{2g(H_0-\varepsilon' e)}=\mu Be\sqrt{2gH_0\left(1-\varepsilon'\frac{e}{H_0}\right)}$$

令

$$\mu_0=\mu\sqrt{1-\varepsilon'\frac{e}{H_0}}$$

则

$$Q=\mu_0 Be\sqrt{2gH_0} \tag{8-4}$$

μ_0 亦称为闸孔出流的流量系数。通过试验和实际资料分析，可用下式计算：

$$\mu_0=0.60-0.18\frac{e}{H} \tag{8-5}$$

上式适用范围：$0.1<e/H<0.65$。

闸孔出流公式（8－3）表明，闸孔出流的过水能力与作用水头的平方根成正比，作用水头是影响过闸流量的重要因素。这里的作用水头就是闸前总水头与闸后收缩断面的测压管水头之差，淹没出流与自由出流的主要区别就是作用水头不同。自由出流时作用水头为 H_0-h_c，而淹没出流时作用水头为 H_0-h_z［图 8－3（c）］，因为 $(H_0-h_c)>(H_0-h_z)$，所以在其它条件相同的情况下，淹没出流的过闸流量减小。由于闸后水流滚动，h_z 不容易确定，在计算闸孔淹没出流的流量时，是将式（8－4）乘以淹没系数 σ_s。

即

$$Q=\sigma_s\mu_0 Be\sqrt{2gH_0} \tag{8-6}$$

淹没系数 σ_s 与比值 $(h_t-h''_c)/(H-h''_c)$ 有关，可查图 8－5。

【例 8－1】 某水闸为无底坎平板闸门，闸前渠道为矩形断面，底宽 $B_0=4.0$m，闸前水头 $H=3.5$m，闸孔过水净宽 $B=3.0$m，闸门开启度 $e=0.7$m，下游水深较小，为自由出流。

求：(1) 若不计闸前行近流速 v_0，流速系数 φ 取 0.97，求闸的泄流量。

(2) 若考虑闸前行近流速，其它条件不变，求闸的泄流量。

解 (1) 不计行近流速。

首先判别流态。根据 $e/H=0.7/3.5=0.2<0.65$，为闸孔出流。

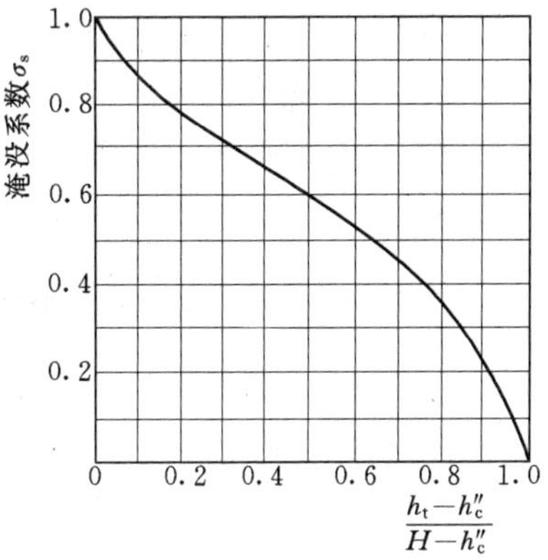

图 8－5

由 $e/H=0.2$，查表 8－1 得 $\varepsilon'=0.62$

$$h_c=\varepsilon' e=0.62\times0.7=0.434\text{ m}$$

$$\mu=\varepsilon'\varphi=0.62\times0.97=0.60$$

将已知数值代入式（8－3），得

$$Q=\mu Be\sqrt{2g(H_0-h_c)}$$
$$=0.60\times3.0\times0.7\times\sqrt{2\times9.8\times(3.5-0.434)}$$
$$=10.09\ \text{m}^3/\text{s}$$

若用式（8-4）计算 Q，应先用式（8-5）求出 μ_0

$$\mu_0=0.60-0.18\times0.2=0.564$$

代入公式（8-4），得

$$Q=\mu_0 Be\sqrt{2gH_0}=0.564\times3\times0.7\times\sqrt{2\times9.8\times3.5}=9.81\ \text{m}^3/\text{s}$$

从上面的计算过程可以看出，用式（8-3）和式（8-4）计算出的结果相差不大，但用式（8-4）较式（8-3）计算简便。

（2）考虑行近流速。

先设行近流速 $v_0\approx0$，$H_0\approx H$，按上面的计算可以求出 $Q=9.81\text{m}^3/\text{s}$。根据求出的流量计算闸前行近流速

$$v_0=\frac{Q}{B_0H}=\frac{9.81}{4\times3.5}=0.7\ \text{m/s}$$

计算闸前总水头　$H_0=H+\dfrac{v_0^2}{2g}=3.5+\dfrac{0.7^2}{2\times9.8}=3.53\ \text{m/s}$

代入式（8-4）再求流量，得

$$Q=\mu_0 Be\sqrt{2gH_0}=0.564\times3\times0.7\times\sqrt{2\times9.8\times3.53}=9.84\ \text{m}^3/\text{s}$$

求出的流量与上一个流量很接近，故 $Q=9.84\text{m}^3/\text{s}$ 为所求。

（二）弧形闸门下的闸孔出流

弧形闸门是工程中常见的闸门形式。它具有圆弧形的挡水面板，结构性能比平板闸门好，具有启闭力较小和运转灵活等特点。我国较大的水库及拦河闸上的闸门，常采用这种型式。

弧形闸门闸孔出流亦分为自由出流和淹没出流两种情况。流量公式与平板闸门出流具有相同的形式；淹没出流的条件与淹没系数 σ_s 值的确定与平板闸门完全一样。所不同的是弧形闸门的挡水面板为圆弧形，过闸水流的边界条件比平板闸门平顺，因此弧形闸门的垂直收缩系数 ε'、流速系数 φ 和流量系数 μ_0（μ）与平板闸门的不同。

弧形闸门的流量系数 μ_0 值不仅与相对开度 $\dfrac{e}{H}$ 有关，而且与闸门底缘切线与水平线的夹角 θ 有关。μ_0 值可按我国南京水利科学研究院的经验公式确定：

当 $\cos\theta=0\sim0.3$ 时

$$\mu_0=0.6-0.176\frac{e}{H}+\left(0.15-0.2\frac{e}{H}\right)\cos\theta \tag{8-7}$$

当 $\cos\theta=0.3\sim0.7$ 时

$$\mu_0=0.545-0.136\frac{e}{H}+0.334\left(1-\frac{e}{H}\right)\cos\theta \tag{8-8}$$

【例 8-2】　某水闸底坎与渠底齐平，如图 8-6 所示。闸底板高程 $\nabla_1=104.00\text{m}$，闸孔过水净宽 $B=10\text{m}$，闸前水位 $\nabla_2=109.00\text{m}$，弧形闸门半径 $R=7.0\text{m}$，转轴高程 ∇_3

=107.00m。当闸门开度 e=1.0m，闸下游水位∇_4=105.00m，试计算过闸流量；若下游水位升至 108.03m，其它条件不变，求此时闸孔泄流量（不计行近流速）。

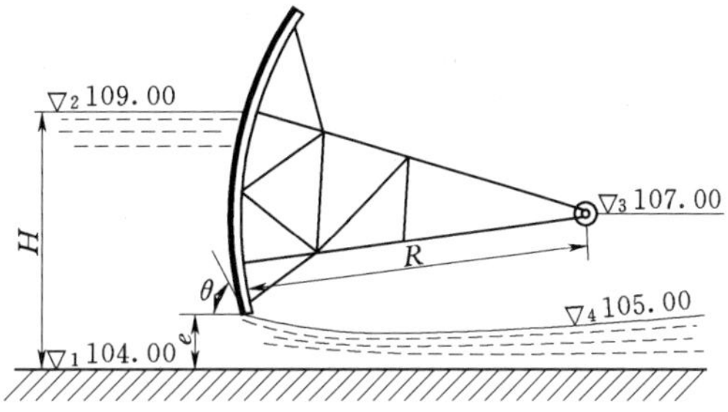

图 8-6

解 首先判别流态。

$$H = 109 - 104 = 5\text{m}$$

$$c = 107 - 104 = 3\text{m}$$

$$\frac{e}{H} = \frac{1.0}{5} = 0.2 < 0.65 \quad \text{为闸孔出流}$$

$$\cos\theta = \frac{c - e}{R} = \frac{3 - 1}{7} = 0.286$$

$$\theta = 73.4°$$

根据 θ 值查表 8-2 内插得 ε'=0.639

$$h_c = \varepsilon' e = 0.639 \times 1.0 = 0.639 \text{ m}$$

取 φ=0.97

$$v_c = \varphi\sqrt{2g(H_0 - h_c)} = 0.97 \times \sqrt{2 \times 9.8 \times (5 - 0.639)} = 8.97 \text{ m/s}$$

$$Fr_c = \frac{v_c}{\sqrt{gh_c}} = \frac{8.97}{\sqrt{9.8 \times 0.639}} = 3.58$$

$$h''_c = \frac{h_c}{2}\left(\sqrt{1 + 8Fr_c^2} - 1\right) = \frac{0.639}{2} \times \left(\sqrt{1 + 8 \times 3.58^2} - 1\right) = 2.94 \text{ m}$$

当下游水位为 105.0m 时，h_t=105−104=1m，$h_t < h''_c$ 为自由出流。

按式(8-7) $\mu_0 = 0.6 - 0.176 \times \frac{1.0}{5} + \left(0.15 - 0.2 \times \frac{1.0}{5}\right) \times 0.286$

$$= 0.6 - 0.035 + 0.031 = 0.596$$

按式(8-4) $Q = \mu_0 Be\sqrt{2gH_0} = 0.596 \times 10 \times 1 \times \sqrt{2 \times 9.8 \times 5} = 59.0 \text{ m}^3/\text{s}$

当下游水位为 108.03m 时 h_t=108.03−104=4.03m，$h_t > h''_c$ 为淹没出流。

由 $\frac{h_t - h''_c}{H - h''_c} = \frac{4.03 - 2.94}{5 - 2.94} = 0.529$，查图 8-5 得淹没系数 σ_s=0.58

所以 $Q = \sigma_s \mu_0 Be\sqrt{2gH_0} = 0.58 \times 0.596 \times 10 \times 1 \times \sqrt{19.6 \times 5} = 34.22 \text{ m}^3/\text{s}$

二、底坎为曲线型实用堰的闸孔出流

图 8-7 为曲线型实用堰上的闸孔出流。当闸前水流沿整个堰前水深向闸孔汇流时，水流的收缩比平底闸孔要充分完善得多。过闸后水股紧贴实用堰面下泄，受重力作用，下泄水股越向下游水深越小，不像平底闸孔那样具有明显的收缩断面，所以曲线型实用堰上闸孔出流的流量系数不同于平底闸孔的流量系数。

工程实践中，往往在大型水利工程中才采用曲线型实用堰，堰比较高，下游水位使过堰水流形成闸孔淹没出流的情况十分少见，因此对闸底坎为曲线型实用堰的闸孔，只讨论自由出流的情况。

计算曲线型实用堰上闸孔自由出流的流量公式一般用式（8-4）：

$$Q = \mu_0 Be\sqrt{2gH_0}$$

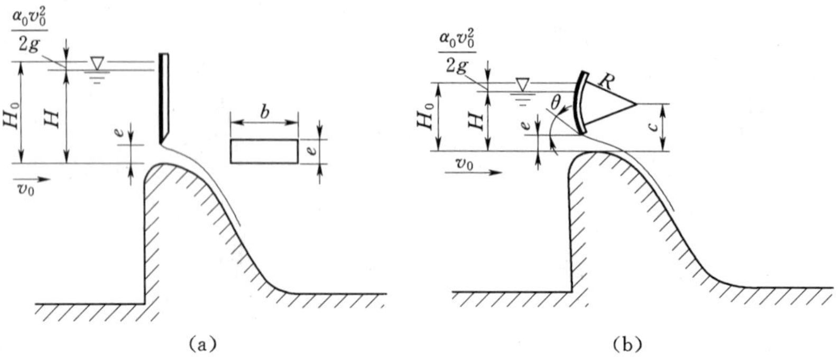

图 8-7

$$H_0 = H + \frac{\alpha_0 v_0^2}{2g}$$

式中　H_0——实用堰顶算起的总水头；

μ_0——流量系数，它和闸门相对开启度、实用堰的剖面形状、闸门形式、闸门底缘的外形、闸门在堰顶的位置及弧形闸门的开度角 θ 等有关，重要的工程设计需要通过专门的模型试验来确定。

对于平板锐缘闸门出流，如图 8-7（a）所示，流量系数公式为

$$\mu_0 = 0.65 - 0.186\frac{e}{H} \tag{8-9}$$

对于弧形闸门出流，如图 8-7（b）所示，流量系数 μ_0 值按 e/H 值查表 8-3 可以得到。

表 8-3　曲线型实用堰上弧形闸门的流量系数 μ_0 值

e/H	0.05	0.10	0.15	0.20	0.25	0.30	0.35	0.40	0.50	0.60	0.70
μ_0	0.721	0.700	0.683	0.667	0.652	0.638	0.625	0.610	0.584	0.559	0.535

第三节　堰　　流

一、堰流的计算公式

堰流包括薄壁堰流、实用堰流和宽顶堰流三种形式。堰流的形式不同，但其运动有共同的规律。水流趋近堰顶时，自由水面均有明显降落。从作用力方面讲，重力作用是主要的，水流在堰顶属急变流，离心力的影响显著；从能量方面讲，由于堰顶溢流的流程较短，故局部水头损失是主要的。

如图 8-8 所示，当水流接近堰顶时，因重力作用使自由水面逐渐降落，水力计算时常把堰前无明显下降的 0—0 断面叫做堰前断面，该断面距堰壁上游约为（3～4）H。H 是堰前断面堰顶以上的水深，叫做堰上水头。堰上断面的流速为 v_0 称为行近流速。堰顶至上游渠底的高度叫上游堰高 P_1，堰顶至下游渠底的高度叫下游堰高 P_2。

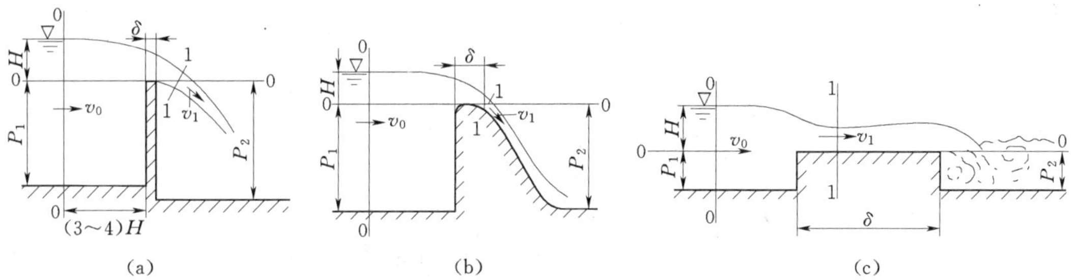

图 8－8

下面用能量方程来推求堰流的基本公式。

以过堰顶的水平面为基准面，对堰前断面 0—0 和堰顶 1—1 断面建立能量方程（见图 8－8）。0—0 断面为渐变流断面；断面 1—1 中点与堰顶高程相同，在 1—1 断面附近流线弯曲，水流属急变流，过水断面上测压管水头 z_1+p_1/γ 不等于常数，用$\overline{z_1+p_1/\gamma}$表示 1—1 断面上测压管水头的平均值，由此可得

$$H+\frac{\alpha_0 v_0^2}{2g}=\overline{z_1+\frac{p_1}{\gamma}}+\frac{\alpha_1 v_1^2}{2g}+\zeta\frac{v_1^2}{2g} \tag{8-10}$$

式中 v_0、v_1——0—0、1—1 断面的平均流速；

α_0、α_1——相应断面的动能修正系数；

ζ——局部阻力系数。

令 $$H+\frac{\alpha_0 v_0^2}{2g}=H_0,\quad \overline{z_1+\frac{p_1}{\gamma}}=\xi H_0,\quad \varphi=\frac{1}{\sqrt{\alpha_1+\zeta}}$$

代入式（8－10）则

$$v_1=\varphi\sqrt{2g(H_0-\xi H_0)}$$

设堰顶过水断面净宽为 B，1—1 断面的水舌厚度用 kH_0 表示，则通过 1—1 断面的流量为

$$Q=kH_0Bv_1=k\varphi B\sqrt{1-\xi}\sqrt{2g}H_0^{3/2}$$

令 $m=k\varphi\sqrt{1-\xi}$，称作堰的流量系数。

则 $$Q=mB\sqrt{2g}H_0^{3/2} \tag{8-11}$$

可以看出，过堰的流量与堰上总水头的 3/2 次方成正比，即 $Q\propto H_0^{3/2}$。流量系数 m 与 φ、k、ξ 值有关。φ 值主要反映流速分布的不均匀程度和局部阻力的影响；k 值反映水股的收缩程度；ξ 值是 1—1 断面的平均测压管水头与堰上总水头的比例系数。φ、k、ξ 值主要取决于堰的边界几何条件和堰上水头 H。

用上述方法推求的堰流公式，对于薄壁堰、实用堰和宽顶堰都是适用的。只是不同类型的堰或同类型的堰不同的几何条件，有不同的流量系数。

堰下游水位的高低对过堰水流也会产生一定的影响。当堰下游水位较高时，减小了堰的过水能力，这种堰流称为淹没溢流；反之叫做自由溢流。当堰顶的过水宽度小于上游引水渠宽度或者堰顶设有边墩和闸墩，会引起过堰水流的侧向收缩，降低堰的过流能力，这

种堰称作侧收缩堰，反之为无侧收缩堰。若考虑下游水位和侧收缩对过堰水流的影响，堰流公式可写为

$$Q = \sigma_s \varepsilon m B \sqrt{2g} H_0^{3/2} \tag{8-12}$$

式中 B——堰顶过水净宽；

H_0——包括流速水头在内的堰上总水头；

m——堰的流量系数；

σ_s——考虑下游水位对泄流影响的系数，称淹没系数，一般 $\sigma_s<1$，非淹没溢流时 $\sigma_s=1$；

ε——侧收缩系数，$\varepsilon<1$，无侧收缩影响时 $\varepsilon=1$。

薄壁堰、实用堰和宽顶堰的水力计算，关键是根据堰的边界几何条件和水流条件，确定堰的流量系数、淹没系数和侧收缩系数。下面将分别讨论各种堰流的水力计算。

二、薄壁堰流的水力计算

薄壁堰流具有稳定的水头与流量关系，因此常用于实验室和野外的流量量测。另外工程中曲线型实用堰的剖面型式常根据薄壁堰流水股的下缘曲线进行设计，所以研究薄壁堰流具有实际意义。

由于薄壁堰常用作量测流量的工具，为了提高测量精度，一般使堰和引水渠同宽并使下游水位低于堰顶，不影响堰的过流能力。这时，堰流公式（8－12）中的淹没系数 $\sigma_s=1$，侧收缩系数 $\varepsilon=1$。薄壁堰的开口形状常作成矩形或三角形，分别叫作矩形薄壁堰和三角形薄壁堰。

（一）矩形薄壁堰

形成稳定的薄壁堰流是有一定条件的。当堰前水头很小时，水流在表面张力作用下会贴附堰壁下流，无法形成水舌［图 8－9（a）］，当水头增大到一定程度时，溢过堰顶的水股才有可能脱离堰壁形成水舌。但是如果水舌下面的空间通气不充分，空气会不断被水舌带走，将会在水舌下面的空间形成负压，也有可能使水流贴附堰壁向下流动或使水舌上下摆动形成不稳定的堰流［见图 8－9（b）］。根据实验，要形成稳定的薄壁堰流应使堰前水头 $H>2.5$cm，并使水舌下面通气充分。

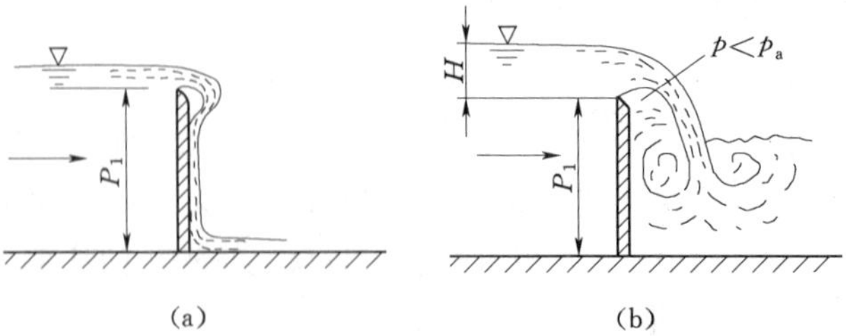

图 8－9

应用薄壁堰量测流量时，常把行近流速的影响包括在流量系数中更为方便，流量公式可改写为

$$Q = m_0 B \sqrt{2g} H^{3/2} \tag{8-13}$$

式中　m_0——包括行近流速水头的流量系数，可按下列公式计算：

$$m_0 = \frac{2}{3}\left(0.605 + \frac{0.001}{H} + 0.08\frac{H}{P_1}\right) \qquad (8-14)$$

式中　H——堰上水头，m；

P_1——上游堰高，m。

式（8-14）在 $H \geqslant 0.025$m，$P_1/H \leqslant 2$，$P_1 \geqslant 0.3$m 范围内适用。

这样就可以由直接测出的堰上水头 H，按上式求得流量。

（二）三角形薄壁堰

当测量较小流量时，若采用矩形薄壁堰，则堰前水头过小，误差将会增大，常采用三角形薄壁堰（见图 8-10）。三角形薄壁堰的计算公式为

$$Q = C_0 H^{5/2} \qquad (8-15)$$

式中　C_0——三角形薄壁堰的流量系数。

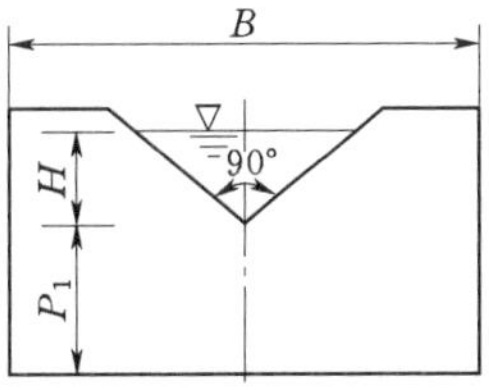

图 8-10

三角形薄壁堰的开口一般做成 90°，叫直角三角形薄壁堰。对于直角三角形薄壁堰，流量系数 C_0 可按下式计算

$$C_0 = 1.354 + \frac{0.004}{H} + \left(0.14\frac{0.2}{\sqrt{P_1}}\right)\left(\frac{H}{B_0} - 0.09\right)^2 \qquad (8-16)$$

式中　H——堰上水头，m；

P_1——上游堰高，m；

B_0——堰上游引水渠宽，m。

当 $0.5\text{m} \leqslant B_0 \leqslant 1.2\text{m}$；$0.1\text{m} \leqslant P_1 \leqslant 0.75\text{m}$；$0.07\text{m} \leqslant H \leqslant 0.26\text{m}$；且 $H \leqslant B_0/3$ 时，流量测量误差小于 ±1.4%。有时近似采用 $C_0 = 1.4$。

三、实用堰流的水力计算

实用堰是工程中常见的用来挡水同时又能泄水的建筑物。一般用石料砌筑的低溢流堰，常做成折线型实用堰；较高的溢流堰，为了增大泄流能力，堰的剖面往往做成更适合水流运动的曲线型实用堰。下面主要介绍曲线型实用堰的水力计算，对折线型实用堰的水力计算只作简单介绍。

工程中的实用堰常由闸墩和边墩分为几孔，过堰水流会发生侧向收缩。另外，实用堰在应用中还可能出现下游水位过高，减小堰的过流能力，形成淹没溢流的情况，所以实用堰的水力计算采用堰流公式的一般形式：

$$Q = \sigma_s \varepsilon m B\sqrt{2g}H_0^{3/2}$$

实用堰的剖面形状直接影响实用堰的过流能力。下面首先讨论曲线形实用堰的剖面形状。

（一）曲线型实用堰的剖面形状

曲线型实用堰的剖面形状，如图 8-11（a）所示，一般由上游段 AB、堰顶曲线段 BC、下游坡段 CD 和反弧段 DE 组成。上游段 AB 常做成垂直的，根据堰的稳定和强度要求，也可做成倾斜的或折线形。下游坡段 CD 的坡度主要依据堰的稳定和强度要求选定，一般采用 1∶0.6～1∶0.7；反弧段 DE 的作用是使下泄水流能够平顺地改变方向进入下

游河道减小对河床的冲刷，并有利于坝下游的消能。

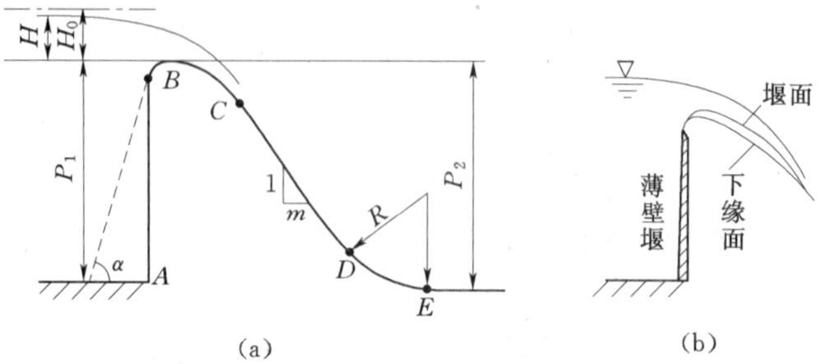

图 8-11

堰顶曲线段 BC 对过流能力的影响最大，是设计曲线型实用堰剖面的关键。国内外对堰的剖面形状有许多设计方法，主要区别在于曲线段 BC 如何确定。理想的设计应使堰的过流能力大，并且堰面不出现过大的负压，负压过大将会引起堰面空蚀破坏。堰顶曲线段 BC 多根据矩形薄壁堰自由溢流时水舌下缘面的形状设计。从理论上讲，在设计水头下过堰水流下缘面将会与堰面完全吻合，堰面不会出现负压，又不会顶托下泄水流，有较大的过流能力。但在实际运用中，由于堰前水头的变化和堰面粗糙产生的摩阻力的影响，堰面上很容易产生负压。为了防止堰面上产生较大的负压引起空蚀破坏，同时又使堰具有较大的过流能力，堰的剖面设计往往使堰面曲线稍稍伸入薄壁堰溢流水舌下缘面以内，如图 8-11（b）所示。按照这种方法，国内外很多学者提出了许多不同的剖面曲线。从 20 世纪 50 年代起，我国广泛采用克里格（Creagr）—奥菲采洛夫（ОФИЦеров）剖面，简称克—奥剖面。克—奥剖面适用于 $P_1/H \geqslant 3 \sim 5$ 的高堰，克—奥剖面的设计方法可参考原武汉水利电力学院编写的《水力计算手册》。20 世纪 70 年代以来，我国在高坝设计中广泛采用了美国水道试验站研究的 WES 标准剖面。WES 剖面与克—奥剖面相比，具有以下优点：流量系数稍大；堰的剖面较瘦，可以节省工程量；堰面负压较小，对安全稳定有利。另外，WES 剖面直接由曲线方程控制，设计施工比较方便。WES 标准剖面曲线形式如图 8-12 所示。以堰的顶点 O 为坐标原点，该点上游曲线的有关参数如图中所示，顶点下游曲线方程为

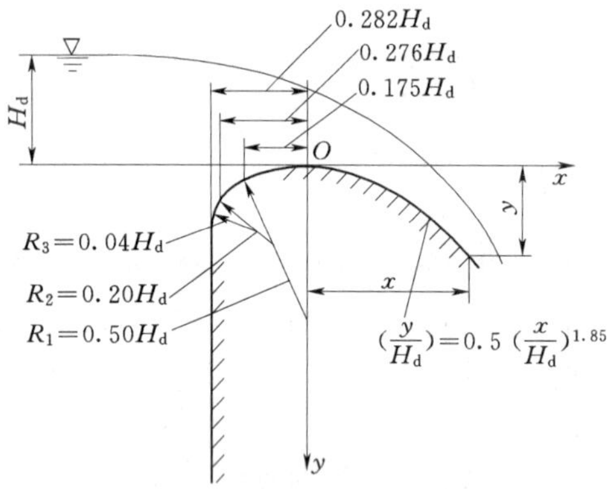

图 8-12

$$x^n = kH_d^{n-1}y \tag{8-17}$$

式中，k、n 为与上游堰面坡度有关的参数。当上游垂直时，$k=2.0$、$n=1.85$，堰顶下游曲线方程为：

$$x^{1.85} = 2.0H_d^{0.85}y \tag{8-18}$$

或
$$\frac{y}{H_d}=0.5\left(\frac{x}{H_d}\right)^{1.85} \tag{8-19}$$

式中 H_d——不包括行近流速水头的堰上设计水头。

由上述可知，WES 剖面的堰顶曲线取决于设计水头 H_d 的大小。实际工程中，堰上水头是在某一范围变化的，选定多大的堰前水头作为设计水头是很重要的。如果在设计水头条件下堰面不出现负压，并且压强较小，使堰面具有较大的流量系数，当设计水头 H_d 取值较小，则溢流堰会经常处于 $H>H_d$ 的条件下运行，堰面容易产生较大的负压危及堰的安全；如果设计水头 H_d 取值较大，虽然堰的泄流能力大，但实际堰上水头会经常小于设计水头，使堰面压强增大，减小堰的流量系数。WES 剖面堰采用的设计水头一般为 $H_d=(0.75\sim0.95)H_{max}$，$H_{max}$ 为最大堰上水头。

前面讲述的堰的剖面，在设计水头情况下，堰面不出现负压，则堰称为非真空剖面堰；反之，称为真空剖面堰。真空剖面堰在实际工程中应用的很少。

（二）曲线型实用堰的流量系数

根据实验分析，当堰的剖面形状一定时，曲线型实用堰的流量系数主要取决于上游堰高与设计水头之比 P_1/H_d、堰顶全水头与设计水头之比 H_0/H_d 以及堰的上游面坡度。

对于克—奥剖面，当堰前水头等于设计水头（$H=H_d$）时，流量系数 $m_d=0.49$。当堰上水头 $H\neq H_d$ 时，流量系数可采用下列经验公式计算

$$m=0.49\left[0.805+0.245\frac{H}{H_d}-0.05\left(\frac{H}{H_d}\right)^2\right] \tag{8-20}$$

对上游面是垂直的 WES 剖面堰，若 $P_1/H_d\geqslant1.33$，属于高堰范围。因上游堰高较大，行近流速较小，水流收缩充分，流量系数 m 只与 H_0/H_d 有关，与 P_1/H_d 无关。堰上水头 $H=H_d$ 时，流量系数 $m_d=0.502$；$H\neq H_d$ 时，流量系数可按下式计算：

$$m=0.502\frac{m}{m_d} \tag{8-21}$$

式中 m/m_d 与 H_0/H_d 有关，可由图 8-13 的曲线（a）查得。由图 8-13 曲线（a）中可以看出：当堰上水头 $H<H_d$ 时，则 $H_0/H_d<1.0$，堰面压强增大，流量系数 $m<m_d$；当堰上水头 $H>H_d$ 时，堰面压强减小，流量系数 $m>m_d$，堰的过流能力增大。

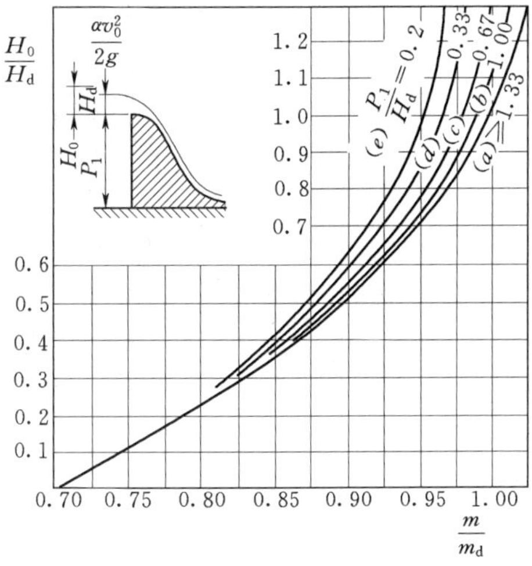

图 8-13

若 $P_1/H_d\leqslant1.33$，为低堰。流量系数不仅与 H_0/H_d 有关，还与 P_1/H_d 有关，即 $m/m_d=f(H_0/H_d, P_1/H_d)$。流量系数仍按（8-21）计算，$m/m_d$ 可根据 P_1/H_d 的数值，由图 8-13 中曲线（b）、（c）、（d）、（e）查出。

曲线型实用剖面低堰，常用于河岸式溢洪道和大型泄水闸设计，可以得到比宽顶堰大的流量系数。曲线型实用剖面低堰可采用 WES 标准剖面，也可以采用其它剖面形式，

具体水力计算方法可查阅有关水力计算手册。

（三）曲线型实用堰的侧收缩系数

实际工程中堰的泄流宽度总小于引水渠宽度，并且溢流堰顶上多设置闸墩和边墩，用以安装闸门控制流量。水流流经闸墩和边墩头部时会发生脱离，减小了有效过流宽度，使堰的过流能力降低，这种水流现象就是侧收缩现象。边墩和闸墩对过流能力的影响，是用侧收缩系数反映的。

实验证明，侧收缩系数 ε 与边墩和闸墩头部的型式、堰孔的尺寸和数目以及堰上水头 H_0 有关。堰的剖面型式不同，确定侧收缩系数的方法有所不同。对于 *WES* 剖面高堰可用下面经验公式确定侧收缩系数：

$$\varepsilon = 1 - 2[K_a + (n-1)K_p]\frac{H_0}{nb} \tag{8-22}$$

式中 K_a——边墩形状系数；

K_p——闸墩形状系数；

n——闸孔数目；

b——单孔净宽。

K_a 与边墩头部的型式和来水方向有关。与混凝土非溢流坝段连接的溢流堰（河床式溢洪道），当边墩的头部采用圆弧形，半径为 R，K_a 值由图 8-14 查取。当来水方向与过堰水流方向一致时，建议设计时 K_a 取 0.1。与土石坝坝段连接的溢流堰（河岸式溢洪道），侧收缩系数应包括坝上游圆弧段和行进水流角度的影响，K_a 值可由图 8-15 查取，建议设计中 K_a 采用 0.2。

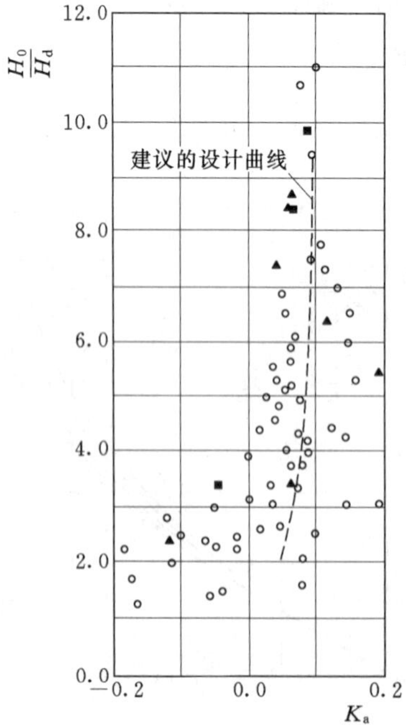

图 8-14

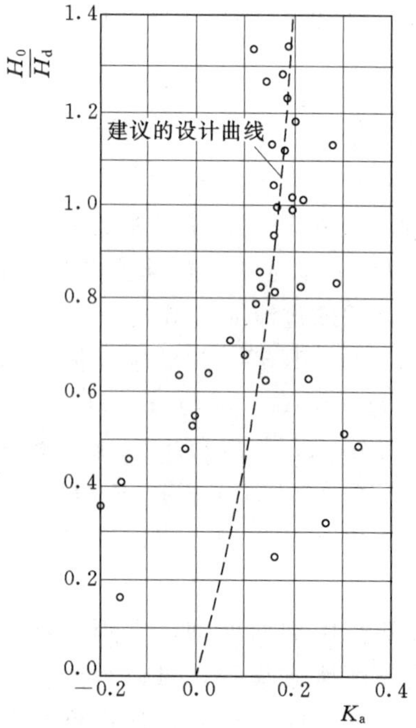

图 8-15

K_p 取决于闸墩的头部型式、H_0/H_d 以及闸墩的头部与上游面的相对位置。对于头部与堰的上游面齐平的高溢流堰，图 8－16 给出了各种墩头形状的 K_p 与 H_0/H_d 的关系曲线。

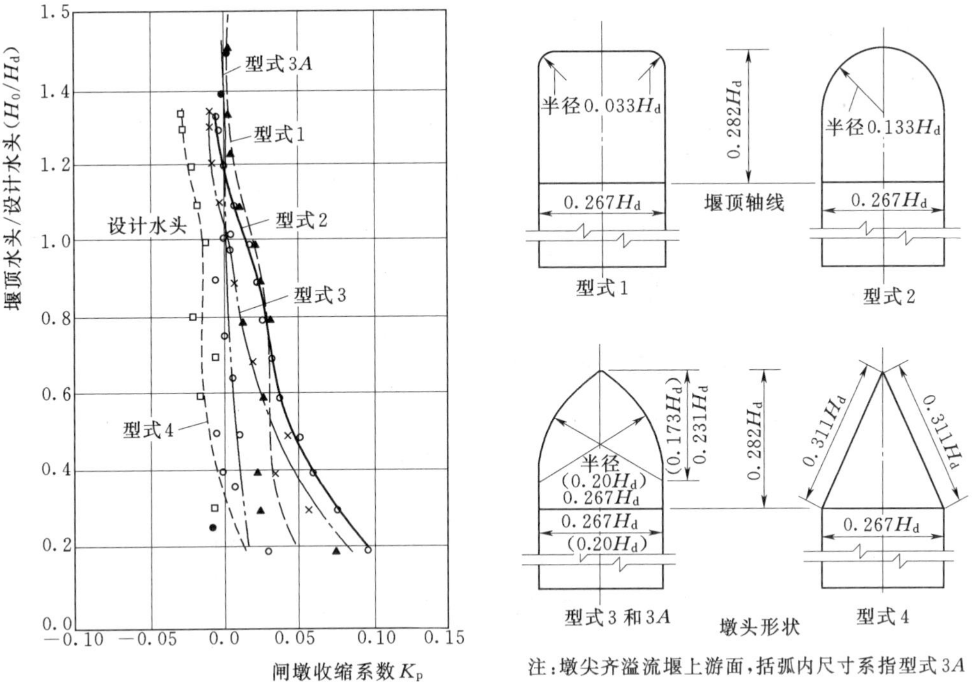

图 8－16

（四）曲线型实用堰的淹没系数

一般来讲，发生淹没堰流，下游水位必须高于堰顶并在下游形成淹没水跃，如图 8－17 所示。但实验成果表明：对 WES 剖面堰，当下游堰高较小时（$P_2/H_0 \leqslant 2$），即使下游水位低于堰顶，过堰水流受下游护坦的影响，堰的过流能力也会降低形成淹没出流。

水力计算中，通常用淹没系数 σ_s 综合反映下游水位及护坦对过流能力的影响。淹没系数 σ_s 与 h_s/H_0 和 P_2/H_0 有关，对 WES 剖面，淹没系数 σ_s 可以查图 8－17 得到。在 $P_2 > 2H_0$，$h_s \leqslant 0.15H_0$ 的范围内，堰的过流能力不受影响，淹没系数 $\sigma_s = 1$，为自由出流。

折线型实用堰适用于中小型水利工程，常见的型式有两种，如图 8－18 所示。

梯形剖面堰的流量系数与相对堰高 P_1/H_0、相对堰顶厚度 δ/H 以及堰的前后坡度有关。Ⅰ型流量系数约为 0.35～0.42；Ⅱ型约为 0.35～0.43。如果将堰顶角修圆，流量系数增加 5%左右。

当下游水位较高时，折线型实用堰也会出现淹没溢流，淹没界限与淹没形状、堰顶前缘形状、堰上游坡和堰顶相对厚度 δ/H 等因素有关。

有关折线型实用堰的水力计算更详细的情况，可查看有关水力计算手册。

【例 8－3】　某溢流堰为 WES 剖面的曲线型实用堰，边墩头部为半圆形，闸墩墩头

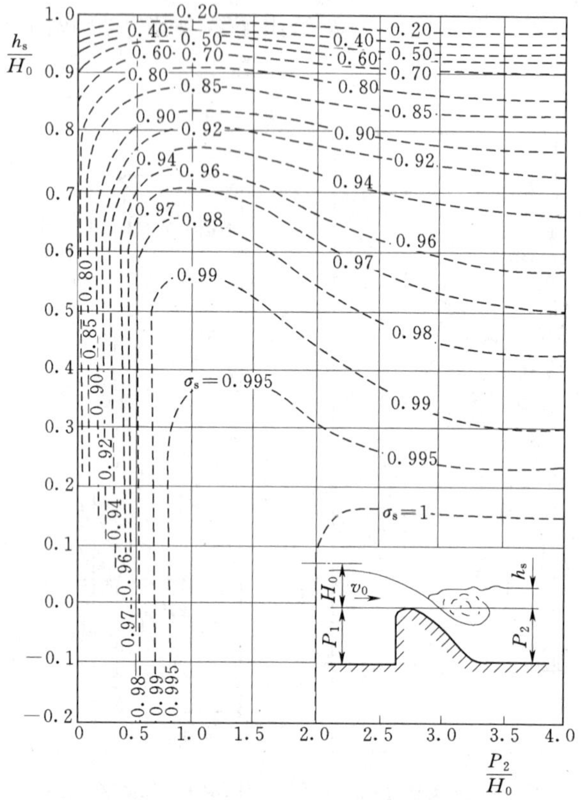

图 8-17

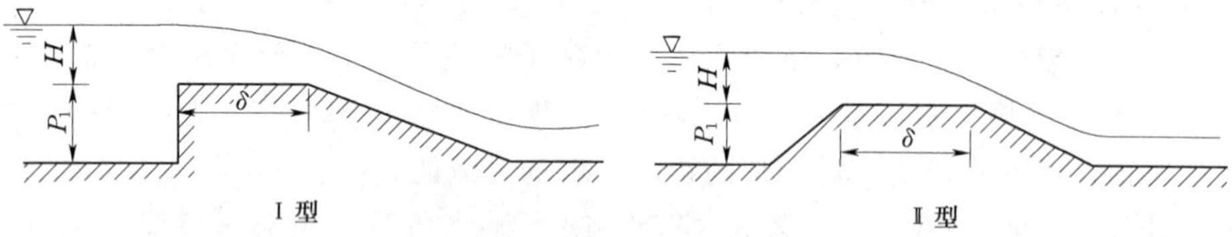

图 8-18

型式采用型式 2，共 3 孔，每孔净宽 $b=14\text{m}$，堰与非溢流的混凝土坝相接，堰高 $P_1=P_2=12\text{m}$，下游水深 $h_t=12.84\text{m}$，设计水头 $H_d=3.11\text{m}$。试求堰上水头 $H=3.36\text{m}$ 时通过溢流堰的流量。

解　(1) 确定流量系数。

$P_1/H_d=12/3.11=3.86>1.33$ 为高堰，可不计 v_0 的影响，$H_0\approx H$。

因为 $H>H_d$，$m>m_d=0.502$，由 $H_0/H_d=3.36/3.11=1.08$，查图 8-13 得 $\dfrac{m}{m_d}=1.013$，则 $m=1.013\times0.502=0.509$。

(2) 确定侧收缩系数。

与混凝土非溢流堰相接的圆弧形边墩，取形状系数 $K_a=0.1$；由 $H_0/H_d=1.08$，闸

墩形状为型式 2，查图 8-16 得 $K_p=0.01$，代入式（8-22）得

$$\varepsilon=1-2[K_a+(n-1)K_p]\frac{H_0}{nb}$$

$$=1-2\times(0.1+2\times0.01)\times\frac{3.36}{3\times14}$$

$$=0.981$$

（3）确定淹没系数。

$P_2/H_0=3.57>2, h_s/H_0=0.25>0.15$，查图 8-17 得 $\sigma_s=0.993$

（4）求流量。

将已知数据代入式（8-12），得

$$Q=\sigma_s\varepsilon mB\sqrt{2g}H_0^{3/2}$$

$$=0.993\times0.981\times0.509\times3\times14\times\sqrt{2\times9.8}\times3.36^{3/2}$$

$$=567.84\ \mathrm{m^3/s}$$

【例 8-4】 某与土石坝段连接的溢洪道，底坎拟采用 *WES* 剖面堰。已知设计流量 $Q=1400\mathrm{m^3/s}$，上游水位高程为 165.0m，相应下游水位高程为 110.0m，筑坝处河床高程为 100.0m，堰上游为垂直壁面，边墩头部为圆弧形，闸墩头部采用 3 型，顶部与上游面齐平，闸孔数 $n=5$，每孔净宽 $b=12\mathrm{m}$，试确定堰顶高程。

解 上游水位高程减去堰上水头即为堰顶高程，所以确定堰顶高程应首先确定堰上设计水头 H_d。

（1）确定流量系数。

在设计情况下，设为高堰，则有 $H_0=H_d$，$m=m_d=0.502$。

（2）确定侧收缩系数及淹没系数。

在不知道堰顶高程的情况下，无法确定侧收缩系数及淹没系数，暂假设侧收缩系数 $\varepsilon=0.96$，淹没系数 $\sigma_s=1.0$。

（3）求堰上设计水头 H_d。

将 m、ε、σ_s 值代入式（8-12），得

$$H_d=H_0=\left(\frac{Q}{\varepsilon\cdot m_d\cdot n\cdot b\cdot\sqrt{2g}}\right)^{2/3}$$

$$=\left(\frac{1400}{0.96\times0.502\times5\times12\times\sqrt{19.6}}\right)^{2/3}$$

$$=4.93\ \mathrm{m}$$

（4）由求出的 H_0 代入式（8-22）反求 ε，检查 ε 与假设是否一致。

根据已知条件，边墩形状系数 $K_a=0.2$；3 型闸墩当 $\frac{H_0}{H_d}=1$，$K_p=0$，则

$$\varepsilon=1-2[K_a+(n-1)K_p]\frac{H_0}{nb}=1-2\times(0.2+4\times0)\times\frac{4.93}{5\times12}=0.967$$

求出的侧收缩系数 ε 与假设的不符合，再将求出的侧收缩系数 ε 代入式（8-12），求 H_0 并将求出的 H_0 再次代入式（8-22）反求 ε，检查 ε 与代入的值是否一致

$$H_d = H_0 = \left(\frac{1400}{0.967\times0.502\times5\times12\times\sqrt{19.6}}\right)^{2/3} = 4.90\ \text{m}$$

$$\varepsilon = 1-2\times(0.2+4\times0)\times\frac{4.90}{5\times12} = 0.967$$

前后两次 ε 值相等，则 H_d 为所求　　　$H_d=4.90$ m

堰顶高程为　　　　　　165.0－4.9＝160.1 m

上游堰高为　　　　　　160.1－100.0＝60.1 m

(5) 根据求出的堰顶高程判断堰下游是否为自由出流。

$P_2/H_d=(160.1-100)/4.9=12.26>2$，故为高堰，又因 $h_s/H_0\leqslant0.15$，所以为自由出流。

原假定成立，堰顶高程为所求。

四、宽顶堰流的水力计算

宽顶堰上水面形状是随堰顶厚度 δ 与堰上水头 H 的比值而变化的（见图 8-19），它反映了过堰水流能量转化的过程。

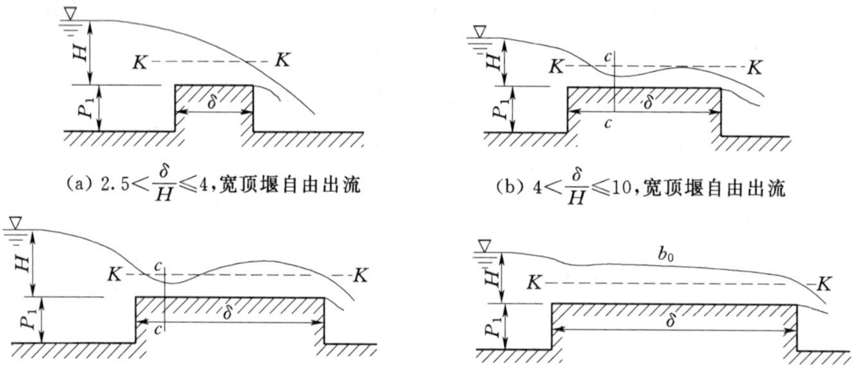

(a) $2.5<\frac{\delta}{H}\leqslant4$，宽顶堰自由出流　(b) $4<\frac{\delta}{H}\leqslant10$，宽顶堰自由出流

(c) $10<\frac{\delta}{H}\leqslant30$，宽顶堰开始淹没　(d) $\frac{\delta}{H}>30$，宽顶堰淹没出流

图 8-19

当 $2.5<\delta/H\leqslant4$ 时，堰顶的水面逐渐下降，水面呈一次跌落，如图 8-19 (a) 所示。

当 $4<\delta/H\leqslant10$ 时，在堰的进口附近形成收缩断面 c—c，该处水深 $h_c<h_k$，断面 c—c 以后水面逐渐壅高，但仍小于临界水深 h_k，至堰末端水面第二次跌落，如图 8-19 (b) 所示。上述两种为宽顶堰的自由出流情况，堰顶厚度 δ 对过堰水流没有影响。当 $10<\delta/H\leqslant30$ 以后，堰顶水流不能再维持急流状态，首先在堰上形成有部分缓流的坡状水跃 [图 8-19 (c)]，堰顶厚度对堰的过流能力已有明显影响。堰顶厚度继续增大，$\delta>30H$ 堰顶将全部成为缓流，形成 b_0 型水面线 [见图 8-19 (d)]。后两种情况沿程水头损失已不能忽略，故不再属于宽顶堰流。

水利工程中，宽顶堰流的现象和型式是很多的。无论河（渠）道上的水闸底板有坎或无坎（平底），当闸门全开时，水流不受闸门的控制，均属于宽顶堰流 [图 8-20 (a)、图 8-20 (b)]；流经隧洞、涵管及施工围堰 [图 8-20 (c)、图 8-20 (d)]、渡桥等进口的水流在平面上受到束缩，水面发生降落，且在 $2.5<\delta/H\leqslant10$ 范围，均属宽顶堰流。

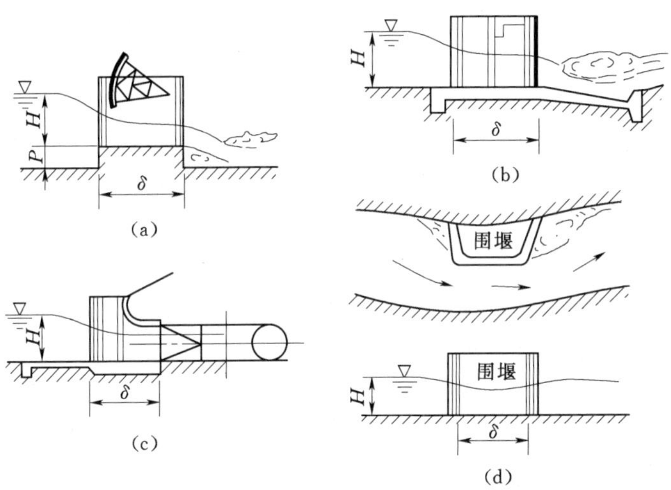

图 8-20

一般当堰的前沿较宽，堰上设有闸墩和边墩时，将产生侧收缩现象；当下游水位影响堰的过流能力时，则形成宽顶堰的淹没溢流，故宽顶堰的水力计算需要考虑淹没和侧收缩的影响，采用堰流的一般公式

$$Q=\sigma_s\varepsilon mB\sqrt{2g}H_0^{3/2}$$

宽顶堰的水力计算仍然是首先确定各种边界条件、水流条件下的流量系数、侧收缩系数和淹没系数。

（一）流量系数

宽顶堰的流量系数取决于堰的进口形式和堰的相对高度 P_1/H，对于不同的进口形式，可选用不同的经验公式进行计算。

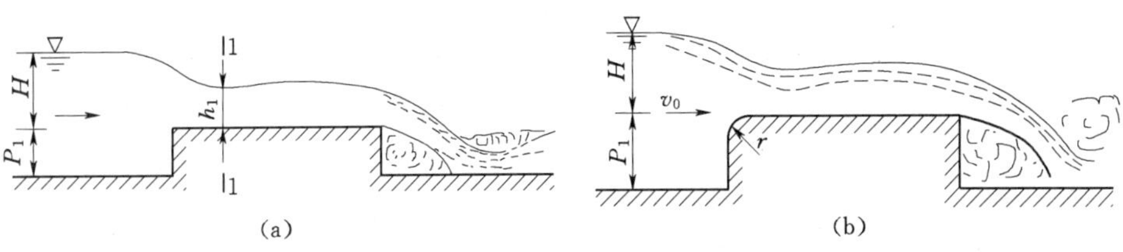

图 8-21

对进口为直角的宽顶堰［见图 8-21（a）］

$$m=0.32+0.01\frac{3-\dfrac{P_1}{H}}{0.46+0.75\dfrac{P_1}{H}}\tag{8-23}$$

对进口为圆角的宽顶堰［见图 8-21（b）］，并且 $r\geqslant0.2H$

$$m = 0.36 + 0.01\frac{3 - \frac{P_1}{H}}{1.2 + 1.5\frac{P_1}{H}} \tag{8-24}$$

式（8-23）、式（8-24）使用于 $0 \leqslant P_1/H \leqslant 3$ 的情况，当 $P_1/H > 3$ 时，由堰高所引起的垂直收缩已达最大限度，流量系数不再受 P_1/H 的影响，按 $P_1/H = 3$ 计算。

当 $P_1/H = 3$ 时，流量系数 m 为最小值；当 $P_1 = 0$ 时，$m = 0.385$ 为最大值，这和理论推导的结果是一致的。所以，宽顶堰流量系数的变化范围为：直角进口 $m = 0.32 \sim 0.385$；圆角进口 $m = 0.36 \sim 0.385$。

（二）侧收缩系数

宽顶堰的侧收缩系数 ε 主要与闸墩（边墩）头部的形状以及堰的进口形式有关，单孔宽顶堰直接用下面的经验公式计算

$$\varepsilon = 1 - \frac{a_0}{\sqrt[3]{0.2 + \frac{P_1}{H}}} \times \sqrt[4]{\frac{b}{B_0}}\left(1 - \frac{b}{B_0}\right) \tag{8-25}$$

上二式中 P_1——上游堰高；

B_0——上游引水渠宽度，对于梯形断面近似用一半水深处的渠道宽，即 $B_0 = b_0 + mh$（b_0 为引渠的底宽，m 为边坡系数，h 为水深）；

b——溢流孔单孔净宽；

a_0——反映墩头形状对侧收缩影响的系数；墩头为矩形，$a_0 = 0.19$；墩头为圆弧形，$a_0 = 0.10$。

式（8-25）的适用条件为：$b/B_0 \geqslant 0.2$ 且 $P_1/H < 3$，当 $b/B_0 < 0.2$ 时，取 $b/B_0 = 0.2$；$P_1/H > 3$ 时，取 $P_1/H = 3$。对于多孔宽顶堰，利用公式（8-25）分别求出中孔侧收缩系数 ε' 和边孔侧收缩系数 ε''，而后求出侧收缩系数的加权平均值 $\bar{\varepsilon}$，设孔数为 n，则

$$\bar{\varepsilon} = \frac{1}{n}[(n-2)\varepsilon' + 2\varepsilon''] \tag{8-26}$$

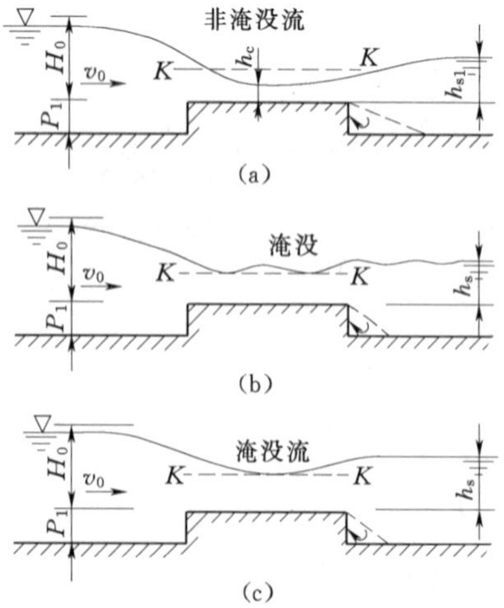

图 8-22

需要注意的是：用公式（8-25）计算中孔侧收缩系数 ε' 时，$B_0 = b + d$，d 为闸墩厚度；计算边孔侧收缩系数 ε'' 时，$B_0 = b + \Delta$，Δ 为边墩边缘与堰上游同侧水边线间的距离。

（三）宽顶堰的淹没条件及淹没系数

首先分析一下当堰上水头 H_0 以及进口型式一定时，下游水位逐渐升高形成淹没宽顶堰流的过程。当下游水位高于堰顶，堰顶以上的水深 $h_s < h_c''$（收缩断面水深对应的共轭水深），则堰顶仍保持急流状态，收缩断面水深 h_c 不受影响，仍为非淹没溢流［见图 8-22（a）］。当 h_s 开始大于 h_c''，堰顶

首先产生波状水跃，堰顶水流开始出现淹没［见图 8－22（b）］；随着 h_s 继续增大，整个堰顶水流成为淹没溢流［见图 8－22（c）］。可以看出，宽顶堰流的淹没条件是：下游水位超过堰顶的水深 $h_s > h''_c$。

在实际应用时，宽顶堰的淹没条件是通过实验确定的。实验证明，宽顶堰的淹没条件为：$h_s/H_0 \geqslant 0.8$。

宽顶堰的淹没系数 σ_s，反映了下游水位对宽顶堰过流能力的影响，它随淹没度 h_s/H_0 的增大而减小，可查表 8－4。

表 8－4　宽顶堰淹没系数 σ_s 值

$\frac{h_s}{H_0}$	≤0.80	0.81	0.82	0.83	0.84	0.85	0.86	0.87	0.88	0.89
σ_s	1.00	0.995	0.990	0.98	0.97	0.96	0.95	0.93	0.90	0.87
$\frac{h_s}{H_0}$	0.90	0.91	0.92	0.93	0.94	0.95	0.96	0.97	0.98	
σ_s	0.84	0.81	0.78	0.74	0.70	0.65	0.59	0.50	0.40	

（四）无坎宽顶堰流

当宽顶堰上游坎高 $P_1=0$ 时，称为无坎宽顶堰。流经无坎宽顶堰的水流虽无底坎的阻碍作用，但因受到平面上的束窄，水面也发生跌落，称为无坎宽顶堰流。

无坎宽顶堰流的水力计算公式、计算方法与有坎宽顶堰完全相同。利用式（8－23）、式（8－24）计算流量系数，利用式（8－25）计算侧收缩系数，计算时坎高 $P_1=0$ 即可。

无坎宽顶堰的淹没条件及淹没系数可近似按有坎宽顶堰确定。

对于单孔无坎宽顶堰的水力计算，习惯上将侧收缩的影响包括在流量系数中，即 $m'=\varepsilon m$，m' 随不同翼墙和进口型式而不同，流量公式为

$$Q=\sigma_s m' b\sqrt{2g}H_0^{3/2} \tag{8-27}$$

三种进口翼墙型式（见图 8－23、图 8－24、图 8－25）的流量系数 m'，分别由表 8－5、表 8－6、表 8－7 给出。

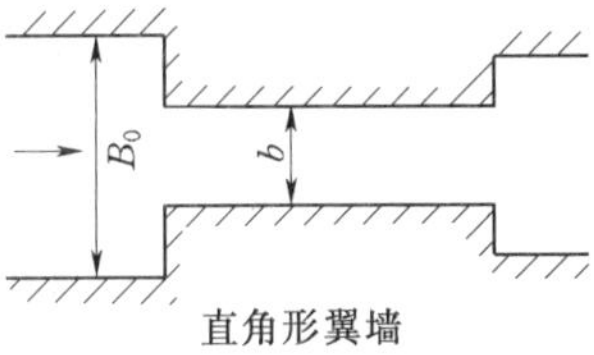

图 8－23

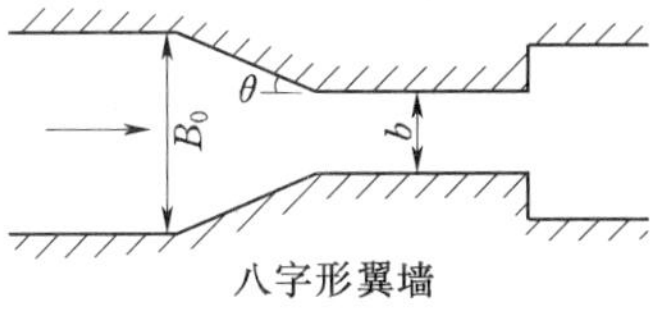

图 8－24

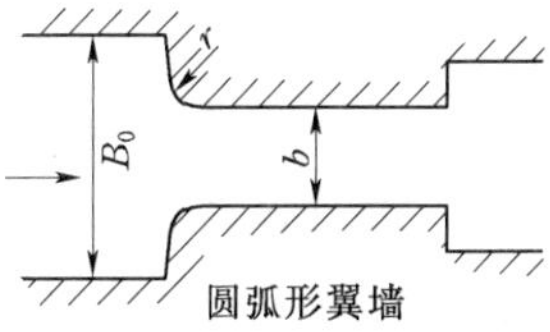

图 8－25

表 8－5　直角形翼墙进口的平底宽顶堰流量系数

b/B_0	≈0.0	0.1	0.2	0.3	0.4	0.5	0.6	0.7	0.8	0.9	1.0
m	0.320	0.322	0.324	0.327	0.330	0.334	0.340	0.346	0.355	0.367	0.385

表 8-6　　八字形翼墙进口的平底宽顶堰流量系数

ctgθ	b/B_0										
	0.0	0.1	0.2	0.3	0.4	0.5	0.6	0.7	0.8	0.9	1.0
0.5	0.343	0.344	0.346	0.348	0.350	0.352	0.356	0.360	0.365	0.373	0.385
1.0	0.350	0.351	0.352	0.354	0.356	0.358	0.361	0.364	0.369	0.375	0.385
2.0	0.353	0.354	0.355	0.357	0.358	0.360	0.363	0.366	0.370	0.376	0.385
3.0	0.350	0.351	0.352	0.354	0.356	0.358	0.361	0.364	0.369	0.375	0.385

表 8-7　　圆弧形翼墙进口的平底宽顶堰流量系数

r/b	b/B_0										
	0.0	0.1	0.2	0.3	0.4	0.5	0.6	0.7	0.8	0.9	1.0
0.00	0.320	0.322	0.324	0.327	0.330	0.334	0.340	0.346	0.355	0.367	0.385
0.05	0.335	0.337	0.338	0.340	0.343	0.346	0.350	0.355	0.362	0.371	0.385
0.10	0.342	0.344	0.345	0.343	0.349	0.352	0.354	0.359	0.365	0.373	0.385
0.20	0.349	0.350	0.351	0.353	0.355	0.357	0.360	0.363	0.368	0.375	0.385
0.30	0.354	0.355	0.356	0.357	0.359	0.361	0.363	0.366	0.371	0.376	0.385
0.40	0.357	0.358	0.359	0.360	0.362	0.363	0.365	0.368	0.372	0.377	0.385
≥0.50	0.360	0.361	0.362	0.363	0.364	0.366	0.368	0.370	0.373	0.378	0.385

【例 8-5】　有一带底坎的宽顶堰上有三孔进水闸，如图 8-26 所示。已知当闸门全开时，上游水深 $H_1=3.1\text{m}$，下游水深 $h_t=2.63\text{m}$，上游坎高 $P_1=0.6\text{m}$，下游坎高 $P_2=0.5\text{m}$，闸孔宽 $b=2\text{m}$，边墩及中墩头部均为半圆形，墩厚 $d=1.2\text{m}$，渠道宽 $B_0=9.6\text{m}$。试求过堰流量 Q。

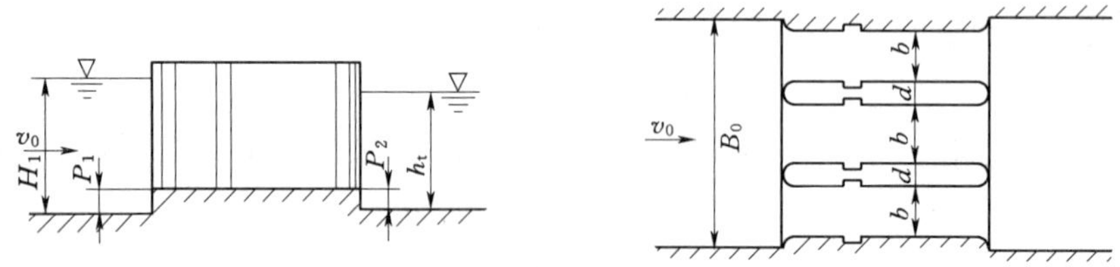

图 8-26

解　闸门全开为宽顶堰流，按宽顶堰流进行水力计算。

(1) 求流量系数。

因流量未知，暂不计行近流速 v_0，$H_0=H=2.5\text{m}$，进口为圆形，流量系数

$$m=0.36+0.01\frac{3-\dfrac{P_1}{H}}{1.2+1.5\dfrac{P_1}{H}}=0.36+0.01\times\frac{3-\dfrac{0.6}{2.5}}{1.2+1.5\times\dfrac{0.6}{2.5}}=0.378$$

(2) 求侧收缩系数。

根据已知条件，边墩及闸墩头部为半圆形，$\alpha_0=0.1$，且边孔和中孔 $b+\Delta=b+d=2+1.2=3.2$，故

$$\varepsilon' = \varepsilon'' = \varepsilon = 1 - \frac{a_0}{\sqrt[3]{0.2 + \frac{P_1}{H}}} \times \sqrt[4]{\frac{b}{B_0}}\left(1 - \frac{b}{B_0}\right)$$

$$= 1 - \frac{0.10}{\sqrt[3]{0.2 + \frac{0.6}{2.5}}} \times \sqrt[4]{\frac{2}{3.2}}\left(1 - \frac{2}{3.2}\right) = 0.956$$

(3) 求淹没系数。

判别是否淹没

$h_s = h_t - P_2 = 2.63 - 0.5 = 2.13\text{m}$，$\frac{h_s}{H_0} = \frac{2.13}{2.5} = 0.852 > 0.8$，查表 8-4 得 $\sigma_s = 0.96$，

(4) 求流量。

将求出的数据代入式（8-12），得

$$Q = \sigma_s \varepsilon m B \sqrt{2g} H_0^{3/2}$$
$$= 0.96 \times 0.956 \times 0.378 \times 3 \times 2 \times \sqrt{2 \times 9.8} \times 2.5^{3/2}$$
$$= 36.45\text{m}^3/\text{s}$$

考虑行近流速的影响 $v_0 = \frac{Q}{A} = \frac{Q}{H_1 \times B_0} = \frac{36.45}{3.1 \times 9.6} = 1.225\ \text{m/s}$

$$H_0 = H + \frac{v_0^2}{2g} = 2.5 + \frac{1.225^2}{19.6} = 2.577\ \text{m}$$

$$\frac{h_s}{H_0} = \frac{2.13}{2.577} = 0.827\text{，查表 8-4 得，}\sigma_s = 0.983$$

将 $m = 0.378$、$\varepsilon = 0.956$、$\sigma_s = 0.983$ 再代入式（8-12），得 $Q = 39.06\text{m}^3/\text{s}$

重复上述计算，当求出的 $Q = 39.66\text{m}^3/\text{s}$ 时与上一个 Q 很接近，所以取 $Q = 39.66\text{m}^3/\text{s}$。

【例 8-6】 某干渠的宽顶堰式三孔进水闸（见图 8-27），闸墩墩头为圆弧形，上游引水渠为梯形过水断面，底宽 $b_0 = 15\text{m}$，边坡系数 $m = 2.5$，渠底高程为 100.0m；闸底坎高程为 101.5m，闸的设计流量为 $120\text{m}^3/\text{s}$，相应的上、下游水位分别为 105.5m 和 105.2m，求闸的溢流宽度。

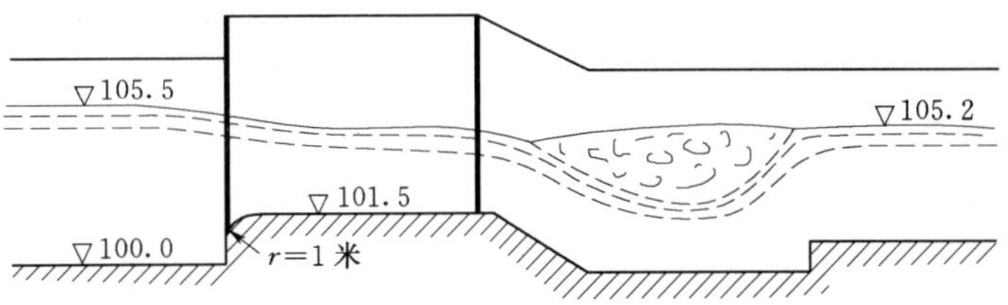

图 8-27

解 (1) 求流量系数。

闸坎前沿圆弧半径 $r > 0.2H$，上游堰高 $P_1 = 1.5\text{m}$，堰上水头 $H = 105.5 - 101.5 = 4.0\text{m}$，流量系数 m 按式（8-24）计算，得

$$m = 0.36 + 0.01\frac{3-\frac{P_1}{H}}{1.2+1.5\frac{P_1}{H}} = 0.36 + 0.01\frac{3-\frac{1.5}{4}}{1.2+1.5\times\frac{1.5}{4}} = 0.375$$

（2）求侧收缩系数。

因闸的溢流宽度尚未确定，暂不能求出侧收缩系数，设 $\varepsilon=0.95$。

（3）求淹没系数。

引渠水深　　$h = 105.5 - 100 = 5.5\text{m}$

上游引渠过水断面面积

$$A = (b_0 + mh)h = (15 + 2.5 \times 5.5) \times 5.5 = 158.125\ \text{m}^2$$

行近流速　　$v_0 = \frac{Q}{A} = \frac{120}{158.125} = 0.759\ \text{m/s}$

堰上总水头为　　$H_0 = H + \frac{v_0^2}{2g} = 4 + \frac{0.759^2}{2\times 9.8} = 4.029\ \text{m}$

$h_s/H_0=(105.2-101.5)/4.029=3.70/4.029=0.918>0.8$，查表 8-4 得淹没系数为 $\sigma_s=0.79$

（4）求堰顶总宽度。

将 $m=0.375$、$\varepsilon=0.95$、$\sigma_s=0.79$ 代入式（8-12），得

$$B = \frac{Q}{\sigma_s\varepsilon m\sqrt{2g}H_0^{3/2}} = \frac{120}{0.79\times0.95\times0.375\times\sqrt{2\times9.8}\times4.029^{3/2}} = 11.90\ \text{m}$$

每孔净宽 $b=B/3=11.90/3=3.97\text{m}$，取 $b=4.00\text{m}$。

（5）验算侧收缩系数是否与假设一致。

设闸墩厚为 0.9m，闸墩墩头为圆弧形 $\alpha_0=0.1$，分别求出中墩的侧收缩系数 ε' 和边墩的侧收缩系数 ε'' 再求 ε。

根据已知条件，中墩 $B_0=b+d=4+0.9=4.90\text{m}$

边墩 $B_0=b+\Delta=4+m(105.5-101.5)=4+2.5\times4=14.00\text{m}$

将已知数据代入（8-25）式，得

$$\varepsilon' = 1 - \frac{a_0}{\sqrt[3]{0.2+\frac{P_1}{H}}}\times\sqrt[4]{\frac{b}{B_0}}\left(1-\frac{b}{B_0}\right) = 1 - \frac{0.10}{\sqrt[3]{0.2+\frac{1.5}{4}}}\times\sqrt[4]{\frac{4}{4.9}}\left(1-\frac{4}{4.9}\right) = 0.979$$

$$\varepsilon'' = 1 - \frac{a_0}{\sqrt[3]{0.2+\frac{P_1}{H}}}\times\sqrt[4]{\frac{b}{B_0}}\left(1-\frac{b}{B_0}\right) = 1 - \frac{0.10}{\sqrt[3]{0.2+\frac{1.5}{4}}}\times\sqrt[4]{\frac{4}{14}}\left(1-\frac{4}{14}\right) = 0.937$$

将 ε' 和 ε'' 代入式（8-26）得

$$\bar{\varepsilon} = \frac{1}{n}[(n-2)\varepsilon' + 2\varepsilon''] = \frac{1}{3}[(3-2)\times0.979 + 2\times0.937] = 0.951$$

因求出的 $\bar{\varepsilon}$ 与假设的 ε 相差很小，则每孔净宽 $b=4.00\text{m}$，总宽度 $B=12.00\text{m}$

第四节　无压隧洞的水力计算

隧洞是常见的泄水建筑物，在水利工程中有着广泛的应用。例如，发电、灌溉引水隧

洞，泄洪隧洞，排沙放空隧洞，施工导流隧洞等。对于埋设在土石坝基上的泄水涵洞（管）以及渠槽与道路交叉处的涵管等水力特性与隧洞的是一样的，所以有关隧洞的水力计算方法也适用于它们。

一、隧洞水流的流态及判别

隧洞过流时可能是有压流，也可能是无压流或半无压流。当隧洞中的水流处于有压流与无压流过渡状态（半有压流）时，可能会出现时而有压，时而无压的不稳定状态，这种流态将会使洞内水流的动水压强、流速、流量等发生周期性的变化，从而对隧洞结构的受力状态、泄流能力以及出口消能等都会产生一系列不利的影响。流态不同，水力计算是不相同的。要进行水力计算，必须首先分析和判别隧洞水流的流态。

首先分析，当闸门全开或不设闸门情况下，隧洞水流流态的变化情况。

当隧洞的断面形状、尺寸、底坡、糙率一定时，其洞内流态决定于上下游水位的情况。当下游水位较高，淹没出口洞顶时，全洞都是有压流动［见图 8-28（a）］。当下游水位较低，隧洞为自由出流时，洞内的水流流态主要决定于上游水位。随着上游水位变化，可能出现有压流、半有压流和无压流三种情况。

当上游水位较高时，水流在流动过程中，有较大的能量，虽然下游水位低于洞顶，但在出口断面附近，洞内仍具有一定的压能，使水流充满全管［见图 8-28（b）］。

当上游水位下降至某一数值时，洞内水流的能量减小，不足以维持全洞为有压流，首先出口断面的水流在重力作用下开始脱离洞顶，随着上游水位继续下降，脱离点逐渐上移。在脱离点以上为有压流，以下为明流，所以称为半有压流［见图 8-28（c）、见图 8-28（d）］。

当脱离点达到洞的进口上缘时，如若上游水位进一步降低，进洞水流将会脱离洞口，全洞成为明流［见图 8-28（f）］。

上述隧洞内的流态随上游水位的变化平稳地由有压流→半有压流→明流的转换，只有当底坡较缓时（一般）才有可能发生。当底坡较大时，发生这种转换洞内的流态很不稳定，会产生不稳定气囊，出现时而有压，时而无压的周期性变化［见图 8-28（e）］。工程设计和运行中，应尽可能避免发生这种流态。

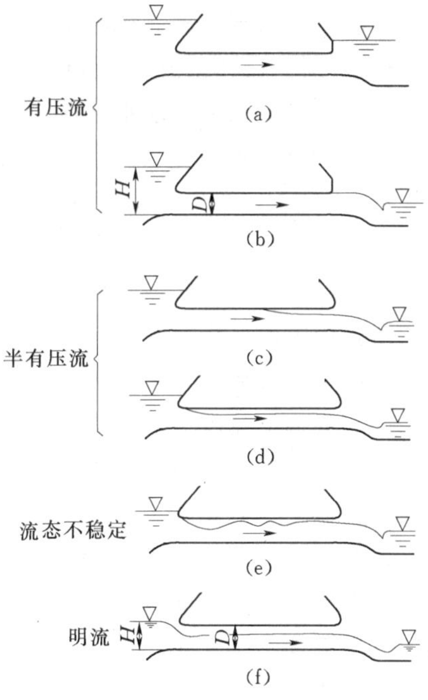

图 8-28

对于上游水位较高的泄洪洞，若进口受闸门或胸墙控制，进口段是有压流而下游段为无压流的情况，当下游水位高至淹没洞顶，则可能在洞内产生封堵洞顶的水跃，出现非稳定流态。尤其是在洞内通气不充分或洞顶余幅不富裕时，更有可能出现这种流态。此种流态比前述低水位下出现的非稳定流态对建筑物的威胁更为严重。为防止此种非稳定流态的发生，设计时洞底应有足够大的底坡，一般使底坡大于临界底坡，并合理设计出口高程，使出口水流为自由出流，以保证明流洞段全部处于急流状态；或者通过控制闸门开度，使洞内不发生封洞水跃。

从半有压流转换为明流的条件，一般与隧洞进口两侧边墙的型式、尺寸、隧洞断面的形状、尺寸、隧洞的底坡以及泄流量都有关。实验证明，一般曲线形的隧洞进口由半有压流转换为明流的条件为

$$\frac{H}{a} < 1.1 \sim 1.3$$

式中 H——从进口底板算起的上游水深；

a——隧洞进口处洞高。

为保证洞内发生有压流动，一般使 $H/a>1.5$。

有压隧洞的水力计算，在第五章管流中已经论述，这里重点介绍无压隧洞的水力计算问题。

二、无压隧洞的水力计算

无压隧洞的断面常设计成矩形、圆形、圆拱直墙形等。工程上为了保证隧洞中的水流为无压流，在设计断面时，要求洞内通过最大流量时水面以上必须留有一定的净空。根据实践经验，对低流速的无压隧洞净空面积应不小于隧洞断面面积的15%，净空高度不小于40cm；对高流速的无压隧洞要考虑掺气的影响，净空面积应不小于隧洞断面面积的15%～25%。对圆拱直墙形隧洞，水面线不应超出直墙范围。

无压隧洞的水力计算内容，主要是计算过流能力和进行断面设计。

（一）无压隧洞的泄流能力计算

1. 进口无闸门控制的情况

对于隧洞底坡为缓坡（$i<i_k$），隧洞出口下游水位低于出口临界水深，隧洞进流不受下游水位影响时，进行无压隧洞泄流能力计算，常根据洞身的长度是否对隧洞的过流能力产生影响，将隧洞分为长洞和短洞。

隧洞断面的宽度一般小于上游水库或引水渠的宽度，因而无压隧洞的进洞水流如同无坎宽顶堰流一样，在进口产生侧向收缩，并伴有水面降落，在进口后的一小段距离 $L_{进}$ 存在收缩断面 $c—c$，水深 $h_c<h_k$，如图 8-29 所示。进洞水流受洞壁的阻力作用，从收缩断面开始水深沿程增加，若隧洞较短，在出口水面降落前的洞内最大水深仍小于临界水深 h_k，洞长不影响隧洞的过流能力，属于自由进流，这种隧洞称为短洞。在自由进流情况时，收缩断面水深 h_c 略小于 h_k，只和上游水头 H 及进口型式有关，不受下游水位的影响。收缩断面的位置距进口的距离 $L_{进}$ 可按下列经验公式计算

$$L_{进} \approx 32 \times (0.385 - m')H$$

式中 H——隧洞上游水头；

m'——隧洞进口流量系数，$m'=0.32\sim0.36$，亦可根据进口型式查无坎宽顶堰流量系数。

若隧洞长度增大到一定数值，洞壁对水流的阻力引起的水面壅高在距出口 $L_{出}$ 距离以前已达到临界水深 h_k，这说明水流不可能按这一种流动方式泄出，而必须转变为缓流状态，如图 8-30 所示。距出口距离为 $L_{出}$，其水深为临界水深 h_k 的断面，$L_{出}$ 可按下式

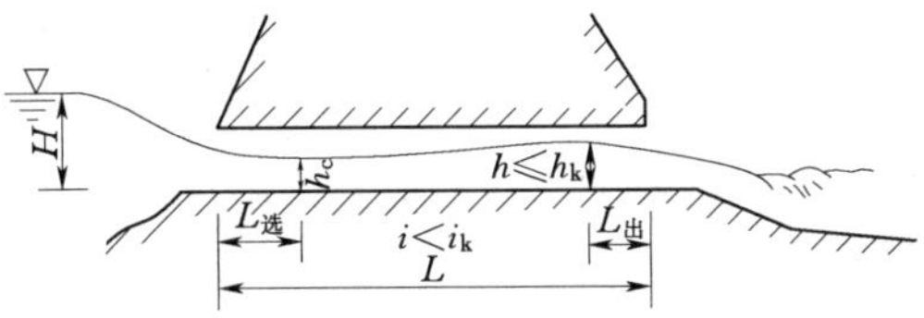

图 8-29

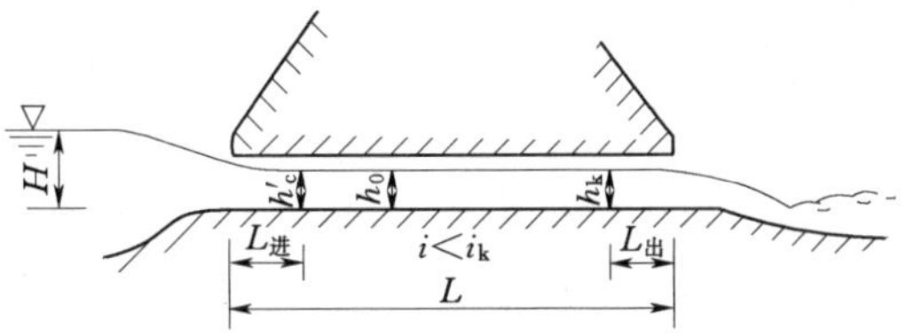

图 8-30

计算

$$L_出 = 3.3h_k \approx 2H_0$$

在 $L_出$ 的上游水面为缓流降落曲线，于是就发生壅水作用使收缩断面的水深 $h_c'>h_k$，降低了隧洞的过流能力，属于非自由进流，这种隧洞称为长洞。根据实验分析，短洞与长洞的判别界限如下。

当底坡较小接近平坡时，短洞与长洞的界限长度为

$$L_k = (64 - 163m')H \tag{8-28}$$

在一般情况下，用流量系数 $m'=0.32\sim0.36$ 代入，则近似有下列关系：$L_k=(5\sim12)H$。

洞长 $L\leqslant L_k$，为短洞；$L>L_k$，为长洞。

当底坡 i 接近 i_k 仍小于 i_k 时，由上式算出的 L_k 的上限应增加 30%。

当隧洞的底坡为陡坡（$i>i_k$）且下游水位较低时，全洞为急流（不允许在洞内产生水跃），泄流能力不受洞长的影响，无论洞的长短如何，均可视为短洞，按短洞进行水力计算。

（1）短洞的泄流能力。由于隧洞的过流能力不受洞长的影响，进口水流属于无坎宽顶堰自由进流，可按无坎宽顶堰非淹没堰流公式计算流量。对于矩形断面

$$Q = m'b\sqrt{2g}H_0^{3/2} \tag{8-29}$$

对非矩形断面，b 可近似由 $b_k=A_k/h_k$ 代替，即用水流在临界水深断面中的平均宽度进行计算。

（2）长洞的泄流能力。长洞与短洞的区别主要是洞身长度引起的洞内水面壅高增大了收缩断面的水深（$h_c'>h_k$），降低了隧洞的泄流能力，如图 8-30 所示。此时计算流量可按无坎宽顶堰淹没溢流计算。对矩形断面

$$Q = \sigma_s m'b\sqrt{2g}H_0^{3/2} \tag{8-30}$$

对于非矩形断面，b 仍可近似由 b_k 代替。淹没系数 σ_s 和 h_c'/H_0 有关，如图 8-31 所示。

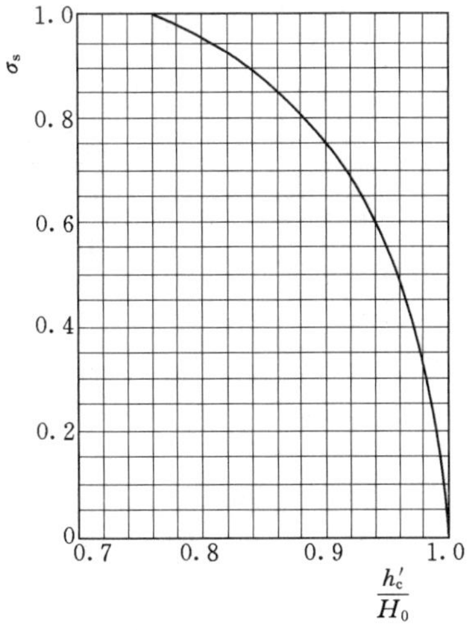

图 8-31

所以长洞的水力计算关键是要确定隧洞收缩断面处的水深 h_c'（实际计算时可近似等于进口处的水深），再用公式（8-30）计算隧洞的泄流量。计算 h_c' 的目

的是要求出比值 h'_c/H_0，确定淹没系数。如果洞长很大（像导流隧洞、渠道引水隧洞等），需要考虑洞长影响时，初步计算可取 $h'_c \approx h_0$；如果洞长不太大（像一般的涵管、底孔等），可近似取 $h'_c \approx h_k$。

当出口下游水位高于出口临界水深的水面时，出口水深 $h > h_k$，则无论洞身的长短如何，都会对隧洞进流发生壅水的影响，降低隧洞的过流能力，如图 8-32。此时应从隧洞出口水位开始，按非均匀流分析推算水面线至入口收缩断面，以确定 h'_c，然后求出 h'_c/H_0 值，再利用图 8-31 确定淹没系数，按长洞用式（8-30）计算泄流量。

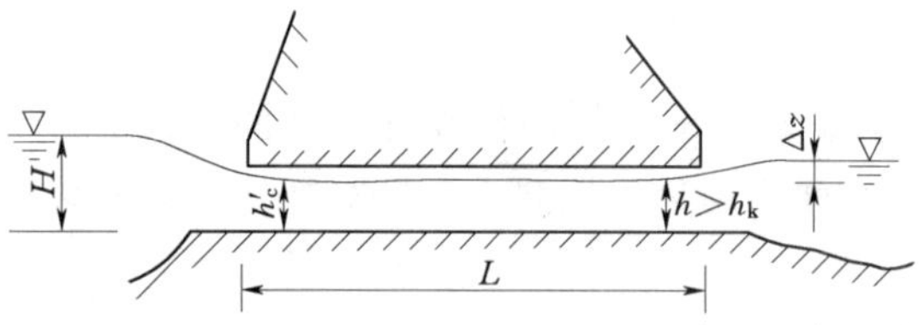

图 8-32

计算 h'_c 必须已知流量，而计算 h'_c 是为了确定隧洞的泄流量，所以求解长洞的泄流量必须采用试算法。

2. 进口受闸门控制（或从有压洞泄出）的情况

高水头明流泄洪隧洞属于这种情况（见图 8-33）。水流进入明流段是有压流，出流后的收缩断面水深 h_k 由闸门开度或有压段出口端断面所限定，其泄流能力可按闸孔出流或有压流进行计算。从收缩断面开始，下游的明流段按急流水面线推算至出口为止。这种泄流方式一般不允许产生洞内水跃，避免水流触顶封洞，以免对建筑物产生不利影响。

（二）已知隧洞的进口形式、断面型式、长度、底坡、上下游水位及流量，要求设计断面尺寸

此时计算方法如下：先判别隧洞是自由进流还是淹没进流，短洞还是长洞。若为短洞，可直接应用相应的流量公式（8-29）计算 b；若为长洞，则先假定 σ_s，代入相应的流量公式求出 b，然后再利用试算的方法，验算假定是否正确。

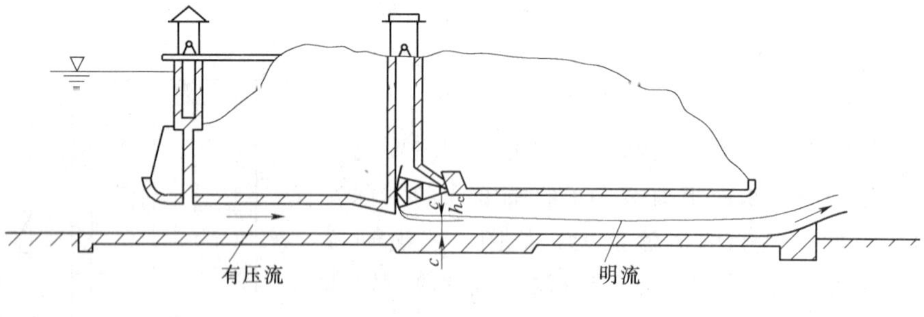

图 8-33

习　题

8-1　某矩形断面渠道上建一引水闸，共两孔，每孔净宽 $b=5$m。采用平板闸门（见题 8-1 图）。闸前水深 $H=8$m，若两孔闸门同时开启，开启高度 $e=2$m。求下列两种情况的引水量。(1) 闸下游水深 $h_t=3.5$m；(2) $h_t=5.5$m。闸前行近流速不计。

8-2　某宽顶堰式水闸，共 10 孔，每孔宽 $b=4$m。闸上设有平板闸门，宽顶堰进口

为圆弧形，圆弧半径 $r=0.2\text{m}$。已知闸门开启高度 $e=2\text{m}$，为闸孔出流，流速系数 $\varphi=0.95$，下游水深 $h_t=3\text{m}$，通过闸孔的流量 $Q=465\text{m}^3/\text{s}$。不计闸前行近流速，求闸前水头 H。

8-3　有一 3 孔平底弧形闸门水闸，每孔净宽 $b=10\text{m}$。闸门圆弧半径 $R=7.5\text{m}$，门轴高程为 38.0m。闸底高程为 33.0m。当闸门开启高度为 2m 时，上游水位为 38.0m，下游水位为 37.0m，求通过闸孔的流量（不计行进流速）。

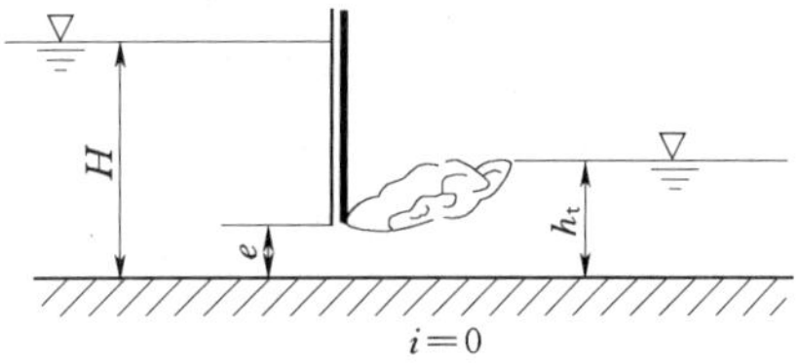

题 8-1 图

8-4　如题 8-4 图所示，某梯形断面渠道上建一水闸，共 3 孔，采用平板闸门，每孔净宽 $b=2.5\text{m}$，闸前水深 $H=4\text{m}$，闸址处渠道为矩形断面，已知渠道底宽 $b_0=10\text{m}$，边坡系数 $m=1.5$，粗糙系数 $n=0.0225$，底坡 $i=0.0002$。试求三孔闸门同时开启，开启度 $e=1\text{m}$ 时，通过该闸的泄流量 Q。

8-5　有一矩形断面水槽，末端装一个矩形薄壁堰，堰孔与水槽宽度相等，$B=1.2\text{m}$，上、下游堰高 $P_1=P_2=0.6\text{m}$，下游水深 $h_t=0.4\text{m}$。当通过薄壁堰的流量 $Q=0.118\text{m}^3/\text{s}$ 时，求堰上水头 H。

8-6　某 *WES* 实用堰，单孔净宽 $b=15\text{m}$，闸孔数 $n=3$，堰与非溢流的混凝土坝相接，边墩头部为半圆形，闸墩头部为圆弧形，堰高 $P_1=P_2=12\text{m}$，下游水深 $h_t=13\text{m}$，设计水头 $H_d=3.11\text{m}$。试求堰上水头 $H=4\text{m}$ 时通过溢流堰的流量 Q。

8-7　如题 8-7 图示，与土石坝连接的一单孔溢流堰，按 *WES* 剖面设计。已知：河底高程为 12.20m，堰顶高程为 20.00m，上游设计水位为 21.30m，下游水位为 16.35m，堰前河道近似为矩形，河宽 B_0 为 100m，边墩为圆弧形。试求通过设计流量 $Q=100\text{m}^3/\text{s}$ 时所需的堰顶宽度 B。

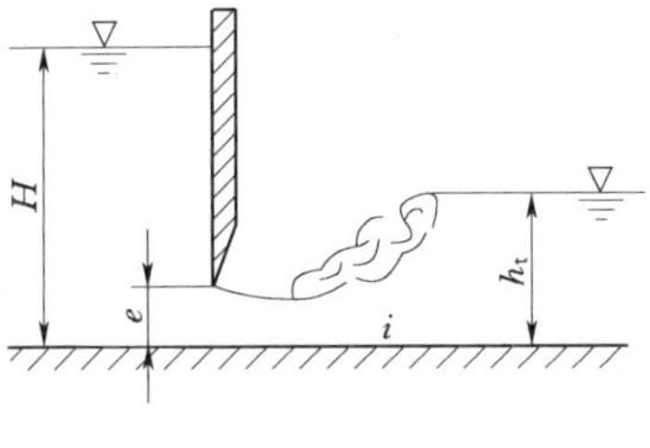

题 8-4 图

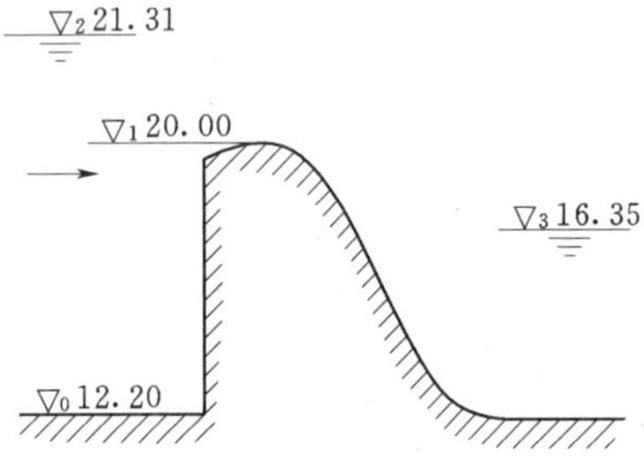

题 8-7 图

8-8　某河道上建一与土石坝连接的 *WES* 剖面的溢流堰，设计流量 $Q=312\text{m}^3/\text{s}$，相应的上、下游水位分别为 112m 和 106m，堰上游过水面积 $A=347\text{m}^2$。堰址为坚实粘土，允许单宽流量 $q=20\text{m}^3/(\text{s}\cdot\text{m})$。堰顶安装两扇闸门，闸墩头部为（型式 2）半圆形、边墩为圆弧形。求：(1) 堰顶溢流的总净宽 B 和单孔净宽 b；(2) 堰顶高程。

8-9　如题 8-9 图所示，一灌溉进水闸为 3 孔，每孔净宽 $b=10\text{m}$，闸墩头部为半圆形，闸墩厚度 $d=3\text{m}$；边墩头部为圆弧形，边墩计算厚度 $\Delta=2\text{m}$；闸前行近流速 $v_0=0.5\text{m/s}$；其它数据如图示。试确定下游水位不同时的过流量：(1) 下游水位为 17.75m；

(2) 下游水位高程为 16.70m 。

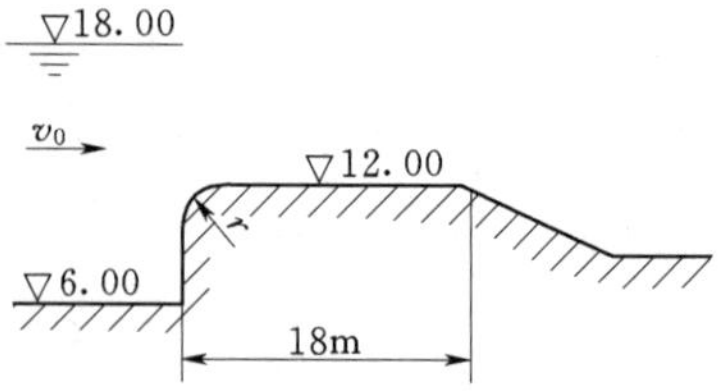

题 8-9 图

8-10　一进口为圆角无侧收缩的宽顶堰，流量 $Q=12m^3/s$，堰宽 $b=4.80m$，堰高 $P_1=P_2=0.8m$，上、下游河底齐平，下游水深 $h_t=1.73m$。求堰上水头 H。

8-11　某引水闸，共 5 孔，闸墩形状为圆弧形，墩厚 1.0m，上游翼墙为半径 $r=0.4m$ 圆角形进口。闸地板高程与上下游引水渠底部高程均为 100m，上游引水渠近似为矩形断面，渠道宽 27m。通过进水闸灌溉引水流量为 $75m^3/s$，闸门为平板闸门，当闸门全开时，闸前水位为 103.2m，平均流速为 0.8m/s，引水渠下游水位为 103.17m。(1) 试拟定闸孔尺寸；(2) 当闸门开启高度 $e=1.0m$ 时，若上游水位不变，下游水位为 102.96m，流速系数 $\varphi=0.98$，求此时下泄流量。

8-12　在矩形断面渠道上修建宽顶堰，设堰上水头为 H，忽略行近流速水头，并且假定在非淹没溢流的条件下，堰顶收缩断面水深 h 为临界水深 h_k，流速系数 $\varphi=1/\sqrt{a+\xi}=1.0$，试证明：$h_k=2H/3$。

8-13　一石砌的带八字形斜坡翼墙的矩形断面输水涵洞（如题 8-13 图所示），已知洞前水深 $H=2.6m$，上游渠道底宽 $B=10m$，边坡系数 $m=1.5$，涵洞下游水深 $h_t=0.6m$，涵洞长 $L=10m$，底宽 $b=3m$。问通过涵洞的流量是多少（进口流量系数 $m'=0.35$）？

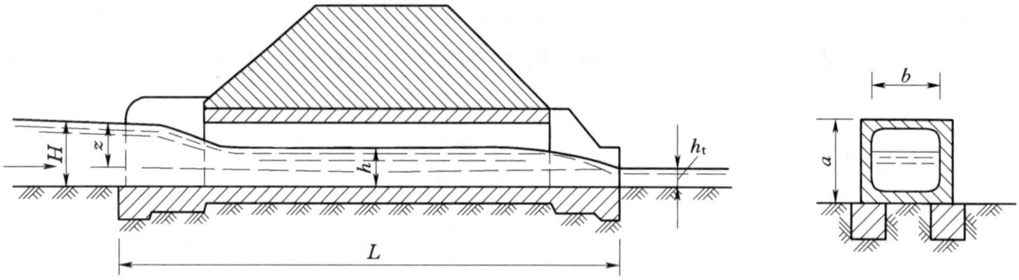

题 8-13 图

第九章 泄水建筑物下游水流的衔接与消能

第一节 概　　述

一、泄水建筑物下游的水流特征

在河道上修建的堰、水闸等水工建筑物，往往会改变河道水流的特性。挡水建筑物抬高了上游水位，由建筑物泄出的水流具有较高的流速，动能很大，并且泄水建筑物比原河道窄，单宽流量大，能量更为集中。而下游河道中自然流动状态的流速一般较低，属于缓流。那么经建筑物泄出的高速水流如何过渡到下游正常流动状态，这就存在两种流态互相衔接的问题。如果对水流的衔接不加限制，或者控制工程设计失当，就会造成严重后果。

如图 9-1 所示的溢流堰，单位重量的水体自堰前 0—0 断面下泄到下游收缩断面 1—1 的能量为 E_1（主要是动能），到下游恢复正常流动的断面 2—2 处的能量为 E_2，两者的差值 ΔE 叫做余能。若溢流堰泄流时的上下游落差为 50m，忽略 0—0 和 2—2 断面的流速水头和流动过程中的能量损失，则余能近似等于上下游水位差，即 ΔE=50m。若下泄的单宽流量 q =80m^3/（s·m），那么在单位宽度河床上每秒钟从 1—1 断面到 2—2 断面应消除的余能为

$$N = \gamma q \Delta E = 9.8 \times 80 \times 50 = 39200\ \text{kW}$$

这样巨大的能量如不设法消除，在自然衔接的过程中必然会严重冲刷河床、河岸，危及建筑物的安全。

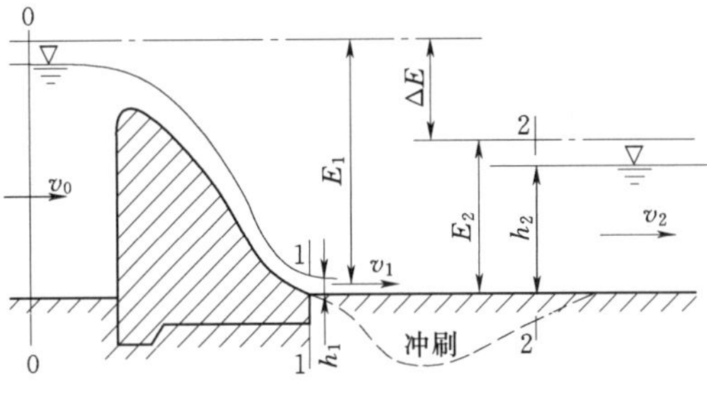

图 9-1

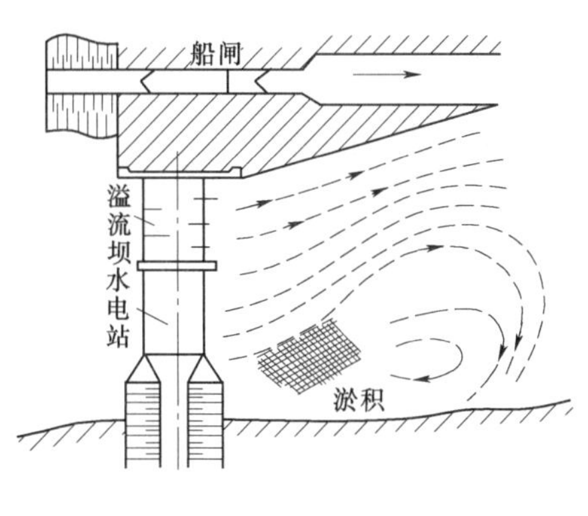

图 9-2

另外，水流集中泄出，还会使下游水流在平面上形成不良的流态，不利于水利枢纽的正常运行。如图 9-2 所示的水利枢纽平面布置，由溢流堰下泄的高速水流，流速大，水位低，而水电站下游的水流流速小，水位高。这样溢流堰下游的高速水流会受到由水电站下泄水流的挤压向左岸偏折，在右岸形成巨大的回流。主流向左岸偏折，则左岸的岸坡及

河床必然受到冲刷，且在船闸下游造成不利的航行条件。同时，右边的回流又会把从岸坡、河床冲出的泥沙带到右岸，造成电厂的下游淤积，影响电站出流。

由此可见，要合理布置枢纽和进行泄水建筑物的设计，必须考虑下游水流的衔接问题，选择适当的消能方式，在下游较短距离内消除余能，使集中泄出的高速水流尽快转变为下游河道中的正常流动，确保建筑物的安全和水利枢纽的正常运行。

二、泄水建筑物下游水流衔接和消能的主要方式

泄水建筑物下游水流的衔接形式与所采用的消能措施密切相关。水利工程中采用的衔接消能措施种类很多，常见的衔接消能方式分为以下几种基本型式：

（一）底流式衔接消能

水流从急流向缓流转变时会产生水跃现象，水跃能够消除大量的动能。底流式衔接与消能就是通过采取工程措施，使由泄水建筑物泄出的高速水流在较短距离内，有控制地通过水跃转变为缓流，消除余能，与下游河道的正常流动衔接起来。在这种方式的衔接消能过程中，主流位于底部，如图 9－3（a）所示，故称为底流式衔接消能。

（二）挑流式衔接消能

利用泄出水流本身的动能，在建筑物的出流部位利用挑流鼻坎将水股抛射在离建筑物较远的下游，使得对河床的冲刷位置离建筑物较远，不致影响建筑物的安全，如图 9－3（b）所示。泄出水流的余能一部分在空中消散，大部分则在水股跌入下游冲坑时，在冲坑两侧形成水滚而消除。水股跌入处的水流习惯上称为水垫。

（三）面流式衔接消能

对于建筑物下游水深较大并且比较稳定的情况，可在建筑物出流部位采用低于下游水位的跌坎，将下泄的高速水流送入下游河道水流表层，在坎后形成尺度很大的底部漩滚，把主流与河床隔开，减轻对河床的冲刷，并消除余能。由于主流位于面层，故称为面流式衔接消能［见图 9－3（c）］。

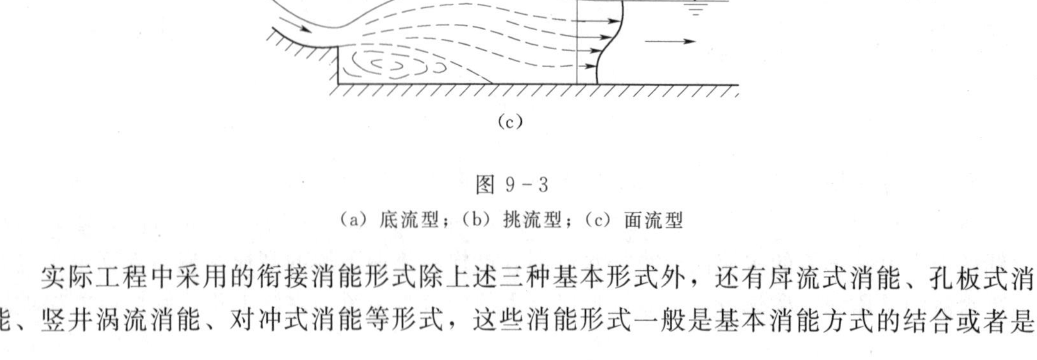

图 9－3

（a）底流型；（b）挑流型；（c）面流型

实际工程中采用的衔接消能形式除上述三种基本形式外，还有戽流式消能、孔板式消能、竖井涡流消能、对冲式消能等形式，这些消能形式一般是基本消能方式的结合或者是在工程具体条件下的发展应用。例如戽流式消能就是底流与面流相结合的消能方式。消能方式的选择是比较复杂的问题，需要根据每个工程的泄流条件、工程运用要求以及下游河道的地形、地质条件，进行综合分析研究。

重要的水利工程往往需要进行水工模型试验确定消能方式。本章主要介绍最常用的底流式衔接消能和挑流式衔接消能的水力计算，其它衔接消能方式只作简单介绍。

第二节　底流式衔接与消能

底流式衔接消能，一般适用于中低水头的水工建筑物。对于水闸下游以及非岩基或地质条件较差的溢流堰下游，多采用底流式消能。

由泄水建筑物泄出的高速水流（急流）与下游河道中的正常水流（一般是缓流），如果不加控制，必然通过水跃衔接。设建筑物下游收缩断面处的水深为 h_c，所对应的共轭水深为 h''_c。在第八章已经讲述，比较 h''_c 和下游河槽水深 h_t 之间的大小，有以下三种水跃衔接形式：

(1) $h''_c = h_t$，称为临界式水跃［见图 9-4 (a)］。

(2) $h''_c > h_t$，称为远驱式水跃［见图 9-4 (b)］。

(3) $h''_c < h_t$，称为淹没式水跃［见图 9-4 (c)］。

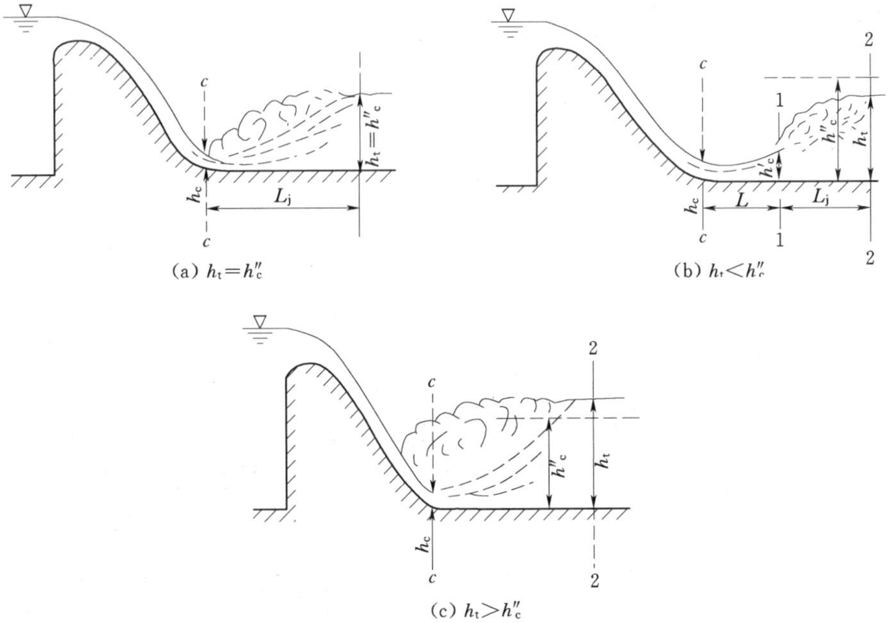

图 9-4

上述三种水跃衔接形式都能通过水跃消能。当发生临界水跃式衔接时，消能率较高，但临界水跃很不稳定；当发生远驱水跃式衔接时，建筑物下游自收缩断面至水跃跃前断面仍为急流，流速大，对河床与河岸的冲刷能力强，要求保护的范围大，会增大工程的投资；发生淹没水跃式衔接时，若淹没度较大，则跃前断面的佛汝德数将减小，水跃消能率会降低，水跃消能段的长度也会有所增大。采用底流式衔接与消能的目的，就是要通过工程措施，使建筑物下游产生具有一定淹没度的淹没水跃，有效控制水跃位置，以利于建筑物下游的衔接与消能，达到既经济又安全的目的。底流式衔接消能的水力计算，首先应分析建筑物下游在一定的泄流条件下的水流衔接形式，即判断发生何种形式的水跃。其次，当发生临界和远驱式水跃时，需要根据选择的消能建筑物的型式而确定其尺寸。

一、泄水建筑物下游水流衔接形式的判别

为了判别水工建筑物下游水流衔接形式，必须知道泄水建筑物下游收缩断面的水深 h_c 和它相应的共轭水深 h''_c 以及下游正常水深 h_t。

下游水深 h_t 可由下游河槽的水力特性及所通过的流量确定。跃后水深 h''_c，只要知道 h_c 便可由水跃公式求出。所以判定水流衔接形式的关键，在于计算收缩断面水深 h_c。以下来建立计算 h_c 的关系式。

图 9－5 为一溢流堰泄流简图。以通过下游收缩断面底部的水平面为基准，列堰上游断面 0—0 及下游收缩断面 c—c 的能量方程，可得

$$E_0 = h_c + \frac{\alpha_c v_c^2}{2g} + h_\omega \tag{9-1}$$

式中　h_c、v_c——收缩断面的水深与流速；

h_ω——0—0 至 c—c 断面间的水头损失；

E_0——堰前总水头。

由图 9－5 可以看出

$$E_0 = P_2 + H + \frac{\alpha_0 v_0^2}{2g} = P_2 + H_0$$

令 $h_\omega = \zeta v_c^2/2g$，流速系数 $\varphi = 1/\sqrt{\alpha+\zeta}$，则式（9－1）可写为

$$E_0 = h_c + \frac{v_c^2}{2g\varphi^2} = h_c + \frac{Q^2}{2g\varphi^2 A_c^2} \tag{9-2}$$

式中　Q——下泄流量；

A_c——收缩断面面积。

式（9－2）为计算 h_c 的一般公式。

收缩断面一般是矩形断面，$A_c = bh_c$，$q = Q/b$，式（9－2）可以写成如下形式

$$E_0 = h_c + \frac{q^2}{2g\varphi^2 h_c^2} \tag{9-3}$$

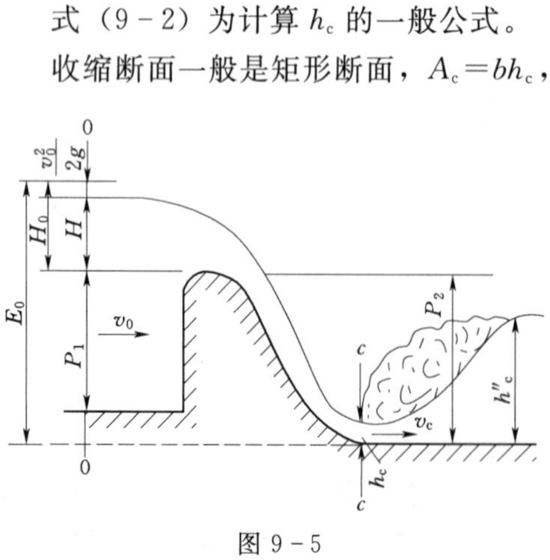

图 9－5

式（9－3）虽是针对溢流堰导出的公式，但对闸下出流也完全适用。

在计算收缩断面水深 h_c 时，单宽流量 q、堰高 P_2 是给定的，堰上水头 H_0 可用堰流公式计算，根据关系式 $E_0 = P_2 + H_0$ 可求出 E_0。求解 h_c 还需确定流速系数 φ。

流速系数 φ，对于闸下出流，可根据闸底坎及闸门的型式选取。溢流堰的流速系数 φ 值

的影响因素较多，它包括进口型式、堰高、水头、反弧段曲率和堰面粗糙程度等。φ 值的确定，初步计算可参照表 9－1 选取，也可根据实验（包括原型观测）资料得出的经验公式来计算。下面介绍两个经验公式。

表 9－1　　　　流速系数 φ 值

序　号	建筑物泄流方式	图　形	φ
1	堰顶有闸门的曲线实用堰	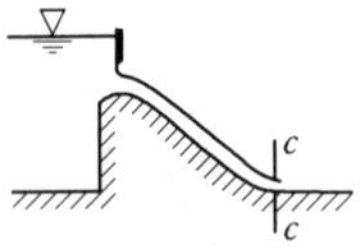	0.85～0.95
2	无闸门的曲线实用堰：1. 溢流面长度较短； 2. 溢流面长度中等； 3. 溢流面较长	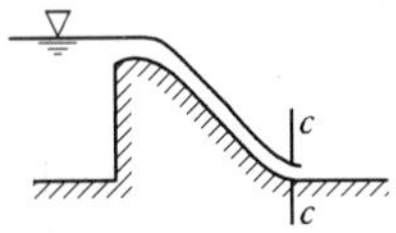	1.00 0.95 0.90
3	平板闸下底孔出流	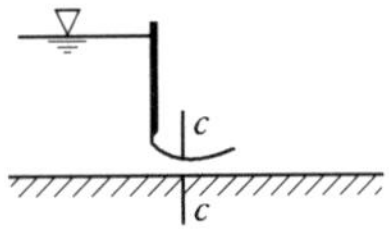	0.97～1.00
4	折线型实用堰	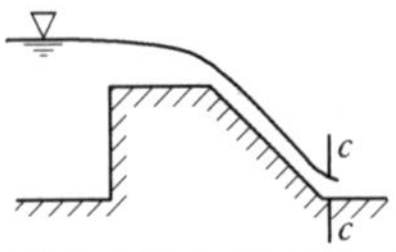	0.80～0.90
5	宽顶堰	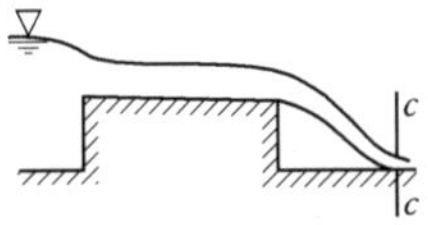	0.85～0.95
6	跌　水	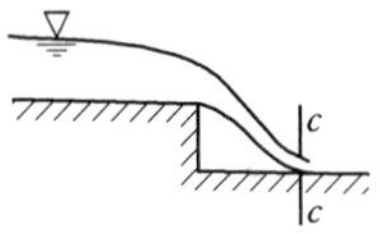	1.00
7	末端设有闸门的跌水	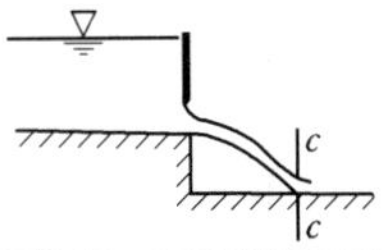	0.97～1.00

由我国水利水电科学研究院陈椿庭同志根据国内外一些高堰的原型实测资料提出 φ 值的计算公式为

$$\varphi = \left(\frac{q^{2/3}}{s}\right)^{0.2} \tag{9-4}$$

式中　q——单宽流量；

s——上游库水位到下游收缩断面底部的高度。

$$\varphi = 1 - 0.0155\frac{P_1}{H} \tag{9-5}$$

式（9-5）是由综合系统试验资料得出的，适用于 $P_1/H<30$，自由溢流且无显著掺气的曲线型剖面堰。

从式（9-2）或式（9-3）可以看出，求 h_c 要求解三次方程式，需要用试算法求解。对于矩形断面，可以采用迭代法，也叫逼近法（见［例 9-1］）。

求出收缩断面水深 h_c 之后，可由水跃方程算出 h''_c。

对于矩形断面利用附录Ⅳ求解 h_c 和 h''_c 更为方便。附录Ⅳ的用法如下：图 9-6 为附录Ⅳ的示意图。

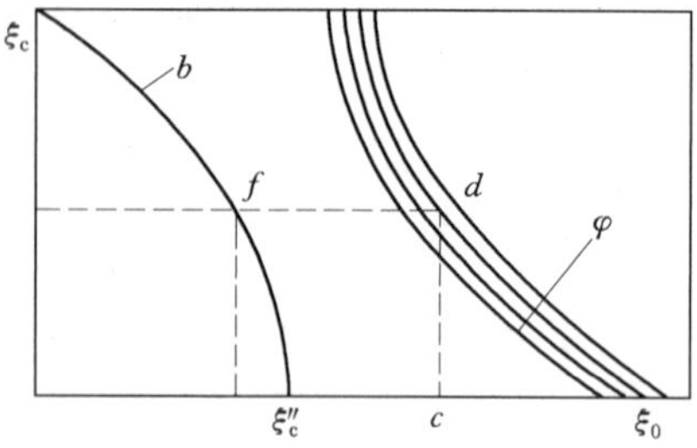

图 9-6

纵坐标 ξ_c 为跃前水深 h_c 与临界水深 h_k 的比值；横坐标 ξ_0、ξ''_c 分别为上游断面 0—0 的总水头 E_0、跃后水深 h''_c 与临界水深 h_k 的比值，即

$$\xi_c=\frac{h_c}{h_k};\quad \xi_0=\frac{E_0}{h_k};\quad \xi''_c=\frac{h''_c}{h_k}$$

图中右侧曲线是以流速系数 φ 为参数的 $\xi_c=f_1(\xi_0)$关系曲线；左单支曲线为 $\xi''_c=f_2(\xi_0)$ 关系曲线。

使用时，先求出临界水深 h_k，由 E_0 及 h_k 求出 ξ_0，然后在横坐标上找出与 ξ_0 值对应的点 c，通过 c 点作垂线，交已知 φ 值对应的曲线于 d 点，由 d 点作水平线，交左单支曲线于 f 点，f 点对应的横坐标为 ξ''_c，f 点所对应的纵坐标值为 ξ_c，利用 ξ_c 和 ξ''_c 便可计算出 h_c 及 h''_c。

以上给出的求解收缩断面水深 h_c 及其要求的共轭水深 h''_c 的方法，不仅适用于溢流堰，对于水闸和其它泄水建筑物也完全适用。

对于梯形断面，求 h_c 及 h''_c，除用公式（9-2）试算外，也可用图表求解。有关这方面的内容，可参考有关的水力学书籍。

求出收缩断面的水深 h_c 及其共轭水深 h''_c 之后，将 h''_c 与下游水深 h_t 进行比较，即可判别建筑物下游水流的衔接形式。

【例 9-1】　设有非真空剖面的溢流堰（克—奥剖面），坝顶高出河底 $P_1=P_2=15\text{m}$，当下泄单宽流量 $q=15\text{m}^3/(\text{s}\cdot\text{m})$ 时，下游矩形断面河槽的水深 $h_t=5.8\text{m}$，如坝趾与槽底齐平，试判断坝下水流的衔接形式。

解　(1) 求收缩断面的水深 h_c。

由堰流公式确定堰上水头 H_0，取 $m=0.49$

$$H_0=\left(\frac{q}{m\sqrt{2g}}\right)^{2/3}=\left(\frac{15}{0.49\times4.43}\right)^{2/3}=3.628\text{m},\text{则}$$

$$E_0=P_2+H_0=15+3.63=18.628\ \text{m}$$

流速系数 φ 按式（9-5）确定，忽略行近流速的影响

$$\varphi=1-0.0155\times\frac{P_1}{H}=1-0.0155\times\frac{15}{3.628}=0.936$$

将 q、φ、E_0 值代入式（9-3），整理得计算式

$$h_c=\sqrt{\frac{q^2/2g\varphi^2}{E_0-h_c}}=\sqrt{\frac{15^2/2\times9.8\times0.936^2}{18.628-h_c}}=\sqrt{\frac{13.103}{18.628-h_c}}\qquad\text{(a)}$$

下面用迭代法求 h_c

先令 $h_c=0$ 代入计算式（a）右端，得 $h_{c1}=\sqrt{\dfrac{13.103}{18.628-0}}=0.839\text{m}$

将 $h_{c1}=0.839\text{m}$ 再代入计算式（a）右端，得 $h_{c2}=0.858\text{m}$；再将 $h_{c2}=0.858\text{m}$ 代入计算式（a）右端，得 $h_{c3}=0.859\text{m}$，由于 h_{c3} 与 h_{c2} 相近，故取 $h_c=0.859\text{m}$。

（2）判断坝下游的水流衔接形式。

临界水深 $$h_k=\sqrt[3]{\frac{\alpha q^2}{g}}=\sqrt[3]{\frac{1\times15^2}{9.8}}=2.84\text{m}$$

由于 $h_c<h_k<h_t$ 收缩断面处为急流，下游河槽中为缓流，必然产生水跃。

收缩断面水深 h_c 的共轭水深为

$$h_c''=\frac{h_c}{2}\left(\sqrt{1+\frac{8q^2}{gh_c^3}}-1\right)=\frac{0.859}{2}\times\left(\sqrt{1+8\times\frac{15^2}{9.8\times0.859^3}}-1\right)$$

$$=6.89\text{m}>h_t=5.8\text{m}$$

故产生远驱式水跃。

二、消力池的水力计算

当 $h_c''\geqslant h_t$，建筑物下游产生远驱式水跃或临界式水跃时，为了控制水跃的位置，减少保护段的长度，常在建筑物下游修建消力池，增加局部水深使水流在消力池内产生具有一定淹没度的淹没式水跃，在消力池内消除绝大部分余能。

修建消力池有两种基本方法：

（1）降低护坦高程，形成消力池，这种消力池称为挖深式消力池。

（2）在护坦末端设置消力坎以抬高水位，使坎前形成消力池，称为消力坎式消力池。

另外也可以采用既降低护坦又建造消力坎的综合式消力池。无论采用哪种型式的消力池，都必须使消力池末端的水深，满足在消力池内产生淹没水跃的条件。下面着重讨论从入口到出口都是等宽的矩形断面消力池的水力计算方法。

（一）挖深式消力池

挖深式消力池，池中水流情况如图 9-7 所示。其水力计算主要是确定消力池的深度 d 和长度 L_k。

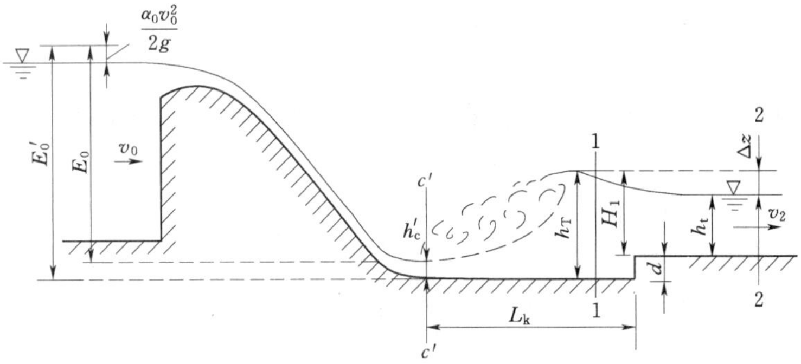

图 9-7

1. 消力池深度 d 的计算

挖深 d 之后，下游收缩断面的水深 h_c' 应符合下式：

$$E_0' = E_0 + d = h_c' + \frac{q^2}{2g\varphi^2 h_c'^2} \tag{9-6}$$

为使水流在消力池内产生一定淹没度的淹没式水跃，消力池末端水深 h_T 应满足下列关系式：

$$h_T = \sigma h_c'' = \frac{\sigma h_c'}{2}\left(\sqrt{1+\frac{8q^2}{gh_c'^3}}-1\right) \tag{9-7}$$

$$\sigma = \frac{h_T}{h_c''}$$

式中　σ——淹没系数，消力池中淹没水跃的淹没度由该系数控制，一般取 $\sigma=1.05\sim1.10$；

h_c'、h_c''——挖深后下游收缩断面水深及其相应的跃后水深。

水流由消力池进入下游河床时，与宽顶堰上的流动相似，水面产生跌落 Δz，池末水深还应满足下式：

$$h_T = h_t + d + \Delta z \tag{9-8}$$

Δz 可由池末断面 1—1 及下游断面 2—2 列能量方程来确定，以下游水面为基准面得

$$\Delta z + \frac{v_1^2}{2g} = \frac{v_2^2}{2g} + \zeta\frac{v_2^2}{2g}$$

以 $v_1=\dfrac{q}{h_T}$，$v_2=\dfrac{q}{h_t}$，$\varphi'=\dfrac{1}{\sqrt{1+\zeta}}$代入上式得

$$\Delta z = \frac{q^2}{2g\varphi'^2 h_t^2} - \frac{q^2}{2gh_T^2} \tag{9-9}$$

将 $h_T=\sigma h_c''$ 代入式（9-9），得

$$\Delta z = \frac{q^2}{2g\varphi'^2 h_t^2} - \frac{q^2}{2g(\sigma h_c'')^2} \tag{9-10}$$

式中 φ'一般取 0.95。

这样由式（9-6）、式（9-7）、式（9-8）和式（9-10）四个方程，可求解四个未知数 h_c''、h_T、Δz 和 d。因为池深 d 与其它变量是复杂的隐函数关系，只能利用试算法求解。计算方法与计算步骤见［例 9-2］。

对于中小型工程［$q<25\text{m}^3/(\text{s}\cdot\text{m})$，$E_0<35\text{m}$］，估算 d 可用下列公式：

当下游流速 $v<3\text{m/s}$ 时　　$d = 1.05h_c'' - h_t$　　(9-11)

当下游流速 $v>3\text{m/s}$ 时　　$d = h_c'' - h_t$　　(9-12)

式中 h_c'' 是挖深前下游收缩断面水深 h_c 所对应的跃后水深。其值在判别衔接方式时已求出。

2. 消力池长度 L_k 的计算

消力池的长度应使水跃不能越出池外。如果消力池长度不够，水跃一旦越出池外便会冲刷下游河床；消力池过长，又会增加工程费用，造成浪费。消力池的长度可按下式计算：

$$L_k = L_1 + L_j' \tag{9-13}$$

式中　L_1——从堰坎到收缩断面的距离；

L'_j——消力池内的水跃长度。受消力池末端壁面的反向作用力，水跃长度减小，称为壅高水跃长度。

$$L'_j = (0.7 \sim 0.8)L_j \tag{9-14}$$

式中　L_j——自由水跃长度，按第七章水跃长度公式计算。

L_1 可视出流方式，分别确定。曲线型实用堰 $L_1=0$。闸孔出流或其它泄水建筑物，应根据布置型式确定 L_1。

（二）消力坎式消力池

消力坎式消力池的水力计算，主要是确定消力坎的高度 c 和消力池的长度 L_k。

如图 9-8 所示，修建消力坎后水流受消力坎壅阻，池末水深 h_T 大于下游水深 h_t，若在池内形成具有一定淹没度的淹没水跃，则池末端水深应为

$$h_T = \sigma h''_c$$

式中　σ——淹没系数，一般取 1.05～1.10；

h''_c——收缩断面水深 h_c 所对应的共轭水深。

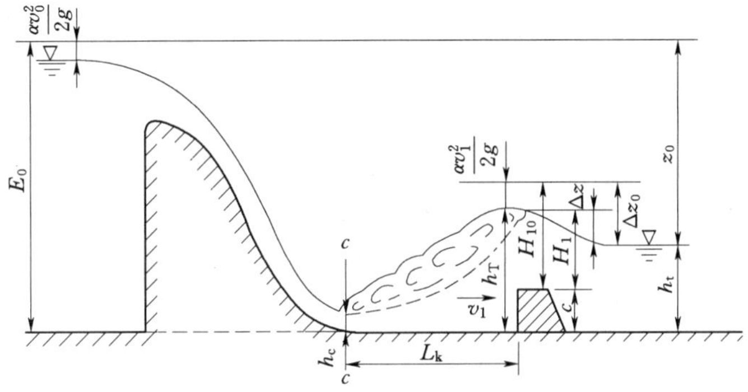

图 9-8

水流经坎顶流入下游属于实用堰流，从图 9-8 中的几何关系可以看出，坎高 c 为

$$c = h_T - H_1 = \sigma h''_c - H_1 \tag{9-15}$$

H_1 为不包括流速水头在内的坎上水头，可由堰流公式推求。若取 $\alpha=1$，则

$$H_1 = H_{10} - \frac{v_1^2}{2g} = H_{10} - \frac{q^2}{2gh_T^2} = \left(\frac{q}{\sigma_s m\sqrt{2g}}\right)^{\frac{2}{3}} - \frac{q^2}{2g(\sigma h''_c)^2} \tag{9-16}$$

式中　m——消力坎流量系数，消力坎一般作成折线型，计算时可取 $m=0.42$；

σ_s——消力坎淹没出流时的淹没系数。因消力坎前为水跃，不同于一般堰前的水流状态，所以淹没条件与淹没系数与一般堰流有所不同，淹没系数 $\sigma_s=f\left[(h_t-c)/H_{10}\right]=f(h_s/H_{10})$。

实验表明：当 $h_s/H_{10}\leqslant 0.45$ 时，为非淹没溢流，$\sigma_s=1.0$；$h_s/H_{10}>0.45$ 时为淹没溢流，σ_s 可根据 h_s/H_{10} 值由表 9-2 得到。

联解式（9-15）、式（9-16）就可以确定消力坎的高度。

计算时，开始坎高尚未确定，无法判别过坎水流是否为淹没溢流，一般先按非淹没溢流考虑，取 $\sigma_s=1.0$，利用式（9-15）、式（9-16）可求出坎高 c_1。而后再求出 $h_t-c_1/$

H_{10}的数值，判别过坎水流是否为非淹没溢流。

表 9-2　　消力坎的淹没系数 σ_s

$\frac{h_s}{H_{10}}$	≤0.45	0.50	0.55	0.60	0.65	0.70	0.72	0.74	0.76	0.78
σ_s	1.00	0.990	0.985	0.975	0.960	0.940	0.930	0.915	0.900	0.885
$\frac{h_s}{H_{10}}$	0.80	0.82	0.84	0.86	0.88	0.90	0.92	0.95	1.00	
σ_s	0.865	0.845	0.815	0.785	0.750	0.710	0.651	0.535	0.000	

若 $(h_t-c_1)/H_{10}\leqslant 0.45$，为非淹没溢流，$c_1$ 即为所求的消力坎高度。需要注意的是，这种情况应校核坎后的水流衔接形式。当坎后发生远驱式水跃时，应修建第二级消力坎或采用其它消能措施。

若 $(h_t-c_1)/H_{10}>0.45$，为淹没溢流。淹没的影响会使坎上水头 H_1 增大，要使消力池内水跃的淹没系数 σ_s 不变，需要降低坎高 c_1。重新计算坎高须用试算法，试算步骤见［例 9-3］。消力坎式消力池中仍为壅高水跃，池长的确定与挖深式消力池相同。

挖深式消力池和消力坎式消力池各有优缺点，采用时要根据地质、施工等各方面具体条件全面考虑确定。一般当河床不易开挖或开挖太深不经济时，可采用消力坎式消力池；对于土基上的中小型泄水建筑物，一般多采用挖深式消力池。消力坎式消力池的流态，一般不如挖深式消力池平稳。有时单纯采用挖深式消力池，开挖量过大或不易施工，而单纯建消力坎，坎又太高，这时可以采用适当降低护坦，同时建造不太高的消力坎，形成综合式消力池（见图 9-9）。综合式消力池的水力计算方法与上述类似。

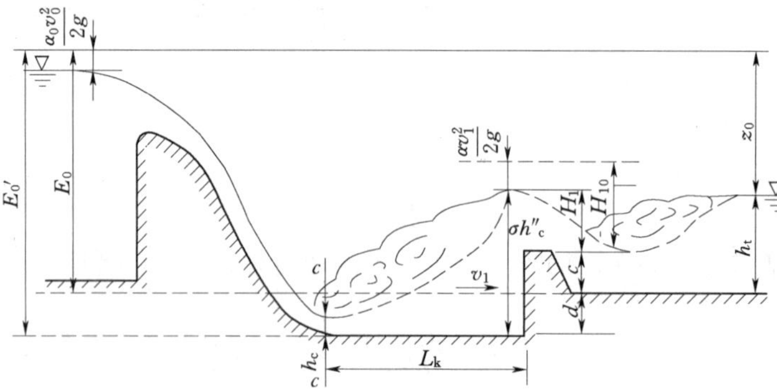

图 9-9

三、消力池的设计流量

上面讨论的消力池的池深（或坎高）与消力池长度的计算，都是在给定一个流量和相应的下游水深下进行的。但消力池建成后，是在不同的流量下工作，每个下泄流量均有它相应的下游水深。为使所设计的消力池在不同的流量下都能保证池中形成淹没水跃，必须选择一个设计消力池尺寸的设计流量。

对于挖深式消力池，从式（9-11）、式（9-12）可以看出，池深 d 是随 (h''_c-h_t) 的增大而增加。所以，可以认为相应于 (h''_c-h_t) 最大时的流量即为池深的设计流量，据此求出的池深是各种流量下所需消力池池深的最大值。实践证明，池深的设计流量并不一定是建筑物所通过的最大流量。

实际计算时，应在给定的流量范围内，对不同的流量分别计算出 h_c 及 h''_c（挖深前下游收缩断面的水深及其跃后水深）。而后，从 $h_t \sim Q$ 关系曲线上查出不同流量所对应的下游水深 h_t，计算出（$h''_c - h_t$）的数值，点绘（$h''_c - h_t$）$\sim Q$ 关系曲线（见图 9－10），从图中找出（$h''_c - h_t$）为最大值的相应流量，即为消力池深的设计流量。

消力池的长度决定于水跃长度 L_j，所以消力池长度的设计流量应为在消力池内形成最长水跃时所对应的流量。消力池长度的设计流量一般采用建筑物下泄的最大流量。需要注意的是，池深的设计流量与池长的设计流量不一定是同一个流量。

四、辅助消能工

为了提高消能效率，常在消力池中加设各种形状的墩栏，叫做消能工。现举几种常见的消能工说明其作用。

1. 分流齿墩

布置在消力池入口，如图 9－11 所示。它的作用是分散入池水股，加剧紊动混掺作用来提高消能效率。

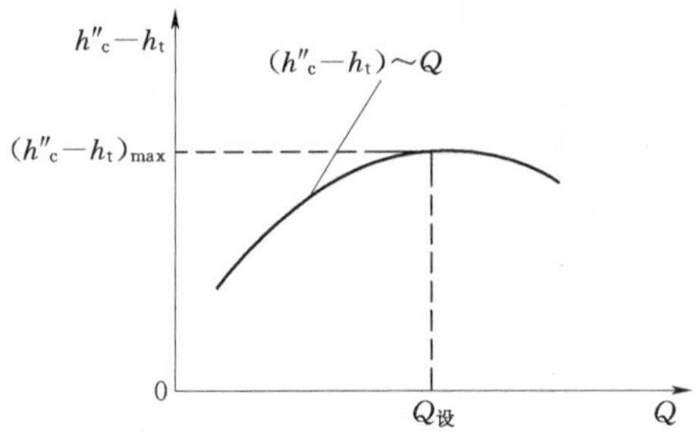

图 9－10

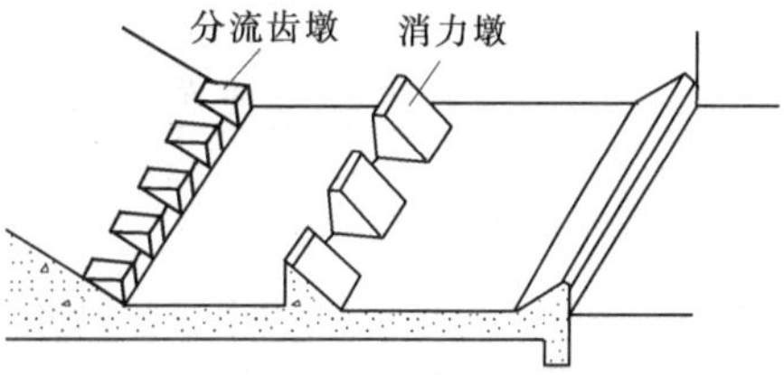

图 9－11

2. 消力墩

布置在消力池的护坦上，它的作用除分散水流增大紊动强度外，还有迎拒水流、对水流的冲击产生反作用力，从而增加消能效果，降低跃后水深，减少消力池开挖深度，缩短长度，节省工程量和投资。

3. 池末齿槛

它的作用是把池末流速的底部水流挑起，改变下游的流速分布，使面层流速较大，底部流速减小，从而减轻对池后河床或海漫的冲刷作用（见图 9－12）。

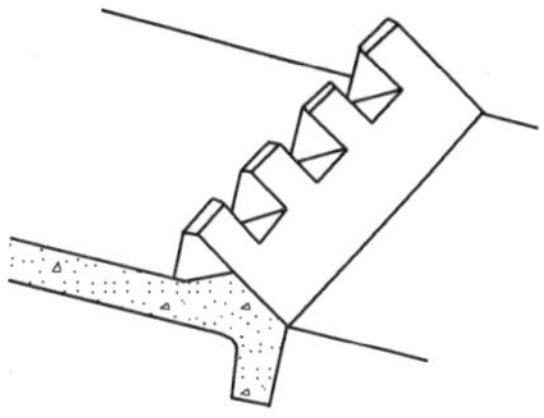

图 9－12

4. 护坦后的冲刷与河床加固

水跃后的水流底部流速仍然较大，脉动强度也较强烈，对河床仍有较大的冲击力，所以消力池或护坦下游的河床，除岩质较好足以抵抗冲刷的以外，一般都要建造海漫加以保护。海漫的水力设计包括确定海漫长度和布置海漫末端的防冲槽，将在水工建筑物课程中讲授。

【例 9-2】　在［例 9-1］的水力条件下修建挖深式消力池，计算消力池的池深和池长。

解　(1) 计算消力池的深度 d。

下游河槽中的流速　　$v=\dfrac{q}{h_t}=\dfrac{15}{5.8}=2.59\text{m/s}<3\text{m/s}$

估算池深　　$d=1.05h''_c-h_t=1.05\times6.89-5.8=1.43\text{m}$

$$E'_0=E_0+d=18.628+1.43=20.06\text{m},\text{代入式(9-6)}$$

$$20.06=h'_c+\frac{15^2}{19.6\times0.936^2\times h'^2_c}=h'_c+\frac{13.10}{h'^2_c}$$

$$h'_c=\sqrt{\frac{13.10}{20.06-h'_c}}$$

用迭代逼近法由上式可得 $h'_c=0.825\text{m}$。

$$h''_c=\frac{h'_c}{2}\left(\sqrt{1+\frac{8q^2}{gh'^3_c}}-1\right)=\frac{0.825}{2}\times\left(\sqrt{1+\frac{8\times15^2}{9.8\times0.825^3}}-1\right)=7.056\text{m}$$

$$\Delta z=\frac{q^2}{2g\varphi'^2h_t^2}-\frac{q^2}{2g(\sigma h''^2_c)}=\frac{15^2}{19.6\times0.95^2\times5.8^2}-\frac{15^2}{19.6(1.05\times7.056)^2}=0.169\text{m}$$

由 d、h''_c、h_t、Δz 代入式 (9-8)

$$h_T=\sigma h''_c=d+\Delta z+h_t$$

$$\sigma=\frac{d+\Delta z+h_t}{h''_c}=\frac{1.43+0.169+5.8}{7.056}=1.048<1.05$$

故所设池深偏小不满足要求，再设 $d=1.5\text{m}$，得 $E'_0=20.13\text{m}$，$h'_c=0.824\text{m}$，$h''_c=7.065\text{m}$，$\Delta z=0.17\text{m}$，$\sigma=1.057$，满足要求，则消力池池深为 $d=1.5\text{m}$。

(2) 计算消力池的长度 L_k。

水跃长度按 $L_j=6.9\ (h''_c-h'_c)$ 式计算，代入已知数据：

$$L_j=6.9(h''_c-h'_c)=6.9(7.065-0.825)=43.06\text{m}$$

消力池长度　$L_k=(0.7\sim0.8)L_j=0.75\times43.06=32.30\text{m}$

【例 9-3】　某隧洞出口接扩散段，下接矩形消力池（见图 9-13）。已知护坦面以上总水头 $E_0=11.6\text{m}$，下游水深 $h_t=4.5\text{m}$，护坦段单宽流量 $q=8.3\text{m}^3/(\text{s}\cdot\text{m})$，出口至消力池的流速系数 $\varphi=0.95$。

(1) 判别下游水流衔接形式，是否需要修建消能工程；

(2) 如修建消力坎，求坎高和池长。

解　(1) 判别衔接形式。

用迭代法计算 h_c：

由式 $E_0=h_c+\dfrac{q^2}{2g\varphi^2h_c^2}$ 计算，得 $h_c=0.595\text{m}$，则

$$h''_c=\frac{h_c}{2}\left(\sqrt{1+\frac{8q^2}{gh_c^3}}-1\right)=\frac{0.595}{2}\times\left(\sqrt{1+\frac{8\times8.3^2}{9.8\times0.595^3}}-1\right)=4.573\text{m}$$

$h''_c>h_t=4.5\text{m}$，发生远驱式水跃，故需要修建消能工程。

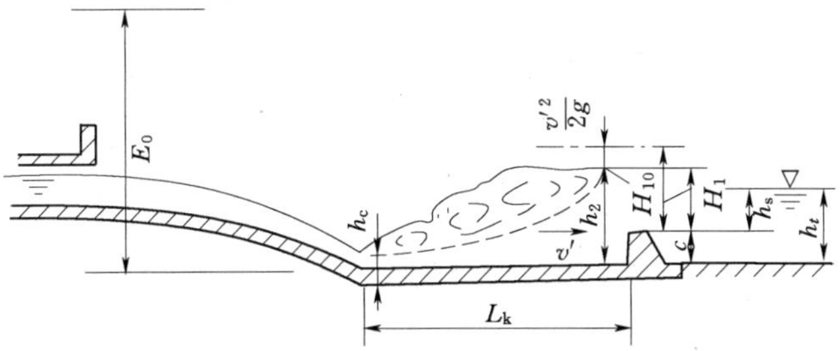

图 9-13

(2) 计算消力坎坎高 c 和池长 L_k，先按非淹没考虑，坎前水深。

$$h_T = \sigma h''_c = 1.05 \times 4.573 = 4.801\text{m}$$

相应平均流速

$$v' = \frac{q}{h_T} = \frac{8.3}{4.801} = 1.729\text{m/s}$$

坎前流速水头

$$\frac{v'^2}{2g} = \frac{1.729^2}{19.6} = 0.152\text{m}$$

将已知数据 $m=0.42$、$q=8.3\text{m}^3/(\text{s}\cdot\text{m})$ 代入式 $H_{10} = \left(\frac{q}{m\sqrt{2g}}\right)^{2/3}$，得 $H_{10}=2.710\text{m}$。

$$H_1 = H_{10} - \frac{v'^2}{2g} = 2.71 - 0.152 = 2.559\text{m}$$

则

$$c = h_T - H_1 = 4.801 - 2.559 = 2.242\text{m}$$

$$\frac{h_s}{H_{10}} = \frac{h_t - c}{H_{10}} = \frac{4.5 - 2.242}{2.71} = 0.832 > 0.45$$

为淹没溢流，应考虑淹没系数 σ_s 的影响。以下按淹没情况试算坎高 c。

假设 $c=2.0\text{m}$，则　$H_1 = h_T - c = 4.801 - 2.0 = 2.801\text{m}$

$$H_{10} = H_1 + \frac{v'^2}{2g} = 2.801 + 0.152 = 2.953\text{m}$$

$$\frac{h_s}{H_{10}} = \frac{h_t - c}{H_{10}} = \frac{4.5 - 2.0}{2.953} = 0.847$$

查表 9-2 得淹没系数 $\sigma_s=0.806$，则消力坎上的单宽流量

$$\begin{aligned} q &= \sigma_s m\sqrt{2g}H_{10}^{3/2} \\ &= 0.806 \times 0.42 \times \sqrt{2 \times 9.8} \times 2.953^{3/2} \\ &= 7.61\text{m}^3/(\text{m}\cdot\text{s}) < 8.3\text{m}^3/(\text{m}\cdot\text{s}) \end{aligned}$$

故初设坎高 $c=2.0\text{m}$ 不对，需修改再试算，试算过程见表 9-3。

结果求得坎高 $c=1.78\text{m}$ 时，$q=8.31\text{m}^3/(\text{s}\cdot\text{m})$，与给定 q 值非常接近，所以坎高为 1.78m。因是淹没溢流，不需再校核下游衔接状态。

(3) 计算消力池长。

$$L_j = 6.9(h''_c - h_c) = 6.9 \times (4.573 - 0.595) = 27.45\text{m}$$

消力池长度　$L_k = L_1 + L'_j = 0 + 0.75L_j = 0.75 \times 27.45 = 20.59\text{m}$

实际可取整数，池长为 21m。

表 9-3　　计　算　过　程

c (m)	$H_1=h_T-c$ (m)	$H_{10}=H_1+\frac{v'^2}{2g}$ (m)	$H_{10}^{3/2}$ (m)	$h_s=h_t-c$ (m)	$\frac{h_s}{H_{10}}$	σ_S	$q=\sigma_s m\sqrt{2g}H_{10}^{3/2}$ [m³/(m·s)]
2.0	2.801	2.953	5.075	2.50	0.847	0.806	7.61
1.9	2.901	3.053	5.334	2.60	0.851	0.799	7.94
1.8	3.001	3.153	5.599	2.70	0.856	0.791	8.24
1.78	3.021	3.173	5.655	2.72	0.857	0.790	8.31

第三节　挑流式衔接与消能

挑流式衔接消能是通过泄水建筑物末端的鼻坎，将下泄的高速水流挑向空中，然后跌入离建筑物较远的下游河道的一种衔接消能方式。它是利用水流在空中的扩散、掺气和混掺以及跌入冲坑时，在水股的两侧形成巨大的旋滚产生强烈的紊动，而消耗大量余能的，如图 9-14 所示。

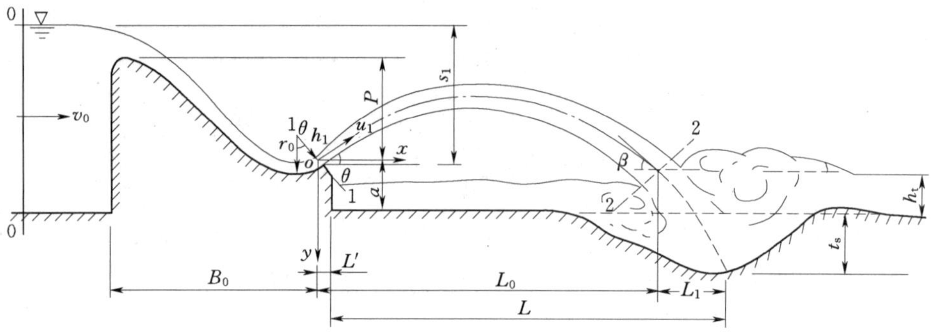

图 9-14

挑流消能结构简单，施工方便，不需修建下游河床护坦，投资省，能适应下游水位的较大变幅并且便于检修。缺点是下游水流波动大，雾气大，当河床基岩破碎或河床狭窄、岸坡陡峻时，可能造成河床严重冲刷或岸坡塌滑。泄流时的雾化现象，对交通、输电和生活条件也会带来不利影响。对于高、中水头泄水建筑物，特别是下游河床的岩石比较完整、抗冲能力较强的工程，多采用挑流消能。

挑流消能的水力计算包括以下内容：选定鼻坎形式，确定反弧半径、坎顶高程和挑射角，估算水股挑距、冲坑深度以及对建筑物的影响等。

一、挑流射程的计算

挑流射程是指挑流鼻坎下游壁面至冲刷坑最深点的水平距离。如图 9-14 所示，挑流射程 L 应包括空中射程 L_0 和水下射程 L_1，即

$$L = L_0 + L_1 - L'$$

挑坎出口断面 1—1 中心点到挑坎下游壁面的水平距离 L' 一般很小，可略去不计。

$$L = L_0 + L_1 \tag{9-17}$$

下面讨论最常用的连续式鼻坎的挑流射程。

（一）空中射程 L_0

连续式鼻坎沿整个宽度上具有同一反弧半径 R 和挑射角 θ，可按二维平面问题进行分析。

假定水股在出坎断面 1—1 的流速均匀分布，流速方向与鼻坎出口仰角 θ 一致并忽略水股在空中运动过程中所受空气阻力、掺气、扩散的影响，这样就可以按自由抛体的理论估算射程。取 1—1 断面中点为坐标原点，建立 x、y 坐标。设位于坐标原点上的水质点的速度为 u_1，经过时间 t，该质点的坐标为

$$x = tu_1\cos\theta$$

$$y = \frac{1}{2}gt^2 - tu_1\sin\theta$$

联解上述二式，得水股的轴线方程为

$$x = \frac{u_1^2\sin\theta\cos\theta}{g}\left[1 + \sqrt{1 + \frac{2gy}{u_1^2\cos^2\theta}}\right] \tag{9-18}$$

由图 9-14 可以看出，水股轴线与下游水面交点的 x 坐标值为 L_0，y 坐标为 $y = a - h_t + \frac{h_1}{2}\cos\theta$。

将 x、y 坐标值代入式（9-18），得

$$L_0 = \frac{u_1^2\sin\theta\cos\theta}{g}\left[1 + \sqrt{1 + \frac{2g\left(a - h_t + \frac{h_1}{2}\cos\theta\right)}{u_1^2\sin^2\theta}}\right] \tag{9-19}$$

式中 a——坎高，下游河床到坎顶的高度；

h_t——冲刷坑后的下游水深；

h_1——1—1 断面水深。

以出口断面中心点的水平面为基准，略去 0—0 断面行近流速水头，对上游断面 0—0 和 1—1 断面列能量方程：

$$s_1 - \frac{h_1}{2}\cos\theta = 0 + 0 + \frac{\alpha_1 v_1^2}{2g} + \zeta\frac{v_1^2}{2g}$$

整理得

$$v_1 = \frac{1}{\sqrt{\alpha_1 + \zeta}}\sqrt{2g\left(s_1 - \frac{h_1}{2}\cos\theta\right)} = \varphi\sqrt{2g\left(s_1 - \frac{h_1}{2}\cos\theta\right)}$$

式中 s_1——上游水位与挑坎顶点的高差。

令 $v_1 = u_1$，代入式（9-19）得

$$L_0 = \varphi^2\sin2\theta\left(s_1 - \frac{h_1}{2}\cos\theta\right)\left[1 + \sqrt{1 + \frac{a - h_t + \frac{h_1}{2}\cos\theta}{\varphi^2\sin^2\theta\left(s_1 - \frac{h_1}{2}\cos\theta\right)}}\right]$$

对于高坝 $s_1 \gg h_1$，略去 h_1

$$L_0 = \varphi^2 s_1 \sin 2\theta \left[1 + \sqrt{1 + \frac{a - h_t}{\varphi^2 s_1 \sin^2\theta}}\right] \tag{9-20}$$

根据已知条件 a、h_t 和 φ 及鼻坎挑角 θ 和 s_1，可由式（9－20）算出挑射距离 L_0。

利用公式（9－20）计算的空中挑流射程，与实际射程有一定的偏差，特别当 $v_1 >$ 15m/s 时，偏差尤为明显。这是因为在建立上述公式时，没有考虑水股在空中分散、掺气和受空气阻力的影响。目前解决这一问题的办法，是根据原型射程的实测数据，代入公式（9－20），反求流速系数。

我国长江水利科学研究院在分析模型试验和原型观测资料的基础上，得出了如下经验公式

$$\varphi = \sqrt[3]{1 - \frac{0.055}{K^{0.5}}} \tag{9-21}$$

$$K = \frac{q}{\sqrt{g} s_1^{1.5}}$$

式中　K——流能比。

式（9－21）适用于 $K=0.004 \sim 0.15$，对于 $K>0.15$ 时，φ 值按 0.95 计算。

东北勘测设计院建议

$$\varphi = 1 - \frac{0.0077}{\left(\frac{q^{2/3}}{S_0}\right)^{1.15}} \tag{9-22}$$

式中　S_0——坝面流程，可近似按 $S_0 = \sqrt{P^2 + B_0^2}$ 计算；

P——挑坎顶部以上的坝高；

B_0——溢流面顺水流方向的水平投影长度。

式（9－22）适用范围是 $q^{2/3}/S_0 = 0.025 \sim 0.25$，当 $q^{2/3}/S_0 > 0.25$，可取 $\varphi = 0.95$。

（二）水下射程 L_1

水股潜入下游水体后，属于潜没射流，不符合自由抛射体运动规律，一般近似认为沿入射角 β 方向作直线运动，指向冲刷坑的最深点。水下射程为

$$L_1 = \frac{t_s + h_t}{\text{tg}\beta} \tag{9-23}$$

式中　t_s——冲刷坑深度。

对式（9－18）求一阶导数，整理得

$$\frac{dy}{dx} = \frac{gx}{u_1^2 \cos^2\theta} - \text{tg}\theta$$

当 $x = L_0$ 时，$\frac{dy}{dx} = \text{tg}\beta$。

将 L_0 的表达式代入上式整理得

$$\text{tg}\beta = \frac{dy}{dx} = \sqrt{\text{tg}^2\theta + \frac{a - h_t + \frac{h_1}{2}\cos\theta}{\varphi^2 (s_1 - h_1 \cos^2\theta)\cos^2\theta}}$$

略去 h_1 得
$$\mathrm{tg}\beta=\sqrt{\mathrm{tg}^2\theta+\frac{a-h_t}{\varphi^2 s_1\cos^2\theta}} \tag{9-24}$$

$$L_1=\frac{t_s+h_t}{\sqrt{\mathrm{tg}^2\theta+\frac{a-h_t}{\varphi^2 s_1\cos^2\theta}}} \tag{9-25}$$

根据式（9-20）和式（9-25）分别求出空中射程和水下射程，两者之和就是总射程。

（三）挑流射程影响因素分析

以上是挑流射程的理论公式，但实际上影响射程的因素是多方面的。现对其中的主要因素分析如下：

1. 鼻坎的挑角

当鼻坎的高程一定时，按自由抛体的理论计算，其射程最远的挑角应是45°。但由于射出的不是一个质点，而是一股沿程扩散和掺气的水流，并且出口断面1—1上各点的流速又不相同，因此抛射距离最远的挑角实际小于45°。若挑角 θ 愈大，由式（9-24）可以看出入水角 β 愈大，则水下射程减小，并且水流对河床的冲刷力愈强；另外当通过的流量不大时，由于动能不足，在鼻坎的反弧段上会形成旋滚，然后跌在脚下造成冲刷，影响建筑物的安全。所以，根据试验，鼻坎的适宜挑角是15°～35°，重要工程应通过试验确定。

2. 鼻坎高程

鼻坎高程愈低，则 s_1 愈大，鼻坎出口断面上的流速 v 也愈大，因而有利于增加射程。同时降低挑坎高程可以减小工程量，降低造价。但是挑坎过低一方面可能会使水股下缘通气不充分，形成真空，在水舌外缘大气压力作用下减小射程，降低挑流效果；另一方面，当下游水位超过鼻坎高程到一定程度时也可能使水流挑不出去，达不到挑流消能的目的。故工程中一般取挑坎的最低高程等于或稍低于下游最高水位。

3. 反弧半径 R

反弧半径大小，对射程远近是有一定影响的。根据经验一般取 $R=(4\sim10)h$，h 为校核洪水位时反弧段最低处的水深。当流速高或单宽流量较大时，R 取较大值。

二、冲刷坑深度的估算

水股跌入下游河道，仍具有很大的冲刷能力，在下游河床上会形成冲坑。随着冲坑的加深，水垫的消能作用加大，水流的冲刷能力减弱。当水股的冲刷能力和河床的抗冲能力达到平衡时，冲刷坑就会趋于稳定。

由于影响冲刷坑深度的因素较为复杂，工程上常采用经验公式进行估算。我国制定的DL5108—1999《混凝土重力坝设计规范》中规定，冲刷坑深度按下式估算：

$$t_s=Kq^{1/2}z^{1/4}-h_t \tag{9-26}$$

式中　t_s——冲刷坑深度，m；

z——上下游水位差，m；

q——单宽流量，$m^3/(s\cdot m)$；

K——抗冲刷系数，与岩石性质有关。坚硬完整基岩 $K=0.9\sim1.2$，坚硬但完整性较差 $K=1.2\sim1.5$，软弱破碎，裂隙发育的基岩 $K=1.5\sim2.0$。

冲刷坑对坝身的影响，一般用挑坎末端至冲刷坑最深点的平均坡度表示，即

$$i=\frac{t_s}{L_0+L_1} \tag{9-27}$$

按照式（9－27）计算出的值愈大，坝身愈不安全。根据工程实践经验，许可的最大临界坡 i_c 值，一般取 $i_c=1/2.5\sim1/5$。当 $i<i_c$ 时，就认为冲刷坑不会危及坝身的安全。

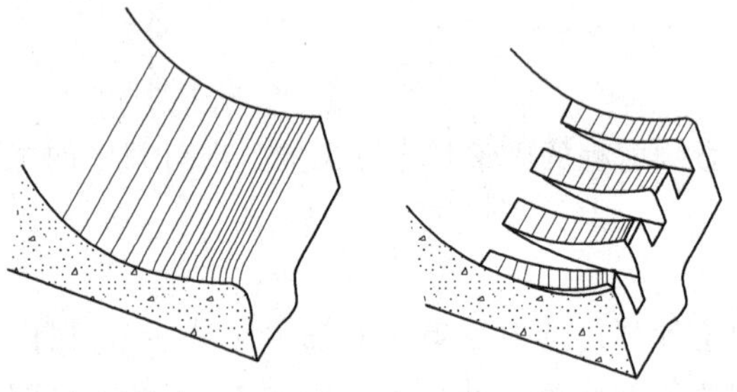

图 9－15

在进行挑流消能计算时，应首先用公式（9－26）确定冲刷坑深度 t_s，再分别求出空中射程 L_0 和水下射程 L_1，最后用公式（9－27）求出挑坎末端至冲刷坑最深点的平均坡度 i，判断冲刷坑深度对坝身的影响。

挑流消能常用的挑坎型式，除连续式以外，还有差动式（见图 9－15）。差动式挑坎是将挑坎作成齿状将通过挑坎的水流分为上下两层，在垂直方向加剧了水流的扩散和混掺，使得空中消能效果优于连续式挑坎。但是在其它条件相同的情况下，差动式挑坎的射程小于连续式挑坎，并且当流速较大时，差动式挑坎易产生气蚀，目前工程中利用较多的仍是连续式挑坎。

【例 9－4】　某溢流堰坝顶高程 161.0m，下游河床岩石坚硬，但节理、裂隙均较发育，其高程为 120.0m，拟采用挑流消能。初拟挑角 $\theta=25°$，挑坎高程为 138.0m。当上游水位为 170.15m，下游水位为 132.5m，单宽流量为 $49.0m^3/(s\cdot m)$ 时，试计算下泄水流射程和冲刷坑深度并检验冲刷坑是否危及坝身安全。

解　根据所给条件算出下列数据：

上游水位与挑坎顶点高差　$s_1=170.15-138.0=32.15m$

坎高　$a=138.00-120.00=18.00m$

下游水深　$h_t=132.50-120.00=12.50m$

$\sin 25°=0.423\quad \cos 25°=0.906$

（1）计算空中挑距。

流能比　$$K=\frac{q}{\sqrt{g}s_1^{1.5}}=\frac{49}{\sqrt{9.8}\times 32.15^{1.5}}=0.086$$

流速系数　$$\varphi=\sqrt[3]{1-\frac{0.055}{K^{0.5}}}=\sqrt[3]{1-\frac{0.055}{0.086^{0.5}}}=0.933$$

所以，空中挑距为

$$L_0=\varphi^2 s_1\sin 2\theta\left[1+\sqrt{1+\frac{a-h_t}{\varphi^2 s_1\sin^2\theta}}\right]$$

$$=0.933^2\times 32.15\times 0.766\times\left[1+\sqrt{1+\frac{18-12.5}{0.933^2\times 32.15\times 0.423^2}}\right]$$

$$=52.49m$$

（2）估算冲刷坑深度 t_s。

因岩石坚硬，完整性较差，选 $K=1.25$，

$$t_s = 1.25q^{1/2}z^{1/4} - h_t = 1.25 \times 49^{1/2} \times 37.65^{1/4} - 12.5 = 9.17\text{m}$$

（3）计算水下挑距。

$$\text{tg}\beta = \sqrt{\text{tg}^2\theta + \frac{a-h_t}{\varphi^2 s_1 \cos^2\theta}} = \sqrt{\text{tg}^2 25° + \frac{18-12.5}{0.933^2 \times 32.15 \times 0.906^2}} = 0.676$$

$$L_1 = \frac{t_s + h_t}{\text{tg}\beta} = \frac{9.17+12.5}{0.676} = 32.06\text{m}$$

总挑距

$$L = L_0 + L_1 = 52.49 + 32.06 = 84.55\text{m}$$

校核冲刷坑对坝身的影响

$$i = \frac{t_s}{L} = \frac{9.2}{84.55} = 0.108 < \frac{1}{5}$$

故可以认为冲刷坑不会危及坝身安全。

上面介绍了底流及挑流衔接与消能问题，下面对其它消能形式作以简介。

三、面流式衔接与消能

面流消能是在溢流堰的出流部位设置低于下游水位和小挑角的鼻坎，将下泄的高速水流的主流送至下游水流表面，通过面层主流的扩散、紊动和坎下游形成的底部旋滚等，消除水流的余能。由于在一定距离内主流位于面层，底部旋滚下部为反向水流，且流速不高，不致造成下游河床的严重冲刷。

面流消能具有工程构造简单，对河床冲刷作用较轻，易于施工和适宜排泄漂浮物等优点。但面流流态多变，水面波动大并延续较远，对航运和水电站运行会有不良影响，并且还有可能冲刷岸坡。一般适用于下游水深较深而变幅小、单宽流量变化不大、河床特别是岸坡的抗冲能力较强的中、低水头溢流建筑物。

对于确定的鼻坎型式和固定的单宽流量，面流流态随下游水位的升高而变化的情况，如图 9 - 16 所示。

从防止冲刷河床的角度，淹没面流和自由面流优于其它几种情况，自由混合流及淹没混合流次之；底流及回复底流对河床的冲刷最严重。欲使面流衔接控制在某种流态，必须严格

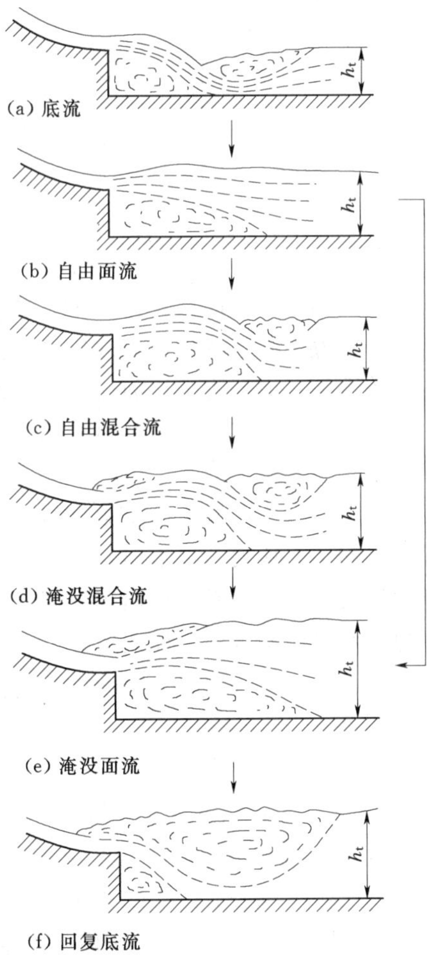

图 9 - 16

控制下游水深，并根据坝高及上下游水流条件，正确选择坎高、挑角及反弧半径。有关面流的水力设计，可参阅有关书籍。由于面流影响因素多，流态复杂多变，因此，重要的工程设计必须经过水工模型试验进行论证。

四、消力戽衔接与消能

消力戽是在泄水建筑物末端建造一个具有一定反弧半径和较大挑角的挑坎，形成凹面戽勺（亦称戽斗），称为消力戽，如图 9-17 所示。当下游水深在某一范围，从溢流堰下泄的高速水流，由于受到下游水位的顶托，在戽斗内形成剧烈的表面旋滚，主流沿戽底射出，在戽后水面形成涌浪，然后沿下游水面逐渐扩散，在戽后主流下面产生一个反向旋滚；有时涌浪后的水面还产生一个微弱的表面旋滚。这就是"三滚一浪"的消力戽典型流态。水流的能量消除主要是戽内表面旋滚、戽后底部旋滚及在涌浪后的水股扩散、混掺过程中。

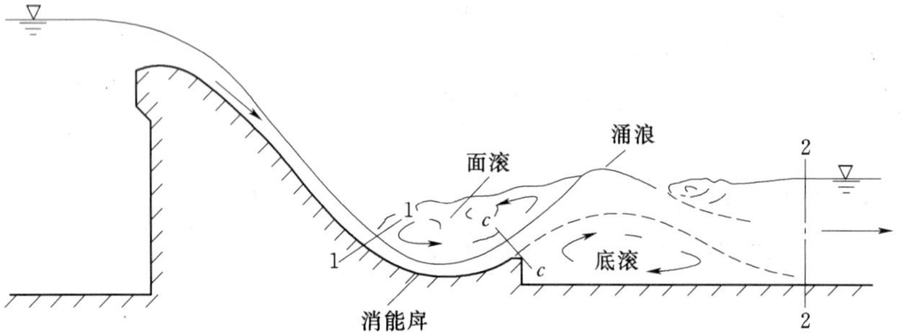

图 9-17

消力戽是底流、面流相结合的一种消能方式。由于戽后主流位于上层，底部流速较小，下游一般不需建造护坦，故比底流消能节省工程量。形成消力戽流态虽然也需要有较大的下游水深，但消力戽比面流能适应的下游水深变化范围广，流态也比较稳定。它的主要缺点是戽面及戽端容易被戽后底部旋滚卷入河床质磨蚀。同时，象面流一样，下游水面波动较大，易冲刷岸坡。

消力戽的水力计算主要是根据给定的水力条件（如单宽流量、堰顶水位、堰高、下游水深等）和地形地质与泄水建筑物布置条件，确定消力戽的反弧半径 R、挑角、戽底高程和戽坎等尺寸。目前尚无成熟的计算方法，一般根据已建的消力戽的经验定出初步尺寸，然后通过水工模型试验验证选定。

习　　题

9-1　在河道上建一无侧收缩曲线型实用堰，堰高 $P_1=P_2=10$m。当单宽流量 $q=8\text{m}^3/(\text{s}\cdot\text{m})$ 时，堰的流量系数 $m=0.45$、流速系数 $\varphi=0.95$。若下游水深分别为：$h_{t1}=5.00$m，$h_{t2}=4.61$m，$h_{t3}=3.5$m，试分别判别下游水流衔接型式。

9-2　在一跌水出口处设平板闸门，如题 9-2 图所示。流量 $Q=10\text{m}^3/\text{s}$，跌坎高 $P=2$m；下游水深 $h_t=1.4$m，河槽为矩形断面，底宽 $b=4$m；闸前水头 $H=1.6$m；行近流速 $v_0=1$m/s；流速系数 $\varphi=0.95$。试计算收缩断面水深 h_c，并判别衔接形式。

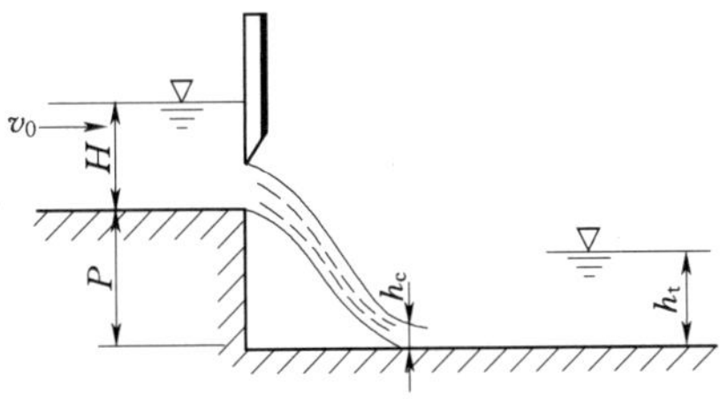

题 9-2 图

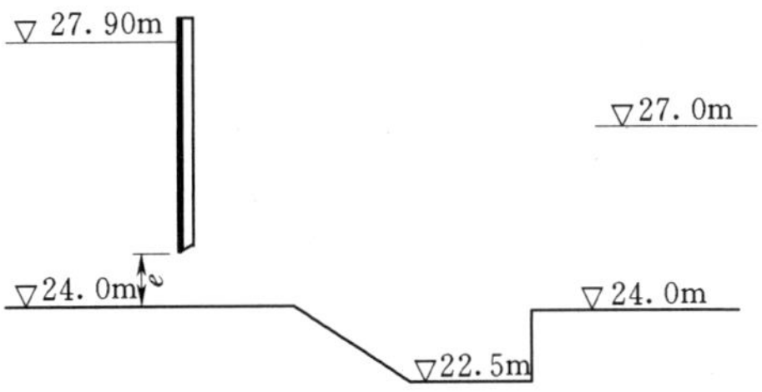

题 9-4 图

9-3　拟建一溢流堰，堰高 $P_1=P_2=9.0m$。当通过单宽流量 $q=8.27m^3/(s\cdot m)$ 时，堰的流量系数 $m=0.49$，流速系数 $\varphi=0.95$，下游河道水深 $h_t=3.5m$。要求：(1) 判断溢流堰出流与下游水流衔接型式；(2) 若采用挖深式消力池，试设计消力池的尺寸。

9-4　一单孔平板泄洪闸，上游水位为 27.94m，闸底高程和河床高程均为 24.0m，下游水位高程为 27.0m，初步设计消力池底部高程为 22.5m，消能段与闸孔等宽（见题 9-4 图）。当闸门开度 $e=1m$ 时，不计闸前行近流速，验算消力池的深度能否满足消能要求。

9-5　在某矩形渠道修建单孔泄洪闸，闸底板与渠底齐平，平板闸门，闸上游水深 $H=5m$，下游水深 $h_t=2.5m$，闸门开度 $e=2m$，不计闸前行近流速。(1) 试判断下游的衔接形式；(2) 若为远驱式水跃，试设计消力坎式消力池。

9-6　一溢洪道矩形陡槽，由水面曲线分析计算陡槽末端水深 $h=0.8m$，流速 $v=20m/s$。今在陡槽末端设计一挑流鼻坎，挑射角 $\theta=30°$。其它有关高程如题 9-6 图示，流速系数 $\varphi=0.95$，鼻坎下游岩石破碎且松散（抗冲刷系数 $K=1.5$）。试求：(1) 冲刷坑深度 t_s；(2) 挑流射程 L；(3) 检查冲刷坑的安全性。

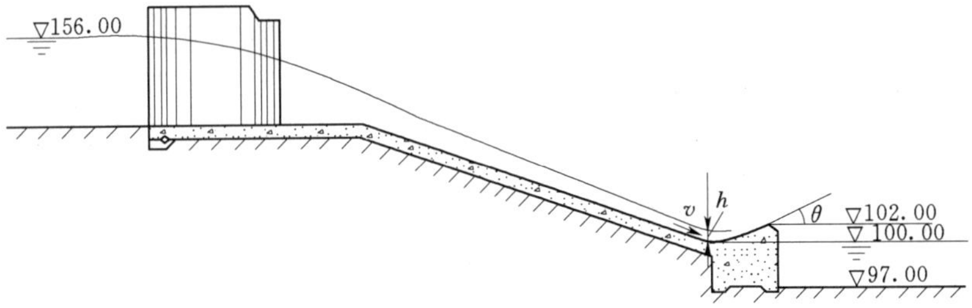

题 9-6 图

第十章　渗　　流

第一节　概　　述

由颗粒状或碎块状的固体材料组成，其内部包含着许多互相连通的孔隙或裂隙的物质，称为孔隙介质。液体在孔隙介质中的运动称为渗流，在水利、土建、石油、化工、采矿、地质等许多部门，都涉及渗流的问题。尤其对于水利工程建设，研究渗流问题有极其重要的意义。在水利工程中渗流的液体是水，孔隙介质是土壤、石子和岩基等。本章主要研究水在土壤孔隙中的运动规律，并应用这些规律来分析工程中的渗流问题。

水利工程中遇到的渗流问题是多方面的。在透水地基上修建的水闸（坝）挡水后，在上、下游水位差的作用下，水将从上游河底进入建筑物的地基，通过地基土壤（或岩层）中的孔隙逐步渗向下游，从下游河床逸出。闸（坝）的基础一般是混凝土或其它不透水材料，闸（坝）地基的渗流一方面会对闸（坝）底面有压力作用，它是闸（坝）设计必须考虑的荷载之一；另一方面，会造成水量的损失，特别当渗流流速过大时，会将构成土料骨架的土颗粒带走，造成闸（坝）失稳。

土（石）坝是由土壤、石子、砾石和块石堆积而成的。土（石）坝挡水后，水由上游坝面渗入坝体，并沿着坝体孔隙渗向下游，从下游坝面逸出，坝体中的渗流自由水面线称为浸润线。浸润线以下的坝体浸没在水中，正确确定坝体内浸润线的位置对于研究土（石）坝的稳定、水量损失是十分重要的，是土（石）坝设计的重要内容。

在灌溉或工业与民用给水中，常用井或廊道等汇集地下水，只有掌握了地下水的流动规律，才能正确选择集水建筑物的尺寸，计算集水建筑物的供水能力。

当水库建成蓄水后，通过渗流会使库区周围地下水位抬高，容易引起附近农田沼泽化和盐碱化；同时也会造成水库水量损失。

上述各方面的渗流问题，从水力学的角度，归纳起来要求解决的主要有以下几方面的问题：

（1）确定渗流流量。

（2）确定渗流浸润线的位置。

（3）确定渗流压力。

（4）估算渗流对土壤的破坏作用。

在水利工程建设中，必须正确估计可能出现的渗流问题，采取相应的处理措施，否则可能导致工程事故的发生。

一、水在土中的存在形式

渗流既然是水在土壤孔隙中的运动，它的运动规律也就和水及土壤这两种物质的性质有关。水在土壤中有以下几种存在形式：汽态水、附着水、薄膜水、毛细水和重力水。

汽态水以水蒸气形式存在于土壤孔隙中，数量极微；附着水和薄膜水均受分子引力作用而包围在土壤颗粒四周，数量少而且运动困难。水利工程中一般不考虑汽态水、附着水和薄膜水的作用。

毛细水是通过毛细管的作用而移动的水，它可以传递静水压力。由于毛细管的作用，将使地下水位高于重力水的水位。毛细作用的大小决定于土壤孔隙比的大小，在堆石中的作用极小，但在粘土中毛细水的高度可达数米。因此，在研究粘土渗流问题时，要注意毛细水的作用，对于一般的水利工程可以忽略不计。

重力水是指受重力作用在土壤孔隙中运动的水，它在工程实践中具有重要意义，本章主要研究重力水在土壤孔隙中的运动规律。

二、土的渗流特性

土壤的性质对渗流有很大的影响，一切土壤均能透水，但不同的土壤透水性是不同的，有时相差很大。

透水性的大小主要与土壤的密实度和土壤颗粒的不均匀程度有关，密实的土壤比疏松的土壤的透水性小，土壤颗粒均匀的土壤比不均匀的土壤的透水性大。土壤的密实度是用土壤的孔隙率反映的，孔隙率是一定体积的土壤中，孔隙的体积 ω 与土壤的总体积 W 的比值。

$$n=\frac{\omega}{W} \tag{10-1}$$

n 值越大，土壤的孔隙率就越大，土壤越疏松；n 值越小，土壤的孔隙率越小，土壤越密实。

土壤颗粒的不均匀程度一般用土壤的不均匀系数 η 表示：

$$\eta=\frac{d_{60}}{d_{10}} \tag{10-2}$$

式中　d_{60}——对土壤进行筛分后，占 60%重量的土壤颗粒能通过的筛孔的直径；

d_{10}——占 10%重量的土壤颗粒能通过的筛孔直径。

一般的土壤的不均匀系数总大于 1，η 值越大，土壤颗粒越不均匀；土壤颗粒均匀时，η 值趋近于 1。

自然界中的土壤结构相当复杂，按照渗流特性可以把土壤分为均质土和非均质土；各向同性土和各向异性土。若土壤中的渗流特性不随空间的位置而变化，称为均质土；否则称为非均质土。若土壤中各个方向的渗流特性都相同，称为各向同性土；否则称为各向异性土。自然状态下的土壤一般都是非均质各向异性的，但本章着重研究最简单的均质各向同性土壤的渗流问题，这是研究渗流的基础，掌握了它就不难分析和解决非均质各向异性土壤中的渗流问题。

三、渗流的简化模型

土壤孔隙的形状及其大小是非常复杂的，要知道水在孔隙中真实的流动是难以实现的［见图 10-1 (a)］，而且对于解决工程中的渗流问题又无必要。工程中注意的是研究范围内渗流的平均效果，为了使问题简化同时又能满足工程上的要求，对实际渗流问题进行了简化。

(1) 不考虑渗流的实际路径，只考虑它的主要流向。

(2) 假定渗流是充满了整个孔隙介质区域的连续水流，包括土壤颗粒所占据的空间在内均有水充满，好像无土壤颗粒存在一样［见图 10－1（b）］。

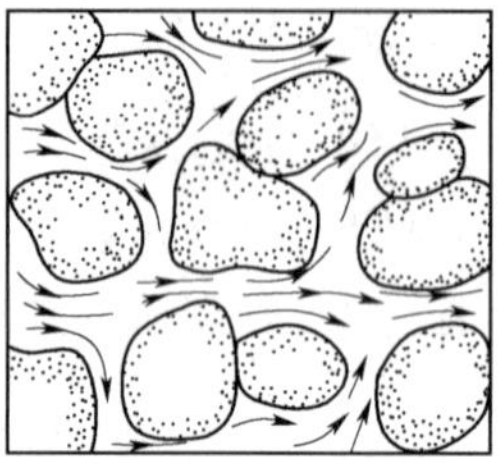
(a)

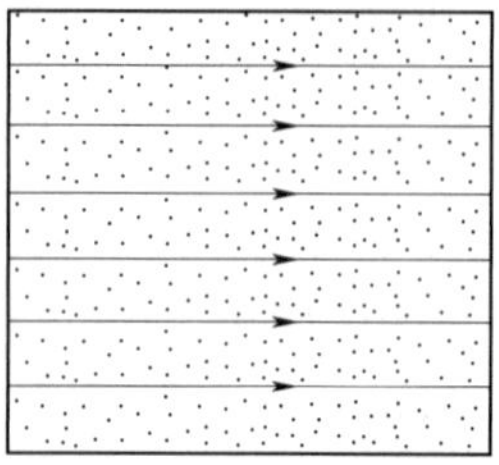
(b)

图 10－1

渗流简化模型的实质在于，把实际上并不充满全部空间的渗流运动，看作是连续空间内的连续介质运动。这样就可以把水力学的一般概念引进到研究渗流中来，如过水断面、流线、断面平均流速等。

根据渗流简化模型的概念，某一微小过水断面上的渗流流速定义

$$v=\frac{\Delta Q}{\Delta A} \tag{10-3}$$

而实际水流仅发生在相应于断面 ΔA 中所包含的孔隙面积 $\Delta A'$ 上，所以实际流速为

$$v'=\frac{\Delta Q}{\Delta A'} \tag{10-4}$$

根据水流运动的连续原理和孔隙率的定义可以得到

$$v=\frac{\Delta A'}{\Delta A}v'=nv'$$

式中 n 为土壤的孔隙率。孔隙率 $n<1.0$，所以 $v<v'$，即模型流速小于真实渗流流速。今后研究的渗流流速就是指模型流速。

另外，引入了渗流的简化模型之后，就可以像研究一般水流运动一样把渗流分为恒定渗流和非恒定渗流；均匀渗流和非均匀渗流；有压渗流和无压渗流等。

以渗流简化模型取代真实的渗流，必须遵守以下几个原则：

(1) 通过渗流模型的流量必须和实际渗流的流量相等。

(2) 对某一确定的作用面，从渗流模型所得的动水压力，应当和真实渗流的动水压力相等。

(3) 渗流模型的阻力和实际渗流的阻力应当相等，也就是说水头损失应当相等。

第二节 达 西 定 律

一、达西试验与达西定律

早在 1855 年，首先由法国工程师达西通过试验研究，提出了渗流运动的基本规律——达西定律。

达西试验所用设备如图 10－2 所示：一横截面积为 A 的直立圆筒 G，上端开口，在相距为 L 的 1—1 断面和 2—2 断面分别装有测压管，筒底装一滤板 D，其上填以砂土。试验

时水由管 a 注入圆筒，多余的水从溢流管 b 溢出，筒内水位不变，以保持通过筒内砂土壤的渗流为恒定渗流。经过砂层渗至筒底的水流入量杯 C，用来测量渗流量。若在 Δt 时间内流入量杯的水体体积为 ΔW，则渗流量为 $Q=\Delta W/\Delta t$。在试验过程中同时读取两断面的测压管水头，两测压管水头之差 ΔH 即是 1—1 和 2—2 断面渗流的水头损失

$$\Delta H = h_{\omega} = \left(z_1 + \frac{p_1}{\gamma}\right) - \left(z_2 + \frac{p_2}{\gamma}\right)$$

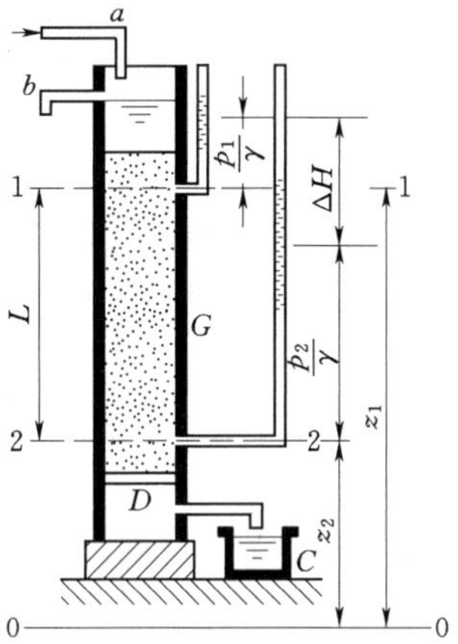

图 10-2

达西用不同尺寸的圆筒和不同类型的土壤作试验，大量试验资料表明，渗流量 Q 与圆筒断面面积 A 及水头损失 h_{ω} 成正比，与断面间距 L 成反比，即

$$Q \propto A\frac{h_{\omega}}{L}$$

引入比例系数 k，于是

$$Q = kA\frac{h_{\omega}}{L} = kAJ \tag{10-5}$$

或

$$v = \frac{Q}{A} = kJ \tag{10-6}$$

式中 J——断面 1—1、2—2 之间的平均水力坡度，也称渗流坡降，$J=h_{\omega}/L$；

k——反映土壤的透水性质的比例系数，称为渗流系数，它具有流速的量纲。

式（10-5）和式（10-6）所表示的关系称为达西定律，它是渗流的基本定律。

如果在任一过水断面 A 上围绕某点取一微小面积 $\mathrm{d}A$，通过 $\mathrm{d}A$ 的渗流量为 $\mathrm{d}Q$，利用式（10-6）可得到渗流点流速的表达式为

$$u = \frac{\mathrm{d}Q}{\mathrm{d}A} = kJ \tag{10-7}$$

如果取间距为 $\mathrm{d}s$ 的两个断面，其间水头损失为 $\mathrm{d}h_{\omega}$，以 H 表示断面上渗流的总水头，$\mathrm{d}H$ 为沿渗流方向总水头的增量，式（10-7）可表示为

$$u = k\frac{\mathrm{d}h_{\omega}}{\mathrm{d}s} = -k\frac{\mathrm{d}H}{\mathrm{d}s} \tag{10-8}$$

因为沿渗流方向总水头的增量为负值，为使流速为正值，需加负号。

一般渗流流速很小，渗流流速水头可以忽略不计，总水头 H 可用测压管水头代替，$\mathrm{d}H$ 则为测压管水头的增量。

二、达西定律的适用条件

由达西定律可知，渗流的水头损失和流速的一次方成正比。

经研究证明，达西定律仅在一定范围内才能适用。很明显水头损失和流速的一次方成正比是液体作层流的运动所遵循的规律，由此可见达西定律只适用于层流渗流。在水利工程中除了堆石坝等大孔隙介质中的渗流为紊流之外，绝大多数渗流均属于层流范围，达西定律都可使用。

经许多学者研究，达西定律的适用界限仍以渗流临界雷诺数来表示。由层流到紊流的临

界雷诺数不是一个常数，而是随着颗粒直径、孔隙率等因素而变化。H. H. 巴甫洛夫斯基指出，当 $Re<Re_k$ 时，渗流为层流。Re 为渗流的实际雷诺数，Re_k 为渗流的临界雷诺数。

$$Re=\frac{1}{0.75n+0.23}\frac{vd}{\nu} \tag{10-9}$$

式中　n——土壤的孔隙率；

d——土壤的有效粒径（cm），一般可用 d_{10} 来代表。

$$Re=7\sim9 \tag{10-10}$$

对于发生在大孔隙介质中的非层流渗流，需要选用根据实验成果所拟定的公式进行渗流计算。

应当指出：上述讨论的渗流规律都是对没有发生渗流变形的情况而言的，对于土壤颗粒因渗流作用失去稳定而发生运动的情况，均不符合上述规律。本章所讨论的内容仅限于符合达西定律的渗流。

三、渗流系数及其测定

在应用达西定律进行渗流的计算时，需确定土壤的渗流系数 k 值。由式（10－6）可知，当 $J=1$ 时，$k=v$，所以 k 的物理意义是表示水力坡度等于 1 的渗流速度。

渗流系数 k 是反映土壤渗水能力的系数。其值与土壤及水的性质有关，主要包括土壤的颗粒形状、粒径大小、孔隙大小、水的粘滞性及容重等。

实际应用中准确确定渗流系数 k 值是比较困难的，一般可通过以下三种方法得到 k 值。

1. 经验法

初步估算时，由于没有获得可靠的实际资料，可以参照有关规范或采用类比的方法来选定 k 值。各类土壤的 k 的参考值见表 10－1。

表 10－1　　土壤的渗流系数

土壤名称	渗流系数	
	m/昼夜	cm/s
粘土	<0.005	$<6\times10^{-6}$
亚粘土	0.005～0.1	$6\times10^{-6}\sim1\times10^{-4}$
轻亚粘土	0.1～0.5	$1\times10^{-4}\sim6\times10^{-4}$
黄土	0.25～0.5	$3\times10^{-4}\sim6\times10^{-4}$
粉砂	0.5～1.05	$6\times10^{-4}\sim1\times10^{-3}$
细砂	1.0～5.0	$1\times10^{-3}\sim6\times10^{-3}$
中砂	5.0～20.0	$6\times10^{-3}\sim2\times10^{-2}$
均质中砂	35～50	$4\times10^{-2}\sim6\times10^{-2}$
粗砂	20～50	$2\times10^{-2}\sim6\times10^{-2}$
均质粗砂	60～75	$7\times10^{-2}\sim8\times10^{-2}$
圆砾	50～100	$6\times10^{-2}\sim1\times10^{-1}$
卵石	100～500	$1\times10^{-1}\sim6\times10^{-1}$
无填充物卵石	500～1000	$6\times10^{-1}\sim1\times10$
稍有裂隙岩石	20～60	$2\times10^{-2}\sim7\times10^{-2}$
裂隙多的岩石	>60	$>7\times10^{-2}$

2. 实验室测定法

将需要测定 k 值的土壤带到实验室，采用达西实验装置测得渗流系数 k 值。为准确真实地反映原状土壤的渗透性质，现场取土样时不加扰动并密封以保持原土壤含水状况，在运输和实验操作过程中不让土壤的结构状态遭破坏。

由于天然土壤不可能是完全均匀土，所取实验土样也不可能太多，因此实验成果不可能完全反映真实情况。但这种方法是利用现场土样测得，比经验法可靠，且设备简单，易操作，在水利工程中测定渗流系数多用此法。

3. 野外测定法

在所研究的渗流区域的现场进行钻井或挖坑，进行抽水或压水试验，将试验数据代入相应的计算公式，即可求得大面积的平均渗流系数值。本法所得试验成果比较可靠，故对大型水利工程在研究地基、土坝体、库区等渗流问题时，多采用野外测定法确定 k 值。

第三节　地下河槽中的恒定均匀渗流和非均匀渐变渗流

若位于地下不透水层上的透水区域内有地下水流动，且水流具有自由表面，如图 10－3 所示，这种水流称为地下河槽无压渗流。

像明渠水流一样，地下河槽中的渗流也可分为均匀渗流和非均匀渗流。若渗流的流线为互相平行的直线，称为均匀渗流；反之称为非均匀渗流。对于非均匀渗流，当流线的曲率小，近乎平行直线时，则称为渐变渗流；否则称为急变渗流。地下河槽中的渗流自由表面称为浸润面。浸润面与纵剖面的交线称为浸润线。均匀渗流的浸润线为直线，非均匀渗流的浸润线为曲线。

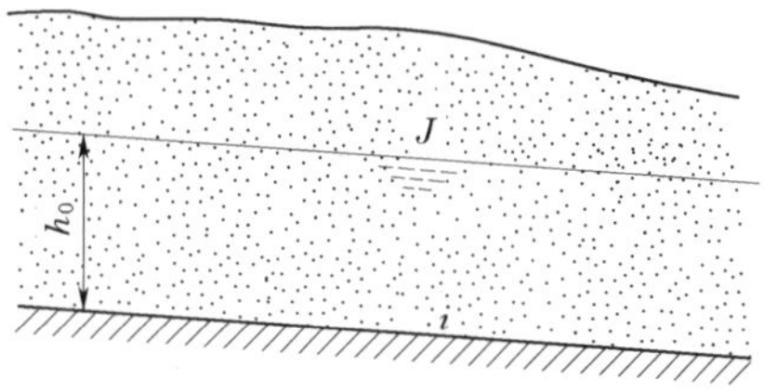

图 10－3

一、地下河槽中的均匀渗流

自然界中，地下不透水层的表面一般是不规则的，为了简单起见，假定不透水层为平面。图 10－3 所示为在底坡 i 的地下河槽中发生的均匀渗流，因均匀渗流的水深沿流程不变，断面平均流速在各断面上是相等的，水力坡度 J 和底坡 i 相等。按照达西定律，断面平均流速为

$$v = ki \tag{10-11}$$

通过过水断面的渗流量为

$$Q = kiA_0 \tag{10-12}$$

式中　A_0——均匀渗流时地下河槽的过水断面面积。

设地下河槽为矩形断面，宽度为 b，令 h_0 为均匀渗流的正常水深，则 $A_0 = bh_0$，于是

$$Q = kibh_0 \tag{10-13}$$

通过地下河槽的单宽流量则为

$$q = kih_0 \tag{10-14}$$

二、地下河槽中的无压渐变渗流

达西定律所给出的计算公式（10－6）及式（10－8），是对于均匀渗流的断面平均流速及渗流区域内任意点上的渗流流速的计算公式。为了研究非均匀渐变渗流的运动规律，还必须建立非均匀渐变渗流的计算公式。

（一）渐变渗流的基本公式

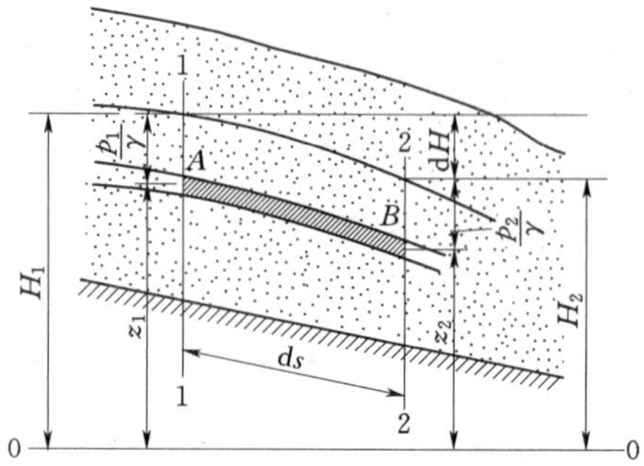

图 10－4

图 10－4 所示为一非均匀渐变渗流，在相距为 ds 的过水断面 1—1 和 2—2 之间任意取微小流束 AB，在 A 点的测压管水头设为 H_1，B 点的测压管水头为 H_2，从 1 点至 2 点测压管水头的增量为 d$H=H_2-H_1$。按照（10－8）式，微小流束在 A 点处的流速为

$$u=-k\frac{\mathrm{d}H}{\mathrm{d}s} \tag{10-15}$$

1—1 断面上的断面平均流速应为

$$v=\frac{1}{A}\int_A u\mathrm{d}A=\frac{1}{A}\int_A\left(-k\frac{\mathrm{d}H}{\mathrm{d}s}\mathrm{d}A\right) \tag{10-16}$$

对于渐变渗流，因在同一过水断面上的各点测压管水头等于常数，所以对于任意微小流束从 1—1 断面至 2—2 断面，其测压管水头差均为 dH。又因为渐变渗流的流线近似为平行直线，从 1—1 至 2—2 断面间各流线的长度 ds 也近似相等，不同微小流束的水力坡度 dH/ds 为一常数，式（10－15）可写作：

$$v=-k\frac{\mathrm{d}H}{\mathrm{d}s} \tag{10-17}$$

式（10－17）就是渐变渗流的基本公式，是法国学者杜比（Dupuit・J）于 1857 年首先推导出来，故称为杜比公式。杜比公式表明，在渐变渗流中，过水断面上各点流速相等并等于断面平均流速，流速分布为矩形，但不同过水断面上的流速大小则是不相等的（见图 10－5）。

（二）地下河槽无压渐变渗流的浸润线

求解地下河槽无压渐变渗流的关键在于确定浸润线。这是因为对于渐变渗流过水断面上的各点的流速都相等，都等于断面平均流速，只要求出浸润线，就可知道各断面的水深，则渗流各断面上的平均运动要素即可求出。

1. 渐变渗流浸润线的基本微分方程

图 10－6 所示为一渐变渗流。1—1 线表示透水土层与不透水岩层的分界面，其坡度为 i。取基准面 0—0 及任意两个相距为 ds 的过水断面 1—1 及 2—2。由图可见，水头 H 为渗流水深 h 与不透水层面至基准面之间的铅直距离 z 之和，即

$$H=h+z$$

所以

$$\frac{\mathrm{d}H}{\mathrm{d}s}=\frac{d}{\mathrm{d}s}(h+z)=\frac{\mathrm{d}h}{\mathrm{d}s}+\frac{\mathrm{d}z}{\mathrm{d}s}$$

由于底坡

$$i = -\frac{dz}{ds}$$

故

$$\frac{dH}{ds} = \frac{dh}{ds} - i$$

代入杜比公式得

$$v = -k\left(\frac{dh}{ds} - i\right) = k\left(i - \frac{dh}{ds}\right) \tag{10-18}$$

渗透流量为

$$Q = Av = Ak\left(i - \frac{dh}{ds}\right) \tag{10-19}$$

这就是渐变渗流的基本微分方程，可用以分析和计算非均匀渐变渗流浸润曲线。

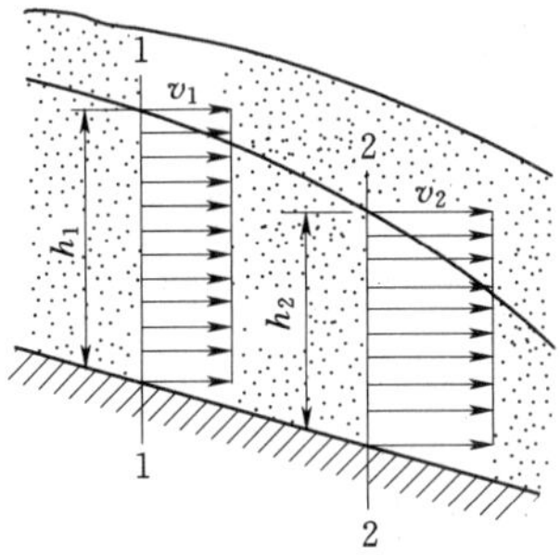

图 10-5

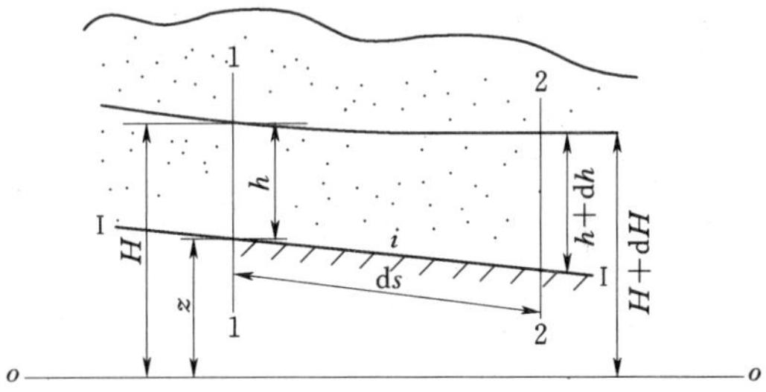

图 10-6

2. 浸润线的形式及其计算

分析浸润线的形式与明渠渐变流水面曲线的分析方法相似。在研究明渠渐变流水面曲线时知道，对于不同类型底坡的明渠，有不同的水面形式。对于同一类型的底坡因控制水深、临界水深和正常水深所处的位置不同，水面曲线的形式也是不相同的。地下河槽中的浸润线也同样因底坡的类型不同有不同的形式。但是渗流的流速水头非常小，和水深 h 相比可以忽略不计，断面单位能量 E_S 就等于渗流水深 h，E_S 随 h 呈线性变化，不存在极小值，自然也就没有临界水深，从而也就无所谓临界底坡。这样分析地下河槽浸润线，只需区分底坡的类型。地下河槽的底坡同样可分为顺坡、平坡和逆坡三种。顺坡可发生均匀渗流，即存在一个均匀渗流正常水深 h_0，但因没有临界水深 h_k，所以水深 h 的变化范围仅有两种，即 $h>h_0$ 和 $h<h_0$；对于平坡和逆坡，不存在正常水深 h_0，水深的变化范围为：$0<h<\infty$。下面分别讨论顺坡、平坡和逆坡上的浸润线的计算。

(1) 顺坡（$i>0$）地下河槽中的浸润曲线。如在顺坡地下河槽中发生均匀渗流，由式（10-12）可知 $Q=kA_0i$，代入式（10-19）可得

$$kiA_0 = kA\left(i - \frac{dh}{ds}\right)$$

即

$$\frac{dh}{ds} = i\left(1 - \frac{A_0}{A}\right) \tag{10-20}$$

式中　A_0——正常水深 h_0 所对应的过水断面面积。

地下河槽可视为矩形断面，令宽度为 b，式（10-20）可改写为

$$\frac{dh}{ds}=i\left(1-\frac{h_0}{h}\right) \tag{10-21}$$

用式（10－21）可以分析非均匀渐变渗流浸润线的形状。

在渗流区内，作正常水深线 $N—N$，将渗流划分为 a，b 两个区域。在 $N—N$ 线以上的为 a 区，$h>h_0$；$N—N$ 线以下的为 b 区，$h<h_0$，见图 10－7。

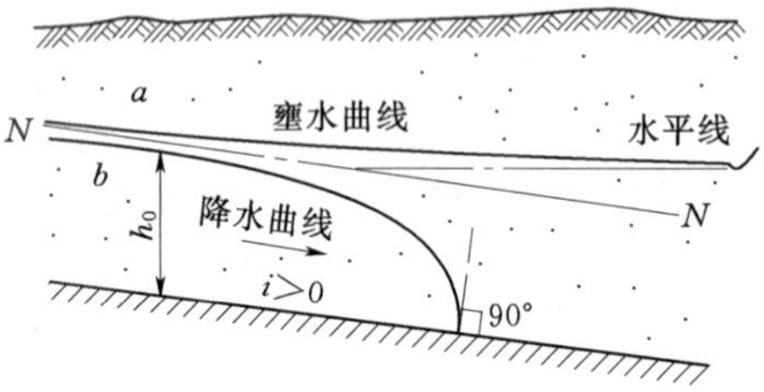

图 10－7

当浸润线位于 a 区，因为 $h>h_0$，由式（10－21）不难看出 $dh/ds>0$，水深沿流程增加，即浸润线为壅水曲线。向上游，h 越来越小，当 $h\to h_0$ 时，$dh/ds\to 0$，即浸润线上游以 $N—N$ 线为渐近线；向下游，h 越来越大，理论上可达无穷大。当 $h\to\infty$时，$dh/ds\to i$，故浸润线下游以水平线为渐近线。

在 b 区，$h<h_0$，由式（10－21）可知，$dh/ds<0$，水深沿流程减小，浸润线为降水曲线。向上游，h 增大，当 $h\to h_0$ 时，$dh/ds\to 0$，即浸润线上游以 $N—N$ 为渐近线；向下游 h 越来越小，当 $h\to 0$ 时，$dh/ds\to -\infty$，即浸润线下游与底坡有正交的趋势，这种情况实际上不可能存在的，实际的浸润线必是以某一水深为终点。

以上分析了浸润线的形状，为了进行浸润曲线计算，还需对式（10－21）进行积分。令 $h/h_0=\eta$，则 $dh=h_0 d\eta$，代入式（10－21）得

$$\frac{h_0 d\eta}{ds}=i\left(1-\frac{1}{\eta}\right)$$

分离变量得

$$\frac{i ds}{h_0}=d\eta+\frac{d\eta}{\eta-1} \tag{10-22}$$

从断面 1—1 到 2—2 对式（10－22）进行积分，得

$$\frac{is}{h_0}=\eta_2-\eta_1+\ln\frac{\eta_2-1}{\eta_1-1} \tag{10-23}$$

化为常用对数

$$s=\frac{h_0}{i}\left(\eta_2-\eta_1+2.3\lg\frac{\eta_2-1}{\eta_1-1}\right) \tag{10-24}$$

这就是底坡 $i>0$ 的浸润线方程，式中 s 为 1—1、2—2 两断面间的距离。利用式（10－24）可计算顺坡情况下的浸润线。计算步骤见［例 10－1］。

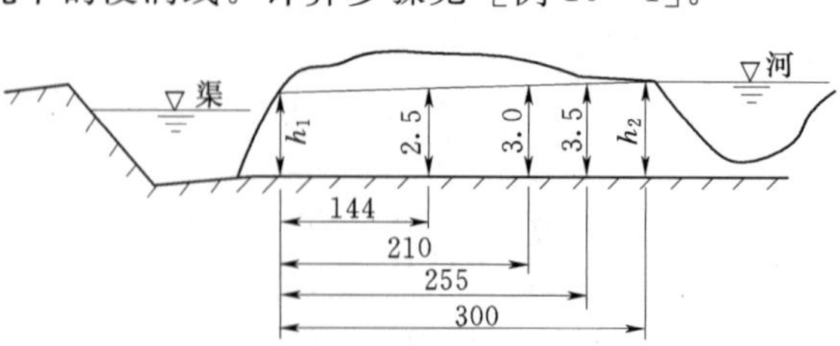

图 10－8

【例 10-1】 如图 10-8 所示，有一段长 2km 平行于河道的人工渠道距河道 300m，渠道水深 $h_1=2$m，河道水深 $h_2=4$m，不透水层底坡 $i=0.025$，土壤的渗流系数 $k=0.002$cm/s，试求由渠道渗入河道的渗流量，并绘制浸润曲线。

解 (1) 因 $i>0$，$h_2>h_1$，可知此浸润线是 a 型壅水曲线，将各数据代入式（10-24）得

$$T=is=0.025\times300=h_0\left[\frac{4}{h_0}-\frac{2}{h_0}+2.3\lg\frac{\dfrac{4}{h_0}-1}{\dfrac{2}{h_0}-1}\right]=7.5\text{m}$$

根据上式用试算法求 h_0。计算列于表 10-2。

表 10-2　　计　算　表

设 h_0	$\eta_2=4/h_0$	$\eta_1=2/h_0$	T
1.80	2.222	1.111	6.31
1.85	2.162	1.081	6.93
1.90	2.105	1.053	7.79
1.95	2.051	1.026	9.24

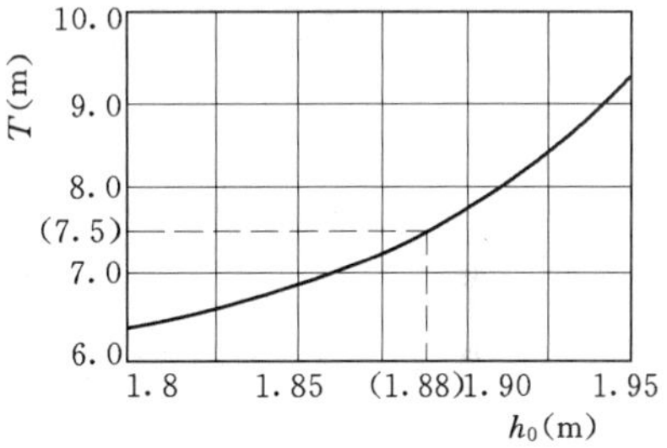

图 10-9

由表中计算结果绘 $h_0\sim T$ 的关系曲线，如图 10-9。由曲线可查得 $h_0=1.88$m。将 h_0 的值代入式（10-19）得

$$\begin{aligned}Q&=kA_0i\\&=0.002\times188\times200000\times0.025\\&=1880\text{cm}^3/\text{s}=1.88\text{L/s}\end{aligned}$$

由 h_0 代入式（10-24）可得

$$s=\frac{1.88}{0.025}\left(\frac{h_0}{1.88}-\frac{2}{1.88}+2.3\lg\frac{\dfrac{h_2}{h_0}-1}{\dfrac{2}{h_0}-1}\right)$$

设 $h_2=2.5$m、$h_0=3.0$m 和 $h_0=3.5$m，按上式可计算出相应的 $s_{(\text{由渠道算起})}=144$m、210m 和 255m。由此可绘出浸润线，如图 10-8 所示。

(2) 平坡（$i=0$）地下河槽中的浸润曲线。对于平坡，基本微分方程式（10-19）可写为

$$Q=-kA\frac{\text{d}h}{\text{d}s}\tag{10-25}$$

由上式可知 $\text{d}h/\text{d}s=-Q/kA<0$，所以浸润线为降水曲线，如图 10-10 所示。在平坡上由于不存在正常水深 h_0，所以水深的变化仅在 $0<h<\infty$ 区间。这一区间为 b 区，向上游，水深增加，当 $h\to\infty$ 时，$A\to\infty$，$\text{d}h/\text{d}s\to0$，即浸润线上游以水平线为渐近线；向下游，水深减小，当 $h\to0$ 时，$A\to0$，$\text{d}h/\text{d}s\to-\infty$，浸润线有与槽底正交的趋势。

下面对式（10-25）进行积分，以单宽流量表示，则式（10-25）可改写为

$$\frac{dh}{ds} = -\frac{q}{kh}$$

分离变量得

$$ds = -\frac{k}{q}h\,dh$$

从断面 1—1 到断面 2—2 进行积分，得

$$s = \frac{k}{2q}(h_1^2 - h_2^2) \tag{10-26}$$

这就是底坡 $i=0$ 时的浸润线方程，可用来计算平坡情况下的浸润曲线。

(3) 负坡 ($i<0$) 地下河槽中的浸润曲线。负坡和平坡一样，也没有正常水深线，只有 b' 区。为了便于分析和计算，可设想有一个正坡 $i'=-i$。单宽流量可用均匀流的关系来表示，其正常水深为 h'_0 则有

$$q = kh'_0 i'$$

于是式 (10-19) 可写为

$$kh'_0 i' b = hbk\left(i - \frac{dh}{ds}\right) \tag{10-27}$$

以 $i'=-i$ 及 $h/h'_0=\zeta$ 代入上式，可得

$$\frac{dh}{ds} = -i'\left(1+\frac{1}{\zeta}\right) \tag{10-28}$$

因为 ζ 恒为正值，故由上式得，浸润线为降水曲线。向上游水深增大，当 $h\to\infty$ 时，$\zeta\to\infty$，$dh/ds\to -i'=i$，即浸润线上游以水平线为渐近线；向下游水深减小，当 $h\to 0$ 时，$\zeta\to 0$，$dh/ds\to -\infty$，浸润线下游与底坡正交的趋势，如图 10-11 所示。

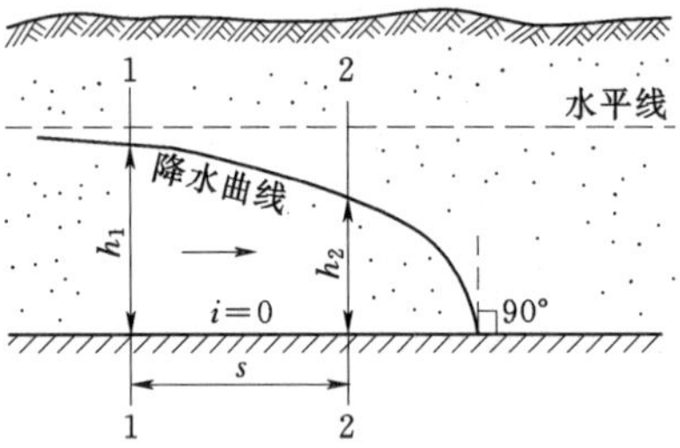

图 10-10

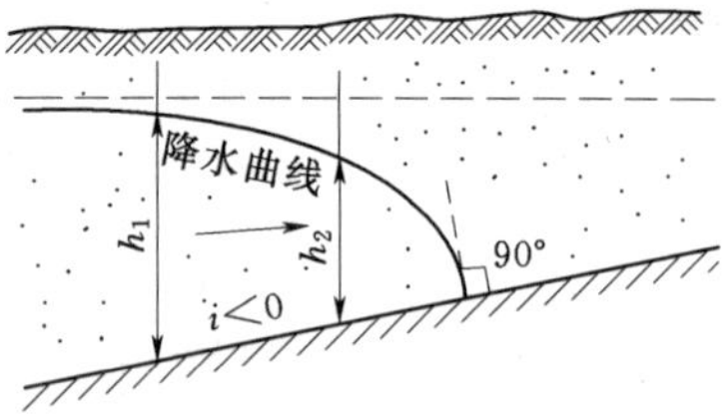

图 10-11

将 $dh=h'_0 d\zeta$ 代入式 (10-28) 得

$$\frac{h'_0 d\zeta}{ds} = -i'\left(1+\frac{1}{\zeta}\right)$$

分离变量得

$$ds = -\frac{h'_0}{i'}\frac{d\zeta}{1+\frac{1}{\zeta}} = -\frac{h'_0}{i'}\left(d\zeta - \frac{d\zeta}{1+\zeta}\right)$$

从断面 1—1 到断面 2—2 积分，得

$$s = \frac{h'_0}{i'}\left(\zeta_1 - \zeta_2 + \ln\frac{1+\zeta_2}{1+\zeta_1}\right)$$

$$=\frac{h'_0}{i'}\left(\zeta_1-\zeta_2+2.3\lg\frac{1+\zeta_2}{1+\zeta_1}\right) \tag{10-29}$$

这就是底坡 $i<0$ 的浸润线方程，可用来计算负坡情况下的浸润曲线。

第四节　井、截渗沟和渠道的渗流计算

在水利工程建设中遇到的渗流问题很多。下面仅对井、截渗沟和渠道的渗流问题进行分析，对土坝和建筑物地基中的渗流计算，将在专业课《水工建筑物》中讲解。

一、井的渗流计算

井是开发地下水资源，用于灌溉、供水或抽取地下水，降低地下水位的取水建筑物，井在水利工程建设中的应用非常广泛。

在地表透水层中打井，抽取无压地下水的井叫普通井，穿过一层或多层的不透水层，在有压透水层中取水的井，叫承压井。这里主要对普通井的水力计算进行分析。

普通井又分为完全井和非完全井。当井底直达不透水层，称为完全井；没有达到不透水层的井，叫非完全井。

（一）完全井

图 10－12 所示为水平不透水层上的普通完全井。当不从井中取水时，井内水面与原地下水位 H 齐平。从井中取水时，井中水位降低，周围的地下水向井中汇集，形成漏斗状浸润面。如果能够保证从井中提取的流量 Q 保持不变，经过一定时间，井中水位下降某一高度 s 后保持不变，井四周就会形成恒定渗流。

如果地下渗流区域广阔，水的蕴藏量丰富，含水层为各向同性的均质土，那么井四周的渗流对井轴是对称的，渗流过水断面是半径不等的圆柱面，各径向的渗流情况相同，可以按一元流动进行分析。在离井不远的地方，浸润线的曲率就很小，可视为非均匀渐变渗流，用杜比公式进行渗流分析和计算。

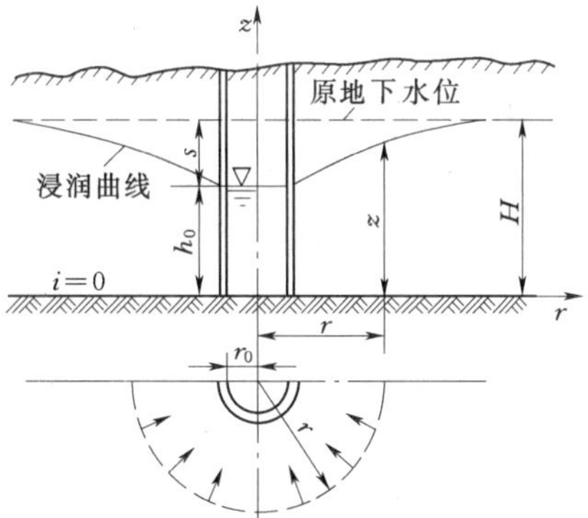

图 10－12

设距井轴为 r 的浸润线高度为 z，则水力坡度可表示为 $J=\mathrm{d}z/\mathrm{d}r$，该断面上的径向平均流速为

$$v=kJ=k\frac{\mathrm{d}z}{\mathrm{d}r}$$

过水断面面积为 $A=2\pi rz$，故渗流量

$$Q=vA=2\pi rzk\frac{\mathrm{d}z}{\mathrm{d}r} \tag{10-30}$$

以 h_0 表示井中水深，r_0 表示井的半径，将上式分离变量，从 r_0 到 r 积分，得

$$z^2-h_0^2=\frac{Q}{\pi k}\ln\frac{r}{r_0}=\frac{0.73Q}{k}\lg\frac{r}{r_0} \tag{10-31}$$

利用式（10－31）可确定浸润线的高度。

由上式可以看出，离井越远，即 r 越大，浸润线越高。当浸润线的高度接近原地下水

位 H（$z \geqslant 0.95H$）所对应的过水断面半径，称为井的影响半径，用 R 表示。将 $r=R$，$z=H$ 代入式（10-31），井的出水量可表示为

$$Q = 1.36\frac{k(H^2-h_0^2)}{\lg\frac{R}{r_0}} \tag{10-32}$$

计算井的出水量必须首先确定井的影响半径 R，一般通过实验或根据经验求解。在初步计算时，根据实践经验，细砂可采用 $R=100\sim200\text{m}$；中砂可采用 250～500m；粗砂可采用 700～1000m。也可用以下经验公式计算

$$R = 3000s\sqrt{k} \tag{10-33}$$

或

$$R = 575s\sqrt{Hk} \tag{10-34}$$

式中 $s=H-h_0$，为井中水位下降的高度，也叫抽水深度。R、s、H 均以 m 计，k 以 m/s 计。

将 s 代入式（10-32），整理可得

$$Q = 2.73\frac{kHs}{\lg\frac{R}{r_0}}\left(1-\frac{s}{2H}\right)$$

当抽水深度 s 不大而含水层厚度 H 较大时，略去 $s/2H$，上式可简化为

$$Q = 2.73\frac{kHs}{\lg\frac{R}{r_0}} \tag{10-35}$$

由此可以看出，井的出水量主要取决于渗流系数 k，含水层厚度 H 和抽水深度 s。影响半径 R 的变化相对影响要小得多。

（二）不完全井

如图 10-13 所示，普通不完全井周围的地下渗流，不仅从井壁向井内汇集，而且还来自井底，因而渗流计算要复杂得多，已不能按一元渗流进行计算。工程中多采用经验公式确定井的出水量，常用的公式为

$$Q = 1.36\frac{k(H'^2-t^2)}{\lg\frac{R}{r_0}}\left(1+7\sqrt{\frac{r_0}{2H'}}\cos\frac{\pi H'}{2H}\right) \tag{10-36}$$

式中符号的意义见图 10-13。

（三）井群

在供水或基坑开挖中，常采用几个井同时抽水，井与井之间的距离又不很大，这种布置称为井群。

多个井同时抽水时，由于存在相互干扰，使渗流区域内的地下水浸润面非常复杂，其水力计算比单井要复杂得多。下面以普通完全井为例，分析井群的近似计算方法。

设在一水平不透水层上打几个完全井，如图 10-14 所示。每个井单独抽水时所形成的浸润面均可按式（10-31）计算。如果所有的井同时抽水，就必然形成一个共同的浸润面，但浸润面上任一点的水位降落值，并不等于各井单独工作时在该点形成的水位降落值之和。

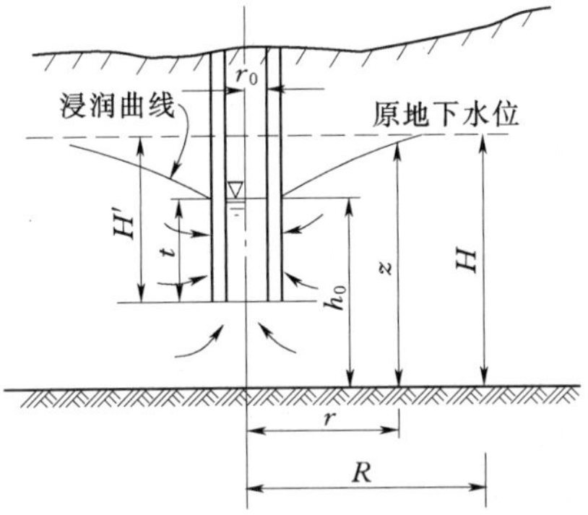

图 10-13

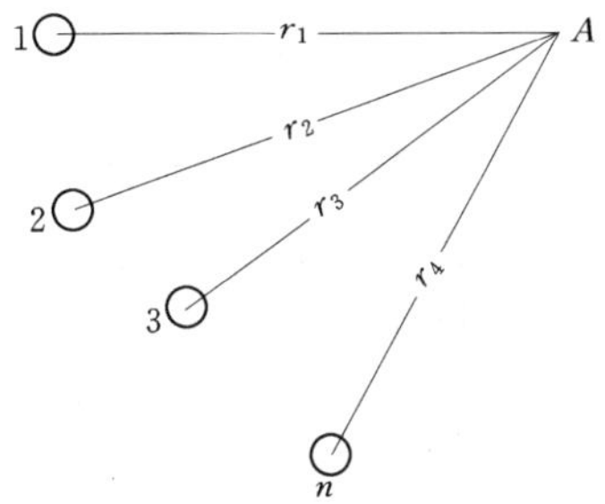

图 10-14

水力学中把不形成微小水质团转动的流动叫有势流动（也叫无涡流动），可以证明，在均质同性土壤中符合达西定律的渗流运动为有势流动（详见有关水力学教科书）。因此所有的井同时抽水所形成的浸润面，应满足势流的叠加原理。将公式（10-30）分离变量，积分可以得到

$$\frac{1}{2}kz^2 = \frac{Q}{2\pi}\ln r + C$$

令 $\varphi = kz^2/2$，φ 称为完全井的势函数，则

$$\varphi = \frac{Q}{2\pi}\ln r + C$$

根据势流的叠加原理，n 个井同时工作时，任一点的势函数 φ 值等于各井单独工作时在该点的 φ 值之和，则

$$\varphi = \sum \varphi_i = \sum_{i=1}^{n} \frac{Q_i}{2\pi}\ln r_i + C$$

式中　Q_i——第 i 号井的抽水量；

r_i——该点距 i 号井轴的距离；

C——积分常量，由边界条件确定。

假定每个井的抽水量相同，均为 Q_0/n（Q_0 为 n 个井的总出水量），代入上式得

$$\varphi = \frac{Q_0}{2\pi n}\ln(r_1、r_2、r_3、\cdots、r_n) + C$$

设井群的影响半径为 R，就一般情况而言，井群的影响半径远大于井群相互间的距离。若近似认为在影响半径处：

$$r_1 \approx r_2 \approx \cdots \approx r_n \approx R$$

代入上式，得井群影响半径处的势函数值为

$$\varphi_R = \frac{Q_0}{2\pi n}\ln R^n + C = \frac{Q_0}{2\pi}\ln R + C$$

$$\varphi_R - \varphi = \frac{Q_0}{2\pi}\left[\ln R - \frac{1}{n}\ln(r_1、r_2、\cdots、r_n)\right]$$

把井群视为一个总体，按照势函数的定义

$$\varphi_R = \frac{1}{2}kH^2; \varphi = \frac{1}{2}kz^2$$

代入上式整理可得

$$z^2 = H^2 - 0.73\frac{Q_0}{k}\left[\lg R - \frac{1}{n}\lg(r_1、r_2、\cdots、r_n)\right] \tag{10-37}$$

利用上式可求出渗流区域内任意一点的含水层厚度 z（浸润面高度）或已知某一点的含水层厚度，也可求出井群的出水量。

【例 10-2】 图 10-15 所示由 4 眼井组成的井群。每眼井的直径均相同 $d=0.5\text{m}$；A、B、C 三眼井距 D 井的距离相等 $r_A=r_B=r_C=40\text{m}$；井群的影响半径 $R=100\text{m}$。渗流系数 $k=0.08\text{cm/s}$；透水层厚度 $H=6\text{m}$，抽水时测得 4 眼井的水位下降值相等，$h=2\text{m}$。求 4 眼井的总出水量 Q_0。

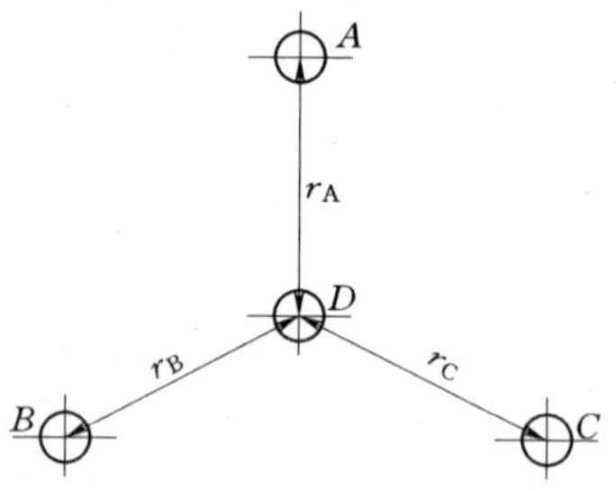

图 10-15

解 D 井的渗流深度 $z=H-h=6-2=4\text{m}$。

将已知数据代入式（10-37），得

$$4^2 = 6^2 - 0.73\times\frac{Q_0}{0.0008}\left(\lg 100 - \frac{1}{3}\lg 40^3\right)$$

$$Q_0 = \frac{(6^2-4^2)\times 0.0008}{0.73\lg\frac{100}{40}} = \frac{20\times 0.0008}{0.73\times 1.398} = 0.0157\text{m}^3/\text{s}$$

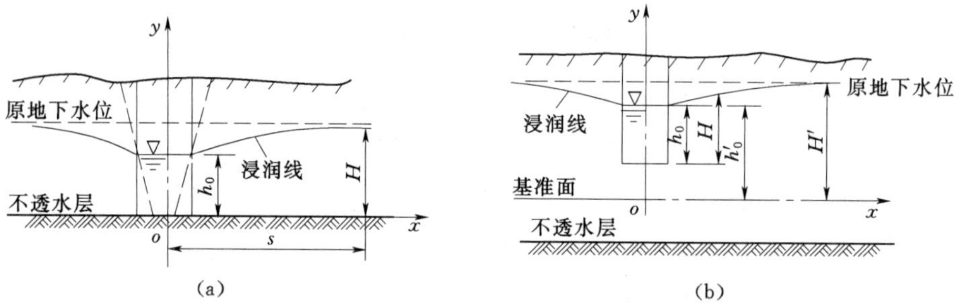

图 10-16

二、截渗沟的渗流计算

截渗沟降低地下水位的作用与井相同，不过地下水是从沟的两侧流入。截渗沟的断面形状多数为梯形，为简化计算，工程中一般按矩形断面计算。设在不透水层上建一截渗沟，如图 10-16（a）所示。设沟中水深为 h_0，距沟中心线 $x=s$ 处的水深等于原含水层水深 H，按照地下渗流降水曲线方程式（10-26），沟一侧单位长度上的渗出水量为

$$q = \frac{k(H^2-h_0^2)}{2s} \tag{10-38}$$

式中 s——影响距离。

流入单位长度沟中的流量为 $2q$。如果确定沟两侧浸润线的位置，可以将式（10-38）改写为以下形式

$$q=\frac{k(H^2-h_0^2)}{x}$$

当已知单宽渗流量 q，x 取不同的数值，可求出不同的 h 值，便可绘出浸润线。

当截渗沟未挖至不透水层，渗流就变得非常复杂，难以精确计算。一般是假定渗流发生在有效深度 H'，如图 10－16（b）所示，并取 $H'=1.3H$。截渗沟一侧单位长度的渗流量为

$$q=\frac{k(H'^2-h'^2_0)}{2s}$$

式中　H'、h'_0——自有效深度的基准面起算的深度。

需要指出的是，井和截渗沟的分析计算，尽管都是在简化情况下进行的，但在工程实践中，对判断采用何种工程措施有一定的作用。对于渗流量的估算，正确选择渗流系数非常重要，k 值选择不当所造成的误差，比近似假定的影响要大得多。

三、渠道的渗流计算

对于渠道，若地下水位低于渠道中的水位，有一部分水流就会通过渠道边壁渗入地下，造成水量的渗漏损失。渠道的渗流流动与截渗沟的情况相反，如图 10－17 所示。

渠道的渗漏损失，主要取决于土壤的渗流系数 k，地下水位的埋藏深度，渠道中的水位等。渠道的渗流比截渗沟的还要复杂，难以精确计算。对于地下水埋藏较深，水位变化不影响河渠向周围土地渗流（称为河渠自由渗流）的梯形断面渠道，可采用以下经验公式估算渗流量。

$$q=k(B+Ah) \tag{10-39}$$

式中　q——渠道单位长度的渗流量，$m^3/(s\cdot m)$；

k——渗流系数，m/s；

h——渠中水深，m；

B——渠道水面宽度，m；

A——系数，与水深 h 及边坡有关，数值可查图 10－18。

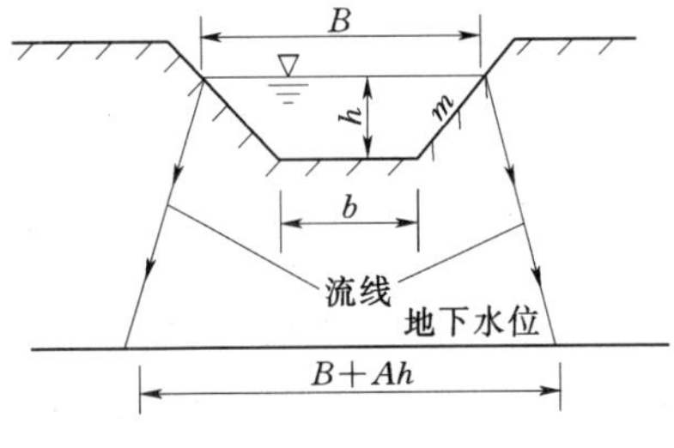

图 10－17

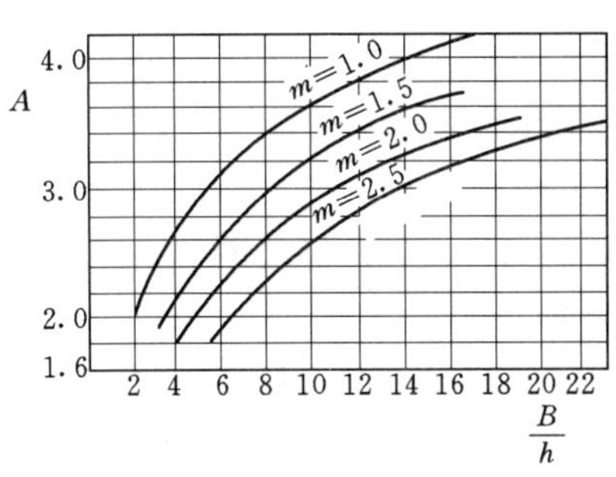

图 10－18

在实践中，多采用经验公式估算每公里长渠道渗流与渠道流量的百分比，计算方法可参考《水力计算手册》。

第五节　平面渗流的图解法

上节讨论的渗流问题，均认为符合非均匀渐变渗流条件，过水断面上的流速分布均匀，流速仅是断面位置的函数，所以可按一元流动进行分析计算。但在水利工程中，还有一些渗流问题不满足非均匀渐变流的条件，例如建在透水地基上的水闸底板下的渗流，如图 10－19 所示，由于基础轮廓形状是不规则的，渗流在边界突变的地方是急变流动，不能用一元渗流的方法来研究此类问题。但是当渗流通过水闸时，由于受两岸边墙的约束，整体渗流方向与水闸轴线垂直，沿建筑物的轴线方向可以认为渗流图像没有变化，渗流运动要素仅在与水闸轴线垂直的平面上有变化，属于平面渗流（二元流动）。

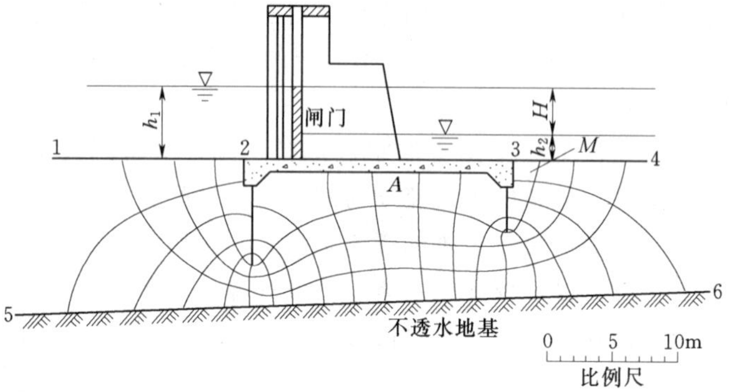

图 10－19

解决平面渗流问题有解析法、图解法和电拟实验法。但解析法会遇到非常复杂的数学问题，只有对边界条件极简单的渗流才能够求解，在实际工程中一般是通过绘制流网或通过电拟实验解决平面渗流问题。

图 10－19 所示，在水闸上下游水位差的作用下，在地基中形成渗流，因受到水闸底板的限制，渗流液面不能自由升高，对建筑物底面有一定的压力作用，形成有压渗流。在水利工程设计中，对这类渗流问题需要解决以下三方面的问题。

（1）建筑物底面上的压强分布和作用在底面上的总压力。

（2）计算渗流坡降和渗流速度，校核是否会引起地基的渗透变形。

（3）验算渗流量是否在设计要求的范围内。

下面讨论如何通过绘制流网解决上述三方面的问题。

一、流网

按照渗流的简化模型，渗流场中的水流运动是连续介质运动，这样以往讲到的水流运动的基本概念对于渗流都是适用的。因为渗流的流速很小，渗流一般属于层流。在渗流场中存在流线，对于恒定渗流，流线的形状和位置不随时间变化。流线的形状受边界条件的影响，建筑物基础中的渗流流线一般是曲线而不是直线。

上节已经提到，对于符合达西定律的渗流运动为有势流动，理论上已证明，有势流动的过水断面上，各点的总水头都相等。所以渗流场中的每一个过水断面线就是一个等水头线，也叫等势线。当流线为曲线时，因过水断面线（等势线）和流线垂直，所以也为曲线。沿渗流方向两个过水断面的水头差，就是两断面间的水头损失。

在渗流场中，如果绘出若干条流线，每一条流线用 ψ_i 表示；绘出若干条等势线，用 φ_i 表示等势线上的水头，那么两簇曲线所构成的图形叫流网，如图 10－20 所示。在绘制流网时，若规定每两条等势线间的水头差 ΔH 都相等，每两条相邻流线间的流量也相等，那么流网将具有以下特点。

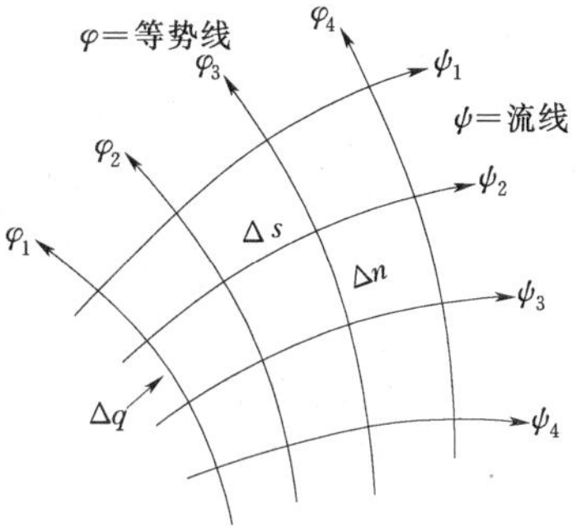

图 10－20

（1）组成流网的流线和等势线必须互相垂直。这里需要指出的是，在渗流场中，因为液体质点必然沿固体边界流动，固体边界是一条流线，所以等势线必然和固体边界正交。当建筑物上下游的透水地基是水平面时，地基表面即为等势面，流线必然和地基表面垂直。

（2）流网中每一网格相邻两边长的比值相等。如图 10－20 所示，在流网中设任一网格的两流线间的长度为 Δn，流量为 Δq；两等势线间的长度为 Δs，根据达西定律得

$$\Delta q = kJ\Delta A = k\frac{\Delta H}{\Delta s}(\Delta n \times 1.0)$$

也可表达为

$$\frac{\Delta n}{\Delta s} = \frac{1}{k}\frac{\Delta q}{\Delta H}$$

在均质等向土壤中，k 是常数。按照作图的事先规定，一切大小网的 Δq 和 ΔH 都相等，因此 $\Delta n/\Delta s$ 是一个常数，即任一网格的这一比值相等。

如果绘图时使 $\Delta n/\Delta s=1.0$，这样流网中的任一网格均为曲边正方形。

（3）流网中两流线间的流量沿流程不变。我们知道，流线是不能相交的，因此在流动的过程中不存在穿越流线的横向流动，故两流线间的流量沿流程不变，各流线间的流量之和就是通过渗流区的总流量。

二、流网的绘制方法

根据建筑物的地下轮廓和流网的特点，不难绘制流网。方法如下：

（1）确定渗流场的边界条件，按比例绘出边界轮廓线。如图 10－19 所示，水闸的边界流线和边界等势线都是已知的。上游边界 1—2 及下游边界 3—4 均为一条等势线，渗流沿地下轮廓线 2—3 流动，2—3 为一条边界流线。不透水地基表面 5—6 也是一条边界流线。

（2）根据流网的特点初步绘制流网。首先根据边界条件自上而下画几条流线（一般不少于 4～5 条），使入渗和出渗边界流线间的距离相等（流线接近水平直线时，流速趋于均匀分布）。在绘制流线时，要注意边界突变的地方，如图 10－19 中板桩下端，因为这里的流速较大，流线间的距离要小些。

流线绘完之后，然后从边界等势线开始，依次绘出若干条等势线，要求与流线正交，并力求使每一网格成曲边正方形。

值得注意的是，流线和等势线都是光滑曲线，不能是折线。

(3) 修改流网，直到满足要求。初步绘制出的流网很难保证每一网格都接近曲边正方形，需要精心修改，包括增减等势线数目，以满足对流网网格的要求。但无论如何修改，在边界形状突变的地方，也很难画成正方形（可能是三边形或五边形），但这些网格对整个渗流的精度影响不大。

修改后的水闸透水地基的流网，如图 10－19 所示。

当透水地基的深度很大时，根据经验，最下边的流线可画成半圆，圆心可取在地下轮廓线的中间，半径等于建筑物的水平长度的 2～2.5 倍，或建筑物地下最大垂直深度的 5 倍。

三、流网的应用

通过流网可以求出渗流场中各点的运动要素，如渗流压力、渗流坡降、流速、渗流量等。

1. 渗流压力

水闸底面上的压强分布，可以从等势线和地下轮廓线的交点的压强求得。设沿渗流方向在渗流场中有 n 条等势线，入渗断面 1—2 的水头以 h_1 表示，渗流逸出断面 3—4 的水头以 h_2 表示，相邻等势线之间的水头损失以 ΔH 表示，上下游断面的水位差 $h_1-h_2=H$，则第 i 条等势线的水头可表示为

$$H_i = h_1 - (i-1)\Delta H = h_i - \frac{i-1}{n-1}H \tag{10-40}$$

因为渗流的流速很小，略去流速水头，则 $z_i + p_i/\gamma = H_i$。若以闸底板顶面为基准面，那么第 i 条等势线与地下轮廓线的交点的压强水头可表示为

$$\frac{p_i}{\gamma} = H_i - z_i$$

式中 z_i——表示地下轮廓线与第 i 条等势线交点处渗流的位置水头。

需要注意的是，位于基准面以下的位置高度为负值。

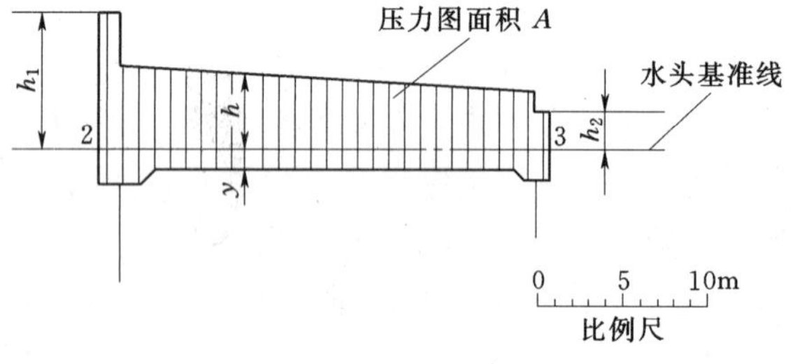

图 10－21

根据各点的渗流压强，便可绘出渗流压力图（见图 10－21），求得作用于水闸基础底面上的总的渗流压力，其值为

$$F = \gamma AB$$

式中 A——渗流压力图面积；

B——水闸基础的宽度。

工程中习惯上将渗流总压力分为两部分：以下游水面作一水平线，把压强分布图分为

上下两部分，下部是由下游水位产生的压强，称为浮托力；上部是由上下游水位差形成的动水压强，称为渗透压力。渗流总压力等于浮托力和渗透压力之和。

2. 渗流坡度及渗流速度

在渗流场中，任意两相邻等势线间的水头差是相等的，等势线的间距可以从图中量出，由此可求出任一网格区间的渗流坡降

$$J_i = \frac{\Delta H}{\Delta s_i} \tag{10-41}$$

渗流速度为
$$u_i = kJ_i$$

3. 渗流流量

按照绘制流网的规定，任意两条流线间的单宽流量都是相等的，

$$\Delta q = u_i \Delta n_i \times 1.0 = kJ_i \Delta n_i$$

将式（10-41）代入上式，

$$\Delta q = k\frac{\Delta H}{\Delta s_i}\Delta n_i = \frac{kH}{(n-1)\Delta s_i}\Delta n_i$$

由于流网为曲边正方形网格，$\Delta n_i \approx \Delta s_i$ 则

$$\Delta q \approx \frac{kH}{n-1}$$

设流线的条数为 m，总的渗流量为

$$q = (m-1)\Delta q \approx \frac{(m-1)kH}{n-1} \tag{10-42}$$

【例 10-3】　在图 10-19 中，设上下游水头差 H=4.75m，上游水深 h_1=6.25m，闸底板厚 1.0m，渗流系数 $k=5\times10^{-5}$m/s。求：（1）作用在闸底板下 A 点的压强；（2）求轮廓线末端网格 M 的平均渗流坡降和渗流流速；（3）求通过闸底板下的单宽渗流量。

解　由绘制的流网可以知道，共有等势线 20 条，流线 5 条，A 点位于第 11 条与第 12 条水头线中间。

（1）求 A 点的渗流水头。

$$H_A = h_1 - \frac{i-1}{n-1}H = 6.25 - \frac{11.5-1}{20-1}\times 4.75 = 3.63\text{m}$$

渗流压强水头
$$\frac{p_A}{\gamma} = 3.63-(-1) = 4.63\text{m}$$

（2）求网格 M 的平均渗流坡降和流速。

按比例尺从图中量得网格 M 的平均边长 Δs=2.0m。

渗流坡降
$$J = \frac{\Delta H_0}{\Delta s} = \frac{4.75}{19}\times\frac{1}{2.0} = 0.125$$

渗流速度
$$v = kJ = 5\times10^{-5}\times 0.125 = 6.25\times10^{-6}\text{m/s}$$

（3）单宽流量。

公式：$q = \dfrac{(5-1)\times5\times10^{-5}\times4.75}{20-1} = 5\times10^{-5}\text{m}^3/(\text{s}\cdot\text{m}) = 0.05\text{L}/(\text{s}\cdot\text{m})$

闸底板末端出口处的渗流坡降，一般大于平均渗流坡降，通过绘制流网可以求出出口处的渗流坡降，判断地基是否能保持稳定。

第六节　用水电比拟法绘制流网

一、基本原理

在理论研究的基础上，人们发现描述渗流与电流现象的物理方程和各物理量之间存在以下比拟关系（见表 10－3）。

表 10－3　　电流场与渗流场对比表

恒定电流场	恒定渗流场
电位 V	水头 H
导电系数 c	渗流系数 k
电流密度 $i=-c\dfrac{dV}{ds}$	渗流流速 $u=-k\dfrac{dH}{ds}$
电位符合拉普拉斯方程 $\dfrac{\partial^2 V}{\partial x^2}+\dfrac{\partial^2 V}{\partial y^2}+\dfrac{\partial^2 V}{\partial z^2}=0$	水头符合拉普拉斯方程 $\dfrac{\partial^2 H}{\partial x^2}+\dfrac{\partial^2 H}{\partial y^2}+\dfrac{\partial^2 H}{\partial z^2}=0$
等电位线　$V=$常数	等水头线　$H=$常数
绝缘边界条件 $\dfrac{\partial V}{\partial n}=0$，$n$——边界的法线	不透水边界条件 $\dfrac{\partial H}{\partial n}=0$，$n$——边界的法线

从表 10－3 中可以看出，电场中的电位分布规律和渗流场中的水头分布规律，遵循相同的物理方程，各物理量及边界条件有一一的对应关系，所以用导体做渗流区的模型，只要使几何条件相似，边界条件相同，在导体中量测电场中的等电位线，就可得到渗流场中的等势线，然后再根据等势线，绘制出流网，求解平面渗流问题。

借助水电比拟法绘制流网，较用手直接描绘流网速度快而且精确，因此得到了广泛应用。

二、设备及实验方法

下面举例说明水电比拟法的量测设备和实验方法。

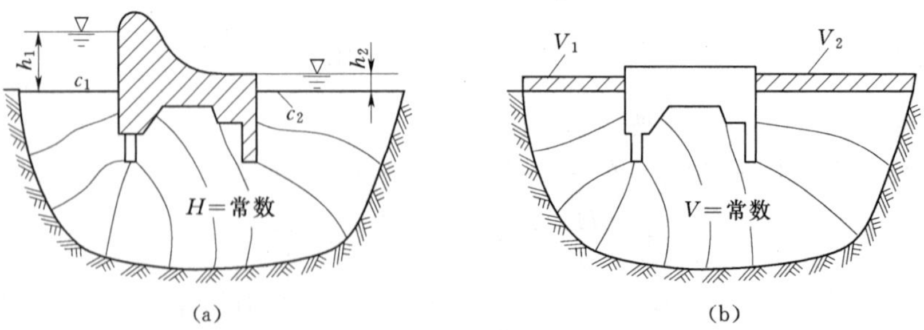

图 10－22

建筑物的地下轮廓线如图 10－22（a）所示。按一定的比例制作与其相似的模型如图 10－22（b）。入渗断面和渗出断面的等水头线为 c_1 和 c_2，相应地在电流模型中需要用能保持差电位的导电板 V_1 和 V_2。渗流场中的不透水边界，在电流场模型中可用绝缘材料，如石蜡、胶木等制成。将模型放在一长方形盘中，把盘放平，然后注入导电液体或放入导电纸，模拟均质土壤。

采用电桥原理，量测电场的等电位线。量测系统的装置如下：

由交流电源通过音频振荡器使交流电的频率控制在200～600Hz，电压降至10V左右，将电源连接在导电板上。在导电板V_1、V_2之间再联接一个可变电阻，接点分别为b，d。可变电阻上的滑块a将可变电阻分为电阻R_1和R_2。移动滑块可以改变R_1和R_2的比值。滑块a与电流指示器I连接，由电流指示器再连接一测针N，可与导电液中的任一点接触（如点c），这样在b点和c点间形成电阻R_3；d点与c点间形成电阻R_4，整个电路就成为一个电桥（见图10-23）。

根据电桥的工作原理，当a点、c点的电位相等时，电流指示器的指针为零，即电路中无电流通过。存在下列关系：

$$\frac{R_1}{R_2}=\frac{R_3}{R_4}$$

当R_1/R_2的比值一定时，a点的电位一定，将测针在导电溶液中移动，在电桥平衡的条件下（电流指示器中没有电流通过），可以测出一系列电位相同的点，连接这些点即可得到一根等电位线。在实验过程中改变滑块的位置可以得到不同的R_1/R_2的数值，按上述方法可以得到不同的等电位线。这些等电位线和渗流场中的等势线是相互对应的。

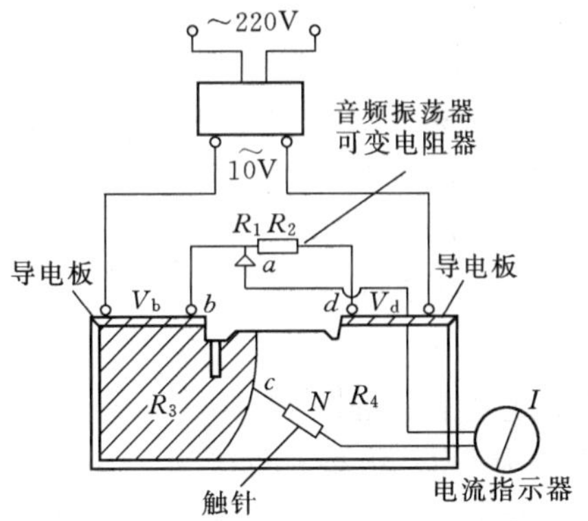

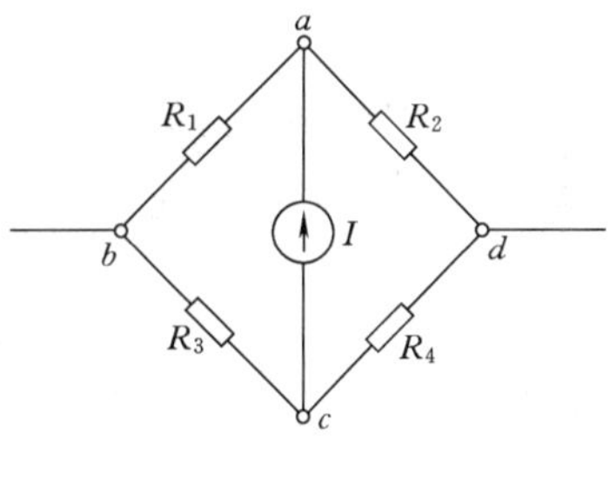

图10-23

等势线的密度，取决于实验过程中R_1/R_2比值的变化幅度，应当根据工程精度要求而定。

有了渗流场中的等势线之后，再绘制流网就比较容易了。

最后需要指出，采用流网法不仅可用于求解有压渗流问题，而且还可以解决无压平面渗流问题，但必须先要知道自由水面的边界位置，所以要比解决有压渗流问题复杂的多。

习　　题

10-1　某河由地下水补给水量，地下不透水层坡度i为0.0025，1—1断面含水层厚度h_1为3m，2—2断面含水层厚度h_2为4m，两断面间距离s为500m，土壤的渗流系数k

为 0.05cm/s。计算地下水的单宽渗流量（见题 10－1 图）。

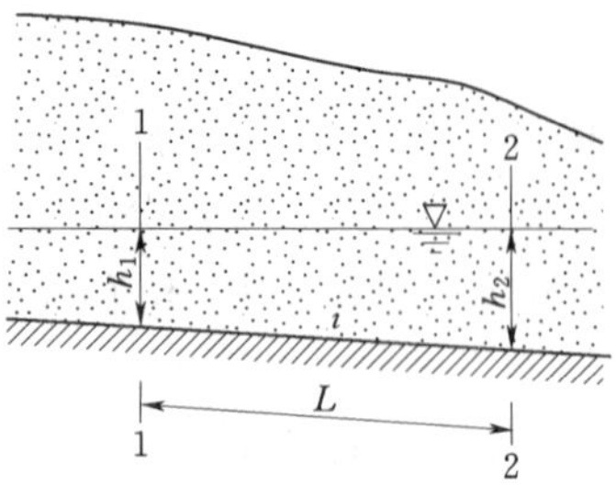

题 10－1 图

10－2　一不透水层底坡 $i=0.0025$，土壤渗流系数 $k=5\times10^{-3}$cm/s，在相距 550m 的两个钻孔中水深分别为 $h_1=3$m，$h_2=4$m。求单宽流量并绘制浸润线。

10－3　在细砂层中有一普通无压完全水井，半径 $r_0=2$m，含水层厚度 $H=10$m。当井中水位降低 $s=3$m 时，$Q=8\text{m}^3/\text{h}$，求细砂的渗流系数 k。

10－4　为降低基坑地下水位，在基坑周围布设 8 个普通完全井，沿矩形边界排列，如题 10－4 图所示。各井抽水流量相等，总流量 $Q_0=0.02\text{m}^3/\text{s}$，井的半径为 $r_0=0.015$m，地下含水层厚度 $H=15$m，渗流系数为 $k=0.001$m/s。设井群的影响半径 $R=500$m，求井群中心点 0 处地下水位降落值 Δh。

10－5　设一截渗沟长 100m，挖深约 3.5m 到一水平不透水层上。透水层中原地下水深 $H=2.5$m，渗流系数 $k=0.08$cm/s［见图 10－16（a）］。如沟中水深 $h_0=1.5$m，影响距离 $s=50$m，试估算从两侧渗入这段截渗沟的流量。如果透水层很深，试估算当截渗沟的开挖尺寸及水深不变，原地下水位也不变的情况下，这时渗入流量为多少？

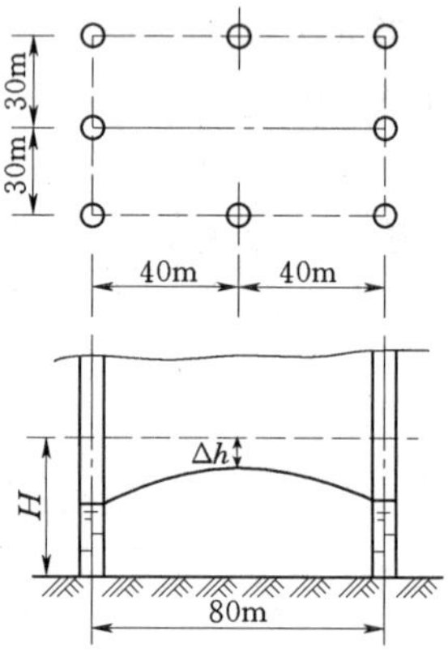

题 10－4 图

10－6　有一水闸，闸前水深 H_1 为 12m，闸后水深 H_2 为 2m，闸基渗流流网已绘出如题 10－6 图所示。闸底板顶面高程▽$_1$ 为 100m，底面高程▽$_3$ 为 99.0m，底板前端齿墙脚底高程▽$_2$ 为 98.5m，板桩底高程▽$_4$ 为 96m。已知渗流系数 k 为 10^{-3} m/s，试求闸底板底部各处渗透压强及闸基的渗流量。

10－7　如题 10－7 图所示为一建筑在透水地基上的混凝土坝，已知上游水深 H_1 为 20m，下游水深 H_2 为 2m，板桩长度 s 为 11m，坝底宽 L 为 30m，河床为细砂，其渗流系数 k 为 10^{-3}m/s。试绘制坝基的渗流流网图及坝基渗透压力分布图，并计算每米坝长所作用的总渗透压力。图中所示尺寸均以 m 计。

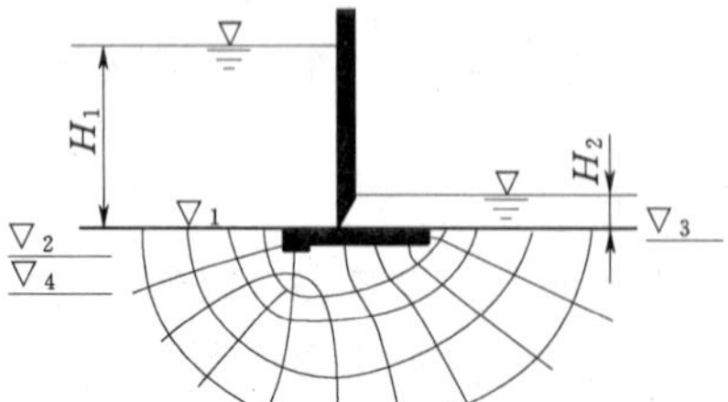

题 10－6 图

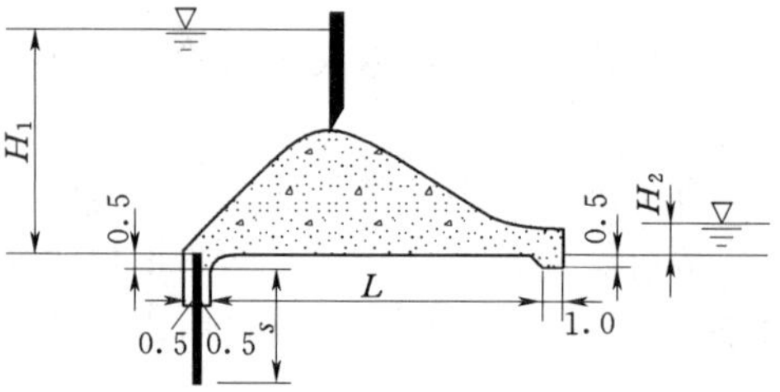

题 10－7 图

第十一章 高速水流简介

对于大型水利工程中的泄水建筑物，如溢流坝、泄水陡槽、泄洪隧洞、排水底孔等，水头都比较高，有几十米甚至百米以上，水流的流速每秒几十米甚至高达每秒三四十米，这种水流一般称为高速水流。高速水流会产生许多特殊的水力学问题，主要有：

（1）由于脉动压力加大，从而引起轻型建筑物的振动。

（2）出现掺气及气穴现象，水流的连续性遭到破坏，从而形成包括液相和气相的两相流，引起水流的体积增大，并且气穴还可导致边界材料的气蚀破坏。

（3）高速明渠水流中还会出现冲击波和滚波等特殊波动现象。

在国内外的许多高、中水头水工建筑物的破坏实例中，高速水流引起的问题占相当的比例，必须慎重对待。

第一节 高速水流的脉动压强

一、脉动压强

紊流的主要特征是运动要素存在脉动现象，在高速水流的情况下，由于流速很大，水流内部涡体旋转速度加剧，水流发生高度紊动，紊流中充满了尺寸大小不同、转动方向各异的无数涡体，水流的掺混作用一直在杂乱无章地进行着，从而导致水流流速和压强的脉动。涡体的存在是产生脉动压强的根本原因，在高速水流中，涡体的速度极大，因此脉动十分剧烈。

高速水流中出现强烈旋转的涡体，与水流流速的加大及边界的不平顺有关，流速越大，边界变化越甚，则水流中的漩涡尺度越大且转动越剧烈，因而脉动压力也越大。

在紊流中存在两种压强脉动。一种是频率较低而振幅较大的脉动，另一种是频率高而振幅小的脉动。大脉动一般是由数量较少的大涡体移动时造成的，其它原因，如水流中定期掺气、风浪以及气蚀冲击等也往往构成大脉动。而数量较多的小涡体的移动则构成小脉动。显然，研究大脉动有较重要的实际意义，以下只讨论大脉动的问题。脉动压强的量度和计算的主要内容，是脉动压强的频率和振幅。

二、脉动压力的频率和振幅

对水流中脉动压强进行量测，主要是确定脉动压强的频率和振幅。如图 11-1 所示，脉动压强波形的变化是很不规则的，如何确定脉动压强有代表性的频率和振幅，这是首先遇到的问题。实践中采用的方法主要有两种，即概率分析法和随机数据处理法。本章主要介绍概率分析法，对于随机数据处理法，可以参考有关水力学书籍。

脉动压强的波形图是由波峰、波谷组成的。一个波峰与其后面相邻的一个波谷构成一个波，图 11-1 中 a、b 之间就叫一个波。一个完整波的历时 T，就叫这个波的周期。周期的倒数 $1/T$，称作这个波的频率，常用 f 表示。图 11-1 中 ab 波的周期 $T=0.2\text{s}$，则

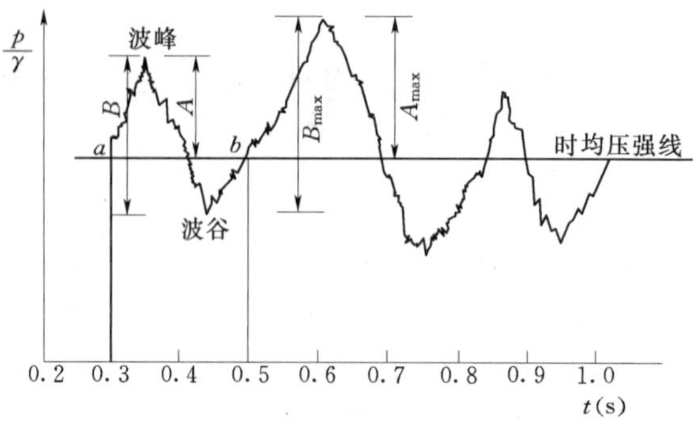

图 11-1

频率 $f=1/T=5\text{Hz}$。波峰或波谷距时均压强的高度，叫作振幅，图 11-1 中 ab 波的振幅为 A。实测的脉动压强波形图中，各波的频率和振幅是不同的，利用概率法分析计算脉动压强，就是找出波形图中出现次数最多的那种波的频率，称为主频率 f_0 以及主频率相应的振幅，叫作主振幅 A_0。波形图中所有的各波中最大的一个振幅叫作最大振幅 A_{max}。最大振幅和主振幅是两个不同的概念。

概率分析法的步骤如下：

(1) 将实测的波形图进行整理，对于振幅小于 $2A_{max}/n$ 的波可以略去不计，一般 n 取 3～5。需要注意的是，进行波形图整理分析时，波段不宜取得过短，波段过短没有代表性；但也不必过长，根据实验所取波段应不少于 100 个波段，历时约 10～15s 为宜。

(2) 求出时均压强线。

(3) 读出每个波的周期 T，求出每个波的频率 $f=1/T$，从中找出最大和最小频率，并将各个波的频率按从大到小的次序排列。

(4) 划分频率区间，统计各区间频率出现的次数 N_i，并计算各区间频率出现的次数占总频率数的百分比，即 $N_i/\sum N_i \times 100\%$。

(5) 以频率为横坐标，以各区间频率出现次数的百分数为纵坐标，点绘频率的概率分布图。从概率分布图中可以找出纵坐标最大（出现次数量多）所对应的频率，就是主频率 f_0。它是研究建筑物振动问题的主要参数之一。

表 11-1 和图 11-2 绘出的就是应用概率法计算脉动压强主频率的实例。从图 11-2 可以看出主频率 $f_0=5$～7.5Hz。

表 11-1　　　　脉动频率计算

频率区间	0～2.5	2.5～5	5～7.5	7.5～10	10～12.5	备注
出现次数	12	30	50	15	13	$\sum N=120$
出现次数的百分数 $\frac{N}{\sum N}\times 100\%$	10.0	25.7	41.6	12.5	10.8	

每一个波有两个振幅，分别为波峰和波谷至时均压强线的垂直长度。在对振幅进行分

析时，取较大的一个作为该波的振幅。而每个频率区间有数量不等的波，各个波又有各自的振幅，一般取数学平均值作为该区间的振幅，这样又可绘出频率与振幅的关系曲线，如图11-2所示，在曲线上和主频率对应的振幅，即为主振幅 A。

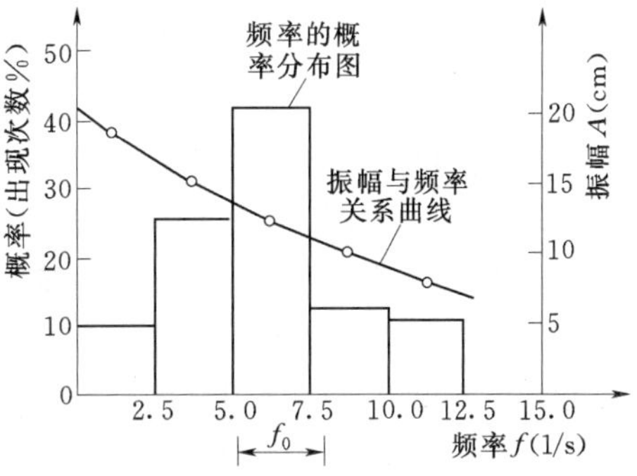

图11-2

为了方便，对脉动压强进行概率分析时，有的不采用振幅，而采用摆幅。摆幅是指一个波的波峰与波谷间的高度。和主频率对应的摆幅为主摆幅，一般用 B_0 表示。波形图中最大的一个摆幅，称为最大摆幅 B_{max}。

根据实践经验，振幅与摆幅的关系为

$$\left.\begin{aligned} A_{max} &= (0.65 \sim 0.70)B_{max} \\ A_0 &= (0.65 \sim 0.70)B_0 \end{aligned}\right\} \tag{11-1}$$

三、脉动压强对水工建筑物的影响

高速水流强烈的压强脉动，对水工建筑物的影响主要有以下三个方面。

1. 增大建筑物的瞬时荷载

作用在水工建筑物上的荷载是不断变化的，尽管建筑物表面上各点的压强脉动有正有负，能够互相抵消，使作用于建筑物表面上的荷载脉动强度低于点压强的脉动强度，但作用于水工建筑物上的瞬时荷载并不等于时均荷载，瞬时荷载同样围绕着时均荷载上下变化，因此提高了对水工建筑物强度的要求。对于高速水流，若设计时仅考虑时均荷载，水工建筑物就会有被破坏的危险，设计时必须考虑瞬时荷载。

2. 可能引起建筑物的振动

脉动压强呈现周期性的变化，存在主频率和主振幅，当压强以一定周期往复作用于建筑物上，就可能引起水工建筑物的振动，特别对轻型结构，如闸门、溢流的水电站厂房顶面、压力钢管等。当主频率与水工建筑物的自振频率一致或接近时，还可能发生强烈振动，甚至引起共振，威胁建筑物的安全。

3. 增加气蚀的可能性

当水流的局部强度低于某一数值时，水流中会产生气泡，气泡随水流运动到高压区，在压力作用下气泡突然溃灭，瞬时产生很大的冲击力，引起建筑物的剥蚀和破坏现象称为气蚀（空蚀）。由于高速水流压强脉动强烈，瞬时压强的值有时比时均压强小得多，而有时又大得多，非常容易产生气蚀。

试验资料表明，高速水流中产生的强烈脉动，不仅与水流的流速有关，而且与边界条件有关，流速越大，边界越不平顺，水流中的涡体尺度越大，转动越强烈，脉动压强也越大。为了减弱压强的脉动影响，对于高水头的泄水建筑物要十分重视建筑物边界的流线型设计，尽量减少水流脉动造成的破坏。

第二节　水工建筑物的气蚀问题

一、水工建筑物的气蚀现象

高、中水头泄水建筑物的某些部位，例如泄洪洞的转弯段，底孔闸门槽下游边墙、溢洪道的变坡段和不平整处、差动式挑流鼻坎的侧面和背面等，当设计不周或施工中存在问题时，在通过高速水流后，常常会发现在混凝土或金属表面出现斑点、蜂窝状麻面或严重破坏，这些现象都是气蚀引起的。气蚀的发生会直接影响建筑物的正常运转，甚至可能造成整个建筑物的失事，国内外泄水建筑物发生气蚀破坏的实例不少。例如美国包尔德坝东岸泄洪洞第一次放水流量是设计流量的1/5，但在隧洞的转弯处发生了气蚀现象，致使该处的混凝土被剥蚀，产生一个长35m，宽9.2m，最深处达13.7m的大坑。原苏联伏尔加水电站溢流坝，气蚀使左侧一孔闸墩受到破坏，造成深度1m的坑穴，内部钢筋也暴露了出来。湖南省某溢流坝在1962年汛期过水后，矩形差动式鼻坎发生严重破坏，钢筋成排被切断，混凝土大块剥蚀，总剥蚀体积近24m^3，坑深最大达1.1m，1963年改造后齿坎侧壁仍发生严重剥蚀。

二、产生气蚀的原因

水的沸点是随着压强的大小而变化的，压强增大，沸点温度增高，压强减小，沸点温度降低。例如，当水面为标准大气压时，温度升高至100℃，水就会沸腾，释放出大量气体，而在高海拔地区，大气压低于标准大气压，温度升高不到100℃，水就沸腾了。这种在一定温度下使液体气化的相应压强称为蒸汽压强，常用p_v表示。同样道理，如果温度一定，使压强降到一定值时，水体也会沸腾汽化，对于同一种液体，随着温度升高，蒸汽压强也增大。水的蒸汽压强（以相对压强表示）如表11-2所示。

表11-2　　不同温度的蒸气压强　　单位：水柱高，m

t（℃）	0	5	10	15	20	25	30	35
p_v/γ	0.062	0.089	0.125	0.174	0.238	0.323	0.433	0.573

当运动的水流处于低压区时，如果压强降低到相应温度的蒸汽压强，即$p\leqslant p_v$，水流也会汽化放出大量气泡，这种现象在水力学上叫气穴现象。需要注意的是水流内部放出的气泡并不是外面的空气掺到水流里面去的，而是自然状态下的水体中含有大量的极微小的气核，其直径约为$10^{-3}\sim10^{-4}$mm，不溶解于水，一般是观察不出的。当水体的压强降低到相应温度的蒸汽压强时，气核便膨胀长大，形成可以观察到的气泡从水体中释放出来。气核的存在是形成气穴的内在原因，而压强降低到蒸汽压强是形成气穴的外在条件。

高速水流的强烈紊动，使低压区连续不断地释放出气泡，气泡被水流带到高压区由于压强的变化会使气泡在极短的时间（约10^{-3}s）内溃灭，四周的水流质点以极快的速度填充气泡空间，以致这些水流质点的动量在极短的时间内变为零，因此会产生极大的冲击力。当气泡在建筑物边界及其附近处溃灭时，冲击力就会不断地作用在固体边界上，造成固体表面的严重剥蚀，这是产生气蚀的根本原因。

三、气穴数

从上面的分析可知，如果考虑水工建筑物是否会产生气蚀问题，必须首先判断是否会产生气穴现象。前面已经讲到，气穴的发生条件是：水流中的局部动水压强应不大于蒸汽压强 $p \leqslant p_v$，只要测出水流中低压区的压强值，就可以判断是否会发生气穴现象。但是，水流中的局部低压区的压强难以得知，所以工程上常用一个无量纲数作为衡量实际水流是否会发生气穴指标，叫做气穴数，以 K 表示。

$$K = \frac{p - p_v}{\frac{1}{2}\rho v^2} \tag{11-2}$$

式中　p——水流中某一点的时均动水压强（绝对压强）；

p_v——蒸汽压强；

v——水流的平均流速；

ρ——水的密度。

由上式可知：绝对压强越低，气穴数越小，产生气穴的可能性就越大。当 K 降低到某一数值 K_c 时，即开始发生气穴现象，这个气穴数 K_c 称为临界气穴数（或初始气穴数）。不难看出，实际水流的气穴数 K 和临界气穴数 K_c 比较，当 $K \leqslant K_c$ 时，气穴才能发生。初始气穴数与边界条件有关，通常由试验确定。对于一般的溢流坝面，初始气穴数 $K_c=0.3\sim0.5$；闸门槽、消力齿墙 K_c 值一般大于 0.6；螺旋桨或水轮机叶片，K_c 值小于 0.2。试验表明，在相同的边界压强和气温下，初始气穴数越小，越不容易发生气穴和气蚀。

四、易发生气蚀的部位和减免气蚀的措施

（一）易发生气蚀的部位

气蚀是由气穴引起的，气穴又是水流中的局部负压区的压强小于蒸汽压强的结果。根据能量方程，若不计能量损失则

$$z + \frac{p}{r} + \frac{v^2}{2g} = \text{常数}$$

它清楚地说明，负压区常出现在位置高和流速较大的地方，如溢流坝的顶部（图 11-3）和有压管道的收缩段（流速增大）就容易引起气蚀。此外，水流中的局部负压区与固体边界有密切关系。在泄水建筑物的边界发生急剧变化的地方，流线与边界脱离，形成旋涡就会产生低压区，都容易产生气穴，在其下游高压区往往发生气蚀。如图 11-3 底孔、水轮机和尾水管进口和弯段凸缘、闸门槽后的边墙、泄洪洞分插段、消力齿墩的顶部及两侧、差动式鼻坎的侧壁以及其它溢流边界表面局部不平整部位的下游，都是容易发生气蚀的部位。

（二）减免气蚀的措施

根据气穴发生的原因和易于发生气穴的部位，不难找到减免气蚀的措施，主要有以下几方面。

1. 改善边界轮廓线

免除气穴的关键在于如何避免在水流中出现过低的局部低压区，因此，设计建筑物时，在照顾运转要求的前提下，要尽可能注意边界轮廓线的合理性（如切忌锐弯、突然收

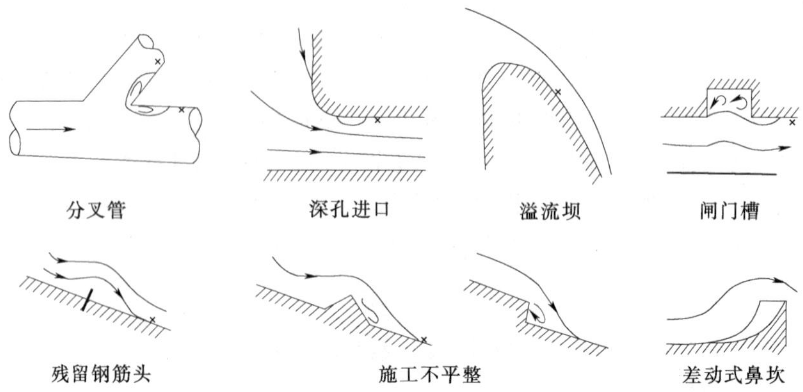

图 11-3

缩和水流严重分离等)；在施工时，要严格控制边界表面平整、光洁的程度，不应存在有钢筋头等各种残留突起物，或将局部突起磨成平缓的坡度。对水轮机和抽水机的装机高程，对溢流坝顶部、泄水道进口、弯段及收缩段等处的压强，要经校核计算或模型试验。

2. 对低压区通气

对水流的局部低压区通入空气，一方面可减少负压，另一方面可对气泡溃灭时的冲击起缓冲作用，因此可有效地减免气蚀。

我国在高压闸门后一般设有通气孔。对管道的收缩段、转弯段、分叉段以及其他可能产生低压区，原则上均可设通气孔。

20 世纪 60 年代初，开始在气蚀区上游的溢流边界底部设置掺气槽，使水流形成掺气水流，从而免除气蚀。20 年来的实践证明，掺气减蚀是一个行之有效的防气蚀措施。

3. 选用抗气蚀能力较强的材料

选用抗气蚀能力较强的材料，可以减轻气蚀程度，延长使用寿命。一般提高混凝土标号可以增强抗蚀强度。此外，采用环氧砂浆或合成塑胶护面，或以钢板、橡皮板衬砌，均能提高抗气蚀能力。

气穴现象和空蚀是一个复杂而尚未完全弄清楚的问题，这里只能作一简要的介绍，有关气蚀机理的全面阐述和工程上减免气蚀的方法等，有兴趣的读者可参阅有关专著。

第三节 明渠高速掺气水流

一、水流掺气的现象

高水头水工建筑物泄水时，由于流速大，紊动强烈，空气会大量掺入水流中，形成乳白色的水气混合的流动，称为掺气水流。

根据水流条件，掺气水流可分为大气中射流的碎裂掺气；水股射入水体时的卷吸掺气；在明渠水流如溢流坝、陡槽、高压闸门下游的明流隧洞中的均匀流或渐变流的沿程掺气以及急变流如水跃、桥墩和闸门槽的局部掺气等。本节主要介绍明渠水流均匀流和渐变流的沿程掺气问题。

为什么明渠高速水流能够形成掺气水流，原因比较复杂，曾出现不同的解释，迄今为止，只有紊流边界层理论才与实际情况比较符合。这一理论认为，从水流底部边界开始的紊流边界层发展到水面以后，当水流紊动引起的横向流动（或动能）足以克服水面的表面张力及水滴自重时，则水滴就会跃离水面进入空中，当其回落至水中时带入空气，从而使水流掺气。

下面以溢洪道为例说明高速水流掺气的发生和发展过程。

如图 11－4（a）所示，从水库进入溢洪道的水流是不掺气的。从 A 点开始，水流受溢洪道底面的影响，紊流边界层沿底面向下游发展，到 B 点边界层厚度发展到水面。显然，在 B 点以上根本不可能发生掺气。自 B 点开始，愈向下游，流速愈大，水流紊动愈强烈。如果在 C 点水流的紊动强度足以使液体质点跃出水面，在回落时带入空气，那么 C 点将成为掺气发生点。在 C 点下游是非均匀掺气段，经过一段距离后，从表面卷入的空气与逸出的空气量达到平衡，便形成均匀掺气段。这就是水流掺气的紊流边界层理论。

高速水流的紊动形成的掺气水流不仅从底部发生，而且也从边墙和闸墩开始。当水深较大时，会出现靠近边墙和闸墩下游首先形成掺气水流，而中间水流不掺气的情况。

明渠掺气水流目前尚不能完全用紊流边界层理论来解决，这是因为液面涡体的大小及横向脉动流速尚无法求出，解决工程中的问题还只能借助依据实验和原型观测的资料所建立的经验公式。

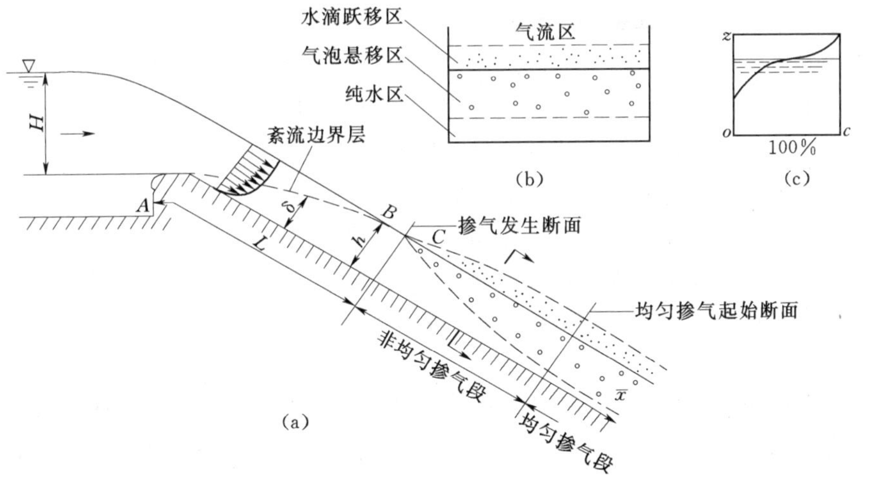

图 11－4

我国水利科学研究院曾对国内外一些高坝溢流原型资料进行整理，提出确定混凝土坝面溢流掺气发生点位置为

$$S=(10\sim15)q^{2/3} \tag{11-3}$$

式中 S——掺气发生点与坝顶的距离；

q——紊流流量。

水流掺气后的结构如图 11－4（b）所示。在过水断面上，自下而上形成三个区域：纯水区、气泡悬移区和水滴跃移区。当水深较浅，高度掺气时，还有可能出现只有水滴跃移区和气泡悬移区，没有纯水区。

水流掺气后，空气所占水气混合体的体积比称为掺气浓度，以符号 C_α 表示。C_α 值沿水深的变化如图 11－4（c）所示。若以 $C_\alpha=99\%$ 以下的深度定义为掺气水深，以 h_α 表示，则过水断面上（取单位宽度）平均掺气浓度

$$\overline{C}_\alpha=\frac{1}{h_\alpha}\int_0^{h_\alpha}C_\alpha\mathrm{d}h$$

以下讨论问题均采用平均掺气浓度。

水气混合体中水的体积所占的比例称为含水比，以符号 β 表示，则

$$\beta=1-C_\alpha \tag{11-4}$$

对于矩形明槽，若全掺气水流的水深为 h_α，断面平均流速为 v_0；纯水水流的水深为 h，断面平均流速为 v，根据含水比的定义可知

$$\beta=\frac{vh}{v_\alpha h_\alpha}$$

若近似设 $v=v_\alpha$ 则

$$\beta=\frac{h}{h_\alpha} \tag{11-5}$$

也可以写作

$$h_\alpha=\frac{h}{\beta}=\frac{h}{1-C_\alpha} \tag{11-6}$$

二、掺气水流对水工建筑物的影响

水流掺气后，改变了水流原有的水流性质，对水工建筑物有以下几方面的影响：

(1) 水流掺气后，可减小水流的负压值，减轻或消除气蚀对水工建筑物的破坏作用。

(2) 水流掺气能消耗部分水流的能量，增强了消能效果，并且掺气水流的容重小于纯水的容重，可以减轻水流对下游河道的冲刷。

(3) 水流掺气后使水体膨胀，水深加大，要求明槽边墙的设计高度增加，提高了工程造价；在无压隧洞设计中，则要求增加洞顶空间余幅，加大开挖断面，以免造成明流与有压流交叉的不稳定性。一旦出现这种状态，洞内会出现不稳定的气囊，可能会引起工作闸门和隧洞的振动，威胁隧洞的安全。

总之，水流掺气对水工建筑物的影响既有利，也有弊。我们认识了这些规律，就可以充分利用它有利的一面，例如在负压区设通气孔或在气蚀区设掺气槽，是工程中广泛采用的减免气蚀的积极措施；对于不利的影响也应充分估计到，认真对待，否则会造成不良后果。

三、掺气水深的计算

明渠掺气水流是水气混合体的流动，运动机理非常复杂，无论理论分析还是实验研究成果目前都不够成熟，工程设计时只能依据原型观测资料建立的经验公式。

掺气水流的流速，一般仍按清水计算，不考虑掺气的影响。要求解决的主要是掺气水深的计算问题。工程设计中计算掺气水深，主要是为了确定陡槽、溢流坝的边墙高度。通常是先不考虑掺气的影响计算出各断面的水深 h，再利用经验公式确定掺气浓度 C_a 或含水比 β，然后利用公式（11－6）计算掺气水深 h_α。

对于陡槽，工程上应用较广的计算含水比的经验公式是霍尔公式

$$\beta=\frac{1}{1+k\dfrac{v^2}{gR}} \tag{11-7}$$

式中 v、R——按不掺气水流计算的断面平均流速和水力半径；

k——系数，取决于槽壁材料的性质，见表 11-3。

表 11-3 **k 值 表**

槽壁材料	k 值	槽壁材料	k 值
木槽	0.003～0.004	粗混凝土或光滑砌石	0.008～0.012
普通混凝土	0.004～0.006	粗砌石或浆砌块石	0.015～0.020

王俊勇认为，影响掺气水流的主要因素为佛汝德数 Fr、粗糙系数 n 及宽深比 b/h_0 根据国内外十三个陡槽掺气水流实测资料分析，提出含水比 β 的表达式为

$$\beta=0.937\left(Fr^2\varphi\frac{b}{h}\right)^{-0.088} \tag{11-8}$$

$$Fr=\frac{v}{\sqrt{gh}};\varphi=\frac{n\sqrt{g}}{R^{1/6}}$$

式中 v、R——不考虑掺气水流的流速和水力半径；

n——陡槽粗糙系数；

g——重力加速度。

对于溢流坝面，我国颁布的 DL5108—1999《混凝土重力坝设计规范》规定用下式计算掺气水深。

$$h_\alpha=\left(1+\frac{\xi v}{100}\right)h \tag{11-9}$$

式中 v、h——不计入波动及掺气的流速和水深，m/s、m；

ξ——修正系数，一般为 1.0～1.4s/m，视流速和断面收缩情况而定，当流速大于 20m/s 时，它采用较大值。

对于深孔闸门后底坡平缓的无压隧洞中，闸后流速很高，以后水深沿程增加，流速减小。深孔闸门后水流掺气增加的水深，远远小于陡槽和溢流坝面，柴恭纯同志根据实测资料，提出掺气水深

$$h_\alpha=h+\Delta h$$

式中 h——未掺气的清水水深；

Δh——掺气后比清水增加的水深。

对于混凝土隧洞，当糙率 $n=0.014$，$\Delta\approx0.002$m 时，先求出未掺气的水深 h，然后可由下面公式计算出掺气后的水深 h_α

$$\lg\frac{h_\alpha-h}{\Delta}=1.77+0.0081\frac{v^2}{gR} \tag{11-10}$$

式中 v、R——未掺气的清水断面平均流速和水力半径；

Δ——边壁粗糙度。

上述计算方法适用范围是：$h>1.2$m；$0.6\text{m}<R<1.4$m；$15\text{m/s}<v<30\text{m/s}$。

当计算出隧洞内掺气的最大水深后，为避免洞中水流触及洞顶造成明、满流交替出现的不利情况，水面与洞顶仍需要留有一定的余幅。根据经验，隧洞的余幅面积应不小于隧洞过水断面面积的15%～25%，净空高度应不小于0.4m或不小于隧洞断面高度15%，具体可根据流速和水深的大小而定。

第四节　明渠急流的冲击波和滚波

一、冲击波现象

如图11-5所示，在明渠的对称收缩段，当通过的流速较大时，会在收缩段起始处的两边墙凹弯折点A及A'处形成局部壅高的干扰波，各自斜向冲击对岸下游边墙，以后不断斜向反射，向下游传播。在收缩段下游凸折点D及D'处也会产生类似的干扰波，同样向下游传播。所不同的是此处不是水面壅高而是降低，这样沿流程方向产生凹凸不平形成菱形的水面形式，这种现象称为冲击波。实际上，明渠急流的边墙出现弯折或非棱柱体渠道的收缩扩散段，均会形成冲击波。冲击波使局部水位壅高，相应边墙需要加高，增大工程造价。同时在下游出口处使局部水流集中，不利于消能。

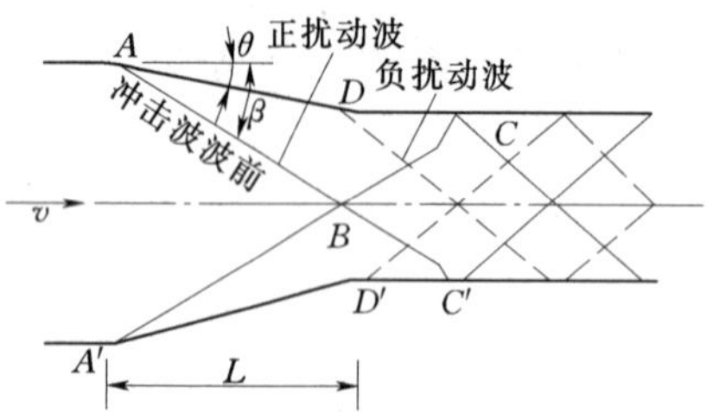

图11-5

二、冲击波的成因

由于急流的惯性较大，在遇到内偏折边墙的阻碍时，水流被迫改向，局部水面壅高，形成一个正的干扰波。而在外偏折处水流突然失去依托，局部水面降低，形成一个负干扰波。由于是急流，所以干扰波不能向上游传播，只能向下游传播，与主流合成后即形成斜向下游的冲击，当到达对面边墙时，遇阻返回，以同样方式向下游传播下去，形成冲击波现象。所以，形成冲击波的内因是急流的较大惯性，外因是边界的改变。如果是缓流或边墙不变化则不会形成冲击波现象。渠道采用较小的偏折角、局部抬高渠道底部、采用正负扰动互相干扰抵消等方法，均可以减免冲击波造成的影响。

三、陡槽中的滚波

在平直的陡槽中若槽身较宽、水深较浅、坡度较大时，有可能产生滚波现象，这种波一个跟着一个前进，经常是较大的波追及较小的波发生叠加，形成更大的波（见图11-6）。波的速度永远大于波与波之间的水流速度。

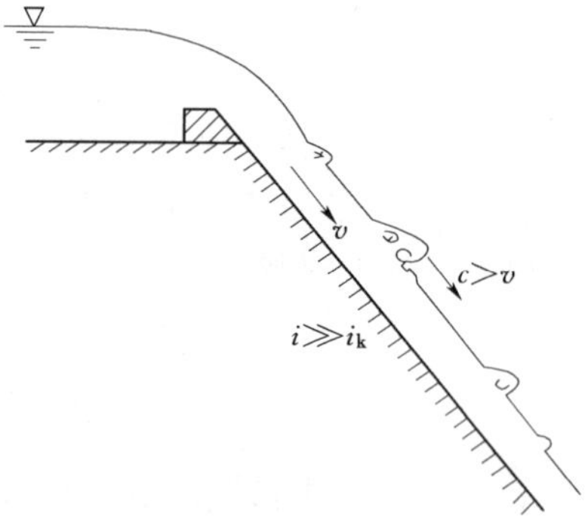

图11-6

滚波的形成较为复杂，目前尚无定论，阿尔锡尼施维里曾作过大量试验，并且总结许多实际资料后认为，在坡度大、槽宽而水深浅的陡槽中容易发生滚波，并提出了具体判断条件：

当 $0.02<i<0.3$；$h_0/\chi_0<0.1$ 时，将发生滚波。

式中 i 为陡槽底坡；h_0、χ_0 为陡槽中发生均匀流时的水深和湿周。

减小滚波发生的可能性可以采用增大陡槽表面的粗糙度的方法或用弓形或三角形过水断面。

冲击波和滚波的计算可以参考有关书籍。

习　　题

11-1　有一高水头泄洪隧洞，在进口段设有事故闸门，泄放最大流量时，闸门槽前流速为 24m/s，断面最高点的压强水头为 30m（相对压强）。试问若采用流线型门槽（初始气穴数 $K_c=0.6$）是否会发生气蚀？（水温为 15℃）

11-2　由一混凝土矩形陡槽，槽宽 $b=3.8$m，底坡 $i=0.277$，糙率 $n=0.014$，当流量 $Q=4.57\text{m}^3/\text{s}$ 时，实测得掺气水流水深 $h_a=0.162$m，试计算掺气水流的水深，并与实测水深比较。

第十二章 水力模型试验基础

第一节 概 述

一、水力模型试验的意义和作用

水力模型试验是一项专门的科学技术，它是根据水流相似原理在按一定的比尺制作的模型中，复制出与原型相似的水流状态和水流现象，然后将模型中观测的水流运动要素和流态再按相似准则换算到原型中去。它是人们正确认识水流运动规律的重要途径之一。

水流运动是一种非常复杂的自然现象，许多水力学问题仅仅依靠理论分析或者利用经验公式求解都有一定的局限性，通常需要结合水力模型试验加以解决。前面各章所学到水利工程中的水力计算如堰流、闸孔出流、消能等，都是在理论分析的基础上，通过水力模型试验进行完善和补充的。实际工程中的许多水力学问题需要应用试验研究寻求解答，特别对于重要的水工建筑物设计，往往要经过水力模型试验进行验证才能付诸实施，以确保工程的安全。可以说，水力模型试验对于水利水电工程的设计、施工和管理运用，都有着十分重要的意义。

在水利工程中，水利枢纽的整体布置方案和枢纽上下游的水流条件以及对通航的影响，需要通过模型试验进行观测试验；预测水库建成后发生的泥沙淤积、下游河道的冲刷演变，需要通过模型试验研究进行预报；在水工建筑物设计中，对其过流能力、边界上的压力分布以及建筑物下游水流的衔接、消能和防护等，需要通过模型试验进行检验和修正；大中型水利枢纽的施工导流方案、截流方案，需要通过模型试验确定；管理运用中发现的结构物振动、空蚀破坏、下游河岸的冲刷等，一般也需要通过模型试验探讨其发生的原因和条件，研究改进措施。

当然，水力模型试验由于受模型设计中不同相似准则要求的矛盾和试验测试手段的限制，对某些问题的研究还只能给出定性的估计和预测；与采用“数学模型”求解相比，还存在速度慢、投资多等缺点。但是，截止目前还没有哪一种方法能够完全代替水力模型试验在工程水力学问题研究方法方面所发挥的作用。

二、水力模型的分类

水力模型试验按照研究任务不同，可以采用不同类型的模型。主要分为以下几种。

（一）按照模型的范围分类

1. 整体模型

包括所研究的整个试验河段和水工建筑物的模型，叫做整体模型。当研究水利枢纽工程的总体布置和河道的整治方案时，常采用整体模型。

还有一些水工建筑物两边对称，水流情况也对称，这时可以将其中的一半制成模型，这种模型习惯上叫半整体模型。

2. 断面模型

从建筑物中取出一孔或半孔制成模型，安装在玻璃水槽中进行试验，这种模型称为断面模型。当研究二元水流问题时，例如溢流坝面的压力分布和冲刷消能等，可采用断面模型。

（二）按照模型的几何比尺分类

1. 正态模型

将原型的三个空间尺度（长、宽、高）按统一的比尺缩放的模型，叫做正态模型。一般水工建筑物模型均采用正态模型。

2. 变态模型

因受各种条件限制，例如供水量、试验场地、模型粗糙度难于实现和水流流态不能满足时，可采用竖直和水平比尺不同的模型，即变态模型。在进行河道试验时，由于天然河道的水平尺度比水深大得多，经常采用变态模型。

（三）按照模型的底面是否能够冲刷分类

1. 定床模型

模型的边界做成固定的，即定床模型。定床模型主要用来研究建筑物的过流能力、压力分布和水流的流态。

水库模型也可按照修建前的河道地形图制作定床模型，在定床模型上研究水库建成后，多种运用条件下的淤积、冲刷的问题。

2. 动床模型

若研究水工建筑物局部冲刷或河床演变问题，需要用既可冲动，又能在水中沉淀淤积的材料塑造模型，这种模型叫动床模型。常用的动床模型材料有：天然砂、粉煤灰、塑料沙、滑石粉、粉碎的核桃屑等。

上述分类方法是水力模型试验最常用的分类方法。除此以外，有时也有按研究任务、性质和试验采用的介质分类的。例如，把研究水利枢纽和水工建筑物的水力学问题的模型，称为水工模型；研究河道整治和河床演变的，称为河工模型；研究地下水渗流的，称为渗流模型等。

水力模型试验，有时还利用空气作为介质，来研究水利枢纽的布置、河床演变等问题，这种模型称为气流模型。

第二节 相似的基本原理

从几何学知道，如果两个几何图形的相应的长度都维持相同的比例关系，则这两个几何图形相似。把几何相似的概念推广到流动现象，要使原型与模型中的流动相似，则要求原型与模型相应点上的所有表示流动状况的物理量，如水深、流速、压强、流态等各自维持一定的比例关系。表示流动的物理量具有不同的性质，主要有三种：表示流场几何形状的，表示运动状态的和表示动力的。因此，原型和模型中的流动相似，可以用几何相似、运动相似和动力相似予以描述。为了叙述方便，原型中的物理量加脚标“p”，模型中的物理量加脚标“m”。

一、几何相似

几何相似是指原型和模型两个流场的几何形状相似，即要求原型和模型相应的线性长度维持一定的比例关系。用 L_p 代表原型的线性长度，L_m 代表模型的线性长度，两者的比值用 λ_L 表示，则

$$\lambda_L = \frac{L_p}{L_m} \tag{12-1}$$

式中　λ_L——长度比尺。

几何相似要求任何相应长度都维持一定比例关系，则任何两个相应的面积 A 和体积 V 也必然维持一定的比例关系，因而

面积比尺
$$\lambda_A = \frac{A_p}{A_m} = \frac{L_p^2}{L_m^2} = \lambda_L^2 \tag{12-2}$$

体积比尺
$$\lambda_V = \frac{V_p}{V_m} = \frac{L_p^3}{L_m^3} = \lambda_L^3 \tag{12-3}$$

二、运动相似

运动相似是指原型与模型两个流场中相应点的运动情况是相似的，即相应点上的水质点在相应瞬间的速度 v、加速度 a 的方向相同，大小保持一定的比例。以 t 表示时间，设速度比尺为 λ_v，加速度比尺为 λ_a，时间比尺为 λ_t，则

$$\lambda_v = \frac{v_p}{v_m} = \frac{L_p/t_p}{L_m/t_m} = \frac{\lambda_L}{\lambda_t} \tag{12-4}$$

$$\lambda_a = \frac{a_p}{a_m} = \frac{L_p/t_p^2}{L_m/t_m^2} = \frac{\lambda_L}{\lambda_t^2} \tag{12-5}$$

从公式（12-4）和式（12-5）可以看出，如果原型和模型是几何相似的，运动相似实际上要求时间比尺维持固定不变的数值。

三、动力相似

流场中的任何一点一般都有几种力同时作用在水质点上，例如重力、阻力、弹性力、惯性力等。动力相似，则要求原型与模型相应点上作用着相同性质的力，并且各种力的作用方向相同，其大小均维持一定的比例关系。若以 F_p 代表原型水流中某点的作用力，以 F_m 代表作用在模型水流中相应点上相同性质的力，λ_F 为力的比尺，则动力相似要求

$$\lambda_F = \frac{F_p}{F_m} \tag{12-6}$$

维持固定不变的数值。

上述的几何相似、运动相似、动力相似，是原型和模型保持完全相似的条件或特征，而这三种相似又是互相联系和互为条件的。几何相似是运动相似和动力相似的前提；动力相似是运动相似的主要因素；运动相似是几何相似和动力相似的表现，三者是统一的整体，缺一不可。

下面对动力相似要求的各种力维持一定的比例关系，作进一步分析。

在绪论中曾讲到，作用在液体上的力中的重力、粘滞力、弹性力和表面张力，都是企图改变液体运动状态的，只有惯性力是反抗改变原有运动状态的力。液体运动状态的变化，是惯性力和其它物理力相互作用的结果。根据这一点，各物理力之间的比例关系应以

惯性力为一方，分别以它对其它各种力的比例来表示。动力相似则要求原型与模型中的这种比例应保持固定不变。

首先确定惯性力的表达式。惯性力的大小等于质量 m 与加速度 a 的乘积。在流场中某一特征长度 L，则任一体积可表示为 L^3。流场中任一体积内的液体质量 m 均与 ρL^3 成比例，可表示为 $m \propto \rho L^3$。

根据加速度的定义，加速度

$$a = \frac{\mathrm{d}v}{\mathrm{d}t} = \frac{\mathrm{d}v\mathrm{d}s}{\mathrm{d}s\mathrm{d}t} = v\frac{\mathrm{d}v}{\mathrm{d}s}$$

取一特征流速 v，流场中任一点的流速或两点的流速差均可表示成与特征流速 v 的比例关系。这样，加速度可用下式表示：$a \propto v\dfrac{v}{L}$

因此，惯性力可表示为

$$F_{\mathrm{i}} \propto \rho L^3 v \frac{v}{L} \propto \rho v^2 L^2$$

如果用 F 表示企图改变流动状态的其它任一种力，则这种力与惯性力的比例关系为 $F/(\rho L^2 v^2)$。在相似原理中，把这个无量纲数叫做牛顿数，用 N_{e} 表示。动力相似则要求原型与模型中的牛顿数应相等，称为牛顿相似准则。

$$N_{\mathrm{ep}} = N_{\mathrm{em}}$$

即

$$\frac{F_{\mathrm{p}}}{\rho_{\mathrm{p}} L_{\mathrm{p}}^2 v_{\mathrm{p}}^2} = \frac{F_{\mathrm{m}}}{\rho_{\mathrm{m}} L_{\mathrm{m}}^2 v_{\mathrm{m}}^2}$$

可改写为

$$\lambda_{\mathrm{F}} = \frac{F_{\mathrm{p}}}{F_{\mathrm{m}}} = \frac{\rho_{\mathrm{p}} L_{\mathrm{p}}^2 v_{\mathrm{p}}^2}{\rho_{\mathrm{m}} L_{\mathrm{m}}^2 v_{\mathrm{m}}^2} \tag{12-7}$$

式中，λ_ρ 为密度比尺。由此式可以得到

$$\frac{\lambda_{\mathrm{F}}}{\lambda_\rho \lambda_{\mathrm{L}}^2 \lambda_{\mathrm{v}}^2} = 1 \tag{12-8}$$

牛顿相似准则，对重力、粘滞力等都是适用的。只要将原型与模型相同物理力的比尺表达式代入上式的 λ_{F}，即可得到这种力相似的比例关系。

第三节　各种力作用下的相似准则

运动的水流总是同时作用着几种力，若使原型与模型中的水流维持动力相似，就要求几种力都维持固定的比例关系，在事实上这是不可能实现的（后面讲到这一问题）。但是对于实际水流，在某种具体条件下，总有一种力起主要作用，其它力是次要的，在模型设计时应保证主要作用力相似，忽略其它次要力的相似。虽然这种相似是近似的，但一般仍能够满足工程精度要求。下面推算单项力作用下的相似准则。

一、重力相似准则

重力　$G = mg = \rho g V$

则重力比尺
$$\lambda_G = \frac{G_p}{G_m} = \lambda_\rho \lambda_g \lambda_L^3$$

将 λ_G 代替式（12－7）中的 λ_F 可以得到

$$\frac{\lambda_\rho \lambda_g \lambda_L^3}{\lambda_\rho \lambda_L^2 \lambda_V^2} = 1$$

整理得：
$$\frac{\lambda_v^2}{\lambda_g \lambda_L} = 1$$

或写为
$$\frac{v_p^2}{g_p L_p} = \frac{v_m^2}{g_m L_m} \tag{12-9}$$

式中 $v^2/(gL) = Fr^2$，即在原型和模型中 $Fr_p = Fr_m$，称为重力相似准则。

由此可知，如果原型与模型满足重力相似，则两个相似流动的佛汝德数应相等，故重力相似准则也称为佛汝德准则。换言之，当原型与模型中的水流在相应点上的佛汝德数相等，则两个水流的重力作用相似；若两个水流又是几何相似的，且重力起主要作用，其它力的作用可以忽略，那么原型与模型中的水流就可认为是相似水流。

按重力相似准则，原型与模型中的各种物理量的比尺关系如下。

1. 流速比尺

由式（12－9），可以得到

$$\lambda_v^2 = \frac{g_p L_p}{g_m L_m}$$

因为
$$g_p = g_m$$

所以
$$\lambda_v = \sqrt{\frac{L_p}{L_m}} = \lambda_L^{1/2} \tag{12-10}$$

2. 流量比尺

$$\lambda_Q = \frac{Q_p}{Q_m} = \frac{A_p v_p}{A_m v_m} = \lambda_A \lambda_v = \lambda_L^2 \lambda_L^{1/2} = \lambda_L^{5/2} \tag{12-11}$$

3. 时间比尺

因为时间
$$t = \frac{L}{v}$$

所以
$$\lambda_t = \frac{L_p / v_p}{L_m / v_m} = \frac{\lambda_L}{\lambda_L^{1/2}} \tag{12-12}$$

4. 重力比尺

$$F = mg$$

$$\lambda_F = \frac{m_p g_p}{m_m g_m} = \frac{\rho_p V_p g_p}{\rho_m V_m g_m} = \lambda_\rho \lambda_L^3 \lambda_g$$

若原型与模型中的液体相同，$\lambda_\rho = 1$，并且 $\lambda_g = 1$ 那么

$$\lambda_F = \lambda_L^3 \tag{12-13}$$

通过上面的分析可知，对于重力相似的两个流动系统，当确定了几何比尺之后，其它物理量的比例关系，均可以用几何比尺 λ_L 表示。

二、阻力相似准则

当研究以阻力为主的水流问题时，如有压管流和有压隧洞，要求原型与模型中的水流

动力相似，主要是阻力相似。水流阻力包括两部分，由粘滞性引起的粘滞阻力和因水质点混掺引起的动量交换所产生的混掺阻力。

对于层流，主要是粘滞阻力。根据液体的内摩擦定律：

$$T = \mu A \frac{\mathrm{d}u}{\mathrm{d}y}$$

引入特征长度 L 和特征流速 v，粘滞力可表示为

$$T \propto \mu L^2 \frac{v}{L} \propto \mu L v$$

$$\lambda_T = \frac{\mu_p L_p v_p}{\mu_m L_m v_m} = \lambda_\mu \lambda_L \lambda_v$$

将 λ_T 代替式（12－7）中 λ_F，可以得到

$$\frac{\lambda_\mu \lambda_L \lambda_v}{\lambda_\rho \lambda_L^2 \lambda_v^2} = 1 \quad 或 \quad \frac{\lambda_\nu}{\lambda_v \lambda_L} = 1 \tag{12-14}$$

上式也可写为

$$\frac{v_p L_p}{\nu_p} = \frac{v_m L_m}{\nu_m}$$

式中$\frac{vL}{\nu}$为雷诺数 Re。所以对于层流，如果使流动的粘滞力相似，则 $Re_p = Re_m$。反过来讲，原型与模型的雷诺数相等，则粘滞力作用相似，故称此相似准则为雷诺准则。

一般情况下，原型和模型中都是水，温度也相近，可认为 $\nu_p = \nu_m$，则上式成为

$$v_p L_p = v_m L_m \tag{12-15}$$

流速比尺为

$$\lambda_v = \frac{1}{\lambda_L} \tag{12-16}$$

流量比尺为

$$\lambda_Q = \frac{A_p v_p}{A_m v_m} = \lambda_L^2 \frac{1}{\lambda_L} = \lambda_L \tag{12-17}$$

时间比尺为

$$\lambda_t = \frac{L_p / v_p}{L_m / v_m} = \lambda_L \frac{1}{\lambda_v} = \lambda_L^2 \tag{12-18}$$

作用力比尺为

$$\lambda_T = \lambda_\mu \lambda_L \lambda_v$$

如果原型和模型中都是同一种液体，则 $\lambda_\mu = 1$，由此可得

$$\lambda_T = \lambda_L \lambda_v = \lambda_L \frac{1}{\lambda_L} = 1 \tag{12-19}$$

即

$$T_p = T_m$$

如果将用重力相似准则和粘滞力相似准则所得到的各物理量的比尺加以对比，可以发现它们是不一致的，这就是前面所提到的为什么要求几种力都维持固定的比例关系，难于实现的原因。

对于紊流，由于水质点混掺引起流层间的动量交换，在流层间产生附加切应力，所以上面讨论的有关粘滞力的相似准则不能适用于紊流。在第四章讲到，当紊流的紊动强度较大，达到阻力平方区时，粘滞力的作用可以忽略，紊流的附加切应力起控制作用。下面主要讨论以混掺附加切应力为主的水流阻力相似问题。

紊流混掺阻力可用下式表达：

$$T = \tau\chi L$$

式中 τ——单位面积上的阻力，$\tau=\gamma RJ$；

χ——湿周；

L——长度。

在紊流阻力平方区

$$J = \frac{v^2}{C^2R};C = \sqrt{\frac{8g}{\lambda}}$$

式中 λ——沿程水头损失系数。

代入上式可得

$$T = \gamma R\ \frac{v^2}{\frac{8g}{\lambda}R}\chi L$$

整理得

$$T = \frac{\rho\lambda\chi Lv^2}{8}$$

因为湿周 χ 具有长度的量纲，引入特征长度和特征流速之后，阻力 T 与 $\rho\lambda L^2v^2$ 成比例，所以阻力比尺为

$$\lambda_T = \frac{(\rho\lambda L^2v^2)_p}{(\rho\lambda L^2v^2)_m} = \lambda_\rho\lambda_\lambda\lambda_L^2\lambda_v^2$$

将 λ_T 代入式（12－7）代替 λ_F，则

$$\frac{\lambda_\rho\lambda_\lambda\lambda_L^2\lambda_v^2}{\lambda_\rho\lambda_L^2\lambda_v^2} = 1$$

即

$$\lambda_\lambda = 1 \quad 或 \quad \frac{\lambda_p}{\lambda_m} = 1$$

由此说明，如果原型水流在阻力平方区时，并且忽略粘滞切应力后，原型与模型的沿程水头损失系数 λ 相等，即模型自然遵循相似规律。

三、水力模型的设计问题

在进行水力模型试验时，必须首先确定该水力现象中起主要作用的力，从而选定模型定律，作为模型比尺选择的依据。为了多快好省地进行试验，当选择比尺时，除了考虑工作期限、经费、占用场地面积、试验室所能供给的流量及量测技术精度等方面外，还应注意以下事项。

（1）流态相似。当按佛汝德相似准则设计模型时（大多数水工建筑物模型试验、波浪模型试验及河工模型试验），模型比尺的选择则要考虑到模型中水流的流态应与原型中流态相似，否则就不能达到水流相似的目的。很显然紊流的模型比尺和层流的模型比尺差别很大。

（2）保持粗糙方面的相似。对于水工建筑物水力模型试验的许多情况（例如研究溢流坝的流量系数，上下游水流的衔接形式及消能工的作用等），由于结构物纵向长度较短（高溢流坝除外），局部阻力起主导作用，保证模型的几何相似，即可近似达到阻力相似（因紊流中局部阻力仅与几何形状有关）。此外，在港工模型试验中，由于在波浪运动中粘

滞力的影响较小，常可不予以考虑。故对以上所提到的情况，重力占有主要作用，因此按佛汝德相似准则设计模型，可以不必考虑粗糙方面的相似，对水力模型试验的结果不会产生太大的影响。

但是在河工模型、高坝溢流及船闸输水廊道等的试验中，则必须考虑沿程阻力的影响，即在模型中应当保证粗糙方面的相似。

欲实现水流的阻力相似，须使模型与原型中的水流阻力系数相等。对于紊流中的阻力系数，根据满宁公式

$$C=\frac{1}{n}R^{1/6}\quad 即\ \lambda_C=\lambda_n^{-1}\lambda_R^{1/6}$$

对正态模型（即平面比尺与深度比尺相同），$\lambda_L=\lambda_R$，为了满足相似要求，必须使 $\lambda_C=1$

$$\lambda_n=\lambda_L^{1/6} \tag{12-20}$$

式（12－20）说明，欲使模型与原型粗糙方面保持相似，则模型糙率 n_m 应按式（12－20）来制作。这样做要求模型表面甚为光滑，由于材料或技术条件的限制，这在有些情况下是不易做到的。在实践中往往采取其它途径来满足粗糙方面的相似，例如在河工模型试验中常采用变态模型（即线性比尺在纵、横、竖三个方向不相等的模型）以满足相似的要求。

（3）如果在原型中某一部位产生气蚀，那么在模型的相应部位亦应发生相应程度的气蚀。但是这样的条件只有在减压箱内才能实现，亦即只有在大气压力模型化了之后才能实现。

（4）当研究关于泥沙问题时，除了保持水流相似之外，尚需达到模型中的泥沙运动也应与原型相似（所谓泥沙运动相似，系指底沙运动、泥沙沉降和悬浮方面的相似）。

（5）在研究有关波浪模型试验和带波动的流动现象，如水流绕固定障碍物（桥墩、边墩等）的流动等的模型试验中，为了实现与原型主要作用力的相似，如果在原型水流中表面张力不起主要作用，那么在模型中必须力求表面张力的影响减到最小程度，则要求模型中液流的深度 $h\geqslant 2.5\sim 3$cm。

【例 12－1】 有一输水管道，管径 $d=1$m，长度为 500m，管壁的粗糙高度约为 0.3cm，根据实验室设备的可能性，长度比尺 $\lambda_L=25$，试设计一几何相似的模型。

解 这个模型是研究有压管道的阻力，即沿程阻力和局部阻力问题。局部阻力仅与边界几何形状有关，可由几何相似条件来控制；沿程阻力则直接与沿程水头损失系数相关，沿程水头损失系数是粗糙度和雷诺数的函数，因此本模型应按粘滞力相似准则设计。

模型几何尺寸:长度 $$L_m=\frac{L_p}{\lambda_L}=\frac{500}{25}=20\text{m}$$

管径 $$d_m=\frac{d_p}{\lambda_L}=\frac{1}{25}=0.04\text{m}$$

粗糙度 $$\Delta_m=\frac{d_p}{\lambda_L}=\frac{0.003}{25}=0.00012\text{m}$$

一般铸铁管可以用作模型材料。

水流运动要素的比尺：流速比尺 $\lambda_v=\lambda_L^{-1}=\frac{1}{25}$

流量比尺 $\lambda_Q=\lambda_L=25$

【例 12-2】 某水闸遇洪水时泄洪，平时则闭闸抬高上游水位，保证总干渠的设计水位。该闸原设计为 13 孔，闸宽 144.4m，每孔净宽 10m。渠底高程为 45.98m，闸坎堰型采用实用堰，流量系数采用 0.45，堰顶高程为 51.00m，上设弧形闸门，闸下设消力池，池深为 0.5m，池长为 23m，消力池下游设海漫。设计的泄流能力见表 12-1。

表 12-1 泄流能力表

流量 (m^3/s)	下游水位 (m)	上游水位 (m)	流量 (m^3/s)	下游水位 (m)	上游水位 (m)
$Q_{校核}=3640$	53.93	57.00	$Q_{设计}=2850$	53.07	57.00

表 12-2 模型比尺

流量比尺 λ_Q	流速比尺 λ_v	水深比尺 λ_h
4150	5.29	28

完成该闸的设计以后，希望对闸的泄流能力和消能效果进行验证。

模型按重力相似准则设计，模型取闸的二孔在玻璃明槽内进行试验。根据试验设备情况，取长度比尺 $\lambda_L=28$。其它模型比尺见表 12-2。

(1) 研究水闸的过水能力。堰闸的过水能力与流量系数 m 有关，而堰闸的流量系数尚无可靠的理论计算方法，只能用经验公式来估算，确切的数据需用试验求得，这里就是要利用断面模型来测量堰的流量系数，并与原设计取用的值比较，如试验求得的 m 值小于原设计取用的 m 值，则就表明原设计的闸孔将不能在给定的上、下游水位下通过设计洪水流量；若试验求得的 m 值大于原设计取用的值，则原设计是不经济的。

试验时，在模型中泄放不同的流量，闸门全部开启，过堰水流为自由出流。用测针测出相应的上游水头，再用堰的流量公式反求出流量系数。

$$m=\frac{Q_m}{B_m\sqrt{2g}H_{0m}^{3/2}}$$

式中 Q_m——通过模型的流量；

B_m——模型闸孔净宽；

H_{0m}——模型的堰上总水头。

(2) 研究下游消能措施。通过原型两孔的校核流量应是 $Q_{校}=560m^3/s$，设计流量为 $Q_{设}=438.36m^3/s$，在模型中泄放流量应该是

$$Q_{设m}=\frac{Q_{设p}}{\lambda_Q}=\frac{438.36}{4150}=0.106m^3/s$$

$$Q_{校m}=\frac{Q_{校p}}{\lambda_Q}=\frac{560}{4150}=0.135m^3/s$$

按相应的上下游水位计算上游水头 H 及下游水深 h_t，再由下式换算成模型中的数值进行控制

$$H_m = \frac{H_p}{\lambda_L}, h_{tm} = \frac{h_{t_p}}{\lambda_L}$$

即

$$H_m = \frac{H_p}{\lambda_L} = \frac{57-51}{28} = 0.214\text{m}$$

由设计要求，校核流量和设计流量的 H_m 均相同。校核流量和设计流量情况下模型中的下游水深分别为

$$h_{t校} = \frac{h_{tp}}{\lambda_L} = \frac{53.93-45.98}{28} = 0.284\text{m}$$

$$h_{t设} = \frac{h_{tp}}{\lambda_L} = \frac{53.07-45.98}{28} = 0.253\text{m}$$

根据上面算得的 $Q_{校m}$ 和 $Q_{设m}$ 在模型中放水，按上面求出模型中的堰上水头和下游水深进行控制，用测量仪器测出消力池出口断面上各垂线的流速分布，并换算成原型流速值。

$$u_p = u_m \lambda_L^{1/2}$$

利用流速分布图并结合流态的观察来判断消能效果。

习　　题

12-1　有一试验模型进行溢流坝试验，试验使用正态模型（$\lambda_L=20$），测得 $Q_m=0.18\text{m}^3/\text{s}$，堰上水头 $H_m=0.15\text{m}$，下游收缩断面处流速 $v_{cm}=3.35\text{m/s}$。试求相对原型的流量、堰上水头和收缩断面处的水深。

12-2　若实验室最大供水能力 $Q_{max}=0.20\text{m}^3/\text{s}$，若用重力与阻力（阻力平方区）相似原理设计实际流量为 $300\text{m}^3/\text{s}$ 的建筑物时，试确定相应的流速、流量、时间比尺。

第十三章　Microsoft Excel 在水力计算中的应用

第一节　概　　述

一、Excel 在水力计算中的作用

水力学中常遇到试算和利用同一个公式需要代入不同数值进行反复计算的问题。通常用手工计算不仅计算量大，而且计算精度低，耗时费力，利用计算机计算就简单多了。若利用计算机语言编制程序来计算，需要具有一定的编程能力，对多数人有一定难度。Microsoft Excel（简称 Excel）是 Microsoft Office 中的一个重要组件，具有强大的计算功能，利用 Excel 可以有效提高水力计算的速度和精度，具有快速、简便、灵活的特点。

例如，在明渠恒定均匀流一章中，已知渠道的流量 Q、底坡 i、糙率 n、边坡系数 m 以及底宽 b，求明渠均匀流的正常水深 h_0，需要解关于水深 h_0 的一元高次方程，用手工只能试算求解，计算工作量很大；采用图解法计算精度低，而利用 Excel 的“单变量求解”功能，可以方便、快捷地解决问题。又如在明渠恒定非均匀流一章中，要计算棱柱体、非棱柱体渠道中的水面线，需要反复计算不同过水断面以及两断面间的水力要素，计算量更大，但使用 Excel 的“拖动填充”和“单变量求解”功能也可以方便地解决问题，更能体现其优越性。还有一些其它问题，如水工建筑物下游水流衔接与消能中的收缩断面水深的计算、消力池池深的确定等，都可以利用 Excel 解决问题。

二、Excel 常用数值计算方法

“拖动填充”是 Excel 的重要计算工具。操作为：在活动单元格或当前选定区域的右下角有一个黑色的小方框“▪”，将鼠标移到黑色的小方框“▪”附近，当鼠标指针变成黑十字型“✚”时，按住鼠标左键拖动至需要填充数据的单元格，最后放开鼠标按键。在拖动过程中引用的相对单元格会随行和列的变化而变动，如果引用绝对单元格，则单元格不随行或列的改变而变化，具体应用见棱柱体、非棱柱体渠道非均匀渐变流水面线计算。

实现 Excel 拖放填充操作，必须保证“单元格拖放功能”处于打开状态，如果处以关闭状态，可以按以下操作步骤打开：在“工具”菜单上、单击“选项”、再单击“编辑”选项卡，选中或清除“单元格拖放功能”复选框，Excel 默认功能处于启动状态。

“单变量求解”是一组命令的组成部分，这些命令有时也称作假设分析工具。如果已知单个公式的预期结果，而确定此公式结果的输入值未知，则可使用“单变量求解”功能反求输入值。使用“单变量求解”功能，通过单击“工具”菜单上的“单变量求解”即可。当进行单变量求解时，Microsoft Excel 会不断改变特定单元格中的值，直到依赖于此单元格的公式返回所需的结果为止。具体应用见明渠均匀流正常水深 h_0、底宽 b 以及

临界水深 h_k 和挖深式消力池池深计算。

本章简要介绍几个利用 Excel 进行水力计算的实例，以帮助读者更好地使用 Excel，达到抛砖引玉的作用。

第二节 计 算 实 例

一、梯形断面明渠均匀流正常水深计算

【例 13-1】 已知某梯形断面渠道，底宽 $b=8\text{m}$，边坡系数 $m=2$，底坡 $i=0.0005$，糙率 $n=0.025$，当渠道过流量 $Q=25\text{m}^3/\text{s}$ 时，试求渠道正常水深 h_0。

明渠均匀流的计算公式为

$$Q = AC\sqrt{Ri} = \frac{A}{n}R^{2/3}i^{1/2} \tag{13-1}$$

对于梯形断面明渠，上式可写成

$$Q = \frac{A}{n}R^{2/3}i^{1/2} = \frac{(b+mh)h}{n}\left[\frac{(b+mh)h}{b+2h\sqrt{1+m^2}}\right]^{2/3}i^{1/2} \tag{13-2}$$

当 Q、i、n、m、b 已知时，式（13-2）为关于水深 h_0 的一元高次方程，难以直接求解，可以使用 Excel“单变量求解”功能解决。

	A	B	C	D	E	F
1	**Q=**	**25**	**b=**	**8**	**m=**	**2**
2	**n=**	**0.025**	**i=**	**0.0005**		

图 13-1 计算正常水深 h_0 已知数据填充图

具体计算步骤是：

（一）输入已知数据

将已知的 Q、b、m、n、i 填入相应的单元格中，如图 13-1 所示。

F4 fx =B4*E4*SQRT(D4*$D$2)

	A	B	C	D	E	F
1	**Q=**	**25**	**b=**	**8**	**m=**	**2**
2	**n=**	**0.025**	**i=**	**0.0005**		
3	**h**	**A**	**χ**	**R**	**C**	**Q**
4	**1**	**10**	**12.47**	**0.8018**	**38.55**	**7.719**

图 13-2 断面水力参数 A、χ、R、C、Q 计算填充图

（二）假设水深，计算过水断面上的水力参数 A、χ、R、C、Q

（1）将过水断面上的水力要素符号 h、A、χ、R、C、Q 按顺序填入同一行不同的单元格中，如图 13-2。

（2）设任意一个初始水深 h，例如 $h=1\text{m}$。将 h 值及表 13-1 中提供的计算 A、χ、R、C、Q 的 Excel 计算公式依次输入 A4、B4、C4、D4、E4、F4 单元格中。每完成一个输入，按回车键即可完成一项计算。例如，计算过水断面面积 A 的方法为：

表 13-1　　正常水深 h_0 的 Excel 计算公式

计算内容	计算公式	相应的 Excel 计算公式
A	$(b+mh)\ h$	=（$D$1+$F$1*A4）*A4
χ	$b+2h\sqrt{1+m^2}$	=$D$1+2*A4*SQRT（1+$F$1*$F$1）
R	A/χ	=B4/C4
C	$\frac{1}{n}R^{1/6}$	=1/$B$2*D4^（1/6）
Q	$AC\sqrt{Ri}$	=B4*E4*SQRT（D4*$D$2）

1）单击 B4 单元格，使其成为活动单元格；

2）在 B4 单元格中输入“＝（$D$1＋$F$1 * A4） * A4”（输入位置在图中的第一行，$f(x)=\cdots$），按回车键即可计算出水深 $h=1\text{m}$ 的过水断面面积，$A=10\text{m}^2$。依此类推，可求出 χ、R、C、Q 的数值，计算结果见图 13－2。应当引起注意的是：在输入 Excel 计算公式时，前面必须输入“＝”号。

（3）应注意的问题。

1）在表 13－1 中所列的 Excel 计算公式中，已知数据应引用绝对单元格，如例题中 b、m、i、n；欲求的正常水深以及随正常水深变化的量 A、χ、R、C、Q，在计算过程中是可变的，应引用相对单元格。引用绝对单元格与相对单元格的区别是：引用绝对单元格应在已知数据所在的单元格所处的列、行的序号前加“$”，如渠底宽 $b=8\text{m}$，“8”处在 D 列第一行，不管计算哪一个水力要素值，凡遇到底宽 b，均写为“$D$1”。引用相对单元格不需要加“$”。如计算水力半径 R，过水断面面积 A、湿周 χ 均随水深 h 而变化，故应引用相对单元格。A 的数值和 χ 的数值分别处在 B 列第四行和 C 列第四行，因此水力半径 R 的 Excel 计算公式应写在 D 列第四行，在此单元格中输入“＝B4/C4”。

2）表 13－1 中所列的 Excel 计算公式，是和断面水力参数填充的单元格位置相对应的，断面水力参数填充的位置发生变化，相应的 Excel 计算公式也随之变化。如图 13－3 所示，本例题变化已知数据 n、i 的输入位置，表 13－1 中所列的 Excel 计算公式都将改变，例如相应的水力半径 R 的 Excel 计算公式变为“＝B3/C3”输入到 D3 单元格中；流量 Q 的 Excel 计算公式变为“＝B3 * E3 * SQRT（D3 * $J$1）”，输入到 F3 单元格中，见图 13－3 中的 Excel 公式编辑栏。

F3　=B3*E3*SQRT(D3*$J$1)

	A	B	C	D	E	F	G	H	I	J
1	Q=	25	b=	8	m=	2	n=	0.025	i=	0.0005
2	h	A	χ	R	C	Q				
3	1	10	12.47	0.8018	38.55	7.719				

图 13－3

（三）利用 Excel“单变量求解”功能求解渠道正常水深 h_0

由图 13－2 可知，当初始水深 $h=1\text{m}$ 时，计算得到的流量为 7.719 m^3/s，显然和已知流量 $Q=25\text{m}^3/\text{s}$ 不符。改变水深，流量也会随之变化，当某一水深 h 刚好使流量 $Q=25\text{m}^3/\text{s}$ 时，此水深 h 就是我们欲求的正常水深 h_0。利用 Excel“单变量求解”功能，可以方便地解决这一问题，方法是：

（1）在图 13－2 中，单击 F4 单元格，使其成为活动单元格；

（2）在“工具”菜单上单击“单变量求解”，弹出如图 13－4（a）所示的“单变量求解”对话框；

（3）在单变量求解对话框的“目标单元格”中输入 F4（流量所在单元格），“目标值”中输入 25（已知流量），“可变单元格”中输入 $A$4（欲求的渠道正常水深 h_0 所在单元格），结果见图 13－4（b）。填写完毕后单击“确定”按钮，弹出如图 13－5 所示的“单变量求解状态”对话框；

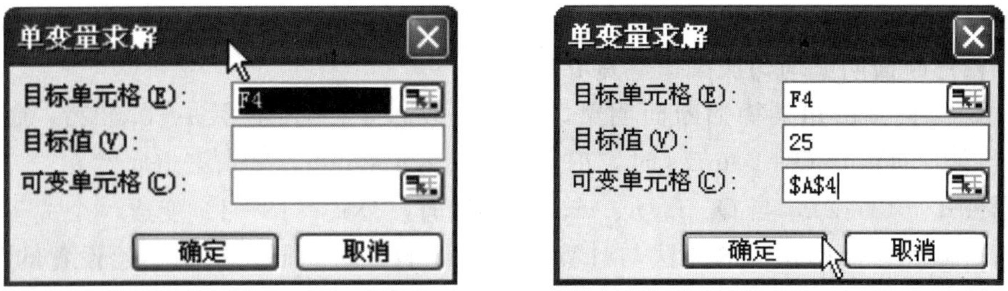

(a) (b)

图 13-4 单变量求解对话框

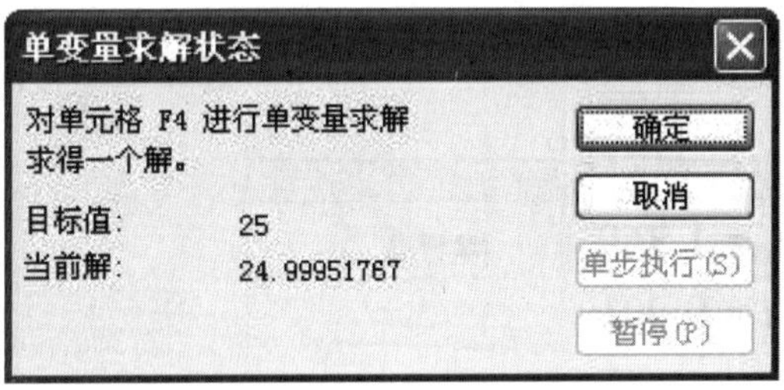

图 13-5 单变量求解成果图

（4）单击“单变量求解状态”对话框的“确定”按钮后即可完成计算任务，如图 13-6 所示。

由图 13-6 可以知道单变量求解后最终 $h_0=1.916$m。计算成果保留的小数位数可以人为设置，但对计算精度没有任何影响。

正常水深初始值设置为多少，对最终计算成果影响极小。如果初始值设置较准确，仅仅是提高计算机的计算速度。如果对计算精度要求更高的话，可以设置 Excel 的“迭代精度”。在“工具”菜单上，单击“选项”，再选择“重新计算”选项卡，可以设置“最多迭代次

	A	B	C	D	E	F
1	*Q*=	25	*b*=	8	*m*=	2
2	*n*=	0.025	*i*=	0.0005		
3	*h*	*A*	*χ*	*R*	*C*	*Q*
4	1.916	22.67	16.57	1.3683	42.15	25

图 13-6 使用 Excel 计算正常水深成果图

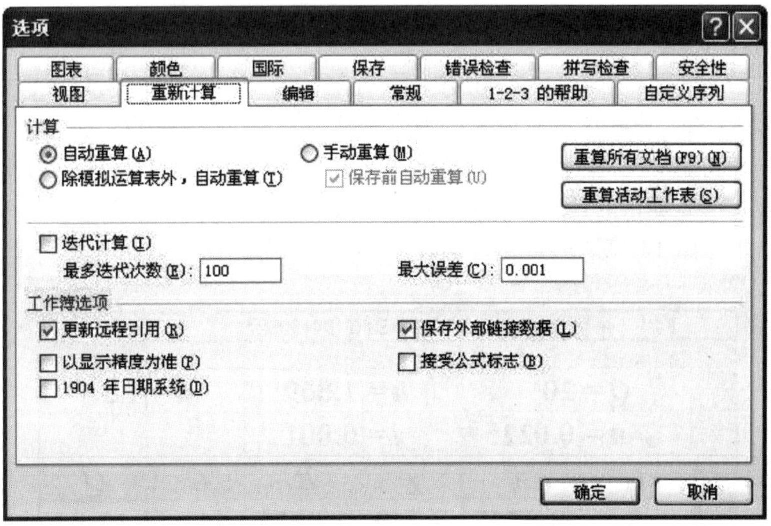

图 13-7 “最多迭代次数”和“最大误差”设置图

数”和“最大误差”值，如图 13－7 所示。Excel 的默认值分别为 100 和 0.001，一般使用 Excel 的默认值就可以满足计算要求。

二、梯形断面明渠均匀流渠道底宽 *b* 计算

【例 13－2】　已知某梯形断面明渠，边坡系数 $m=1.5$，糙率 $n=0.0225$，底坡 $i=0.001$，当渠道过流量 $Q=20\text{m}^3/\text{s}$ 时，正常水深 $h_0=1.869\text{m}$，试求渠道底宽 b。

根据公式（13－2），当 Q、i、n、m、h_0 已知时，公式（13－1）变成一个关于底宽 b 的一元高次方程。计算底宽的方法与计算正常水深的方法相同，只是初始设置的值是底宽 b。

具体计算步骤是：

（一）输入已知数据

将已知的 Q、h_0、m、n、i 填入相应的单元格中，如图 13－8 所示。

	A	B	C	D	E	F
1	Q=	20	h0=	1.869	m=	1.5
2	n=	0.0225	i=	0.001		

图 13－8　求解底宽已知数据填充图

表 13－2　　**渠道底宽 *b* 的 Excel 计算公式**

计算内容	计算公式	相应的 Excel 计算公式
A	$(b+mh)h$	＝（A4＋$F$1＊$D$1）＊$D$1
χ	$b+2h\sqrt{1+m^2}$	＝A4＋2＊$D$1＊SQRT（1＋$F$1＊$F$1）
R	A/χ	＝B4/C4
C	$\frac{1}{n}R^{1/6}$	＝1/$B$2＊D4^（1/6）
Q	$AC\sqrt{Ri}$	＝B4＊E4＊SQRT（D4＊$D$2）

（二）假设底宽，计算过水断面上的水力参数 A、χ、R、C、Q

设任意一个初始底宽 b（$b=2\text{m}$）填入 A4 单元格，在 B4、C4、D4、E4、F4 单元格中依次输入表 13－2 提供的计算 A、χ、R、C、Q 的 Excel 计算公式，计算 A、χ、R、C、Q 值，计算结果见图 13－9。

F4　fx　=B4*E4*SQRT(D4*$D$2)

	A	B	C	D	E	F
1	Q=	20	h=	1.869	m=	1.5
2	n=	0.0225	i=	0.001		
3	b	A	χ	R	C	Q
4	2	8.9777	8.739	1.0273	44.64	12.85

图 13－9　参数 A、χ、R、C、Q 计算填充图

（三）利用 Excel 的"单变量求解"功能求解渠道底宽 b

由图 13－9 可知，当初始底宽 b 为 2m 时，计算得到的流量为 $12.85m^3/s$，显然和已知流量 20 m^3/s 不符，需要利用 Excel 的"单变量求解"功能。

（1）单击 F4 单元格，使其成为活动单元格。

（2）在"工具"菜单上，单击"单变量求解"，弹出"单变量求解"对话框。

（3）在"单变量求解"对话框的"目标单元格"中输入 F4（流量所在单元格），"目标值"中输入 20（已知流量），"可变单元格"中输入 ＄A＄4（欲求的底宽所在单元格），填写完毕后单击"确定"按钮，弹出"单变量求解状态"对话框。

（4）单击"单变量求解状态"对话框的"确定"按钮，即可完成计算任务，如图 13－10 所示。从图 13－10 中可知，单变量求解后最终底宽 $b=4$m。

	A	B	C	D	E	F
1	Q=	20	h=	1.869	m=	1.5
2	n=	0.0225	i=	0.001		
3	b	A	χ	R	C	Q
4	4	12.716	10.74	1.1841	45.71	20

图 13－10　使用 Excel 计算底宽成果图

三、梯形断面明渠临界水深计算

【例 13－3】　已知某梯形断面渠道，底宽 $b=8$m，边坡系数 $m=2$，当渠道过流量 $Q=25m^3/s$ 时，求渠道临界水深 h_k。

临界水深 h_k 的计算公式为

$$\frac{\alpha Q^2}{g}=\frac{A_k^3}{B_k} \tag{13-3}$$

对于梯形断面，式（13－3）可写为

$$\frac{\alpha Q^2}{g}=\frac{A_k^2}{B_k}=\frac{[(b+mh_k)h_k]^3}{b+2mh_k} \tag{13-4}$$

公式（13－4）左端为已知量，右端为含有未知量 h_k 的函数，而且是一个高次的隐函数，无法直接求解。这个问题同样可以使用 Excel"单变量求解"功能解决，计算步骤是：

（一）输入已知的 Q、b、m 值和 $Q^2/g=63.78$，如图 13－11 所示。

	A	B	C	D	E	F	G	H
1	Q=	25	b=	8	m=	2	Q²/g=	63.78

图 13－11　求解临界水深 h_k 数据填充图

（二）假设临界水深，计算对应的过水断面水力参数 A、B、A^3/B

设任意一个初始临界水深 h_k（$h_k=0.5$m）填入 A3 单元格，按照表 13－3 提供的 Excel 计算公式依次计算 A、B、A^3/B 的数值。计算结果见图 13－12。

D3　　f_x =B3^3/C3

	A	B	C	D	E	F	G	H
1	Q=	25	b=	8	m=	2	Q^2/g=	63.78
2	h	A	B	A^3/B				
3	0.5	4.5	10	9.11				

图 13-12　参数 A、B、A^3/B 计算填充图

表 13-3　　梯形断面渠道临界水深 h_k 的 Excel 计算公式

计算内容	计算公式	相应的 Excel 计算公式
A	$(b+mh)h$	=（$D$1+$F$1*A3）*A3
B	$b+2mh$	=$D$1+2*$F$1*A3
A^3/B		=B3^3/C3

（三）利用 Excel“单变量求解”功能求解临界水深 h_k

从图 13-12 中可知，当初始临界水深为 0.5m，$A_k^3/B_k=9.11$，和（13-3）式左端 $Q^2/g=63.78$ 不相等，使（13-3）式成立的水深才是我们欲求的临界水深，需要利用 Excel“单变量求解”功能求解。

（1）单击 D3 单元格，使其成为活动单元格。

（2）在“工具”菜单上单击“单变量求解”，弹出“单变量求解”对话框。

（3）在“单变量求解”对话框的“目标单元格”中输入 D3，“目标值”中输入 63.78（$Q^2/g=63.78$），“可变单元格”中输入 $A$3（欲求的临界水深所在单元格），填写完毕后单击“确定”按钮，弹出“单变量求解状态”对话框。

（4）单击“单变量求解状态”对话框的“确定”按钮，即可完成计算任务，如图 13-13 所示。

	A	B	C	D	E	F	G	H
1	Q=	25	b=	8	m=	2	Q^2/g=	63.78
2	h	A	B	A^3/B				
3	0.921	9.066	11.68	63.78				

图 13-13　渠道临界水深计算图

由图 13-13 可知，临界水深 $h_k=0.921$m。

四、梯形断面棱柱体明渠恒定非均匀渐变流水面线计算

【例 13-4】　某退水渠泄水流量 $Q=25\text{m}^3/\text{s}$，断面为梯形，渠道底宽 $b=8$m，边坡系数 $m=2$，渠道糙率 $n=0.025$，渠道底坡 $i=0.0005$，渠道长 $L=3335$m，退水进入下游河道，渠道出口断面水深 3.5m，试求渠道水面线。

（一）计算 h_0、h_k，判别水面线类型

用上面所讲的正常水深 h_0 及临界水深 h_k 的计算方法首先计算出该渠道的正常水深 h_0

$=1.916m$，临界水深 $h_k=0.921m$。因 $h_0>h_k$，故渠道底坡为缓坡，又因渠道末端水深 $h=3.5m>h_0$，所以渠道产生 a_1 型水面曲线。

（二）选择控制断面，按水深进行分段

渠道底坡为缓坡，$h>h_k$，渠道中的水流为缓流，控制断面在下游，应从下游向上游逐段推求水面线。选取渠道出口断面为控制断面，水深 $h=3.5m$。

由于是 a_1 型水面线，逆水流方向水深减小，越近上游水深越接近正常水深，结合水面曲线性质按水深分段。水深每段变化多少，应根据水面线陡缓程度及精度要求确定，本题按水深 0.2m 递减。在 A4～A10 单元格中填入各断面相应的水深 3.30m、3.1m、2.9m、2.7m、…、2.10m，如图 13-14（e）所示。

（三）水面线计算

（1）输入已知数据。

输入已知的 Q、b、m、n、i、正常水深 h_0、临界水深 h_k 及水面线的线型，如图 13-14（a）所示。

（2）计算每一水深对应的 A、v、$v^2/2g$、E_s、χ、R、C 及两断面间的 ΔE_s、v_p、C_p、R_p、J_p、ΔL_i 和水面线累积长度 $\sum\Delta L_i$，计算过程如下：

1）控制断面水深为 3.5m，在 A3 单元格中输入 3.5，然后在 B3 至 H3 单元格中依次输入表 13-4 中提供的 Excel 计算公式，计算 A、v、$v^2/2g$、E_s、χ、R、C 的值，如图 13-14（b）所示。

表 13-4　棱柱体渠道水面线计算断面水力参数的 Excel 计算公式

计算内容	计算公式	相应的 Excel 计算公式
A	$(b+mh)h$	=（$D$1+$F$1*A3）*A3
v	Q/A	=$B$1/B3
$v^2/2g$		=C3*C3/（2*9.8）
E_s	$h+v^2/2g$	=A3+D3
χ	$b+2h\sqrt{1+m^2}$	=$D$1+2*A3*SQRT（1+$F$1*$F$1）
R	A/χ	=B3/F3
C	$\frac{1}{n}R^{1/6}$	=1/$H$1*G3^（1/6）

表 13-5　棱柱体渠道水面线计算两断面间水力参数的 Excel 计算公式

计算内容	计算公式	相应的 Excel 计算公式	备注
ΔE_s	$E_{sd}-E_{su}$	=E3-E4	下游断面比能－上游断面比能
v_p	$(v_1+v_2)/2$	=（C4+C3）/2	下标 p 表示平均值
C_p	$(C_1+C_2)/2$	=（H3+H4）/2	
R_p	$(R_1+R_2)/2$	=（G4+G3）/2	
J_p	$\frac{v_p^2}{C_p^2R_p}$	=J4*J4/（K4*K4*L4）	
ΔL_i	$\frac{\Delta E_s}{i-J_p}$	=I4/（$J$1-M4）	
$\sum\Delta L_i$		=N4+O3	

	A	B	C	D	E	F	G	H	I	J	K	L	M	N	O	P
1	$Q=$	25	$b=$	8	$m=$	2	$n=$	0.025	$i=$	0.0005	$h_0=$	1.916	$h_k=$	0.921	线型	a_1

(a)

H3 =1/$H$1*G3^(1/6)

	A	B	C	D	E	F	G	H	I	J	K	L	M	N	O	P
1	$Q=$	25	$b=$	8	$m=$	2	$n=$	0.025	$i=$	0.0005	$h_0=$	1.916	$h_k=$	0.921	线型	a_1
2	h	A	v	$v^2/2g$	E_s	χ	R	C	ΔE_s	v_p	C_p	R_p	J_p	ΔL_i	$\Sigma\Delta L_i$	
3	3.50	52.50	0.476	0.0116	3.512	23.652	2.220	45.685								

(b)

	A	B	C	D	E	F	G	H	I	J	K	L	M	N	O	P
1	$Q=$	25	$b=$	8	$m=$	2	$n=$	0.025	$i=$	0.0005	$h_0=$	1.916	$h_k=$	0.921	线型	a_1
2	h	A	v	$v^2/2g$	E_s	χ	R	C	ΔE_s	v_p	C_p	R_p	J_p	ΔL_i	$\Sigma\Delta L_i$	
3	3.50	52.50	0.476	0.0116	3.512	23.652	2.220	45.685								
4	3.30	48.18	0.519	0.0137	3.314	22.758	2.117	45.326								

(c)

	A	B	C	D	E	F	G	H	I	J	K	L	M	N	O	P
1	$Q=$	25	$b=$	8	$m=$	2	$n=$	0.025	$i=$	0.0005	$h_0=$	1.916	$h_k=$	0.921	线型	a_1
2	h	A	v	$v^2/2g$	E_s	χ	R	C	ΔE_s	v_p	C_p	R_p	J_p	ΔL_i	$\Sigma\Delta L_i$	
3	3.50	52.50	0.476	0.0116	3.512	23.652	2.220	45.685								
4	3.30	48.18	0.519	0.0137	3.314	22.758	2.117	45.326	0.198	0.498	45.506	2.168	0.0000551	444.7	444.7	

(d)

	A	B	C	D	E	F	G	H	I	J	K	L	M	N	O	P
1	$Q=$	25	$b=$	8	$m=$	2	$n=$	0.025	$i=$	0.0005	$h_0=$	1.916	$h_k=$	0.921	线型	a_1
2	h	A	v	$v^2/2g$	E_s	χ	R	C	ΔE_s	v_p	C_p	R_p	J_p	ΔL_i	$\Sigma\Delta L_i$	
3	3.50	52.50	0.476	0.0116	3.512	23.652	2.220	45.685								
4	3.30	48.18	0.519	0.0137	3.314	22.758	2.117	45.326	0.198	0.498	45.506	2.168	0.0000551	444.7	444.7	
5	3.10	44.02	0.568	0.0165	3.116	21.864	2.013	44.948	0.197	0.543	45.137	2.065	0.0000702	459.0	903.7	
6	2.90	40.02	0.625	0.0199	2.920	20.969	1.909	44.549	0.197	0.596	44.749	1.961	0.0000906	480.0	1383.7	
7	2.70	36.18	0.691	0.0244	2.724	20.075	1.802	44.126	0.196	0.658	44.338	1.855	0.0001186	512.8	1896.5	
8	2.50	32.50	0.769	0.0302	2.530	19.180	1.694	43.675	0.194	0.730	43.901	1.748	0.0001582	568.1	2464.6	
9	2.30	28.98	0.863	0.0380	2.338	18.286	1.585	43.191	0.192	0.816	43.433	1.640	0.0002152	675.0	3139.6	
10	2.10	25.62	0.976	0.0486	2.149	17.391	1.473	42.668	0.189	0.919	42.929	1.529	0.0002999	946.4	4086.0	

(e)

	A	B	C	D	E	F	G	H	I	J	K	L	M	N	O	P
1	$Q=$	25	$b=$	8	$m=$	2	$n=$	0.025	$i=$	0.0005	$h_0=$	1.916	$h_k=$	0.921	线型	a_1
2	h	A	v	$v^2/2g$	E_s	χ	R	C	ΔE_s	v_p	C_p	R_p	J_p	ΔL_i	$\Sigma\Delta L_i$	
3	3.50	52.50	0.476	0.0116	3.512	23.652	2.220	45.685								
4	3.30	48.18	0.519	0.0137	3.314	22.758	2.117	45.326	0.198	0.498	45.506	2.168	0.0000551	444.7	444.7	
5	3.10	44.02	0.568	0.0165	3.116	21.864	2.013	44.948	0.197	0.543	45.137	2.065	0.0000702	459.0	903.7	
6	2.90	40.02	0.625	0.0199	2.920	20.969	1.909	44.549	0.197	0.596	44.749	1.961	0.0000906	480.0	1383.7	
7	2.70	36.18	0.691	0.0244	2.724	20.075	1.802	44.126	0.196	0.658	44.338	1.855	0.0001186	512.8	1896.5	
8	2.50	32.50	0.769	0.0302	2.530	19.180	1.694	43.675	0.194	0.730	43.901	1.748	0.0001582	568.1	2464.6	
9	2.30	28.98	0.863	0.0380	2.338	18.286	1.585	43.191	0.192	0.816	43.433	1.640	0.0002152	675.0	3139.6	
10	2.25	28.13	0.889	0.0403	2.290	18.062	1.557	43.064	0.048	0.876	43.127	1.571	0.0002625	200.7	3335.0	

(f)

图 13－14 棱柱体梯形断面明渠恒定非均匀渐变流水面线计算图

	A	B	C	D	E	F	G	H	I	J	K	L	M	N	O	P	Q
1	$Q=$	580	$n=$	0.014	$i_1=$	0.03											
2	断面	b	h	A	v	$v^2/2g$	E_s	χ	R	C	v_p	C_p	R_p	J_p	Δs	$E_{su}+i_1\Delta s$	$E_{sd}+J_p\Delta s$
3	1-1	60	2.120														
4	2-2	50															
5	2-2	50															
6	3-3	40															

图 13－15 非棱柱体渠道水面线计算已知数据填充图

2）控制断面上游水深为 3.30m，计算此水深对应的水力要素时，可以使用 Excel 的“拖动填充”功能。具体方法是：选中 B3～H3 单元格，将鼠标移到选定区域的右下角，鼠标指针变为黑十字型“+”时，按住鼠标左键，向下拖动填充 B4～H4 单元格，最后放开鼠标左键，见图 13－14（c）。

3）在 I4 至 O4 单元格中依次输入表 13－5 提供的 Excel 计算公式，计算 ΔE_s、v_p、C_p、R_p、J_p、ΔL_i、$\sum \Delta L_i$ 的值，见图 13－14（d）。

4）计算 3.10m 至 2.10m 各水深对应的 A、v、$v^2/2g$、E_s、χ、R、C 及两断面间的 ΔE_s、v_p、C_p、R_p、J_p、ΔL_i 和水面线累积长度 $\sum \Delta L_i$ 时，同样使用 Excel 的“拖动填充”功能。具体方法是：选中 B4～O4 单元格，将鼠标移到选定区域的右下角，鼠标指针变为黑十字时，按住鼠标左键，向下拖动填充到 B10 至 O10 单元格，最后放开鼠标左键，见图 13－14（e）。

（四）计算水面线长度 $\sum \Delta L=3335$m 时的渠道断面水深

由图 13－14（e）所列计算结果看出，当渠道断面水深 $h=2.1$m 时，渠长 $\sum \Delta L=4086.0$m，已超过了渠道长度 $L=3335$m，应使用“单变量求解”功能计算当流程为 3335m 时的渠道断面水深。

（1）单击 O10 单元格，使其成为活动单元格。

（2）在“工具”菜单上单击“单变量求解”，弹出“单变量求解”对话框。

（3）在“单变量求解”对话框“目标单元格”中输入 O10（$\sum \Delta L$ 所在单元格），“目标值”中输入 3335（渠道长度 $L=3335$m），“可变单元格”中输入 \$A\$10（渠道始端水深所在单元格），填写完毕后单击“确定”按钮，弹出“单变量求解状态”对话框。

（4）单击“单变量求解状态”对话框的“确定”按钮，即可完成计算任务，如图 13－14（f）所示。从图 13－14（f）可知，始端水深为 2.25m。

五、非棱柱体明渠恒定非均匀渐变流水面线计算

【例 13－5】　某水库溢洪道，由两段组成，断面为矩形，上游为直线收缩段，底坡 $i_1=0.03$，收缩段以下等宽，$i_2=0.05$。已知收缩段进口 1—1 断面宽 60m，出口 3—3 断面宽 40m，收缩段长 50m。溢洪道用混凝土衬砌，糙率 $n=0.014$。当通过设计流量 $Q=580\text{m}^3/\text{s}$ 时，进口 1—1 断面的水深 $h_1=2.12$m，求设计流量下收缩段的水面线。

收缩段为非棱柱体明渠，先将渠道按流程分段，计算出断面尺寸。将收缩段分为两段，$\Delta S_1=25$m，$\Delta S_2=25$m，很容易计算出中间 2—2 断面的底宽 $b_2=50$m。

计算分为以下几个步骤：

（一）输入已知数据

在 Excel 表中输入已知数据 Q、n、i_1 及收缩段进口 1—1 断面的底宽 b_1、水深 h_1，中间 2—2 断面的底宽 b_2 和出口 3—3 断面的底宽 b_3。对于 2—2 断面，因计算过程中要涉及到计算相邻两个断面的水力要素平均值，所以应填入两个底宽值，如图 13－15 所示。

（二）计算 2—2 断面的水深

（1）按表 13－6 提供的 Excel 计算公式，依次计算 1—1 断面的水深所对应的断面水力要素 A、v、$v^2/2g$、E_s、χ、R、C，见图 13－16（a）。

	A	B	C	D	E	F	G	H	I	J	K	L	M	N	O	P	Q
1	$Q=$	580	$n=$	0.014	$i_1=$	0.03											
2	断面	b	h	A	v	$v^2/2g$	E_s	χ	R	C	v_p	C_p	R_p	J_p	Δs	$E_{su}+i_1\Delta s$	$E_{sd}+J_p\Delta s$
3	1-1	60	2.12	127.2	4.56	1.061	3.181	64.24	1.98	80.042							
4	2-2	50															
5	2-2	50															
6	3-3	40															

(a)

	A	B	C	D	E	F	G	H	I	J	K	L	M	N	O	P	Q
1	$Q=$	580	$n=$	0.014	$i_1=$	0.03											
2	断面	b	h	A	v	$v^2/2g$	E_s	χ	R	C	v_p	C_p	R_p	J_p	Δs	$E_{su}+i_1\Delta s$	$E_{sd}+J_p\Delta s$
3	1-1	60	2.120	127.20	4.560	1.061	3.181	64.240	1.980	80.042							
4	2-2	50	1.700	85.00	6.824	2.376	4.076	53.400	1.592	77.182							
5	2-2	50															
6	3-3	40															

(b)

	A	B	C	D	E	F	G	H	I	J	K	L	M	N	O	P	Q
1	$Q=$	580	$n=$	0.014	$i_1=$	0.03											
2	断面	b	h	A	v	$v^2/2g$	E_s	χ	R	C	v_p	C_p	R_p	J_p	Δs	$E_{su}+i_1\Delta s$	$E_{sd}+J_p\Delta s$
3	1-1	60	2.120	127.20	4.560	1.061	3.181	64.240	1.980	80.042						3.93	
4	2-2	50	1.700	85.00	6.824	2.376	4.076	53.400	1.592	77.182	5.692	78.612	1.786	0.0029352	25		4.15
5	2-2	50															
6	3-3	40															

(c)

	A	B	C	D	E	F	G	H	I	J	K	L	M	N	O	P	Q
1	$Q=$	580	$n=$	0.014	$i_1=$	0.03											
2	断面	b	h	A	v	$v^2/2g$	E_s	χ	R	C	v_p	C_p	R_p	J_p	Δs	$E_{su}+i_1\Delta s$	$E_{sd}+J_p\Delta s$
3	1-1	60	2.120	127.20	4.560	1.061	3.181	64.240	1.980	80.042						3.93	
4	2-2	50	1.842	92.09	6.298	2.024	3.866	53.684	1.715	78.151	5.429	79.097	1.848	0.0025495	25		3.93
5	2-2	50															
6	3-3	40															

(d)

图 13-16 非棱柱体渠道恒定非均匀渐变流水面线计算图

表 13-6　非棱柱体渠道水面线计算断面水力要素 Excel 计算公式

计算内容	计算公式	相应的 Excel 计算公式
A	$b\times h$	=B3 * C3
v	Q/A	= $B$1/D3
$v^2/2g$		=E3 * E3/（2 * 9.8）
E_s	$h+v^2/2g$	=C3+F3
χ	$b+2h$	=B3+2 * C3
R	A/χ	=D3/H3
C	$\frac{1}{n}R^{1/6}$	=1/$D$1 * I3^（1/6）

表 13-7　非棱柱体渠道水面线计算两断面间参数的 Excel 计算公式

计算内容	计算公式	相应的 Excel 计算公式	备注
v_p	$(v_1+v_2)/2$	=（E3+E4）/2	下标 p 表示平均值
C_p	$(C_1+C_2)/2$	=（J3+J4）/2	
R_p	$(R_1+R_2)/2$	=（I3+I4）/2	
J_p	$\frac{v_p^2}{C_p^2R_p}$	=K4 * K4/（L4 * L4 * M4）	
$E_{su}+i_1\Delta S$		=G3+$F$1 * O4	E_{su}表示上游断面比能
$E_{sd}+J_p\Delta S$		=G4+N4 * O4	E_{sd}表示下游断面比能

（2）设 2—2 断面的水深，计算 2—2 断面的水力要素。根据简单的计算可知，进口断面的临界水深 $h_{k1}=2.1205$m，对应的临界底坡 $i_{k1}=0.0025$；出口断面的临界水深 $h_{k2}=2.78$m，对应的临界底坡 $i_{k2}=0.0016$。因 i_{k1}、i_{k2} 均小于 i，故渐变段上的水流一定为急流。设 2—2 断面的水深为 1.7m，输入在 C4 单元格中，使用 Excel 的“拖动填充”功能计算 2—2 断面的水力要素。

选中 D3 至 J3 单元格，将鼠标移到选定区域的右下角，鼠标指针变为黑十字时，按住鼠标左键，向下拖动填充 D4～J4 单元格，然后放开鼠标左键，见图 13-16（b）。

（3）按表 13-7 提供的 Excel 计算公式，在 K4～N4 单元格中计算 1—1 断面和 2—2 断面的断面平均水力要素 v_p、C_p、R_p、J_p；在 O4 单元格中输入 1—1 断面和 2—2 断面的流段长 $\Delta S_1=25$m；在 P3、Q4 单元格输入表 13-7 所提供的 Excel 计算公式，计算 $E_{su}+i_1\Delta S$、$E_{sd}+J_p\Delta S$，见图 13-16（c）。

从图 13-16（c）可知，$E_{su}+i_1\Delta S=3.93$m；当 2—2 断面的水深 $h_2=1.7$m 时，$E_{sd}+J_p\Delta S=4.15$m，$E_{su}+i_1\Delta S\neq E_{sd}+J_p\Delta S$，因此 2—2 断面的水深不应等于 1.7m，只有使 $E_{sd}+J_p\Delta S=3.39$m 的水深才是欲求的 2—2 断面的水深。

（4）使用 Excel“单变量求解”功能求解 2—2 断面的水深。

1）单击 Q4 单元格，使其成为活动单元格。

2）在“工具”菜单上，单击“单变量求解”，弹出“单变量求解”对话框。

3）在“单变量求解”对话框中的“目标单元格”中输入 Q4（$E_{sd}+J_p\Delta S$ 所在单元

格)，“目标值”中输入 3.93，“可变单元格”中输入 $C$4（2—2 断面的水深所在单元格)，填写完毕后单击“确定”按钮，弹出“单变量求解状态”对话框。

4）单击“单变量求解状态”对话框的“确定”按钮，即可完成计算任务，2—2 断面的水深 $h_2=1.842\text{m}$，如图 13-16（d）所示。

（三）计算出口 3—3 断面的水深

计算 3—3 断面的水深和计算 2—2 断面水深的方法完全相同，但 2—2 断面成为上游断面，$h_2=1.842\text{m}$ 为已知水深（输入到 C5 单元格中），由 2—2 断面水深 h_2 求 3—3 断面的水深 h_3。

(1) 设 3—3 断面的水深，计算 3—3 断面的水力要素。设 3—3 断面的水深为 1.6m，输入到 C6 单元格中，使用 Excel 的“拖动填充”功能计算 3-3 断面的水力要素，方法是：选中 D4 至 J4 单元格，将鼠标移到选定区域的右下角，鼠标指针变为黑十字时，按住鼠标左键，向下拖动填充到 D6 至 J6 单元格，然后放开鼠标左键，见图 13-17（a）。

(2) 计算 2—2 断面和 3—3 断面的断面平均水力要素 v_p、C_p、R_p、J_p 和 $E_{su}+i_1\Delta S$、$E_{sd}+J_p\Delta S$ 的数值，不需要再重新输入 Excel 计算公式，只需要使用 Excel“编辑”菜单中的“选择性粘贴”功能即可，方法是：

1）选中 K4～N4 单元格，在“编辑”菜单上，单击“复制”，再选中 K6～N6 单元格，在“编辑”菜单上，单击“选择性粘贴”，弹出如图 13-18 所示的“选择性粘贴”对话框。然后，再选中对话框中的“公式”单选框，单击“确定”按钮，便把 K4～N4 单元格中的公式复制到 K6～N6 单元格中。

2）在 O6 单元格中输入 2—2 断面和 3—3 断面的流段长 $\Delta S_2=25\text{m}$。

3）单击 P3 单元格，在“编辑”菜单上，单击“复制”，再单击 P5 单元格，在“编辑”菜单上，单击“选择性粘贴”，弹出“选择性粘贴”对话框，再选中“公式”单选框，单击“确定”按钮，这样就把 P3 单元格中的公式复制到了 P5 单元格中。用同样的方法将 Q4 单元格中的公式也复制到 Q6 单元格，这样就完成了本条目的计算，见图 13-17（b）。

由图 13-17（b）可以看出，$E_{sd}+J_p\Delta S=5.94\text{m}$，$E_{sd}+J_p\Delta S\neq E_{su}+i_1\Delta S=4.62\text{m}$。

(3) 使用 Excel“单变量求解”功能求解 3—3 断面的水深。使用“单变量求解”功能求 3—3 断面的水深，目标单元格是 Q6，目标值（$E_{su}+i_1\Delta S=4.62$），可变单元格是 $C$6（3—3 断面水深所在单元格)，见图 13-17（c）。

从图 13-17（c）可知，出口 3—3 断面的水深 $h_3=2.106\text{m}$。

六、挖深式消力池池深计算

【例 13-6】 在矩形河槽中筑一曲线型溢流堰，单宽流量 $q=15\text{m}^3/\text{s}\cdot\text{m}$，坝顶高出下游河床 $P_2=15\text{m}$，堰上全水头 $H_0=3.63\text{m}$，下游水深 $h_t=5.5\text{m}$，流速系数 $\varphi=0.936$。试判断：(1) 溢流堰下游是否需要修建消力池？(2) 如果需要修建消力池，试设计挖深式消力池的尺寸。

（一）判断是否需要修建消力池

1. 计算收缩断面水深 h_c

收缩断面水深 h_c 的计算公式为

$$E_0=h_c+\frac{q^2}{2gh_c^2\varphi^2} \tag{13-5}$$

	A	B	C	D	E	F	G	H	I	J	K	L	M	N	O	P	Q
1	$Q=$	580	$n=$	0.014	$i_1=$	0.03											
2	断面	b	h	A	v	$v^2/2g$	E_s	χ	R	C	v_p	C_p	R_p	J_p	Δs	$E_{su}+i_1\Delta s$	$E_{sd}+J_p\Delta s$
3	1-1	60	2.120	127.20	4.560	1.061	3.181	64.240	1.980	80.042						3.93	
4	2-2	50	1.842	92.09	6.298	2.024	3.866	53.684	1.715	78.151	5.429	79.097	1.848	0.0025495	25		3.93
5	2-2	50	1.842	92.10	6.298	2.023	3.865	53.684	1.716	78.152							
6	3-3	40	1.600	64.00	9.063	4.190	5.790	43.200	1.481	76.264							

(a)

	A	B	C	D	E	F	G	H	I	J	K	L	M	N	O	P	Q
1	$Q=$	580	$n=$	0.014	$i_1=$	0.03											
2	断面	b	h	A	v	$v^2/2g$	E_s	χ	R	C	v_p	C_p	R_p	J_p	Δs	$E_{su}+i_1\Delta s$	$E_{sd}+J_p\Delta s$
3	1-1	60	2.120	127.20	4.560	1.061	3.181	64.240	1.980	80.042						3.93	
4	2-2	50	1.842	92.09	6.298	2.024	3.866	53.684	1.715	78.151	5.429	79.097	1.848	0.0025495	25		3.93
5	2-2	50	1.842	92.10	6.298	2.023	3.865	53.684	1.716	78.152						4.62	
6	3-3	40	1.600	64.00	9.063	4.190	5.790	43.200	1.481	76.264	7.680	77.208	1.599	0.006	25		5.94

(b)

	A	B	C	D	E	F	G	H	I	J	K	L	M	N	O	P	Q
1	$Q=$	580	$n=$	0.014	$i_1=$	0.03											
2	断面	b	h	A	v	$v^2/2g$	E_s	χ	R	C	v_p	C_p	R_p	J_p	Δs	$E_{su}+i_1\Delta s$	$E_{sd}+J_p\Delta s$
3	1-1	60	2.120	127.20	4.560	1.061	3.181	64.240	1.980	80.042						3.93	
4	2-2	50	1.842	92.09	6.298	2.024	3.866	53.684	1.715	78.151	5.429	79.097	1.848	0.0025495	25		3.93
5	2-2	50	1.842	92.10	6.298	2.023	3.865	53.684	1.716	78.152						4.62	
6	3-3	40	2.106	84.26	6.884	2.418	4.524	44.213	1.906	79.533	6.591	78.843	1.811	0.004	25		4.62

(c)

图 13-17 非棱柱体渠道恒定非均匀渐变流水面线计算图

式中 $E_0 = H_0 + P_2 = 3.63 + 15 = 18.63\text{m}$

公式（13－5）是关于收缩断面水深 h_c 的三次方程。应利用 Excel 的“单变量求解”功能求解收缩断面水深 h_c。

（1）输入已知数据。将 q＝15m^3/s·m、E_0＝H_0+P＝18.63m、φ＝0.936、h_t＝5.5m，输入在 B1、D1、F1、H1 中，如图 13－19 所示。

（2）任意设收缩断面水深 h_c，求与之相应的堰上总水头 E_0。任意设收缩断面水深 h_c＝0.5m，按表 13－8 在 B3 单元格中输入计算 E_0 的 Excel 计算公式，得堰前总水头 E_0＝52.912m，计算结果见图 13－20（a）。

图 13－18　公式粘贴设置图

	A	B	C	D	E	F	G	H
1	q=	15	E_0=	18.63	φ=	0.936	h_t=	5.5

图 13－19　计算收缩断面水深已知数据填充图

	A	B	C	D	E	F	G	H
1	q=	15	E_0=	18.63	φ=	0.936	h_t=	5.5
2	h_c	E_0						
3	0.500	52.912						

（a）

	A	B	C	D	E	F	G	H
1	q=	15	E_0=	18.63	φ=	0.936	h_t=	5.5
2	h_c	E_0						
3	0.859	18.630						

（b）

图 13－20　收缩断面水深 h_c 计算图

收缩断面水深 h_c＝0.5m，计算得到的 E_0 值和已知的 E_0＝18.63m 不相符，应利用 Excel“单变量求解”功能求解收缩断面水深 h_c。

（3）利用 Excel“单变量求解”功能求解收缩断面水深 h_c。单击 B3 单元格使其成为活单元格，然后在“工具”菜单上，单击“单变量求解”，弹出“单变量求解”对话框，在“单变量求解”对话框中的“目标单元格”中输入 B3，在“目标值”中输入 18.63（堰上总水头 E_0＝18.63m），在“可变单元格”中输入 $A$3（收缩断面水深 h_c 所在单元格），单击“确定”按钮，弹出“单变量求解状态”对话框，单击“单变量求解状态”对话框的“确定”按钮，即可完成计算任务。收缩断面水深 h_c＝0.859m，见图 13－20（b）。

2. 计算收缩断面水深 h_c 对应的跃后水深 h''_c，判断是否需要修建消力池

收缩断面水深 h_c 对应的跃后水深

$$h''_c = \frac{h_c}{2}\left(\sqrt{1+\frac{8q^2}{gh_c^3}}-1\right) \tag{13-6}$$

计算跃后水深 h''_c，只要在 C3 单元格中输入表 13-8 提供的 Excel 计算公式，便可得到跃后水深 h''_c 的数值，跃后水深 $h''_c=6.896$ m，如图 13-21 所示。

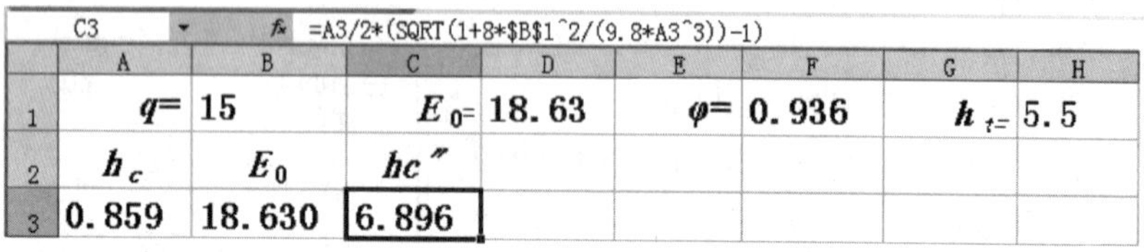

C3 =A3/2*(SQRT(1+8*$B$1^2/(9.8*A3^3))-1)

	A	B	C	D	E	F	G	H
1	q=	15	E 0=	18.63	φ=	0.936	h t=	5.5
2	h c	E 0	hc"					
3	0.859	18.630	6.896					

图 13-21 跃后水深 h''_c 的计算成果图

因为 $h''_c>h_t=5.5$m，所以下游发生远驱式水跃，需要修建消力池。

表 13-8 收缩断面水深 h_c 和 h''_c 的 Excel 计算公式

计算内容	计算公式	相应的 Excel 计算公式
E_0	$h_c+\frac{q^2}{2g\varphi^2h_c^2}$	=A3+ $B$1 * $B$1/ (2 * 9.8 * $F$1^2 * A3^2)
h''_c	$\frac{h_c}{2}\left(\sqrt{1+\frac{8q^2}{gh_c^3}}-1\right)$	=A3/2 * (SQRT (1+8 * $B$1^2/ (9.8 * A3^3)) -1)

（二）挖深式消力池池深计算

(1) 输入已知数据。将 $q=15\text{m}^3/\text{s}\cdot\text{m}$、$E_0=H_0+P=18.63$m、$\varphi=0.936$、$h_t=5.5$m，输入在 B1、D1、F1、H1 中，如图 13-22 (a) 所示。

(2) 假设消力池池深 d，计算挖深后的堰上水头 E'_0 和下游收缩断面水深 h_c。

1) 任意设池深 $d=1.5$m，输入到 A3 中，在 B3 中输入表 13-9 提供的计算的 Excel 计算公式，得 $E'_0=20.130$m，如图 13-22 (a) 所示。

2) 用迭代法计算 $d=1.5$m 的下游收缩断面水深 h_c。将公式 (13-5) 改写成下面的迭代算式，即

$$h_c=\sqrt{\frac{q^2}{2g\varphi^2(E'_0-h_c)}} \tag{13-7}$$

其迭代过程为：任意设收缩断面水深 h_{c1} 带入上式右端，算出 h_{c2}；再用 h_{c2} 带入上式右端，算出 h_{c3}；再用 h_{c3} 带入上式右边，算出 h_{c4}，重复上述步骤，直到前后两次迭代的收缩断面水深的误差能满足精度要求为止。

设初始的收缩断面水深 $h_{c1}=2$m，输入在 C3 单元格中，在 C4 单元格中输入表 13-9 中所列的计算 h_c 的 Excel 计算公式，得 $h_{c2}=0.8501$，见图 13-22 (a)；用 h_{c2} 计算 h_{c3} 以及后面的迭代计算可以使用 Excel 的“拖动填充”功能。方法是：单击 C4 单元格，向下拖动填充 C5～C10 单元格，见图 13-22 (a)。

	A	B	C	D	E	F	G	H	I
1	q=	15	E_0=	18.63	φ=	0.936	h_t=	5.5	
2	d	E_0'	h_c	h_c''	Δz_1	Δz_2	Δz	h_T	σ
3	1.500	20.130	2.0000						
4			0.8501						
5			0.8244						
6			0.8238						
7			0.8238						
8			0.8238						
9			0.8238						
10			0.8238						

(a)

	A	B	C	D	E	F	G	H	I
1	q=	15	E_0=	18.63	φ=	0.936	h_t=	5.5	
2	d	E_0'	h_c	h_c''	Δz_1	Δz_2	Δz	h_T	σ
3	1.500	20.130	2.0000	7.065	0.420	0.209	0.212	7.212	1.021
4			0.8501						
5			0.8244						
6			0.8238						
7			0.8238						
8			0.8238						
9			0.8238						
10			0.8238						

(b)

	A	B	C	D	E	F	G	H	I
1	q=	15	E_0=	18.63	φ=	0.936	h_t=	5.5	
2	d	E_0'	h_c	h_c''	Δz_1	Δz_2	Δz	h_T	σ
3	1.810	20.440	2.0000	7.099	0.420	0.207	0.214	7.524	1.060
4			0.8430						
5			0.8177						
6			0.8172						
7			0.8172						
8			0.8172						
9			0.8172						
10			0.8172						

(c)

图 13－22 挖深式消力池池深计算图

收缩断面水深的初始值设置为多少，对最终计算结果的影响极小，由图 13－22（b）的迭代过程可以看出，迭代次数的多少取决于计算精度的要求。工程中，一般只要迭代 3～4 就能得到较为准确的结果。本例中选中 C4 单元格为活动单元格，向下拖动填充至 C10 单元格。经多次迭代的 C10 单元格中的数值作为收缩断面水深 h_c 的最终计算值，一般能满足计算精度要求。所以，设池深 d=1.5m，下游收缩断面水深 h_c=0.8238m。

（3）计算池深 $d=1.5$m 时，下游收缩断面水深 $h_c=0.8238$m 所对应的跃后水深 h_c'' 及 Δz_1、Δz_2、Δz、h_T、σ（符号的意义见第九章挖深式消力池的水力计算），判断池深 $d=1.5$m 是否满足效能要求。

在 D3 至 I3 单元格中输入表 13－9 提供的 Excel 计算公式，依次计算 h_c''、Δz_1、Δz_2、Δz、h_T、σ，见图 13－22（b）。

由图 13－22（b）可知，当池深 $d=1.5$m 时，淹没系数 $\sigma=1.021$，不在 1.05～1.1 范围内，所以假设的消力池深度 $d=1.5$m 不满足消能要求，需要利用 Excel“单变量求解”功能求解使 σ 在 1.05～1.1 范围内的消力池深度。

表 13－9　　计算消力池池深的 Excel 计算公式

计算内容	计算公式	相应的 Excel 计算公式	备注
E_0'	E_0+d	=$D$1+A3	
h_c	$\sqrt{\dfrac{q^2}{2g\varphi^2\ (E_0'-h_c)}}$	=SQRT（$B$1*$B$1/（2*9.8*$F$1*$F$1）/（$B$3−C3））	C4 单元格的公式
h_c''	$\dfrac{h_c}{2}\left(\sqrt{1+\dfrac{8q^2}{gh_c^3}}-1\right)$	=$C$10/2*（SQRT（1+8*$B$1*$B$1/（9.8*$C$10^3））−1）	
Δz_1	$\dfrac{q^2}{2g\ (\varphi'h_t)^2}$	=$B$1*$B$1/（2*9.8*0.95^2*$H$1^2）	
Δz_2	$\dfrac{q^2}{2g\ (\sigma h_c'')^2}$	=$B$1*$B$1/（2*9.8*1.05^2*$D$3*$D$3）	
Δz	$\dfrac{q^2}{2g\ (\varphi'h_t)^2}-\dfrac{q^2}{2g\ (\sigma h_c'')^2}$	=E3−F3	
h_T	$S+h_t+\Delta z$	=A3+G3+$H$1	
σ	$\dfrac{S+h_t+\Delta z}{h_c''}$	=H3/D3	

（4）计算使淹没系数 σ 在 1.05～1.1 范围内的池深 d。

1）单击 I3 单元格，使其成为活动单元格；

2）在“工具”菜单上，单击“单变量求解”，弹出“单变量求解”对话框；

3）在“单变量求解”对话框的“目标单元格”中输入 I3（淹没系数所在单元格），淹没系数 σ 在 1.05～1.1 范围内，可以任取一值，假设取 $\sigma=1.06$，输入到“目标值”中，“可变单元格”中输入 $A$3（池深 d 所在单元格），单击“确定”按钮，弹出“单变量求解状态”对话框；

4）在“单变量求解状态”对话框中，单击“确定”按钮，即可完成计算任务，池深 $d=1.81$m，结果见图 13－22（c）。

从图 13－22（c）可知，池深 $d=1.81$m 时，淹没系数 $\sigma=1.06$，因此消力池深度 d 满足要求。

附 录

附录Ⅰ 梯形和矩形断面明渠正常水深求解图

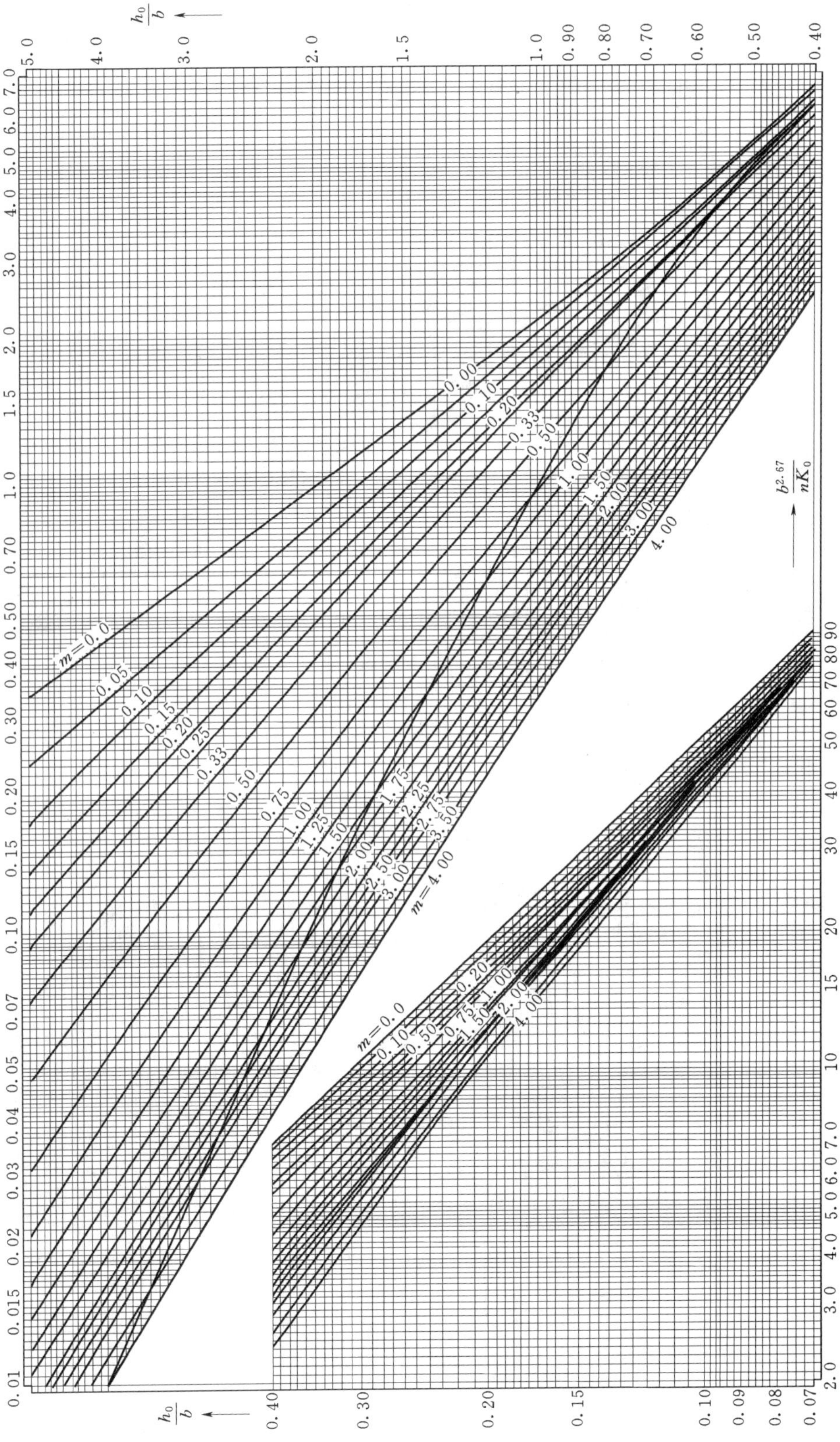

附录Ⅱ　梯形和矩形断面明渠底宽求解图

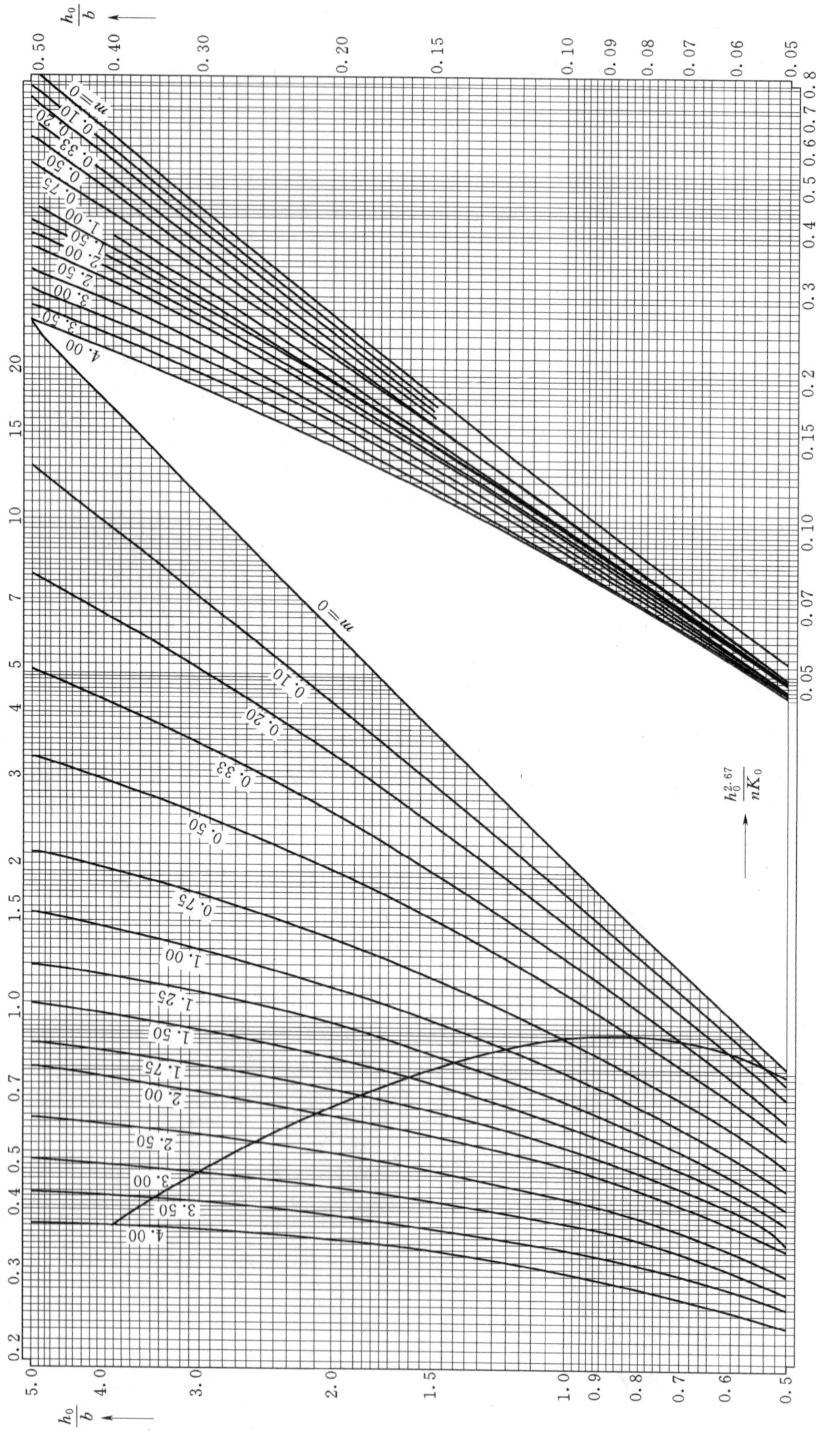

附录Ⅲ　梯形、圆形断面明槽临界水深求解图

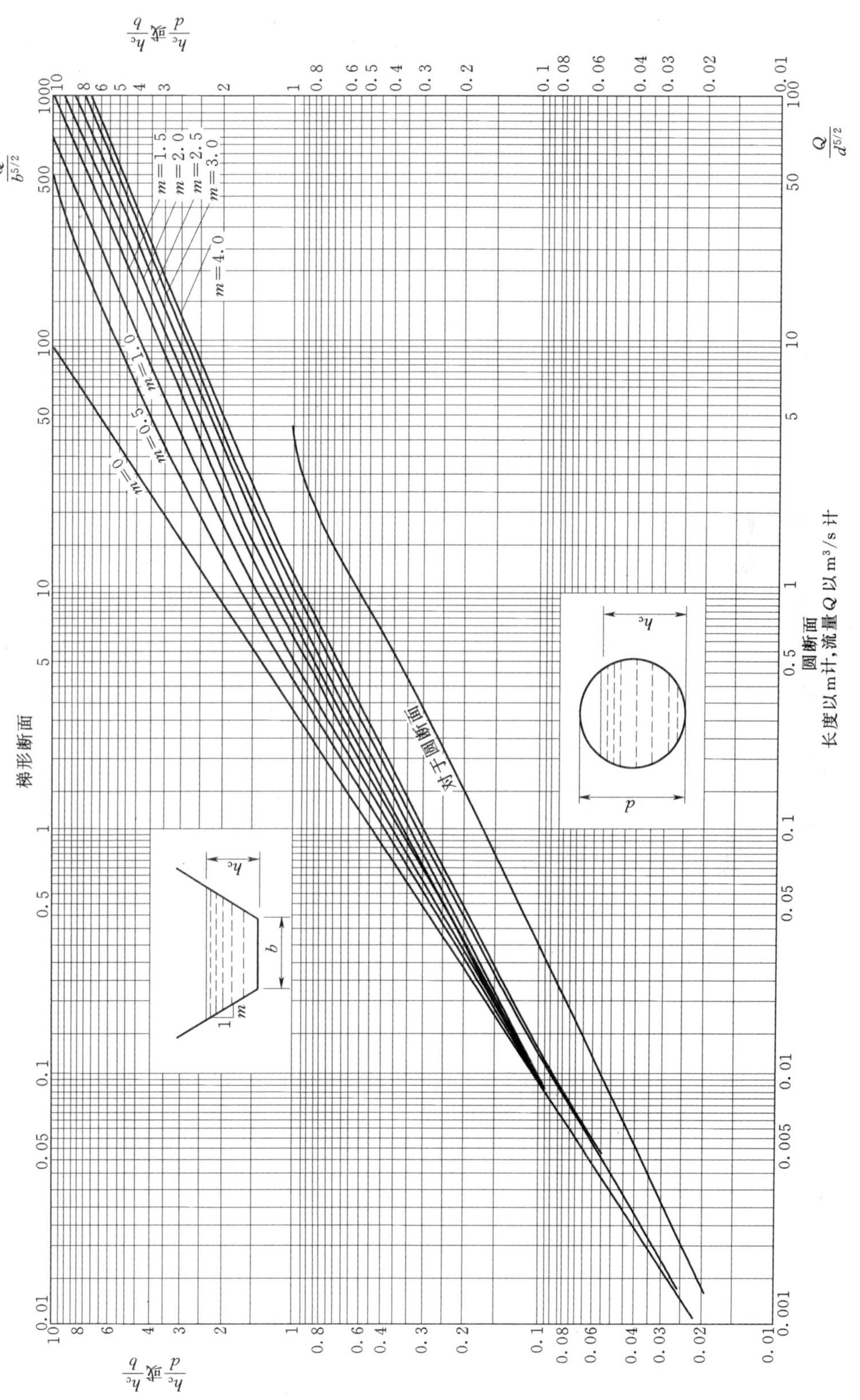

附录Ⅳ 建筑物下游河槽为矩形时收缩断面水深及其共轭水深求解图

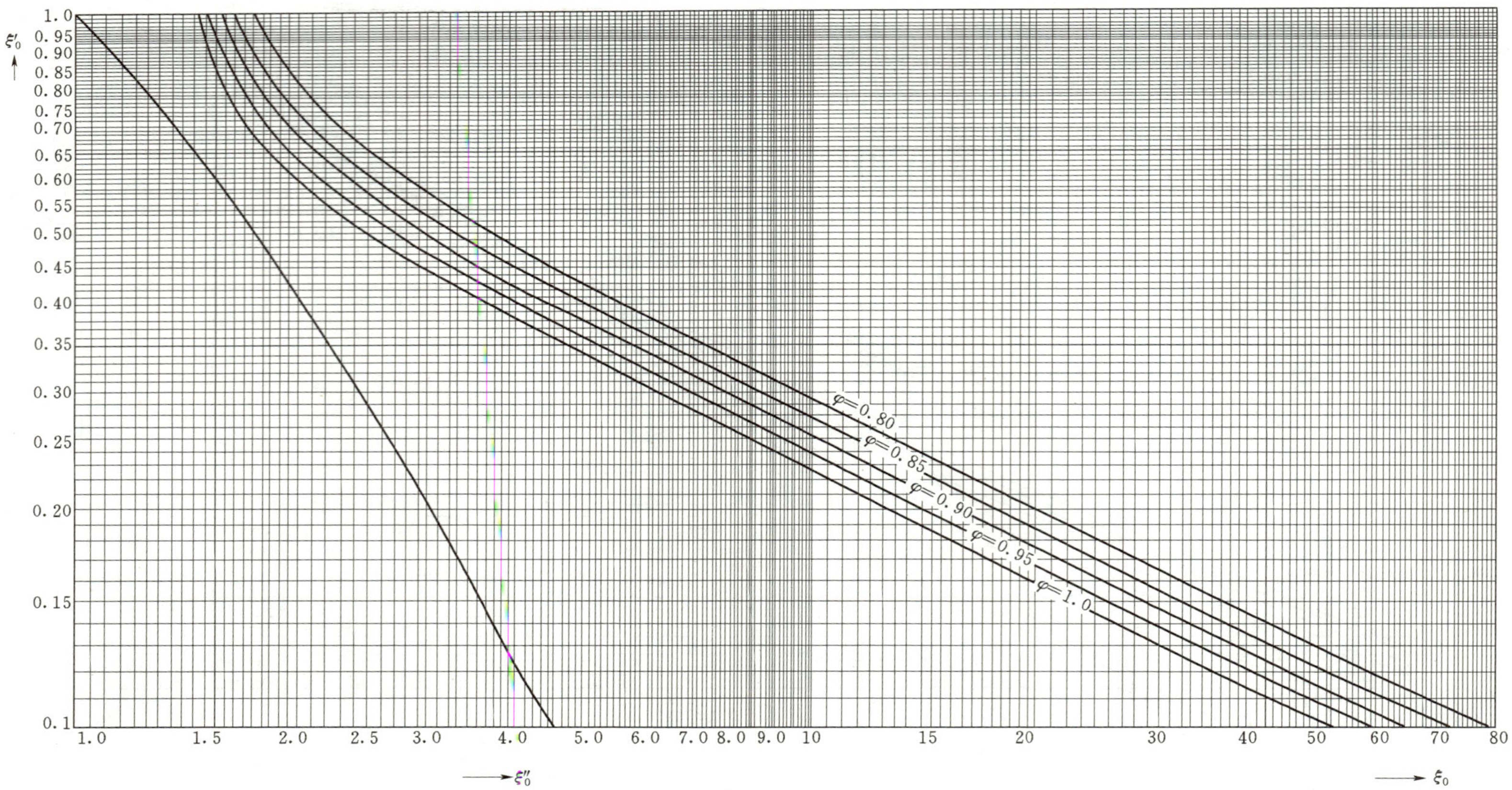

参 考 文 献

1 清华大学水力学教研组编．水力学．北京：人民教育出版社，1980

2 程度科技大学水力学教研室编．水力学．第二版．北京：高等教育出版社，1983

3 华东水力学院编．水力学．第二版．北京：科学出版社，1984

4 武汉水利电力学院水力学教研室编．水力学．北京：高等教育出版社．1986

5 中国水利百科全书．第二卷．北京：水利水电出版社，1990

6 大连工学院水力学教研室编．水力学解题指导及习题集．第二版．北京：高等教育出版社，1984

7 武汉水力电力学院水力学教研组编．水力学计算手册．北京：水利电力出版社，1983

8 美国陆军工程兵团编．水力学设计准则．王传昭译．北京：水利出版社，1982

9 西南交通大学水力学教研室编．水力学．第三版．北京：高等教育出版社，1983

10 浙江水利水电专科学校，东北水利水电专科学校和编．水力学．北京：中国水利水电出版社，1991

11 徐桂英，安毓群，张俊华编著．工程流体力学．郑州：黄河水利出版社，1996

12 黄克中编著．环境水力学．广州：中山大学出版社，1997

13 许念曾著．河道水力学．北京：中国建材工业出版社，1994